物理学レクチャーコース

Physical Mathematics

物理数学

橋爪洋一郎 著

裳華房

PHYSICS LECTURE COURSE

Physical Mathematics

by

Yoichiro HASHIZUME

SHOKABO
TOKYO

刊 行 趣 旨

20 世紀，物理学は，自然界の基本的要素が電子・ニュートリノなどのレプトンとクォークから構成されていることや，その間の力を媒介する光子やグルーオンなどの役割を解明すると共に，様々な科学技術の発展にも貢献してきました．特に，20 世紀初頭に完成した量子力学は，トランジスタの発明やコンピュータの発展に多大な貢献をし，インターネットを通じた高度情報化社会を実現しました．また，レーザーや超伝導といった技術も，いまや不可欠なものとなっています．

そして 21 世紀は，ヒッグス粒子の発見・重力波の検出・ブラックホールの撮影・トポロジカル物質の発見など，新たな進展が続いています．さらに，今後ビッグデータ時代が到来し，それらを活かした人工知能技術も急速に発展すると考えられます．同時に，人類の将来に関わる環境・エネルギー問題への取り組みも急務となっています．

このような時代の変化にともなって，物理学を学ぶ意義や価値は，以前にも増して高まっているといえます．つまり，“複雑な現象の中から，本質を抽出してモデル化する”という物理学の基本的な考え方や，原理に立ち返って問題解決を行おうとする物理学の基本姿勢は，物理学の深化だけにとどまらず，自然科学・工学・医学ならびに人間科学・社会科学などの多岐にわたる分野の発展，そしてそれら異分野の連携において，今後ますます重要になってくることでしょう．

一方で，大学における教育環境も激変し，従来からの通年やセメスター制の講義に加えて，クォーター制が導入されました．さらに，オンラインによる講義など，多様な講義形態が導入されるようになってきました．それらにともなって，教える側だけでなく，学ぶ側の学習環境やニーズも多様化し，「現代に相応しい物理学の新しいテキストシリーズを」との声を多くの方々からいただくようになりました．

裳華房では，これまでにも，『裳華房テキストシリーズ－物理学』を始め，その時代に相応しい物理学のテキストを企画・出版してきましたが，昨今の時代の要請に応えるべく，新時代の幕開けに相応しい新たなテキストシリーズとして，この『物理学レクチャーコース』を刊行することにいたしました．

この『物理学レクチャーコース』が，物理学の教育・学びの双方に役立つ21世紀の新たなガイドとなり，これから本格的に物理学を学んでいくための“入門”となることを期待しております．

2022年9月

編　集　委　員　　永江知文，小形正男，山本貴博
編集サポーター　　須貝駿貴，ヨビノリたくみ

は し が き

この『物理数学』を手にとる方の中には，系統的に物理学を勉強するのがほとんど初めて，という方も多いと思います．そういった方々が，これから物理学を勉強しようとする目的は，「物理学の理解を通して好奇心を満たすため」とか「物理法則を使いこなして何らかの応用を図るため」など，各自それぞれに異なるでしょう．しかし，どのような目的で物理学を勉強するにしても，相応の数学技能の習得は必須です．

一般に，数学の内容について「理解」するためには，「定理や数式の意味を捉えること」と「その論証をきちんと構成すること」の2点が重要ですが，実際に数学を用いて物理学を自らの手で描こうとすると，内容の理解そのものと並んで，ある種の訓練（演習）が必要となります．この演習が不十分な学生に多いのが，「わかった気はするけど，どうも使いこなせない」という状況で，それを何とか克服しようとしてか，「なぜこのようなテーマを勉強するのか？」という**動機付け**や「一番重要なポイントだけを知りたい」という**幻想**を追い求めることもあるようです．しかし本来，このような混乱は，内容の理解が実際の使い方に直結できていないことが原因であり，精密な論証やわかりやすい図表，何らかの鋭い指摘，といった外的な要因によって克服されるものではありません．学習者が内容を理解する際に**自分ならどのように鉛筆を運ぶか？** という実感とか肌感覚のようなものへの意識を強く持つことが必要です．そのため，本書の執筆に当たっては，**初学者が実際に鉛筆を握って各論のテキストを勉強するときに，3行先を予見しながらノートを書き進められるようになること**を目指し，数学技能を実際にハンドリングする際の目線をなるべく自然に習得できるように心掛けました．

本書の内容は，「物理数学」として通常取り扱われるテーマがほとんどで，大学1～2年生や高等専門学校2～3年生ぐらいで習得すべきとされている事柄です[1]．紹介する順序に若干の工夫は加えていますが，物理学の習得の

1）物理系の学科の3,4年生で，もう1段階発展的な「物理数学」の講義が実施される大学なども多いと思いますが，そちらの内容は本書には含みません．

ために必要最低限の数学的素養となります．そのため，特にこれから物理学を勉強しようとしている方は，**もし本書が肌に合わなかったら，本書でなくても構わないので，何らかの方法で本書と同等程度の内容は必ず習得する**ようにしてください．

本書を読み進める際には，文脈を追うだけではなく，それぞれの内容を自分の手で運用するときのことを強く意識しながら勉強しましょう．また，本文中および章末に Exercise（例題）・Training（問題）・Practice（章末問題）がありますが，Exercise は飛ばさずにやってみてください．これは説明の都合上，Exercise をやりながら読み進めていることを前提に記述しているためです．Training や Practice に取り組むかどうかは各自にお任せします．

物理学を勉強するときに，数学に振り回されるのではなく，数式と対話しながら進められるようになると俄然楽しくなります．想像していたイメージと数式の振る舞いが合致したときの爽快感，自分でつくった公式を他人と共有できる嬉しさ，すでによくわかっていることでも違う視点から理解し記述できる納得感，そして何よりも，驚異的なバランスで構築されている「物理学」という仕組みから受ける感銘．それらの魅力は，数学技能を使いこなせるようになるまでに払う労力を補って余りあるものです．本書を通して習得した物理数学を使って本シリーズ全体にチャレンジし，物理学の魅力を少しでも体験していただければ嬉しく思います．

本書の執筆に当たり，本シリーズの編集サポーターである須貝駿貴氏，ヨビノリたくみ氏には重要なアドバイスをいくつもいただきました．また，編集委員の山本貴博先生には，本書を執筆するきっかけをいただき，内容等について日常的に議論をさせていただきました．そして，裳華房の小野達也氏，團 優菜氏には的確なアドバイスをいただくだけでなく，執筆の初歩から多くを教えていただきました．厚く御礼申し上げます．最後に，私に物理学のイロハを教えてくださった恩師の鈴木増雄先生と，いつも応援してくれる両親に，この場を借りて感謝の意を表します．

2022 年 9 月

橋爪洋一郎

目　　次

0 数学の基本事項

1 微分法と級数展開

2 座標変換と多変数関数の微分積分

3 微分方程式の解法

4　ベクトルと行列

5　ベクトル解析

6 複素関数の基礎

7 積分変換の基礎 ～デルタ関数・フーリエ変換・ラプラス変換～

8 確率の基本

数学の基本事項

理工系の学問分野全般にいえることですが，基本事項を段階的に積み上げることは非常に重要です．本章では，物理数学を勉強する前段階で必要な数学の知識を簡単な例題を通して確認・復習しておきます．内容としては，中学校や高等学校で扱われている事柄のうちで物理数学の習得にも重要な計算技能と，高等学校までのカリキュラムで紹介されることの少ない双曲線関数や逆関数についてが中心です．これらの内容について苦労なく利用できる人は，本章を読み飛ばして第1章から読み始めても構いません．逆に，高等学校の数学の内容に不安のある人は，本章の内容は当たり前のように使いこなせるようになっておきましょう．

0.1　物理学で用いる変数・数学記号

0.1.1　変数記号について

物理学では，量を1つの文字で表すことが多くあり[1]，主に，数学記号，ローマ字，ギリシャ文字，およびローマ字の大文字のカリグラフ体が使われます．文字が足りなくなったときに，キリル文字なども使われることがありますが，それは稀だと思ってよいでしょう．むしろ文字が不足した場合には，文字を修飾して対応することの方が多いです．これらの文字に慣れておかな

1)　このことは自然科学の中では比較的珍しく，化学や生物では具体的な数値を直接扱うことの方が多いです．これは物理学では物理量間の関係を知りたい，という動機が強いからだと思われます．

表 0.1　物理学でよく使うギリシャ文字（カッコ内は大文字）

文字	読み方	文字	読み方
α	アルファ	μ	ミュー
β	ベータ	ν	ニュー
γ (Γ)	ガンマ	ξ (Ξ)	グザイ
δ (Δ)	デルタ	ρ	ロー
ϵ, ε	イプシロン	σ (Σ)	シグマ
ζ	ゼータ	τ	タウ
η	イータ	ϕ, φ (Φ)	ファイ
θ (Θ)	シータ	χ	カイ
κ	カッパ	ψ (Ψ)	プサイ
λ (Λ)	ラムダ	ω (Ω)	オメガ

いと，**もはや，わかるかどうかのレベルではなく，勉強が嫌になる**ので，何回かずつ手で書いて早めに慣れてしまうとよいでしょう．

表 0.1 に，物理学でよく用いるギリシャ文字とその読み方をまとめておきます．もちろん，用途によって Ω **を「オメガ」と読むときと「オーム」と読むときがあったりする**のですが，その辺は順次覚えていくしかありません．

また，文字の修飾については，例えば x について

$$\dot{x}:「x\,ドット」,\qquad \tilde{x}:「x\,チルダ」,\qquad \bar{x}:「x\,バー」$$

$$x^{\dagger}:「x\,ダガー」,\qquad x^{*}:「x\,アスタリスク」$$

などのように，少しパーツを追加して**できるだけ雰囲気を変えずに**文字数を増やすことに使われます．このニュアンスは少しわかりにくいかもしれませんが，例えば**位置座標を表すときに，できれば** v **とか** t **とか** κ **は使いたくない**という感覚に近いです．もしも運動方程式 $ma = F$ が $xt = v$ などと書かれていたら，たとえ「x, t, v はそれぞれ質量，加速度，力である」などと宣言されても，理由の如何にかかわらず，**ある種の どす黒い感情が湧いてくる**のではないでしょうか．それよりは，

$$m_1 a_1 = F_1,\qquad m_2 a_2 = F_2,\qquad m^{*}\bar{a} = F_0$$

と書かれていた方が幾分ましだと思われます．

カリグラフ体も基本的には同様の動機で，

$$A \to \mathscr{A},\qquad F \to \mathscr{F},\qquad H \to \mathscr{H},\qquad L \to \mathscr{L},\qquad W \to \mathscr{W}$$

などがよく利用されます．

これらの変数記号の中には，一部に書きづらいものもありますが，物理学を長期間勉強している人の中には，漢字より上手に書ける人も多くいます．書いている数式に自信がなかったり，いい加減な扱いをしているときには，どうしても雑な書き方になってしまいます．逆にいえば，確信をもって丁寧に物理学を考えていれば自然と上手に書けるようになるので，自分の習得度の指標にするとよいかもしれません．

0.1.2 数学記号

変数の記号にギリシャ文字を用いることは，高等学校でもある程度出てきていたと思います[2)]．一方で，数学記号を高等学校までとは異なる記号で書くこともあります．このような記号に早いうちに慣れてしまうことは非常に重要で，かたくなに高等学校までの表記方法を使おうとすると，時として非常に煩雑になったり，ややこしくてつらい目にあいます．**さっさと使いやすい記号に慣れてしまう**ことが，幸せな物理生活をスムーズに始めるためのコツであるとさえいえるでしょう．

ここでは，数学記号としてよく使われる（しかし高等学校ではあまり使わない）表記の中で，最初に戸惑うであろうものを紹介しておきます．もちろん，どちらかだけを使うというわけではなく，状況に応じてどちらも使う可能性があります．

特に指数関数や積分記号は，その対象が複雑になると，高等学校での記法では数式が煩雑になり，かえってわかりにくくなります．実際に，ある程度複雑な物理学を考えるときには，例えば

表 0.2 物理学でよく使う数式の異体表記

名前	高等学校での表記	物理学でよく使う異体表記
指数関数	e^x	$\exp(x)$
積分記号	$\int f(x)\,dx$	$\int dx\,f(x)$
複素共役	$\bar{z}$	z^*
ベクトル	$\vec{A}$	$\boldsymbol{A}$，$\|A\rangle$
不等号	$\leqq$，$\geqq$	$\leq$，$\geq$

2) 例えば，解と係数の関係，三角関数，誘電率，波長など．

$$\int_{-\infty}^{\infty} dz \exp\left\{-\frac{\beta^2 J^2 q}{2} z^2 + \beta^2 J^2 q z \sum_\alpha S^\alpha - \frac{n}{2}\beta^2 J^2 q + \beta(J_0 m + h)\sum_\alpha S^\alpha\right\}$$

などという**ちょっとやそっとどころじゃない複雑さ**の式を処理することもあります[3)]．こういったものに気持ちが負けないように，新しい記号や記法には柔軟に対応していくようにしましょう．

0.1.3　基本的な語句

数理的な記述をする際に，避けては通れないのが特有の語句です．その意味を受け止めることができないと理解がおぼつかないので，ここでは物理数学でよく使う言葉遣いを，文字の見た目と対応する形で紹介しておきます．

任意の x：あなたの意思に任せて選んだ x．転じて，「どんな x でも」，「すべての x」を指す．

一意に定まる：たった1つの意味で定めることができる．選択の余地なく唯一に定まる．「ユニーク」と表現されることもある．

x **の分布**：x がどのようなあり方をしているか[4)]．

定義：用語・概念・記号に対して，その意味を一意的に定めたもの．

演算子：ある数学的対象に対して，何らかの操作を行うもののこと．

例えば，関数 $f(x)$ に対して $\dfrac{d}{dx}$ は「微分する」という操作を示し，「微分演算子」という．

関数の線形結合：2つ以上の関数 $f_1(x), f_2(x), \cdots$ に対して，定数 C_1, $C_2, \cdots$ を用いて新しい関数 $F(x)$ を

$$F(x) = C_1 f_1(x) + C_2 f_2(x) + \cdots = \sum_j C_j f_j(x)$$

として導入するとき，「$F(x)$ を $f_1(x), f_2(x), \cdots$ の線形結合で表す」という．$\{f_j(x)\}^2$ や定数項がないことに注意．

---

3)　しかも，この式はまだかなりシンプルな方です．もちろん今の段階でこの式を理解する必要はありません．こういったものにいずれ遭遇するのだと思っていただければ十分です．

4)　「あり方」の意味がわかりにくいかもしれませんが，例えば「セミの分布」とか「シロクマの分布」とかのイメージが近く，本来は x がどのような広がり方をしているか，ということを表し，その存在範囲のあり方を指すこともあります．

0.2　基本的な関数

0.2.1　関数の基本事項

関数は，ある数 x を特定の数 y に対応させる操作であり，$y = f(x)$ や $f: X \to Y$ $(x \in X, y \in Y)$ などと表されます．このときの x に相当する量を**変数**あるいは**引数**（ひきすう）といい，「y は x の関数 $f(x)$」といいます．そして，x のとり得る値の範囲を**定義域**，定義域内の x 全体に対して y のとり得る値の範囲を**値域**あるいは**像**といいます．特に，実数 n に対して $f(x) = x^n$ の形式の関数を**ベキ関数**といいます．

Exercise 0.1

$f(x) = x^3 + 2x^2 - 3x + 1$ とするとき，次の値を求めなさい．

(1)　$f(3)$　　(2)　$f(\sqrt{5})$　　(3)　$f(2+\sqrt{3})$　　(4)　$f(\sin\theta)$

Coaching　代入するだけですが，イメージとしては $f(\ ) = (\ )^3 + 2(\ )^2 - 3(\ ) + 1$ の ( ) の中に数字を当てはめる感じです．

(1)　$f(3) = 3^3 + 2(3)^2 - 3(3) + 1 = 37$　　(2)　$f(\sqrt{5}) = 11 + 2\sqrt{5}$

(3)　$f(2+\sqrt{3}) = 5(7 + 4\sqrt{3})$　　(4)　$f(\sin\theta) = \sin^3\theta + 2\sin^2\theta - 3\sin\theta + 1$

■

Training 0.1

$f(x) = 2x^2 + 3x + 1$ とするとき，次の値を求めなさい（i は虚数単位）．

(1)　$f(y)$　　(2)　$f(3i)$　　(3)　$f(2t+1)$

三角関数

実数を引数とする三角関数 $\sin x$，$\cos x$，$\tan x$ は

$$\sin^2 x + \cos^2 x = 1, \qquad \tan x = \frac{\sin x}{\cos x}$$

によって定義され，**加法定理**という次のような関係があります．

$$\begin{aligned}\sin(x \pm y) &= \sin x \cos y \pm \cos x \sin y \\ \cos(x \pm y) &= \cos x \cos y \mp \sin x \sin y \\ \tan(x \pm y) &= \frac{\tan x \pm \tan y}{1 \mp \tan x \tan y}\end{aligned} \tag{0.1}$$

定義から，座標平面上で点 $(\cos\theta, \sin\theta)$ は単位円(原点中心，半径 1 の円)の上にあることになります．また，本書では積極的には利用しませんが，

$$\sec x = \frac{1}{\cos x}, \quad \csc x = \frac{1}{\sin x}, \quad \cot x = \frac{1}{\tan x} = \frac{\cos x}{\sin x} \tag{0.2}$$

という便利な記号が使われることもあります．読み方は「sec：セカント」，「csc：コセカント」，「cot：コタンジェント」というのが一般的です．

Exercise 0. 2

$t = \tan\dfrac{x}{2}$ とするとき，$\sin x$，$\cos x$ を t で表しなさい．

Coaching　まず，$\sin^2 x + \cos^2 x = 1$ であることから両辺を $\cos^2 x$ で割ると $\tan^2 x + 1 = \dfrac{1}{\cos^2 x}$ です．そこで，$\sin x = \sin\left(\dfrac{x}{2} + \dfrac{x}{2}\right) = \sin\left(2\cdot\dfrac{x}{2}\right)$ であることを用いましょう．すると

$$\sin x = \sin\left(2\cdot\frac{x}{2}\right) = 2\sin\frac{x}{2}\cos\frac{x}{2} = 2\tan\frac{x}{2}\cos^2\frac{x}{2} = \frac{2t}{1+t^2}$$

$$\cos x = \cos\left(2\cdot\frac{x}{2}\right) = 2\cos^2\frac{x}{2} - 1 = \frac{2}{1+t^2} - 1 = \frac{1-t^2}{1+t^2}$$

となります．この置き換えは，覚えておくと置換積分などで役立ちます．■

Exercise 0. 3

方程式 $2\sin^2 x - \cos x - 1 = 0$ を満たす x を求めなさい．

Coaching　本問のように $f(x) = 0$ という方程式を満たす引数 x を求める行為を**方程式を解く**といい，方程式を満たす引数のことを**解**といいます．代入して成り立つものをカンで見つけてもよいですが，できるだけ簡潔になるようにまとめると解きやすくなります．本問の場合は

$$2\sin^2 x - \cos x - 1 = 0 \quad \Leftrightarrow \quad 2(1-\cos^2 x) - \cos x - 1 = 0$$
$$\Leftrightarrow \quad (2\cos x - 1)(\cos x + 1) = 0$$

なので $\cos x = \dfrac{1}{2}$ または $\cos x = -1$ です．これを満たす x は $x = \pm\dfrac{\pi}{3} + 2n\pi$ または $x = \pi + 2n\pi$ $(n = 0, 1, 2, \cdots)$ となります．複数の解があり得ることに注意してください．■

Training 0.2

$0 \leq x \leq \pi$ のとき，$\sin x + \sin 2x = \cos x + \cos 2x$ を満たす x を求めなさい．

指数関数と対数関数

a, b を正の定数，x, y を実数の変数とすると，**指数関数** a^x や b^y などは次の**指数法則**を満たします．

$$a^x a^y = a^{x+y}, \qquad (a^x)^y = a^{xy}, \qquad (ab)^x = a^x b^x$$

ここで a, b に相当する部分を**底**（てい）といいます．特に，底を**ネイピア数**

$$e = \lim_{n\to\infty}\left(1 + \frac{1}{n}\right)^n = 2.71828\cdots \tag{0.3}$$

とした指数関数は e^x となります．

一般に，物理学の文脈で断りなく「指数関数」というときは，底が e であることを暗に仮定していることが多いです．そのため，e^x と書いたときには特に断りがない限り，e はネイピア数を指します．また前節で述べたように，e^x は x が複雑な形になったときに $\exp(x)$ という表記になることも多いので覚えておきましょう．

一方で，t についての方程式 $b = a^t$ の解を $t = \log_a b$ と書き，この log のことを**対数**といいます．すなわち，$b = a^{\log_a b}$ が対数の定義です．特に，底を e にとるときは**自然対数**といいます．そして，変数 x の自然対数 $\log_e x$ を**対数関数**といい，$\log x$ あるいは $\ln x$ と略記することが多くあります．本書では，e を底とする対数関数を $\log x$ と書くことにします．

さらに，指数と対数を用いると

$$x = a^{\log_a x} \quad \Leftrightarrow \quad e^{\log x} = (e^{\log a})^{\log_a x} \quad \Leftrightarrow \quad \log_a x = \frac{\log x}{\log a}$$

であることがわかります．これを**底の変換公式**といい，a が定数であれば $\log_a x$ と $\log x$ が比例することを示しています．このことは，統計力学で出会うエントロピーなどを扱うときに重要な意味をもちます．

Exercise 0.4

a, b を正の定数，x を実数とするとき，次の問いに答えなさい．

(1)　$\log ab = \log a + \log b$，$\log a^x = x \log a$，$\log \dfrac{a}{b} = \log a - \log b$ を証明しなさい．

(2)　$2^{2\log_4 48 - \log_2 (3/4)}$ の値を求めなさい．

Coaching　(1)　指数法則より ab と a^x はそれぞれ 2 通りの対数表示ができます．

$$ab = e^{\log ab}, \qquad ab = e^{\log a} e^{\log b} = e^{\log a + \log b}$$

$$a^x = e^{\log a^x}, \qquad a^x = (e^{\log a})^x = e^{x \log a}$$

したがって，それぞれから $\log ab = \log a + \log b$，$\log a^x = x \log a$ となります．さらに，これを用いて $\log (a/b)$ の公式を導くことができます．

$$\log \frac{a}{b} = \log ab^{-1} = \log a + \log b^{-1} = \log a - \log b$$

(2)　(1) で導いた対数の計算規則より $2 \log_4 48 - \log_2 (3/4) = 6$ なので，求める値は $2^6 = 64$ となります．$2^{2\log_4 48 - \log_2 (3/4)} = 4^{\log_4 48} 2^{-\log_2 (3/4)} = 48 \times (4/3) = 64$ としてみると，指数と対数の計算規則の対応関係がわかりやすいと思います．■

Training 0.3

$2^{2x} = 3$ のとき $\dfrac{2^{3x} + 2^{-3x}}{2^x + 2^{-x}}$ の値を求めなさい．

0.2.2　逆関数

関数 $y = f(x)$ は，定義域内のどんな x に対しても何らかの y を一意的に与えます．一方で，y から x が逆算できるかどうかは状況によります．例えば，x の定義域をすべての実数とするとき，$y = x^2$ という関数は，$x = 2$ に対して $y = 4$ となりますが，$y = 4$ から x を逆算しようとすると，$x = 2$ か

ら得られた $y=4$ なのか $x=-2$ から得られた $y=4$ なのか特定できなくなります．このような場合にも逆算できるためには，x の定義域を制限しておく必要があります．いまの場合，もし定義域が $x \geq 0$ と定められていれば，値域内のすべての y に対して，$x \leftrightarrow y$ の関係は一意的に決まります．このような関数を，特に**全単射**といいます．

全単射であるような関数 $y=f(x)$ については，$x \to y$ の関係だけではなく $y \to x$ の逆算もできるので，この逆算の関数 $g(y)=x$ を用意することができて，これを**逆関数**といいます．一度 $g(y)$ を決めることができると，このときの変数の記号は何でも構わないので，改めて変数を x と書き（あるいは y に全く関係のない数 x を代入して），$f(x)$ の逆関数であることがわかるように $f^{-1}(x)$ と表します．当然のことですが，定義から $f(f^{-1}(x))=f^{-1}(f(x))=x$ となります．

Exercise 0.5

定義域を $x>0$ とする関数 $f(x)=x^2$ の逆関数 $f^{-1}(x)$ を求めなさい．

Coaching　$y=f(x)$ とすると $y=x^2$ かつ $x>0$ なので，$x=\sqrt{y}$ となります．つまり $g(y)=\sqrt{y}$ であり，$f^{-1}(x)=\sqrt{x}$ となります．■

このExercise 0.5からもわかるように，全単射とみなすことのできる領域に定義域が制限されていることが重要です．

Exercise 0.6

すべての実数を定義域とする変数 x の関数 $f(x)=e^x$ の逆関数 $f^{-1}(x)$ を求めなさい．

Coaching　$y=f(x)$ とすると $y=e^x$ なので，この関数の値域は $y>0$ となり，値域に含まれる y に対して $x=\log y$ となります．つまり，$g(y)=\log y$ なので $f^{-1}(x)=\log x$ となります．ただし，$f^{-1}(x)$ の定義域は $x>0$ です．これを**真数条件**といいます．■

$x \geq -\dfrac{1}{2}$ を定義域とする関数 $f(x) = 2x^2 + 2x + 1$ の逆関数 $f^{-1}(x)$ を求めなさい．また，$f^{-1}(x)$ の定義域も示しなさい．

三角関数の逆関数

三角関数 $\sin x$，$\cos x$，$\tan x$ の逆関数を考えてみましょう．例えば $\sin x$ は，$x = \pi/6$ のとき $\sin x = 1/2$ となりますが，$\sin x = 1/2$ となる x は $\pi/6$ だけではありません．これは sin に限ったことではなくて，cos，tan でも同様です．そこで，それぞれの逆関数を考えるために定義域を決めておきましょう．

全単射になれば逆関数を求めること自体は可能であり，三角関数は繰り返し同じ値をとるので，全単射となるどの領域を定義域としても構いません．ただ，あまり変な領域になると直観的に使いにくいので，図 0.1 のような領域を定義域とすることが多いです．すなわち，$\sin x$ に対しては $-\pi/2 \leq x \leq \pi/2$，$\cos x$ に対しては $0 \leq x \leq \pi$，$\tan x$ に対しては $-\pi/2 \leq x \leq \pi/2$ としておきます．このように，関数が違えば適切な定義域は異なるので注意しましょう．

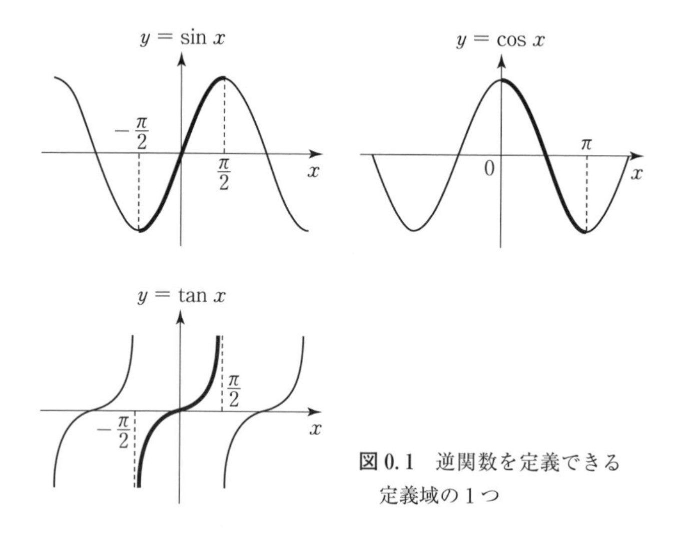

図 0.1　逆関数を定義できる定義域の 1 つ

これで三角関数の逆関数を定義できるようにはなりましたが，残念ながら $y = \sin x$ から $x =$（y の式）の形で明示的に書くことはできません．そこで，それぞれの逆関数を $\mathrm{Sin}^{-1}\,x$，$\mathrm{Cos}^{-1}\,x$，$\mathrm{Tan}^{-1}\,x$ と書くようにしましょう．最初の文字を大文字で書いたのは著者の好みで，そのまま $\sin^{-1} x$，$\cos^{-1} x$，$\tan^{-1} x$ と書く人もいますし，別の文字として $\arcsin x$，$\arccos x$，$\arctan x$（それぞれ，アークサイン，アークコサイン，アークタンジェントと読みます）と書く人もいます．どのような書き方でも構いませんが，$\sin^{-1} x$ と書くときは $1/\sin x$ と混同しないように注意してください．

Exercise 0.7

$\mathrm{Sin}^{-1}\,\dfrac{1}{2}$，$\mathrm{Cos}^{-1}\left(-\dfrac{1}{2}\right)$，$\mathrm{Tan}^{-1}\,1$ の値を求めなさい．

Coaching　図 0.1 を見ながら考えてみてください．例えば，$\mathrm{Sin}^{-1}\,(1/2)$ は $y = \sin x = 1/2$ となる x のことなので，

$$\mathrm{Sin}^{-1}\,\frac{1}{2} = \frac{\pi}{6}$$

となります．同様に，

$$\mathrm{Cos}^{-1}\left(-\frac{1}{2}\right) = \frac{2\pi}{3}, \qquad \mathrm{Tan}^{-1}\,1 = \frac{\pi}{4}$$

となります．■

この例からもわかるように，三角関数の逆関数は“角度”の部分を与えることを意識しておきましょう．

Exercise 0.8

$\mathrm{Sin}^{-1}\,x$，$\mathrm{Cos}^{-1}\,x$，$\mathrm{Tan}^{-1}\,x$ の定義域を確認しなさい．

Coaching　図 0.1 を見ながら考えてみましょう．$\mathrm{Sin}^{-1}\,x$ の定義域は $\sin x$ の値域に当たるので $-1 \leq x \leq 1$ となります．同様に，$\mathrm{Cos}^{-1}\,x$ の定義域は $-1 \leq x \leq 1$，$\mathrm{Tan}^{-1}\,x$ の定義域はすべての実数です．■

$\mathrm{Sin}^{-1}\dfrac{\sqrt{3}}{2}$，$\mathrm{Cos}^{-1}\dfrac{1}{2}$，$\mathrm{Tan}^{-1}\sqrt{3}$ の値を求めなさい．

0.2.3　双曲線関数とその逆関数

双曲線関数は次のように定義されます．

$$\sinh x = \frac{e^x - e^{-x}}{2}, \qquad \cosh x = \frac{e^x + e^{-x}}{2}, \qquad \tanh x = \frac{e^x - e^{-x}}{e^x + e^{-x}} \tag{0.4}$$

指数関数の組み合わせでしかないので，**知らなくても原理的には困らない**のですが，(0.4) の右辺の形式だと複雑な式を代入しにくいので，ぜひ使いこなせるようになりましょう．これらの関数は図 0.2 に示すようなグラフになります．特に $y = \tanh x$ のグラフの形状はよく用いるので，漸近線が $y = \pm 1$ であることと合わせてよく理解しておきましょう．

まずは，Exercise 0.9 と 0.10 でいくつかの便利な公式を導きましょう．

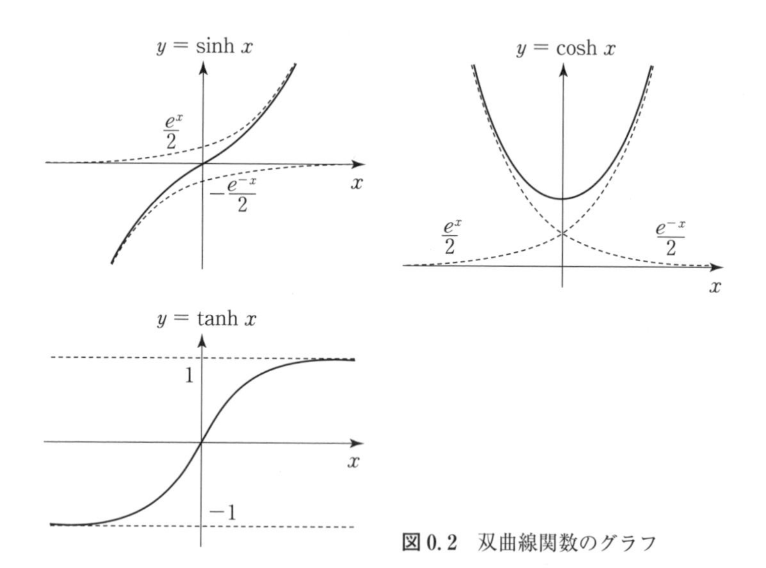

図 0.2　双曲線関数のグラフ

Exercise 0. 9

次の関係式を証明しなさい.

(1)　$\cosh^2 x - \sinh^2 x = 1$

(2)　$\cosh(x+y) = \cosh x \cosh y + \sinh x \sinh y$

(3)　$\sinh(x+y) = \sinh x \cosh y + \cosh x \sinh y$

Coaching　いずれも丁寧に計算すれば確認できます.（1）は，定義式を代入してそのまま計算するだけです.

$$\cosh^2 x - \sinh^2 x = \left(\frac{e^x + e^{-x}}{2}\right)^2 - \left(\frac{e^x - e^{-x}}{2}\right)^2$$
$$= \frac{(e^{2x} + 2 + e^{-2x}) - (e^{2x} - 2 + e^{-2x})}{4} = 1$$

加法定理に相当する（2），（3）については，若干面倒ですが，右辺に定義式を代入して，左辺の形になるようにまとめてみましょう.

(2)　$\cosh x \cosh y + \sinh x \sinh y$

$$= \frac{(e^x + e^{-x})(e^y + e^{-y}) + (e^x - e^{-x})(e^y - e^{-y})}{4}$$
$$= \frac{e^{x+y} + e^{-x-y}}{2} = \cosh(x+y)$$

(3)　$\sinh x \cosh y + \cosh x \sinh y$

$$= \frac{(e^x - e^{-x})(e^y + e^{-y}) + (e^x + e^{-x})(e^y - e^{-y})}{4}$$
$$= \frac{e^{x+y} - e^{-x-y}}{2} = \sinh(x+y)$$

■

このように，双曲線関数には三角関数と類似の性質があることがわかります．ただ，符号が少し異なるので，慣れるまでは注意深く扱うようにしましょう．これら双曲線関数の逆関数は基礎的な表示にすることもできます．次の Exercise 0. 10 で試してみましょう．

Exercise 0. 10

$\sinh x$，$\cosh x$，$\tanh x$ の逆関数 $\mathrm{Sinh}^{-1} x$，$\mathrm{Cosh}^{-1} x$，$\mathrm{Tanh}^{-1} x$ を x の式として示しなさい.

Coaching $y = \sinh x$ を $x = \cdots$ の形に直せばよいです．意外と見落としがちなのですが，定義式から

$$y = \frac{e^x - e^{-x}}{2} \iff (e^x)^2 - 2ye^x - 1 = 0$$
$$\iff e^x = y + \sqrt{y^2 + 1} \quad (> 0)$$
$$\iff x = \log\left(y + \sqrt{y^2 + 1}\right)$$

となるので，$\mathrm{Sinh}^{-1}\, x = \log\left(x + \sqrt{x^2 + 1}\right)$ となります．このように，e^x に関する2次方程式にしておいて，解の公式で求めてしまうのが簡単です．

同様にして，$\mathrm{Cosh}^{-1}\, x$，$\mathrm{Tanh}^{-1}\, x$ も求められます．これら2つについては，定義域に注意してください．

$$\mathrm{Cosh}^{-1}\, x = \log\left(x + \sqrt{x^2 - 1}\right) \quad (x \geq 1)$$
$$\mathrm{Tanh}^{-1}\, x = \frac{1}{2}\log\frac{1 + x}{1 - x} \quad (-1 < x < 1)$$

■

Training 0.6

$\mathrm{Sinh}^{-1}\, 2x = \mathrm{Tanh}^{-1}\, x$ を満たす正の実数 x を求めなさい．

0.3 微分と積分の計算法則

微分と積分の詳細な定義や意味についてはともかく，まずは計算を間違えずに実行できることが大切です．少し多めに問題を用意しておくので，頑張ってやってみてください．

Exercise 0.11

次の関数を微分しなさい．

(1) $x \sin x$　(2) $\tan(3x + 1)$　(3) $\exp(2x^2 + x - 2)$

(4) $\dfrac{x - 3}{x + 1}$　(5) $x^{\sin x}$　(6) $\mathrm{Tan}^{-1}\, x$

(7) $\log\sqrt{\dfrac{1 + \cos x}{1 - \cos x}}$　(8) $\sin(1 + \log x)$

Coaching ライプニッツの規則 $\{f(x)g(x)\}' = f'(x)g(x) + f(x)g'(x)$ と，合成関数の微分 $\{f(g(x))\}' = f'(g(x))g'(x)$ を組み合わせて使うだけですが，間違えやすいので気を付けてください．

(1) $\sin x + x\cos x$ (2) $3/\cos^2(3x+1)$

(3) $(4x+1)\exp(2x^2+x-2)$ (4) $4/(x+1)^2$

は，それほど難しくないと思います．

(5) は $y = x^{\sin x}$ として両辺の対数をつくって $\log y = \sin x \log x$ とし，これを微分して $y'/y = \cos x \log x + \sin x/x$ を得ます．ここから $y' = (\cos x \log x + \sin x/x)x^{\sin x}$ となります．

(6) も同様ですが，$y = \mathrm{Tan}^{-1} x$ として $\tan y = x$ とすることができ，$y'/\cos^2 y = 1$ となります．したがって $\tan^2 y + 1 = 1/\cos^2 y$ であることを用いると，$y' = \cos^2 y = 1/(1+x^2)$ となります．この導関数はよく出会います．

(7) $-1/\sin x$，(8) $\cos(1+\log x)/x$

は，特に計算の工夫はいらないでしょう． ■

Exercise 0.11 の (5) や (6) で用いた $y = f(x)$ としてから別の関数 g を用いて $g(y) = g(f(x))$ の微分を行い，$g'(y)y' = g'(f(x))f'(x)$ として $y' = g'(f(x))f'(x)/g'(y) = f'(x)$ を得る手段は，逆関数などを微分するときには非常に有用です．続いて，定積分の復習をしておきましょう．特に，置換積分と部分積分が重要です．

Exercise 0.12

次の定積分を求めなさい．

(1) $\int_0^1 x(x+1)^2\,dx$ (2) $\int_0^2 x^2\sqrt{4-x^2}\,dx$ (3) $\int_0^\pi e^{-x}\sin x\,dx$

Coaching (1) 展開してそのまま積分すればよく，$\int_0^1 x(x+1)^2\,dx = \dfrac{17}{12}$ となります．

(2) $x = 2\sin\theta$ と置換するのがよいでしょう．積分区間の中で $0 \le \theta \le \pi/2$ なので $\sqrt{4-x^2} = 2\cos\theta$ であり，かつ $dx/d\theta = 2\cos\theta$ です．三角関数の 2 乗は加法定理を使って 1 乗に直しておきましょう．

$$\int_0^2 x^2\sqrt{4-x^2}\,dx = \int_0^{\pi/2} 4\sin^2\theta\cdot 2\cos\theta\cdot 2\cos\theta\,d\theta = 2\int_0^{\pi/2}(1-\cos 4\theta)\,d\theta = \pi$$

(3) この積分は力学などでよく出会いますので，できるようにしておきましょう．

$I=\int_0^{\pi} e^{-x}\cos x\,dx$ とおくと，部分積分を 2 回行うことで

$$I=[e^{-x}\sin x]_0^{\pi}+\int_0^{\pi} e^{-x}\sin x\,dx=[e^{-x}\cos x]_0^{\pi}-\int_0^{\pi} e^{-x}\cos x\,dx$$
$$=1+e^{-\pi}-I$$

となるので，I を決める方程式 $I=1+e^{-\pi}-I$ が得られます．したがって，$I=(1+e^{-\pi})/2$ となります．■

Training 0.7

(1)　$\mathrm{Sin}^{-1}x$ を微分しなさい．　　(2)　$\mathrm{Sinh}^{-1}x$ を微分しなさい．

(3)　$\displaystyle\int_1^2 \left(\frac{\log x}{x}\right)^2 dx$ の値を求めなさい．

双曲線関数の微分と積分

双曲線関数の微分や積分は，不定積分の積分定数を C として

$$(\sinh x)'=\cosh x,\qquad (\cosh x)'=\sinh x,\qquad (\tanh x)'=\frac{1}{\cosh^2 x}$$
$$\int \sinh x\,dx=\cosh x+C,\qquad \int \cosh x\,dx=\sinh x+C$$
$$\int \tanh x\,dx=\log(\cosh x)+C$$

となります．これらの証明は定義からすぐわかるので各自に任せます．三角関数と見かけが似ていますが，符号が少し異なるので気を付けてください．

Exercise 0.13

次の定積分を求めなさい．

(1)　$\displaystyle\int_0^1 \frac{1}{\sqrt{1-x^2}}\,dx$　　(2)　$\displaystyle\int_0^1 \frac{1}{\sqrt{1+x^2}}\,dx$

Coaching　三角関数や双曲線関数の逆関数は $(\mathrm{Sin}^{-1}x)'=1/\sqrt{1-x^2}$ や $(\mathrm{Sinh}^{-1}x)'=1/\sqrt{1+x^2}$ などとなるので，これらを使って

(1)　$\displaystyle\int_0^1 \frac{1}{\sqrt{1-x^2}}\,dx=[\mathrm{Sin}^{-1}x]_0^1=\frac{\pi}{2}$

(2)　$\displaystyle\int_0^1 \frac{1}{\sqrt{1+x^2}}\,dx=[\mathrm{Sinh}^{-1}x]_0^1=\mathrm{Sinh}^{-1}1=\log(1+\sqrt{2})$

と得られます．

ところで，逆関数を直接には使わず，置換積分で求めることもできます．(1) は三角関数を用いて $x = \sin\theta$ と置換すると

$$\int_0^1 \frac{1}{\sqrt{1-x^2}}\,dx = \int_0^{\pi/2} \frac{1}{\cos\theta}\cos\theta\,d\theta = \frac{\pi}{2}$$

となり，(2) も双曲線関数を用いて $x = \sinh\theta$ と置換すると

$$\int_0^1 \frac{1}{\sqrt{1+x^2}}\,dx = \int_0^{\log(1+\sqrt{2})} \frac{1}{\cosh\theta}\cosh\theta\,d\theta = \log(1+\sqrt{2})$$

となります．三角関数が $\cos^2\theta + \sin^2\theta = 1$ という円周上の点として定義されていて，双曲線関数が $\cosh^2\theta - \sinh^2\theta = 1$ となって双曲線上の点を表していることから，それぞれ円や双曲線の形と親和性が高くなっています．このことが「双曲線関数」といわれる所以であり，上記の置換積分の操作において，簡潔にしたい $\sqrt{1 \pm x^2}$ の構造に応じて使い分けることが有効な理由です．実際，$\sqrt{1-x^2} = y$ とすると $y^2 + x^2 = 1$ となって円の形を表していますし，$\sqrt{1+x^2} = y$ とすると $y^2 - x^2 = 1$ となって双曲線の形を表しています．■

Training 0.8

$\displaystyle\int_0^1 \frac{1}{\sqrt{4+x^2}}\,dx$ の値を求めなさい．

0.4　複素数の基礎

2乗して -1 になる数を虚数単位 i として $i^2 = -1$ とします．このとき，実数 x, y を用いて $z = x + iy$ と書いたものを**複素数**といい，x を**実部**，y を**虚部**といいます．実部 x や虚部 y は，それぞれ $x = \mathrm{Re}(z)$，$y = \mathrm{Im}(z)$ と書くこともあります．

z は (x, y) の組が決まると1つに決まるので，xy 平面上の点としても表すことができます．このような平面を**複素数平面**（または**複素平面**）といいます．複素数平面の原点から z までの距離を r とすると $r = \sqrt{x^2 + y^2}$ であり，図 0.3 に示すような角度 θ を用いて

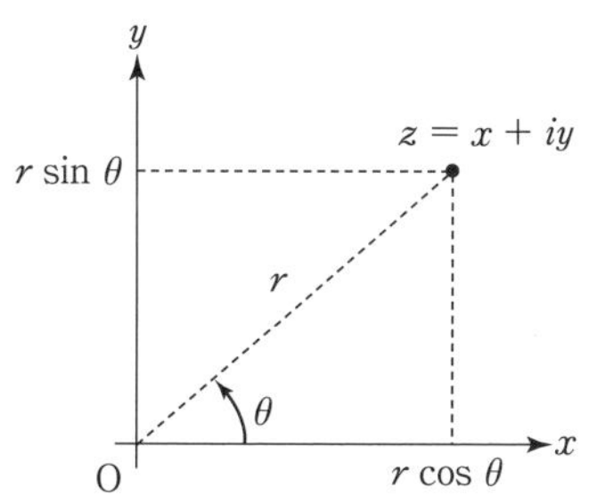

図 0.3　複素数平面

$$z = x + iy = r(\cos\theta + i\sin\theta) \tag{0.5}$$

と表すこともできます．r は複素数 z の**大きさ**といい，$|z|$ と書くこともあります．

また複素数 z に対して

$$z^* = x - iy = r(\cos\theta - i\sin\theta)$$

を**共役複素数**あるいは**複素共役**といいます．$zz^* = |z|^2$ であることを確認しておくとよいでしょう．

実は，このあたりの表記にはいくつかの書き方があります．他にも，例えば，共役複素数 z^* は $\bar{z}$ と書くとか，複素数平面の虚数軸を yi と書くとか，虚数単位 i を j と書くなどの記法があります．自分で勉強するときはあまり気にしなくてもよいのですが，授業を受けたり，他の人とコミュニケーションをとる場合には定義を意識しましょう．

さて，2つの複素数 $a + bi$ と $\alpha + \beta i$ があったとき，これらが等しいのは $a = \alpha$，$b = \beta$ のときだけです．このことを**複素数の相等条件**といいます．この条件が満たされているとき，複素数平面上で2点 (a, b) と (α, β) が重なることは納得しやすいのではないでしょうか．

Exercise 0.14

$z = r(\cos\theta + i\sin\theta)$ とすると，自然数 n に対して $z^n = r^n(\cos n\theta + i\sin n\theta)$ となることを示しなさい．

Coaching　n は本当は自然数に限らなくてもよいのですが，ここでは自然数 $n = 1, 2, \cdots$ だけを考えることにしましょう．$n = 1$ のときは明らかに成り立ちます．$n = k$ のときに $z^k = r^k(\cos k\theta + i\sin k\theta)$ となるとすると，$n = k + 1$ のときは加法定理を用いて

$$\begin{aligned} z^{k+1} &= r^{k+1}(\cos k\theta + i\sin k\theta)(\cos\theta + i\sin\theta) \\ &= r^{k+1}(\cos k\theta\cos\theta - \sin k\theta\sin\theta) + i(\sin k\theta\cos\theta + \cos k\theta\sin\theta) \\ &= r^{k+1}\{\cos(k+1)\theta + i\sin(k+1)\theta\} \end{aligned}$$

となります．したがって，数学的帰納法により任意の自然数に対して成り立ちます．この関係式のことを**ド・モアブルの定理**といいます．■

ド・モアブルの定理は複素数の n 乗が偏角を n 倍にするということを主張しています．このことが任意の自然数に対して成り立つことを示したので，非常に大きな n を用いると，次の Exercise 0.15 のような性質があることがわかります．

Exercise 0.15

Δ が十分に小さいとき $\sin\Delta \simeq \Delta$，$\cos\Delta \simeq 1$ となることを用いて，$\cos\theta + i\sin\theta = e^{i\theta}$ が成り立つことを導きなさい．

Coaching　ド・モアブルの定理と，任意の θ に比べていくらでも大きな自然数 n が存在することを用いて

$$\begin{aligned}\cos\theta + i\sin\theta &= \cos n\frac{\theta}{n} + i\sin n\frac{\theta}{n} = \left(\cos\frac{\theta}{n} + i\sin\frac{\theta}{n}\right)^n \\ &= \lim_{n\to\infty}\left(\cos\frac{\theta}{n} + i\sin\frac{\theta}{n}\right)^n = \lim_{n\to\infty}\left(1 + i\frac{\theta}{n}\right)^n \\ &= \lim_{n\to\infty}\left\{\left(1 + \frac{i\theta}{n}\right)^{\frac{n}{i\theta}}\right\}^{i\theta} = e^{i\theta}\end{aligned}$$

として導けます．1 行目から 2 行目への変形では，Exercise 0.14 で見たように，ド・モアブルの定理がどんな n に対しても成り立つことから $n\to\infty$ でも成り立つことを使っています． ■

ここで導入した

$$e^{i\theta} = \cos\theta + i\sin\theta \tag{0.6}$$

を**オイラーの公式**といいます[5]．そして，オイラーの公式で $\theta = \pi$ とした

$$e^{i\pi} = -1 \tag{0.7}$$

は，**オイラーの等式**とよばれ，最も美しい数式といわれることもあります．

5)　最後の式変形で指数部に i が入っていることから「複素数の指数」が暗に仮定されているので，これは必ずしも完全な証明ではなく，あくまでも「それなりに納得できる説明の1つ」という理解が妥当です．級数展開を用いた標準的な導入を第1章で紹介します．

複素数 z が $z^2 = -3 + 4i$ を満たすとき，$|z|, (z + z^*)^2$ を求めなさい．

0.5 集合と領域

ある条件を満たす数学的対象の集まりを**集合**といいます．例えば，2 以上 5 以下の自然数の集合には 2, 3, 4, 5 が含まれます．そこで，この集合を A とするとき，$A = \{2, 3, 4, 5\}$ と書きます．集合に含まれる対象，ここでいう 2, 3, 4, 5 のことを集合 A の**要素**または**元**（げん）といい，$2 \in A$ などと書いて「2 は A に属する」と表現します．

いま，集合 $A = \{2, 3, 4, 5\}$ とは別に，もう 1 つの集合 $B = \{1, 3, 4, 6\}$ を用意します．**ベン図**で描くと，図 0.4 のような感じです．このとき，A と B の双方に属する要素 3, 4 から成る集合を**積集合**といい，$A \cap B = \{3, 4\}$ と書きます．また，A に属する要素のすべてと B に属する要素のすべてを含む集合を**和集合**といい，$A \cup B = \{1, 2, 3, 4, 5, 6\}$ と書きます．

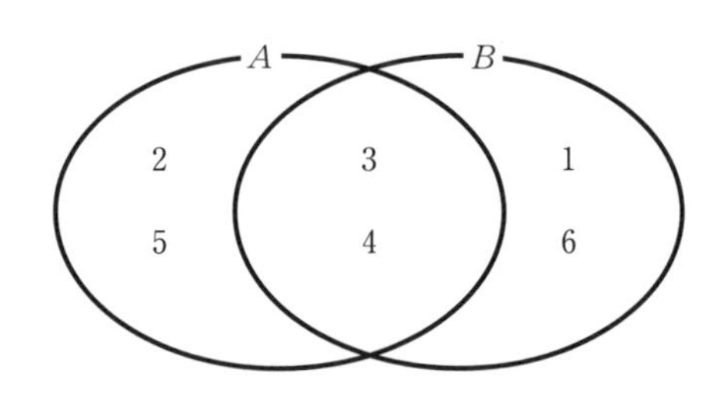

図 0.4　$A = \{2, 3, 4, 5\}$ と $B = \{1, 3, 4, 6\}$ のベン図

A に属する要素のすべてが C に属するとき，A は C に含まれるといい，$A \subset C$ と書きます．特に，$A \subset C$ と $C \subset A$ が同時に成り立つとき，$A = C$ です．A と C が $A \subset C$ または $A = C$ のどちらかを満たすとき $A \subseteq C$ と書きます．よび方だけのことですが，$A \subseteq C$ のとき「A は C の**部分集合**」，$A \subset C$ のとき「A は C の**真部分集合**」とよんで区別する場合もあります．

さて，$A = \{2, 3, 4, 5\}$ のような書き方はわかりやすいのですが，不便もあります．集合 X として 2 以上 5 以下の実数の集合を考えたいとき，これをすべて書き出して $X = \{2.0000\cdots, \cdots, 4.9999\cdots, \cdots\}$ と書くのは不可能です．そこで，このことを表現できるように，$X = \{x | 2 \leq x \leq 5\}$ という書き方を

します．これは複数のパラメータで表すときも同様で，$D = \{(x, y) | 2 \le x \le 5,\ 1 \le y \le 2\}$ とすると，D は xy 平面上で $(2, 1), (5, 1), (5, 2), (2, 2)$ を線分で繋いでできる長方形の周および内部に存在する点の集合を表します．

なお，要素をもたない集合のことを**空集合**といいます．空集合はしばしば $\emptyset$ で表され，定義から $\emptyset = \{\ \ \}$ となります．これ自体を単体で利用することは物理学では多くありませんが，例えば2つの集合 A と B が共通する要素（積集合の要素）をもたないことを表す場合に $A \cap B = \emptyset$ のように表すことがあります．

Exercise 0.16

実数 x, y, z から成る集合 $V = \{(x, y, z) | 0 \le x,\ 0 \le y,\ 0 \le z,\ x + y + z \le 1\}$ が示す領域の体積を求めなさい．

Coaching V は xyz 空間中で $(0, 0, 0), (1, 0, 0), (0, 1, 0), (0, 0, 1)$ を線分で繋いでできる三角錐となるので，その体積は1/6（底面積1/2, 高さ1）となります． ■

Training 0.10

実数 x, y の集合 $A = \{(x, y) | x^2 + y^2 \le r^2\}$ と $B = \{(x, y) | -2 \le x \le 3, -2 \le y \le 5\}$ が $A \subseteq B$ であるとき，r の最大値を求めなさい．

本章のPoint

- **逆関数**：$x \to y$ の関数 $y = f(x)$ に対して y から唯一の x が逆算できるとき，関数 $x = g(y)$ を逆関数といい，$f^{-1}(x)$ と表す．
- **三角関数の逆関数**：$\sin x$ $(-\pi/2 \leq x \leq \pi/2)$, $\cos x$ $(0 \leq x)$, $\tan x$ $(-\pi/2 \leq x \leq \pi/2)$ の逆関数をそれぞれ $\mathrm{Sin}^{-1}\,x$，$\mathrm{Cos}^{-1}\,x$，$\mathrm{Tan}^{-1}\,x$ と書く．$\sin^{-1} x$，$\arcsin x$ などの表記もある．それぞれの微分は次のようになる．
$$\frac{d}{dx}\,\mathrm{Sin}^{-1}\,x = \frac{1}{\sqrt{1-x^2}}, \qquad \frac{d}{dx}\,\mathrm{Cos}^{-1}\,x = -\frac{1}{\sqrt{1-x^2}}$$
$$\frac{d}{dx}\,\mathrm{Tan}^{-1}\,x = \frac{1}{1+x^2}$$
- **双曲線関数**：双曲線関数は指数関数を用いて次のように定義される．
$$\sinh x = \frac{e^x - e^{-x}}{2}, \qquad \cosh x = \frac{e^x + e^{-x}}{2}, \qquad \tanh x = \frac{e^x - e^{-x}}{e^x + e^{-x}}$$
これらの逆関数は，次のように対数関数で表せる．
$$\mathrm{Sinh}^{-1}\,x = \log\left(x + \sqrt{x^2+1}\right) \quad (x\text{ は任意})$$
$$\mathrm{Cosh}^{-1}\,x = \log\left(x + \sqrt{x^2-1}\right) \quad (x \geq 1)$$
$$\mathrm{Tanh}^{-1}\,x = \frac{1}{2}\log\frac{1+x}{1-x} \quad (-1 < x < 1)$$
- **複素数**：虚数単位 i は $i^2 = -1$ を満たし，これと実数 x, y を用いて定義される $z = x + iy$ を複素数という．$\mathrm{Re}(z) = x$ を実部，$\mathrm{Im}(z) = y$ を虚部という．複素数 $z = x + iy$ の大きさ $|z| = \sqrt{x^2+y^2}$ は，共役複素数 $z^* = x - iy$ を用いて $|z|^2 = zz^*$ の関係がある．
- **オイラーの公式**：$e^{i\theta} = \cos\theta + i\sin\theta$．このとき，$\theta$ は実数．また，この複素共役は $e^{-i\theta} = \cos\theta - i\sin\theta$ であり，大きさは $|e^{i\theta}| = \cos^2\theta + \sin^2\theta = 1$．
- **集　合**：集合 $A = \{2, 3, 4, 5\}$ に対して，2, 3, 4, 5 を A の要素という．集合 A が C と $A \subset C$ の関係にあるとき，「A は C に含まれる」または「A は C の（真）部分集合である」という．
- **領　域**：集合 X の要素が連続的な値をとる場合，$X = \{x | 2 \leq x \leq 5\}$ などのように表し，領域の表示に用いることができる．

微分法と級数展開

微分法や級数展開は，自然現象をわかりやすく記述するために非常に重要です．本章では常微分や偏微分，全微分といった微分法の使い方の基本的なイメージをもつことと，マクローリン展開，テイラー展開とフーリエ級数展開という典型的な展開について扱えるようになることを目指します．

1.1　常微分と偏微分

1.1.1　関数としての物理量

私たちの身の回りで起こっている出来事は，気温・湿度・速度・長さ・面積・質量・… など物理的な意味をもった量（**物理量**）を用いて表現することができます．こういった物理量を用いて自然現象を記述するということ自体は誰に教わるでもなく，幼少の頃から知っていると思います．初期の物理学の大きな発見の1つは，**これらの物理量が互いに何らかの関数関係で表せることが多い**ということです．例えば，図1.1に示すような斜面にボールを転がすことを考えてみましょう．

図1.1の場合には，時刻 $t = 0\,\mathrm{s}$ におけるボールの位置 x が $x = 0$（原点）であるとすると，例えば $t = 1\,\mathrm{s}$ には原点

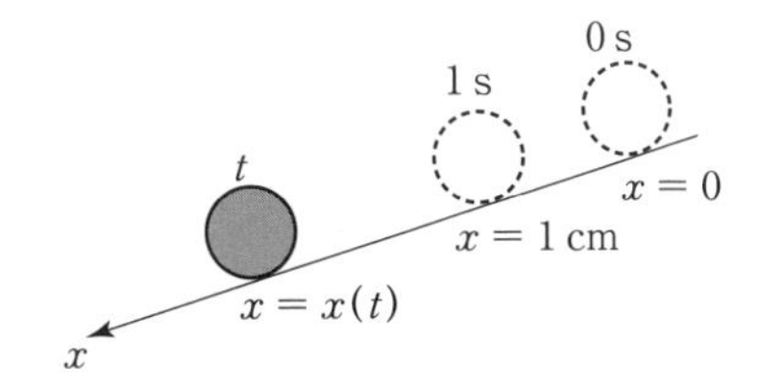

図 1.1　斜面を転がるボール

から斜面に沿って転がった距離が $1\,\mathrm{cm}$ となっています[1]．この移動距離を用いてボールの位置を $x = 1\,\mathrm{cm}$ などと書くことで，

$$x(t = 1\,\mathrm{s}) = 1\,\mathrm{cm}$$

と表せます．これを $t = 2\,\mathrm{s}$，$t = 3\,\mathrm{s}$，$t = 4\,\mathrm{s}$，… などとしていけば，一般の時刻 t についての位置を $x = x(t)$ と表すことができるでしょう．いまは説明の都合上，t を自然数で表される時刻 $1\,\mathrm{s}, 2\,\mathrm{s}, \cdots$ とした例を示しましたが，ゼロ以上の実数として問題ないことは，特に違和感なく受け入れられると思います．また，負の時刻についても，**転がり始める何秒前か？** というセンスで意味付けをすれば[2]，任意の時刻 t におけるボールの位置 x が $x = x(t)$ という関数関係で表せるということがわかるでしょう．

少し冗長な説明だったかもしれませんが，**ある物理量が 1 つ，または複数の別の物理量の関数となる**というのは，このような例をより一般的に表した表現です．この関数がどのようなものかについては個別の出来事に対して調べていくしかありませんが，一般論としては，それほど難しい考え方ではないと思います．

1.1.2　常 微 分

ここからは議論しやすいように，注目する物理量（図 1.1 の例でいえば位置）を y と表し，y が依存する変数としての物理量（図 1.1 の例でいえば時刻）を x と表すことにしましょう．いま，y と x の間には，明示的であるかどうかはともかくとして，関数関係 $y = f(x)$ があるとします．もちろん，**この $f(x)$ が完全に解明されれば，y と x の関係がわかったことになる**のですが，「別にそこまでは必要ない」ということも多いのではないでしょうか．例えば，生まれてから死ぬまでのすべての事象を知らないと今日のご飯を何にすればいいかわからないという状況は，ほとんど有り得ないといってよいでしょう．**せいぜい前後数日間のことがわかれば十分**です．このような判断は自然現象を調べる際にも有効で，**$f(x)$ がすべてわかるに越したことはな**

1)　s は秒（second）を表します．cm はわかりますよね．

2)　自分が考える量の意味を意識することは，物理現象に対して数学を利用する場合には非常に重要です．

いけれど，その前後で増えるかどうかぐらいがわかれば十分ということは往々にしてあります．むしろ，不要な部分のことをいったん忘れて重要なことに注目するという意味で大切な考え方です．これをサポートする数学が**微分法**です．

x を少し変えて $x \to x + \Delta x$（ただし $\Delta x \neq 0$）としたとき，y が変化して $y \to y + \Delta y$ となったとします．これは，$y = f(x)$ が $y + \Delta y = f(x + \Delta x)$ となるということに対応します．したがって，

$$\begin{aligned} y + \Delta y = f(x + \Delta x) \quad &\Leftrightarrow \quad f(x) + \Delta y = f(x + \Delta x) \\ &\Leftrightarrow \quad \Delta y = f(x + \Delta x) - f(x) \end{aligned} \tag{1.1}$$

となることがわかります．ここで，右辺を少し変形して

$$\Delta y = \frac{f(x + \Delta x) - f(x)}{\Delta x} \Delta x \tag{1.2}$$

とすると，これは x **を** Δx **だけ変えたとき，**y **が** Δy **だけ変わる**という関係を表していて，Δx と Δy の間の比例係数

$$\frac{f(x + \Delta x) - f(x)}{\Delta x} \tag{1.3}$$

を**変化の割合**といい，物理学では，これを広い意味で**応答係数**ということもあります．

変化の割合のイメージは図 1.2 のようなものになります．実線で書いた曲線が $y = f(x)$ の関数で，ちょうど基本的な変化の割合の定義

$$\frac{(y \text{ の増加量 } \Delta y)}{(x \text{ の増加量 } \Delta x)}$$

となっていることが見てとれるのではないでしょうか．

さらに，変化の割合 (1.3) が $\Delta x \to 0$ の極限 $\left(\lim_{\Delta x \to 0}\right)$ で収束するとき，x **における微分係数**あるいは**導関数**といい，$\dfrac{df(x)}{dx}$ とか $f'(x)$ で

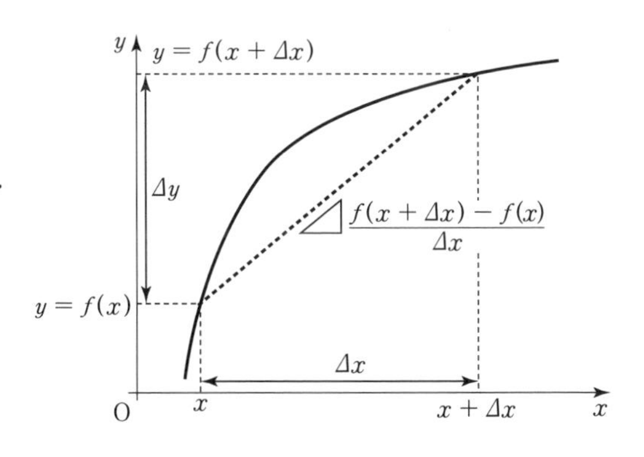

図 1.2　変化の割合のイメージ

表します．すなわち，

$$\frac{df(x)}{dx} = f'(x) = \lim_{\Delta x \to 0} \frac{f(x+\Delta x) - f(x)}{\Delta x} \tag{1.4}$$

が導関数の定義です．導関数 $f'(x)$ のイメージとしては図 1.3 のようなものがしばしば用いられ，**接線の傾き**として理解されることはよく知っていると思います．このようにして導入された (1.4) を，関数 $f(x)$ の x に関する**常微分**といいます．

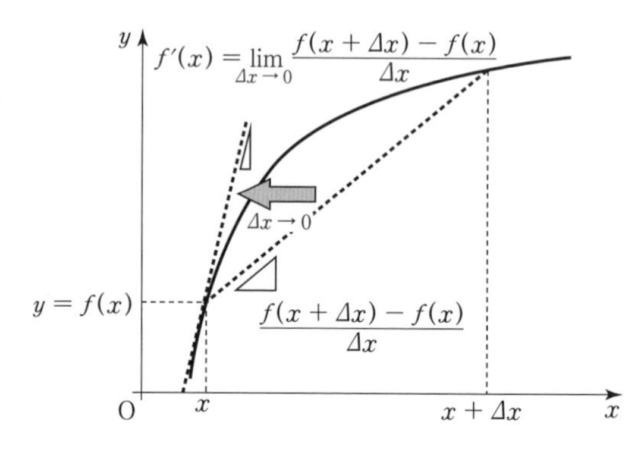

図 1.3　変化の割合と導関数

なお，常微分を n 回繰り返して行うことを「n 階微分」といいます[3]．例えば，2 階微分であれば

$$\lim_{\Delta x \to 0} \frac{f'(x+\Delta x) - f'(x)}{\Delta x}$$

が収束するときに 2 階微分可能で，$f''(x)$ や $\frac{d^2}{dx^2}f(x)$，$\frac{d^2 f(x)}{dx^2}$，$f^{(2)}(x)$ などの表記がなされます．n 階微分も同様で $\frac{d^n}{dx^n}f(x)$，$\frac{d^n f(x)}{dx^n}$，$f^{(n)}(x)$ などと表します．プライム記号「′」の数がわかりづらいので，n が 4 や 5 を越えるようなときには $f''''(x)$ 等といった表し方はあまりしません．

1.1.3　2 変数関数の偏微分

ある物理量が依存するのは単一の変数とは限りません．例えば雲の体積は，気温や湿度・高度など多くの物理量に依存するでしょう．あるいは，荷電粒子の運動量が電場や磁場に依存することも想像に難くないと思います．このような状況についても，これまで見てきた 1 変数の場合と同様に扱うことが

3）「階」は「回」ではないので注意してください．

できます．

簡単のため，まずは2変数の場合から始めてみましょう．ある物理量 z がその他の2つの物理量 x と y に依存する場合を考えます．このとき，z は x, y の関数として $z = f(x, y)$ と表せるでしょう．1変数の場合と同様に，$f(x, y)$ が完全にはわからなくても，x や y を少しだけ変化させたときの様子がわかればよいとします．ただ，この場合には1変数のときとは違って，**x だけが変わるのか，y だけが変わるのか，両方同時に変わるのかで答えが変わるのでは？** という疑問が湧きます．そこで，もう少し詳しく関数 $z = f(x, y)$ について考えてみることにしましょう．

まず，$z = f(x, y)$ という関数は，x と y を与えたときに1つの値 z を返します．つまり，x, y が引数となっています．引数だけを見てみると，ある特定の引数は図1.4で表した点 (x, y) として表せるので，引数のすべての組み合わせは1つの座標平面で表すことができます．これをある程度の距離をもって変化させるとすると，①～③のような可能性があるでしょう．

しかし，前項で考えたように，Δx や Δy をゼロに近づける極限を最初から想定すると，変化は直線的な微小変化に近似できるので，図1.4の③に示すようなグネグネした変化は実質的にはなくなり，図1.5に示すような，①x 方向に沿う変化，②y 方向に沿う変化，③x, y の両方とも同時に変化，に限られます．①や②のような x, y どちらか一方だけの微小変化に対する $z = f(x, y)$ の変化の割合の極限を**偏微分**，③のような x, y 両方の微小変化に対する $z = f(x, y)$ の変化量の極限を**全微分**といいます．

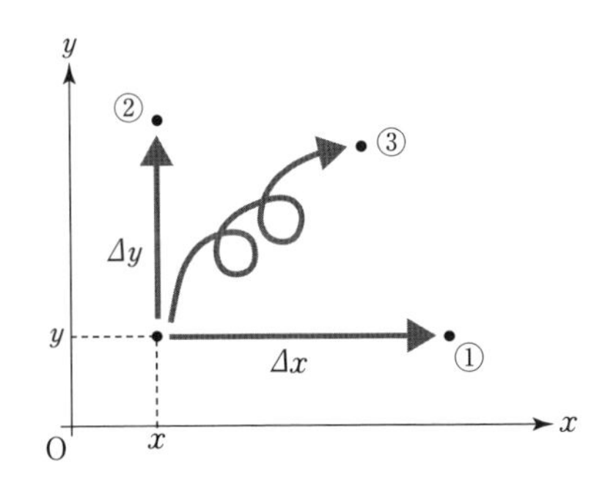

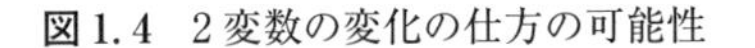
図1.4　2変数の変化の仕方の可能性

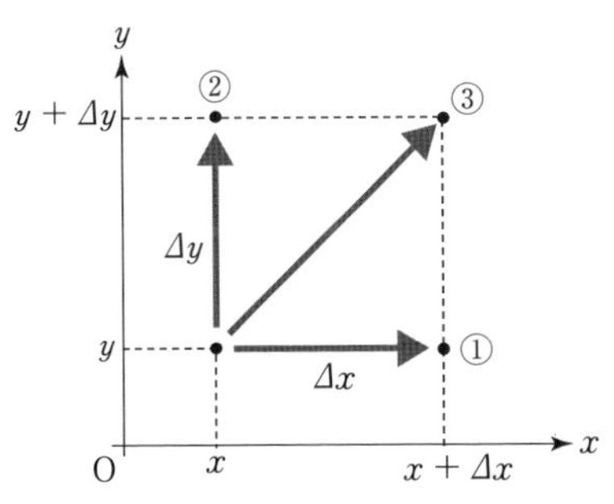

図1.5　2変数の微小変化の仕方

偏微分

まずは偏微分を見ておきましょう．図 1.5 の①や②のような微小変化 $\Delta x, \Delta y$ について考えることになるので，**x 方向への変化を考えるときは y はそのままである**ことに注意すると，(1.4) の自然な拡張として，y を加えた

$$\lim_{\Delta x \to 0} \frac{f(x+\Delta x, y) - f(x, y)}{\Delta x}$$

が考えられるでしょう．これが収束するとき「x での偏微分」といい，

$$\frac{\partial f(x, y)}{\partial x} = \lim_{\Delta x \to 0} \frac{f(x+\Delta x, y) - f(x, y)}{\Delta x} \tag{1.5}$$

のように表します．∂ は「ラウンド」などと読み，常微分のときの d と何となく同じニュアンスを表したものと思って構いません．偏微分の表し方には，$\dfrac{\partial f(x, y)}{\partial x}$ だけではなく，$\partial_x f(x, y), f_x(x, y)$ などの表記もあります．適宜使いやすさが異なりますので，初めての人はとりあえず $\dfrac{\partial f(x, y)}{\partial x}$ を用いておいて，その他のものは出会い次第覚えていくとよいでしょう．

さて，x 方向への偏微分は (1.5) で与えられるわけですが，y 方向への偏微分は，同様の考え方で

$$\frac{\partial f(x, y)}{\partial y} = \lim_{\Delta y \to 0} \frac{f(x, y+\Delta y) - f(x, y)}{\Delta y} \tag{1.6}$$

となります．式の見た目は似ていますが，同じ関数 $f(x, y)$ であっても，(1.5) と (1.6) は一般には異なる値になることに注意してください．

少し抽象的な議論が続いたので，具体的な関数を用いて Exercise 1.1 に取り組んでみましょう．

Exercise 1.1

すべての実数を定義域とする独立な変数 x, y の関数 $f(x, y) = 2x^2 + 3xy + 4y^3$ について，$\partial f(x, y)/\partial x$ および $\partial f(x, y)/\partial y$ を求めなさい．

Coaching 基本的には定義に従って計算すれば求まります．微分はその定義の極限（1.5）や（1.6）が収束するときに限って定められている，ということに注意しましょう．場合によっては収束しないこともあるので，最初から $\partial f(x,y)/\partial x = \cdots$ と書き始めるのは得策ではありません．きちんと偏微分の定義を用いて

$$\begin{aligned}
&\lim_{\Delta x \to 0} \frac{f(x+\Delta x, y) - f(x,y)}{\Delta x} \\
&\quad = \lim_{\Delta x \to 0} \frac{2(x+\Delta x)^2 + 3(x+\Delta x)y + 4y^3 - (2x^2 + 3xy + 4y^3)}{\Delta x} \\
&\quad = \lim_{\Delta x \to 0} \frac{4x\,\Delta x + 2(\Delta x)^2 + 3y\,\Delta x}{\Delta x} = \lim_{\Delta x \to 0}(4x + 2\Delta x + 3y) = 4x + 3y
\end{aligned}$$

となることを得て，有限の x, y に対して収束することを確認した上で，$\partial f(x,y)/\partial x = 4x + 3y$ と答えることになります．また，同様に

$$\lim_{\Delta y \to 0} \frac{f(x, y+\Delta y) - f(x,y)}{\Delta y} = 3x + 12y^2$$

であり，有限の x, y に対して収束するので，$\partial f(x,y)/\partial y = 3x + 12y^2$ となります．■

Training 1.1

$f(x,y) = 3\sin(x+2y)$ について，$\partial_x f(x,y)$ および $\partial_y f(x,y)$ を求めなさい．

何となく感覚はつかめたでしょうか．図 1.5 を見てもわかるように，x で偏微分する際は y については変化させないので，∂_x に対しては y を定数とみなすのが自然です．そう考えると，例えば上の Exercise 1.1 では**予め微分可能だとわかっていれば，**

$$\frac{\partial f(x,y)}{\partial x} = \frac{\partial}{\partial x} f(x,y) = \partial_x(2x^2 + 3xy + 4y^3) = 4x + 3y$$

のように，通常の公式通りに計算することもできます．y での偏微分についてもやってみてください．

多変数関数と偏微分のイメージ

図 1.4 や図 1.5 では，あくまでも引数のみをグラフに描いていましたが，ここに縦軸を加えて，（微分可能な）多変数関数のイメージを身に付けましょう．まず，多変数関数といえども関数なので，**ある値を与えたら何らかの値**

を返すということは1変数の場合と変わりません．そして，ある変数のみを文字のまま残し，他の変数にすべて何らかの値を入れてしまえば，1変数関数とみなすことができます．逆にいえば，多変数関数は，ある一連の1変数関数たちを，まとめて書いたものとみなすこともできます．

例えば，Exercise 1.1 でも用いた関数 $f(x, y) = 2x^2 + 3xy + 4y^3$ は，y に注目したとき

$$f(0, y) = 4y^3, \qquad f(1, y) = 2 + 3y + 4y^3,$$
$$f(2, y) = 8 + 6y + 4y^3, \qquad f(3, y) = 18 + 9y + 4y^3, \quad \cdots$$

といった一連の関数をまとめて書いたものだと見ることができます．もちろん，x に注目してもよく，

$$f(x, 0) = 2x^2, \qquad f(x, 1) = 4 + 3x + 2x^2,$$
$$f(x, 2) = 32 + 6x + 2x^2, \qquad f(x, 3) = 108 + 9x + 2x^2, \quad \cdots$$

をまとめたものと見ても構いません．いずれにしても，$f(x, y)$ というのは「いろいろな x に対する y の関数の集まり」とか「いろいろな y に対する x の関数の集まり」などという捉え方ができるということです．

図1.6では「$f(x, y)$ をいろいろな x に対する y の関数の集まり」と考えて，(a) のように各 x ごとに1変数として描いたグラフを連続的に並べることで (b) の曲面が得られる様子を模式的に表しています[4]．

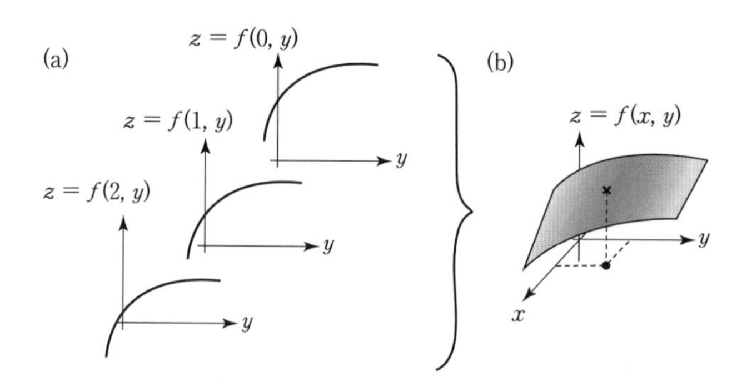

図1.6　y の関数の集まりとしての $f(x, y)$

4) 昔のテキストでは，このようなイメージを指して「レリーフ」といったようですが，最近はレリーフ自体があまり身近ではないので，ここでは控えます．ただ，レリーフという言葉は，このイメージを印象に残すのに適しているのではないでしょうか．

変数の数が増えても基本的には同じことの繰り返しです．さすがに4変数を越えてくると具体的な図を描くのは難しいのですが，あくまでもイメージの話なので，ここで見た2変数の場合が想像できるようになっていれば，大抵の場合は上手く処理できます．

さて，このような曲面の立場から，偏微分を見てみることにしましょう．引数の微小変化が図1.5のようになることを考えると，z軸まで含んだときは図1.7のようになります．$\partial_x f(x,y)$はyを変化させずにxのみを変化させるので，x軸方向の傾き，すなわちA→Bに応じた微分係数だということがわかるでしょう．一方で，$\partial_y f(x,y)$はxを変化させずにyのみを変化させるので，A→Cに応じた微分係数ということになります．

偏微分のイメージはできたでしょうか．特に図1.7の認識は重要なので，記憶の中にしっかり残しておいてください．偏微分のイメージが定着すれば全微分は簡単です．ただ，テイラー展開を先に扱った方が見通しが良いので，次節では先に展開の議論をしてしまいましょう．

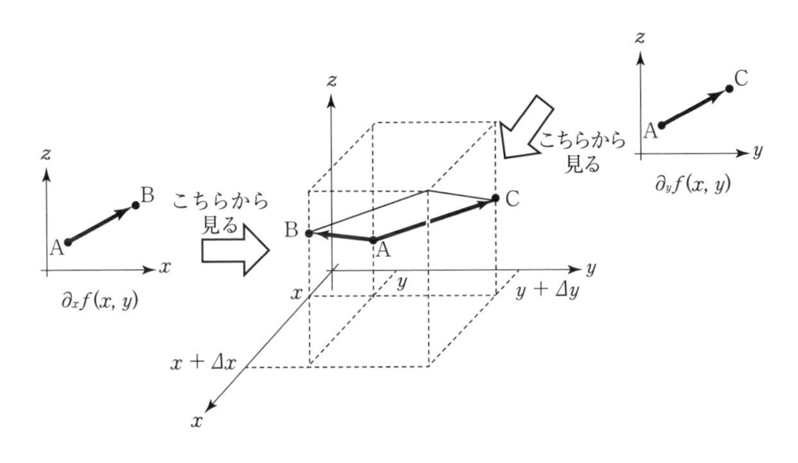

図1.7　$f(x,y)$の微小変化

Coffee Break

「理解できること」と「思いつくこと」

(1.1) を (1.2) にしたところで少し違和感を感じませんでしたか？　物理学や数

学に慣れていないと，Δx **で割る操作は一体どこから出てきたんだ？** という気持ちになることが多いようです．このような場合，**「つじつまがあっているかどうか」と「自分が自然に思いつけるかどうか」は本質的に別のことである**，ということを早い段階で強く認識するのがよいと思います．「(1.1) と (1.2) が同じことである」というのは約分を知っていれば理解はできると思いますが，「(1.1) を (1.2) に書きかえよう」と思うかどうかは，各自の経験値によります．これは言い方をかえると，**もし思いつかなかったとしても，論理的にわからないからではなく，その経験がないからだ**ということであり，そういう見きわめは，学習の初期段階で諦めないための重要なセンスです．

大学1，2年生の学生さんから「ここが納得いかないのですが…」という質問を受ける場合，この種の相談であることが非常に多く，数学的な証明を説明しても腑に落ちていない様子でいるのですが，その操作の見通しを説明すると得心してくれることがほとんどです．これは多くの初学者にとって，**「自分に思いつくことができる」ということと「論理的な整合性を理解できる」ということの区別が難しい**，ということを示しているのでしょう．だから，「自分にとって自然に思いつく方法ではないから，自分にはわからないのだ」などと諦める必要はありません．

今回は簡単な事例なので困難を感じる人は少ないと思いますが，このようなことは，今後も頻繁にありますので意識しておいてください．もちろん，自分の言葉で説明できるようになりたいというのは健全な精神ですし，いずれは使いこなせるようになるべきですが，わかるかわからないか，というのとは別のことです．特に，将来的に学術論文などを読むようになった際には，普通は「誰も知らないこと」が書いてあるので，最初から最後まで自然に思いつく方法が書かれているということは少なく，基本的には，ここで紹介したような「感情をひとまず脇に置いて論理的に納得する」という見方をする必要があります．

1.2　級数と展開 ―マクローリン展開・テイラー展開―

1.2.1　式の展開

いくつかの基本的な展開公式，例えば

$$(x+1)^2 = x^2 + 2x + 1, \qquad (x+1)^3 = x^3 + 3x^2 + 3x + 1,$$
$$(x+1)(x-1) = x^2 - 1, \qquad \cdots$$

などを用いた展開計算には中高生の頃からよく馴染んでいるのではないでしょうか．もちろん，初めてこれらを勉強したときは分配法則の延長で考えて，

$$(x+1)^2 = (x+1)(x+1) = (x+1)\times x + (x+1)\times 1$$
$$= x^2 + x + x + 1 = x^2 + 2x + 1$$

というように理解したのではないかと思います．それはそれで全く問題ないのですが，せっかくなので，少しだけ見方を変えてみましょう．

$(x+1)^2 = x^2 + 2x + 1$ という式は，左辺の $(x+1)^2$ という ひとまとまり になった式を $x^2, x, 1$ という個別の項の和で表すという表現になっています．このことからもわかるように，「展開する」とか「分解する」という表現は，**ある まとまり になっているものを，個別にバラバラにする**という意味をもちます．だから展開は基本的には結構楽しいものですし，それによって，まとまり で見ていたときにはわからなかったことがわかるようになることも多いのです[5]．なお，足し算でバラバラにするときは「展開」，掛け算でバラバラにするときは「分解」という言い方になることが多いようですが，行列を対象にするときは逆だったりするので，割と緩い傾向だと思ってください．

さて，このコンセプトに立つと，$(x+1)^2$ は通常とは少し異なった手続きで展開されることになります．まず，展開したい「部品」に当たりをつけて $1(=x^0), x, x^2, \cdots$ としておきましょう．もちろん，**元が 2 乗の式だからどうせ x^2 までしか出ないんじゃないの？** という感覚は正しいのですが，「部品」が多すぎる分には大丈夫です（むしろ足りないと困るので，通常は多めに用意しておきます）．そこで，

$$(x+1)^2 = a_0 + a_1 x + a_2 x^2 + a_3 x^3 + \cdots + a_k x^k + \cdots \tag{1.7}$$

として，定数 $a_0, a_1, \cdots$ をすべて求めることができれば展開できたことになります．それほど難しいことではないので，どのように求めるかは自由にやって構いませんが，ここでは微分を用いた標準的な方法を紹介します．

さし当たり，a_0 については (1.7) で $x = 0$ とすると $(0+1)^2 = a_0$ となるので，$a_0 = 1$ であることがわかります．

次に，(1.7) の両辺を x で繰り返し微分すると

---

5) 本シリーズを読むような方の中には，家電やパソコンなどを 1 つ 1 つの部品に「展開（分解）」するのが好きな方も多いのではないでしょうか．一度バラバラにしてみると，仕組みがよくわかって楽しいですよね．

$$
\begin{aligned}
2(x+1) &= a_1 + 2a_2 x + 3a_3 x^2 + 4a_4 x^3 + \cdots \\
2 &= 2a_2 + 6a_3 x + 12a_4 x^2 + \cdots \\
0 &= 6a_3 + 24a_4 x + \cdots \\
0 &= 24a_4 + \cdots \\
&\cdots\cdots
\end{aligned}
$$

となるので，a_0 を見つけたときと同様に $x=0$ とすると，

$$
2(0+1) = a_1 \quad \Leftrightarrow \quad a_1 = 2, \qquad 2 = 2a_2 \quad \Leftrightarrow \quad a_2 = 1,
$$
$$
0 = 6a_3 \quad \Leftrightarrow \quad a_3 = 0, \qquad 0 = 24a_4 \quad \Leftrightarrow \quad a_4 = 0, \quad \cdots
$$

を得ることができます．このように，$k \geq 3$ のすべての a_k はゼロとなり，多すぎた「部品」は消える（使わない）ことになります．こうして，$(x+1)^2$ という ひとまとまり の関数は $1+2x+x^2$ と展開できることがわかりました．

そんなこと最初からわかっていたし，特に珍しい結果でもないでしょう？ という感想はもっともですが，今回の方法は，**左辺の ひとまとまり の関数がどんな関数でも，微分さえできれば使える**というところがポイントです．微分できないような場合にはちょっと大変ですが，微分できる関数[6] であれば基本的には今回の方法で展開することができて，**マクローリン展開**といわれています．ここで扱ったようなマクローリン展開は，**多項式展開**あるいは**ベキ級数展開**などといわれる級数展開の1つです．自然科学では非常に重要なので，しっかりと意識しておきましょう．以下では，もう少し一般的にマクローリン展開をまとめてみます．

1.2.2　マクローリン展開

何度でも微分できる関数 $f(x)$ をベキ級数に展開することを，一般の場合に考えてみましょう．すなわち，

$$
f(x) = a_0 + a_1 x + a_2 x^2 + \cdots = \sum_{k=0}^{\infty} a_k x^k
$$

とできるような a_k を求めてみましょう．

まずは，両辺を繰り返し微分します．このとき高階の微分を $f(x) \rightarrow$

6)　特に，このように何度でも微分できる関数のことを C^∞ 級といいます．

$f'(x) \to f''(x) \to f'''(x) \to \cdots$ と書くと，プライム記号「$'$」がたくさん出てきて煩わしいので，n 階微分は $f^{(n)}(x)$ と書くことにすると，

$$f(x) = a_0 + a_1 x + a_2 x^2 + \cdots, \qquad f^{(1)}(x) = a_1 + 2a_2 x + \cdots,$$
$$f^{(2)}(x) = (2!)a_2 + (3!)a_3 x + \cdots, \quad \cdots$$

となるので，それぞれの x に $x = 0$ を代入すれば

$$f(0) = a_0, \quad f^{(1)}(0) = a_1, \quad f^{(2)}(0) = (2!)a_2, \quad f^{(3)}(0) = (3!)a_3, \quad \cdots \tag{1.8}$$

となります．くれぐれも注意してほしいことは，**$f^{(n)}(0)$ は $f^{(n)}(x)$ に $x = 0$ を代入したものであって，$f(0)$ の n 階微分ではない**ということです．そして，これらは $f(x)$ がわかっていれば計算できる量です．

(1.8) を用いると，

$$a_0 = f(0), \quad a_1 = \frac{f^{(1)}(0)}{1!}, \quad a_2 = \frac{f^{(2)}(0)}{2!}, \quad a_3 = \frac{f^{(3)}(0)}{3!}, \quad \cdots$$

として各項の係数が求められ，$0! = 1$ とすることで，$k = 0, 1, 2, \cdots$ に対して $a_k = \dfrac{f^{(k)}(0)}{k!}$ と表すことができるので，

$$\begin{aligned} f(x) &= f(0) + \frac{f^{(1)}(0)}{1!}x + \frac{f^{(2)}(0)}{2!}x^2 + \frac{f^{(3)}(0)}{3!}x^3 + \cdots \\ &= \sum_{k=0}^{\infty} \frac{f^{(k)}(0)}{k!}x^k \end{aligned} \tag{1.9}$$

となります．最左辺はひとまとまりの関数 $f(x)$ ですが，右辺はこれを $1, x, x^2, x^3, \cdots$ の級数で表すことができていて，その係数はすべて $f(x)$ の微分によって求められています．つまり，(1.9) がマクローリン展開であるといえるでしょう．

このときの $f(x)$ についてですが，最初に確認した $(x+1)^2$ のような「いかにも展開できそうな関数」だけではなく，ちょっとびっくりするような関数も形式的には展開することができます．試しに次の Exercise 1.2 に取り組んでみましょう．

Exercise 1. 2

次のそれぞれの関数について，マクローリン展開を形式的に求めなさい．

(1)　$f(x) = e^x$　　(2)　$f(x) = \cos x$　　(3)　$f(x) = \log(x+1)$

Coaching　基本的には何回か微分して，$f^{(k)}(0)$ を上手に k の式で表す必要があります．これが求まれば，後は (1.9) に代入すると形式表示が求まります．

(1)　$f(x) = e^x$ に対して $f^{(k)}(x) = e^x$，$f^{(k)}(0) = e^0 = 1$ なので，(1.9) より，次のように展開できます．

$$f(x) = e^x = 1 + \frac{1}{1!}x + \frac{1}{2!}x^2 + \frac{1}{3!}x^3 + \cdots = \sum_{k=0}^{\infty}\frac{x^k}{k!} \tag{1.10}$$

(2)　$f(x) = \cos x$ に対して $f^{(1)}(x) = -\sin x$，$f^{(2)}(x) = -\cos x$，$f^{(3)}(x) = \sin x$，$f^{(4)}(x) = \cos x$，$f^{(5)}(x) = -\sin x, \cdots$ であることに注意すると，$f(0) = 1$，$f^{(1)}(0) = 0$，$f^{(2)}(0) = -1$，$f^{(3)}(0) = 0$，$f^{(4)}(0) = 1$，$f^{(5)}(0) = 0, \cdots$，すなわち $k = 0, 1, 2, \cdots$ に対して $f^{(2k)}(0) = (-1)^k$，かつ $f^{(2k+1)}(0) = 0$ となります．したがって，(1.9) から次のように展開できます．

$$f(x) = \cos x = 1 - \frac{1}{2!}x^2 + \frac{1}{4!}x^4 - \frac{1}{6!}x^6 + \cdots = \sum_{k=0}^{\infty}\frac{(-1)^k}{(2k)!}x^{2k}$$

(3)　$f(x) = \log(x+1)$ の微分を繰り返すと $f^{(k)}(x) = (k-1)!\dfrac{(-1)^{k-1}}{(x+1)^k}$ であることがわかります．したがって $k = 1, 2, \cdots$ に対して $f^{(k)}(0) = (-1)^{k-1}(k-1)!$，かつ $f(0) = 0$ なので，次のように展開できます．

$$f(x) = \log(x+1) = x - \frac{1}{2}x^2 + \frac{1}{3}x^3 - \frac{1}{4}x^4 + \cdots = \sum_{k=1}^{\infty}\frac{(-1)^{k-1}}{k}x^k \tag{1.11}$$

■

Training 1. 2

$f(x) = \sin x$ を形式的にマクローリン展開しなさい．

このような展開を行う際に，技術的に注意してほしい点と原理的に注意してほしい点がそれぞれあります．技術的には，初学者の方に多いのですが，展開係数 a_k を求めるのに夢中になってしまい，主役である x^k を書き忘れてしまうことがあることです．$f(x)$ はやはり x の式であることが最も重要なことなので，忘れないように注意してください．

一方，原理的な面はもう少し深刻です．Exercise 1.2 を実際に展開してみて，e^x や $\log(x+1)$ が「展開できる」ということ自体，結構不思議な感じがしたのではないでしょうか．Exercise 1.2 の問題文でも，「形式的に」と少しお茶を濁した書き方にしています．それは，今回扱ったような，微分して係数を合わせるという手続きだけでは，右辺の無限級数が収束する保証がまだないからです．

この事情はグラフを見てみるとわかりやすいと思います．e^x をマクローリン展開したとき，最初の n 項のみを取り出してつくった関数を $g_n(x)$ としてみます．つまり，(1.10) の和の上限を ∞ から n にして

$$g_n(x) = \sum_{k=0}^{n} \frac{x^k}{k!} \tag{1.12}$$

とします．同様に，$\log(x+1)$ のマクローリン展開 (1.11) に対して，最初の n 項のみを取り出してつくった関数を $h_n(x)$ とします．

$$h_n(x) = \sum_{k=1}^{n} \frac{(-1)^{k-1}}{k} x^k \tag{1.13}$$

これらをグラフに描いてみると，図 1.8 ～ 図 1.11 のようになります．

まず，図 1.8 と図 1.9 を見ると，次の 2 つの特徴に気づくと思います．

- $|x|$ が 0 に近いところでは $y = g_n(x)$ は $y = e^x$ に近い値をとっているが，$|x|$ が大きくなると離れてしまう．
- n が大きくなるにつれて，$y = g_n(x)$ と $y = e^x$ が近い値をとる範囲が広くなる．

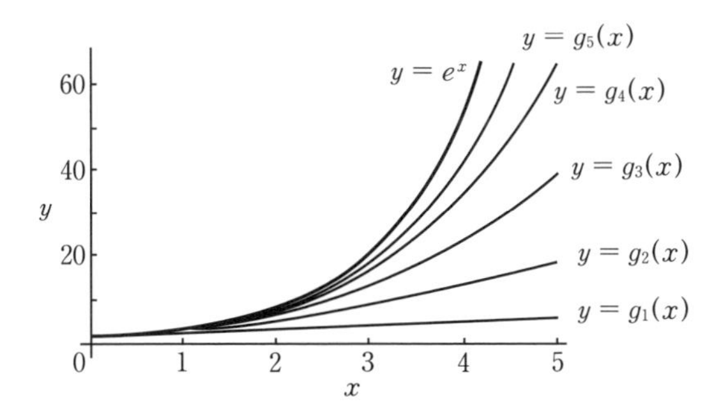

図 1.8　$y = e^x$ と $y = g_1(x)$, $\cdots$, $y = g_5(x)$

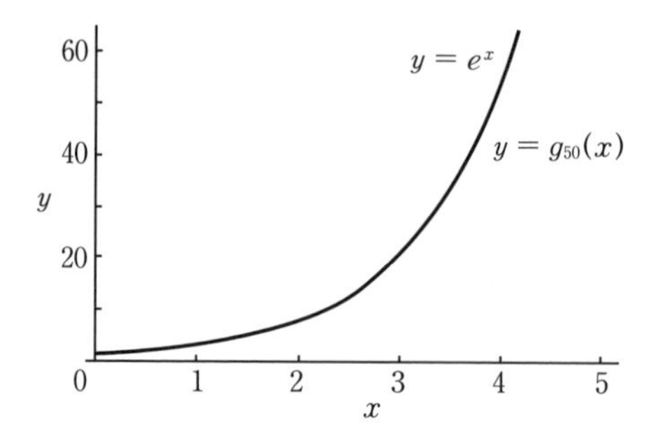

図 1.9　$y = e^x$ と $y = g_{50}(x)$

特に 2 つ目は重要で，とにかく頑張って n を大きくしさえすれば，x の全域でかなり e^x に近い値にもっていくことができます．$n \to \infty$ となる場合には $e^x = g_\infty(x)$ がいつも成り立ち，形式的なマクローリン展開 (1.10) はいつでも使えそうです．

ところが，図 1.10 と図 1.11 ではどうでしょうか．見比べてみると，

- $|x|$ が 0 に近いところでは $y = h_n(x)$ は $y = \log(x+1)$ に近い値をとっているが，$|x|$ が大きくなると離れてしまう．

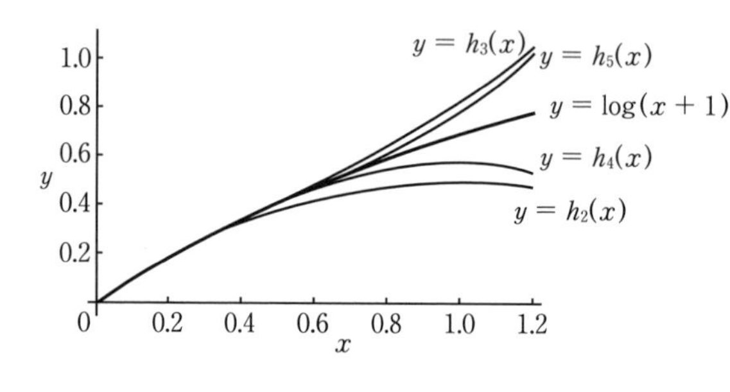

図 1.10　$y = \log(x+1)$ と $y = h_2(x)$, …, $y = h_5(x)$

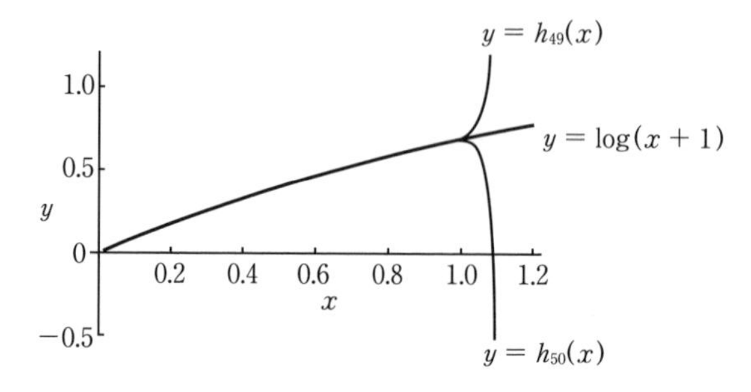

図 1.11　$y = \log(x+1)$ と $y = h_{49}(x), y = h_{50}(x)$

- n が大きくなるにつれて，$y = h_n(x)$ が $y = \log(x+1)$ と近い値をとる範囲が広くなるが，$|x| > 1$ **では急激に離れてしまう**．

ということがわかると思います．つまり，e^x のときとは違って，$n \to \infty$ を用意したとしても，$\log(x+1) = h_\infty(x)$ といえるのはどうやら $0 \leq |x| < 1$ の範囲くらいらしい，という雰囲気が読み取れるでしょう．

このことを定量的に判定するために，**収束判定**と**収束半径**という考え方を導入します．収束判定は，ある級数が収束するのはどのようなときかを知るためのもので，ここでは一番簡単な**ダランベールの判定法**というものを紹介します7)．

ダランベールの判定法は，ある級数

$$S = \sum_{n=0}^{\infty} a_n$$

が収束するには，最もシンプルには $n \to \infty$ において $|a_n| > |a_{n+1}|$ であれば十分である，というものです．式で書けば

$$\lim_{n \to \infty} \left| \frac{a_{n+1}}{a_n} \right| < 1$$

であれば収束する，ということです．誤解を恐れずにいえば，**数列がどんなに先に進んでも，その絶対値が明確に小さくなるなら，その和も収束するよね**，という判定になります．この「明確に」というのが曲者で，$n \to \infty$ のときに $\left| \frac{a_{n+1}}{a_n} \right| \to 1$ のときは収束するともしないともいえないので注意してください．

例えば $a_n = \frac{1}{n}$ の場合，$\left| \frac{a_{n+1}}{a_n} \right| = \left| \frac{n}{n+1} \right| \to 1$ となるので，収束するかどうかはこれだけではわかりません8)．一方で，$a_n = ne^{-n}$ のような場合には，

$$\lim_{n \to \infty} \left| \frac{a_{n+1}}{a_n} \right| = \lim_{n \to \infty} \left| \frac{(n+1)e^{-n-1}}{ne^{-n}} \right| = \frac{1}{e} < 1$$

7) 他にもラーベの判定法とかコーシーの判定法などが有名ですが，物理数学ではほとんどの場合にダランベールの判定法で十分です．

8) 実際には対数発散といわれる発散をします．

なので，級数 $\sum_{n=0}^{\infty} ne^{-n}$ は収束する，と判定されます．

この立場からマクローリン展開を見ると，指数関数 e^x の場合は (1.10) より

$$e^x = \sum_{k=0}^{\infty} \frac{x^k}{k!} \tag{1.14}$$

となっているので，$\alpha_k = \dfrac{x^k}{k!}$ に対して

$$\lim_{k\to\infty}\left|\frac{\alpha_{k+1}}{\alpha_k}\right| = \lim_{k\to\infty}\left|\frac{x^{k+1}/(k+1)!}{x^k/k!}\right| = \lim_{k\to\infty}\frac{|x|}{k+1} = 0$$

となります．したがって，マクローリン展開 (1.14) はどんなに大きな $|x|$ に対しても $k\to\infty$ によって収束します．

一方で，対数関数 $\log(x+1)$ の場合は，(1.11) より

$$\log(x+1) = \sum_{k=1}^{\infty}\frac{(-1)^{k-1}}{k}x^k$$

だったので，$\alpha_k = \dfrac{(-1)^{k-1}x^k}{k}$ に対して

$$\lim_{k\to\infty}\left|\frac{\alpha_{k+1}}{\alpha_k}\right| = \lim_{k\to\infty}\left|\frac{x^{k+1}/(k+1)}{x^k/k}\right| = \lim_{k\to\infty}\frac{|x|}{1+1/k} = |x|$$

となります．したがって，(1.11) が収束すると言い切れるのは $|x|<1$ のときに限られることになります．

マクローリン展開は，その定義上 $f(x) = f(0) + f'(0)x + \cdots$ とするので，$x=0$ では必ず成り立ちます．しかし，「$x=0$ からどの程度までなら離れても収束できるのか」については関数次第です．そこで，$|x|$ がどの程度大きくてもよいのかを知りたければ，ここで見たような収束判定を行う必要があります．そして，収束判定の結果として定められる $|x|<\infty$ (e^x の場合) や $|x|<1$ ($\log(x+1)$ の場合) を**収束半径**といいます．そのため，最初のうちは，**マクローリン展開を使うときは，使いたい x が収束半径の中に入っているかどうかぐらいは気にする**というように考えておくのが無難でしょう．

ただ，物理学の学習の初期段階では収束半径が直接問題になることは比較的少なく，**$|x|$ をとにかく非常に小さくとっておく**という手段が用いられることの方が多いかと思います．このとき収束半径を意識することはあまり多

くなく，**本当に十分小さいのかどうかが疑わしいときに収束半径を確認する，**というぐらいの大胆さの方が扱いやすいでしょう．この考え方は結構重要で，$|x|$ を 1 よりも十分小さくしておくことで，級数の始めの方の項だけを考えればよいことになる，というメリットが生まれます．

例えば，e^x については

$$e^x = 1 + x + \frac{1}{2}x^2 + \frac{1}{3!}x^3 + \frac{1}{4!}x^4 + \cdots$$

ですが，$x = 0.1$ などであれば

$$左辺 = e^{0.1} \simeq 1.10517$$

$$右辺 \simeq 1 + 0.1 + 0.005 + 0.000166667 + 4.16667 \times 10^{-6}$$

となります．一部の超高精度な実験や数値計算を除けば，これほどの有効桁数がいきなり要求されるようなことは滅多にないので，**まずは高次の項を大胆に切り捨てることで，より複雑な課題にもアプローチできるようになる**という，とても大きなメリットにつながります．

すなわち，e^x をそのまま扱うだけではなく，必要と状況に応じて

$$e^x \simeq 1 + x \quad あるいは，せいぜい \quad e^x \simeq 1 + x + \frac{1}{2}x^2$$

などと，大胆に多項式で置き換えることもできるようになるのです．これは諦観に由来する近似などというものでは断じてなく，複雑で取り扱いの難しい関数を簡単な低次の（あわよくば線形の）多項式で代用することによって克服するという秀逸な知恵の 1 つです．

1.2.3 テイラー展開

マクローリン展開がある程度理解できれば，テイラー展開に拡張するのはそれほど難しくありません．マクローリン展開 (1.9) では $f(x)$ の最初の項として $f(0)$ が出てきていますが，こうなった直接の理由は，展開する「部品」を $1, x, x^2, \cdots$ としたためです．もし $x = 0$ 以外の $x = x_0$ について展開したければ，展開する部品の基準点を 0 から x_0 だけずらして $1, (x - x_0), (x - x_0)^2, \cdots$ によって展開すればよいのは容易に想像できるでしょう．

実際，このように

$$f(x) = a_0 + a_1(x - x_0) + a_2(x - x_0)^2 + a_3(x - x_0)^3 + \cdots$$
$$= \sum_{k=0}^{\infty} a_k(x - x_0)^k \qquad (1.15)$$

と展開できることを要請すると，両辺に微分を繰り返すことで

$$f^{(1)}(x) = a_1 + (2!)a_2(x - x_0) + 3a_3(x - x_0)^2 + \cdots,$$
$$f^{(2)}(x) = (2!)a_2 + (3!)a_3(x - x_0) + (3\cdot 4)a_4(x - x_0)^2 + \cdots,$$
$$\cdots\cdots$$

となるので，**これらそれぞれに $x = x_0$ を代入して**係数 a_k を決めることができます．したがって，

$$a_0 = f(x_0), \quad a_1 = \frac{f^{(1)}(x_0)}{1!}, \quad a_2 = \frac{f^{(2)}(x_0)}{2!}, \quad a_3 = \frac{f^{(3)}(x_0)}{3!}, \quad \cdots$$

となるので，

$$f(x) = f(x_0) + \frac{f^{(1)}(x_0)}{1!}(x - x_0) + \frac{f^{(2)}(x_0)}{2!}(x - x_0)^2$$
$$+ \frac{f^{(3)}(x_0)}{3!}(x - x_0)^3 + \cdots$$
$$= \sum_{k=0}^{\infty} \frac{f^{(k)}(x_0)}{k!}(x - x_0)^k \qquad (1.16)$$

と展開することができて，これを**テイラー展開**といいます．もちろん，$x_0 = 0$ を選べばマクローリン展開に帰着するので，**マクローリン展開はテイラー展開の特殊な例**ともいえるかと思います[9)]．

さて，少しややこしいのですが，(1.16) で $x \to x + \Delta x$ および $x_0 \to x$ とすると，テイラー展開は

9）元々は，このような展開はグレゴリーやライプニッツが一部の関数に対して使っていたそうですが，一般にまとめたテイラーと物理学に活用したマクローリンの名前が付いているのは面白いですね．現在の実用上ではあまり区別しなかったり，まとめて「テイラー－マクローリン展開」とよんだりすることも多くあります．特に授業やディスカッションではラフに使われることがしばしばあるので，あまりこだわらずに「あぁ，こういう意味で使っているんだな」と受け入れるようにしましょう．

$$
\begin{aligned}
f(x+\Delta x) &= f(x) + \frac{f^{(1)}(x)}{1!}\Delta x + \frac{f^{(2)}(x)}{2!}(\Delta x)^2 + \frac{f^{(3)}(x)}{3!}(\Delta x)^3 + \cdots \\
&= \sum_{k=0}^{\infty} \frac{f^{(k)}(x)}{k!}(\Delta x)^k
\end{aligned}
\tag{1.17}
$$

とも表現できます．文字を直接置き換えるだけなのですが，書き換えの前後で x が混乱しやすいので落ち着いて眺めてください．ここまでの議論からもう自然に感じられると思いますが，(1.17) における Δx は，気持ちの上では微小量を想定しています．そこで，実際に $\Delta x \ll 1$ として，この高次の項を切り捨ててみましょう．

Δx の1次の項までを採用して2次以降の項を切り捨てる場合（これを**1次近似**といいます）には

$$
f(x+\Delta x) = f(x) + f'(x)\Delta x \quad \Leftrightarrow \quad f'(x) = \frac{f(x+\Delta x) - f(x)}{\Delta x}
$$

となるので，微分の定義式[10] (1.4) に相当することがわかると思います．ここからもわかるように，1次近似は $\Delta x \to 0$ といえる程度に Δx が小さいときの変化量 $f(x+\Delta x)$ を表しています．したがって，高次の項を順次とり入れていけば，少しずつ大きめの Δx に対応するように扱えそうだということがわかるでしょう．

原理的には，収束半径の内側ですべての項をとり入れれば，テイラー展開は元の関数に一致します．しかし，**すべての項をとり入れるなんて土台無理**だったりもします．そこで，第1項から第 n 項までは頑張って展開したけど，そこで諦めたときに元の関数 $f(x)$ との差がどのようになるかが気になる人もいるかもしれません．この「差」のことを**ラグランジュの剰余**といいますが，ここまで述べてきたように，テイラー－マクローリン展開をする際には展開する変数である x や Δx が小さいとすることが非常に多く，ラグランジュの剰余を直接調べることは，特に初歩の段階ではあまりありません．

10) より正確には平均値の定理に相当すると理解するのが妥当だと思いますが，物理学でこのような関係を使うときは Δx が十分小さいときを想定しているので，微分係数としての捉え方をすることの方が多いでしょう．

1.2.4 近似公式

さて，マクローリン展開（1.9）やテイラー展開（1.16）の物理学への活用で，最も頻繁に出会うのは近似公式の導出でしょう．微小量の n 次までで近似した近似式を n **次近似**といい，特に1次近似が有名ですが，せっかくなので2次や3次くらいまでは，記憶するなりメモを用意しておくなりして，すぐに使えるようにしておくと便利です．以下の例ではすべて $|x| \ll 1$ であるとし，x 以外の文字 $a, b, c, \cdots$ は定数であるとします．

（a）$f(x) = (1+x)^a$：微分すると $f'(x) = a(1+x)^{a-1}$，$f''(x) = a(a-1)(1+x)^{a-2}$ となるので，マクローリン展開の2次近似によって

$$(1+x)^a \simeq 1 + ax + \frac{a(a-1)}{2}x^2$$

となります．特に，1次までの $(1+x)^a \simeq 1 + ax$ はよく使います．

（b）$f(x) = \sin x$：微分すると $f'(x) = \cos x$，$f''(x) = -\sin x$，$f'''(x) = -\cos x$ となるので，マクローリン展開の3次近似によって

$$\sin x \simeq x - \frac{1}{6}x^3$$

となります．これと並んで，1次までの $\sin x \simeq x$ もよく使います．

（c）$f(x) = \cos x$：微分すると $f'(x) = -\sin x$，$f''(x) = -\cos x$，$f'''(x) = \sin x$，$f^{(4)}(x) = \cos x$ となるので，マクローリン展開の4次近似によって

$$\cos x \simeq 1 - \frac{1}{2}x^2 + \frac{1}{24}x^4$$

となります．cos に代表される偶関数は，1次の項が出てこないので，最低の展開次数は0次か2次が多いでしょう．4次まで使うことは稀です．

（d）$f(x) = \tan x$：微分すると $f'(x) = \dfrac{1}{\cos^2 x}$，$f''(x) = 2\dfrac{\sin x}{\cos^3 x}$，$f'''(x) = 2\dfrac{1+2\sin^2 x}{\cos^4 x}$ となるので，マクローリン展開の3次近似によって

$$\tan x \simeq x + \frac{1}{3}x^3$$

となります．これは1次までで使うことも多いですが，3次までを使う場合も結構あるので，意識しておくとよいでしょう．

もちろん，より高次まで扱う場合や，1次近似までしか使わない場合もあるでしょう．そこは**使うときの物理的な状況と相談して決める**ということになるのですが，基本的にテイラー展開やマクローリン展開が使えるようになっていれば代入するだけなので，比較的簡単に理解できると思います．

1.2.5 オイラーの公式

物理数学においてしばしば用いられる**オイラーの公式**ですが，その導出はマクローリン展開を用いた方法が標準的です．まず，指数関数 e^{ix} をマクローリン展開して

$$e^{ix} = 1 + ix - \frac{1}{2!}x^2 - \frac{i}{3!}x^3 + \frac{1}{4!}x^4 + \frac{i}{5!}x^5 - \frac{1}{6!}x^6 - \frac{i}{7!}x^7 + \cdots \tag{1.18}$$

とし，これを実部と虚部に分けて

$$\begin{aligned} e^{ix} &= \left(1 - \frac{1}{2!}x^2 + \frac{1}{4!}x^4 - \frac{1}{6!}x^6 + \cdots\right) \\ &\quad + i\left(x - \frac{1}{3!}x^3 + \frac{1}{5!}x^5 - \frac{1}{7!}x^7 + \cdots\right) \end{aligned} \tag{1.19}$$

としておきます．ここで，おもむろに $\cos x$ と $\sin x$ をマクローリン展開したものを書き下してみると

$$\begin{cases} \cos x = 1 - \dfrac{1}{2!}x^2 + \dfrac{1}{4!}x^4 - \dfrac{1}{6!}x^6 + \cdots \\ \sin x = x - \dfrac{1}{3!}x^3 + \dfrac{1}{5!}x^5 - \dfrac{1}{7!}x^7 + \cdots \end{cases} \tag{1.20}$$

なので，(1.19) の実部と虚部がそれぞれ $\cos x$ と $\sin x$ に対応することがわかります．(1.18)，(1.20) はそれぞれ絶対収束するので[11)]，和の順序を入れかえることが許されて，

$$e^{ix} = \cos x + i \sin x \tag{1.21}$$

---

11) **絶対収束**の確認と意味については，章末の Practice を解いてみてください．

となり，オイラーの公式が得られます．

この公式は三角関数を指数関数にすることができるので，とても便利です．特に，掛け算をする場合には**三角関数の加法定理は複雑だけど，指数関数の積は指数部分の足し算である**という事情がとても有効にはたらきます．

例えば，オイラーの公式（1.21）の両辺を n 乗することで

$$(e^{ix})^n = (\cos x + i\sin x)^n \quad \Leftrightarrow \quad e^{inx} = (\cos x + i\sin x)^n$$
$$\Leftrightarrow \quad \cos nx + i\sin nx = (\cos x + i\sin x)^n$$

となるので，ド・モアブルの定理も演繹的に導くことができます．第0章で紹介したように，これを加法定理のみによって示す場合には数学的帰納法の援用をしたことを思い出すと，かなり便利だということが感じられるのではないでしょうか．あるいは，微分方程式など（第3章を参照）を扱う場合にも，指数関数の微分がシンプルな振る舞いをすることから，この関係式が活躍します．いずれにせよ，三角関数と指数関数の関係として，いつも意識しておきましょう．

1.2.6　現象論的取り扱い

物理学を初めて勉強したときに出会う，いわゆる**等加速度運動の公式**もテイラー－マクローリン展開の立場から導くことができます．力学ではあまり意識されませんが，せっかくなので Exercise 1.3 として紹介します．

Exercise 1.3

1次元上の粒子の運動を考えます．粒子が時刻 $t=0$ に原点を初速度 v_0 で動き出し，等加速度 a で直進しているとき，時刻 t における粒子の位置 $x(t)$ を t の多項式として表しなさい．

Coaching　詳細は本シリーズの『力学』などのテキストを参照してもらえればと思いますが，$x(t)$ に対して，速度 $v(t)$ と加速度 $a(t)$ は，定義からそれぞれ $v(t) = \dot{x}(t) = dx(t)/dt$ および $a(t) = \ddot{x}(t) = d^2x(t)/dt^2$ となります[12]．

12）余談ですが，時間で微分するときの d/dt を省略表記するときは，プライム記号「′」よりもドット記号「˙」が使われることが多いです．

さて，この粒子は $t=0$ から動き始めるということなので，とりあえず $x(t)$ を形式的にマクローリン展開で表してみましょう．

$$x(t)=x(0)+\dot{x}(0)t+\frac{\ddot{x}(0)}{2}t^2+\frac{x^{(3)}(0)}{3!}t^3+\frac{x^{(4)}(0)}{4!}t^4+\frac{x^{(5)}(0)}{5!}t^5+\cdots \tag{1.22}$$

まず，$t=0$ での粒子の位置は原点なので，$x(0)=0$ です．また，初速度が v_0 なので，$v(0)=\dot{x}(0)=v_0$ となります．さらに，等加速度運動なのでもちろん $t=0$ でも加速度は一定値 a です．したがって，$a(0)=\ddot{x}(0)=a$ となります．

ところで，この「等加速度」という条件は $t=0$ だけではなく，すべての t に対して加速度が一定値 a であることも要請するので，$\ddot{x}(t)=a$ です．つまり，**この先 $\ddot{x}(t)$ を何度微分してもゼロである**ということが「等加速度」であるということの意味であり，$x^{(3)}(t)=x^{(4)}(t)=x^{(5)}(t)=x^{(6)}(t)=\cdots=0$ です．

以上のことをまとめると

$$x(0)=0,\quad \dot{x}(0)=v_0,\quad \ddot{x}(0)=a,\quad x^{(3)}(0)=x^{(4)}(0)=x^{(5)}(0)=\cdots=0$$

ですから，$x(t)$ のマクローリン展開（1.22）は**厳密に**

$$x(t)=v_0t+\frac{1}{2}at^2 \tag{1.23}$$

であるということがわかります． ■

こういう方法は，特別な計算がいるわけでもなく，展開式を想像して意味から係数を埋めるだけなのでオシャレですよね．もちろん，本来なら，この粒子にはたらく力を考察し，それと位置・速度・加速度の関係から解析するのが本筋で，加速度の定義から積分して（1.23）を得ることが多いと思います．しかし Exercise 1.3 で見たように，原理にもとづく議論をしなくても，興味のある「位置座標」だけに注目することで，寄与するパラメータ $\dot{x}(0),\ddot{x}(0),\cdots$ の挙動から $x(t)$ を記述することができます．

このように，事象の細かい背景や構造はとりあえず脇に置いておいて，見たい事象の挙動やその意味から直接に関数の特徴を捉えて現象を記述する手法のことを**現象論**といいます．優れた現象論を構築するには，深い洞察力と経験が必要なので，初習のうちから使いこなすのは難しいかもしれませんが，こういう見方もあるということは記憶にとどめておいてもよいのではないでしょうか．

1.3 多変数関数のテイラー - マクローリン展開と全微分

1.3.1 多変数関数のテイラー - マクローリン展開

多変数関数の場合のテイラー展開やマクローリン展開も導入することができます．ただ多変数の場合，公式をつくって代入するという方法は，初学者にとって大変であることが多いようです．それは，変数が増えると特に高次の項が複雑になるために，混乱を招くことが多いということに起因すると考えられます．しかし，多変数関数について，図1.6のイメージができれば，結局のところ**変数1つずつについて順番に展開すればよい**ので，手間は増えますが，そのような方針で取り組みましょう．ここでは，練習用の例を紹介するので，続く Exercise 1.4 にチャレンジしてみてください．

練習として，何度でも微分できる関数 $f(x,y)=e^{x+y^2}$ をマクローリン展開してみます．x,y という2つの変数がありますが，1つずつ扱います．どちらからでもよいのですが，まずは y を無視して，x についてのマクローリン展開をしてみると

$$f(x,y)=e^{y^2}+e^{y^2}x+\frac{1}{2}e^{y^2}x^2+\frac{1}{6}e^{y^2}x^3+\frac{1}{24}e^{y^2}x^4+\cdots \quad (1.24)$$

となります．まだ y についての展開ができていないので，続いて y について展開します．$e^{y^2}=1+y^2+\dfrac{y^4}{2}+\cdots$ を (1.24) へ代入すれば

$$\begin{aligned}f(x,y)&=\left(1+y^2+\frac{y^4}{2}+\cdots\right)+\left(1+y^2+\frac{y^4}{2}+\cdots\right)x\\&\quad+\frac{1}{2}\left(1+y^2+\frac{y^4}{2}+\cdots\right)x^2+\frac{1}{6}\left(1+y^2+\frac{y^4}{2}+\cdots\right)x^3\\&\quad+\frac{1}{24}\left(1+y^2+\frac{y^4}{2}+\cdots\right)x^4+\cdots\\&=1+x+\frac{1}{2}x^2+y^2+\frac{1}{6}x^3+xy^2+\cdots \quad (1.25)\end{aligned}$$

と得られます．

マクローリン展開ですから，1変数の場合と同様に x も y も共に非常に小

さい，とみなしています．そこで，(1.25) では x と y についての 3 次まで書いてみました．この 3 次までの展開を得るために，途中の計算では 4 次まで展開しています．これは展開の都合で x と y の積が現れる項（**クロスターム**）の出現を見落とすようなことがないようにするための対策で，実際には両方とも 3 次までとしても十分です．

いずれにしても，今回の xy^2 という項のように，多変数関数の展開を扱う場合には，クロスタームが出てくるという点は少し注意すべきところです．そこで，計算は面倒ではありますが，**各変数についての展開は欲しい次数と同じか，少し高めに展開しておいて，後から高次のものを切り捨てる**という方針が，初めのうちは失敗しにくいと思います．

Exercise 1.4

$f(x,y) = e^{-x}\sin(x+y)$ を x と y について 2 次までマクローリン展開しなさい．

Coaching まず x か y のどちらかで展開して，その後に残りの変数で展開し，最後にまとめましょう．このとき特に条件がなければ，2 変数目の展開やまとめが楽になりそうな順番で展開するのがコツです．例えば今回の場合は，先に x で展開すると $e^{-x}\sin(x+y) = \sin y + (\cos y - \sin y)x - x^2\cos y + \cdots$ となり，先に y で展開すると $e^{-x}\sin(x+y) = e^{-x}\sin x + (e^{-x}\cos x)y - \dfrac{1}{2}(e^{-x}\sin x)y^2 + \cdots$ となります．したがって，2 変数目に展開する関数は前者は $\sin y, \cos y$ の 2 つですが，後者は $e^{-x}, \sin x, \cos x$ の 3 つとなるので，前者の方が楽そうです．

そこで，$\sin y, \cos y$ のマクローリン展開がそれぞれ $\sin y = y - y^3/6 + \cdots$ および $\cos y = 1 - y^2/2 + \cdots$ であることを用いて，x での展開に代入すると，次のようになります．

$$e^{-x}\sin(x+y) = x + y - x^2 - xy + \cdots$$ ■

Training 1.3

関数 $f(x,y) = (x+2y^2)e^{2x+y}$ を x, y について 3 次までマクローリン展開しなさい．

多変数関数のマクローリン展開は，1変数関数のマクローリン展開の繰り返しなので，手間を厭(いと)わなければそれほど困難を感じずにできるようになるのではないかと思います．多変数関数のテイラー展開も基本的には同じことです．

1.3.2 全微分

テイラー展開と全微分

さて，ここでようやく棚上げしていた**全微分**に進みましょう．ある2変数関数 $f(x,y)$ の引数 (x,y) に図1.5の③で示したような微小変化をさせて，$f(x+\Delta x, y+\Delta y)$ とすることを考えます．すると，$f(x+\Delta x, y+\Delta y)$ **は多変数の場合のテイラー展開として考えられるだろう**と思えるのではないでしょうか．そこで，$f(x+\Delta x, y+\Delta y)$ を $\Delta x, \Delta y$ のそれぞれについて順次展開していきましょう．

Δx についての展開は

$$f(x+\Delta x, y+\Delta y) = f(x, y+\Delta y) + \left\{\frac{\partial}{\partial x} f(x, y+\Delta y)\right\}\Delta x + \frac{1}{2}\left\{\frac{\partial^2}{\partial x^2} f(x, y+\Delta y)\right\}\Delta x^2 + \cdots \quad (1.26)$$

であり，ここに現れた $f(x, y+\Delta y)$ の Δy についての展開は

$$f(x, y+\Delta y) = f(x,y) + \left\{\frac{\partial}{\partial y} f(x,y)\right\}\Delta y + \frac{1}{2}\left\{\frac{\partial^2}{\partial y^2} f(x,y)\right\}\Delta y^2 + \cdots$$

となります．これを x で偏微分すると

$$\frac{\partial}{\partial x} f(x, y+\Delta y) = \partial_x f(x,y) + \{\partial_x \partial_y f(x,y)\}\Delta y + \frac{1}{2}\{\partial_x {\partial_y}^2 f(x,y)\}\Delta y^2 + \cdots$$

$$\frac{\partial^2}{\partial x^2} f(x, y+\Delta y) = {\partial_x}^2 f(x,y) + \{{\partial_x}^2 \partial_y f(x,y)\}\Delta y + \frac{1}{2}\{{\partial_x}^2 {\partial_y}^2 f(x,y)\}\Delta y^2 + \cdots$$

となるので，これを (1.26) に代入して，$\varDelta x, \varDelta y$ の2次まででまとめると

$$f(x+\varDelta x, y+\varDelta y) = f(x,y) + \{\partial_y f(x,y)\}\varDelta y + \frac{1}{2}\{\partial_y{}^2 f(x,y)\}\varDelta y^2 + \{\partial_x f(x,y)\}\varDelta x + \{\partial_x \partial_y f(x,y)\}\varDelta x\,\varDelta y + \frac{1}{2}\{\partial_x{}^2 f(x,y)\}\varDelta x^2 + \cdots$$

となります．特に，$\varDelta x$ や $\varDelta y$ が非常に小さく，それらの1次まででよいとすると，$f(x+\varDelta x, y+\varDelta y)$ と $f(x,y)$ の差 $\varDelta f$ は

$$\varDelta f = f(x+\varDelta x, y+\varDelta y) - f(x,y) = \frac{\partial f(x,y)}{\partial x}\varDelta x + \frac{\partial f(x,y)}{\partial y}\varDelta y \tag{1.27}$$

となります．そこで，$\varDelta x \to 0$ かつ $\varDelta y \to 0$ の極限で

$$df(x,y) \equiv \lim_{\substack{\varDelta x \to 0 \\ \varDelta y \to 0}} \{f(x+\varDelta x, y+\varDelta y) - f(x,y)\}$$

として**全微分** $df(x,y)$ が定義され，

$$df(x,y) = \frac{\partial f(x,y)}{\partial x}dx + \frac{\partial f(x,y)}{\partial y}dy \tag{1.28}$$

と表されます．

全微分の条件

(1.27) にもとづいて，全微分の意味を直観的に見てみましょう．引数を図1.5の③のように変化させたときに $z = f(x,y)$ がどれだけ変化するかを見てみると，その変化量は図1.12におけるAとDの「高さの差」に相当します．これが，まさに全微分であるはずです．このAとDの「高さの差」は図1.13のA′→Bで表した「高さ」と

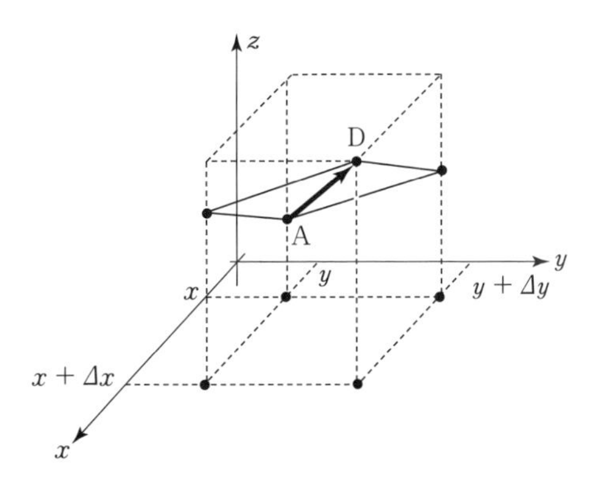

図1.12　全微分で表される f の微小変化

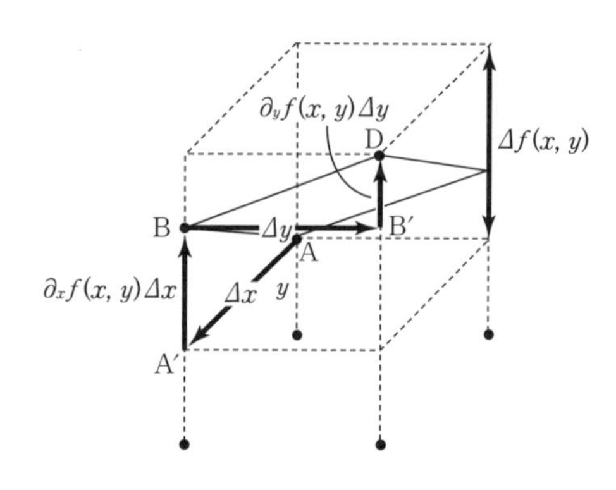

図 1.13　全微分の直観的意味

B′→D で表した「高さ」との和になります．

ここで，$\partial f(x,y)/\partial x$ が x 軸方向に沿った変化の仕方の傾き（変化率）であったことを思い出すと，A′ と B の「高さの差」は

$$\frac{\partial f(x,y)}{\partial x} \times \Delta x$$

であることは納得しやすいでしょう．同様に，B′ と D の「高さの差」も $\partial f(x,y)/\partial y$ を掛けた量になるので，結局，それらの和として (1.27) の形で全変化量が表され，その微小極限として全微分 (1.28) が与えられるのだということがわかると思います．

このイメージがもてると，ある重要なポイントに気づけるかもしれません．そのポイントとは，**A から D への変化を見るときに，先に x 軸に沿って測るか，先に y 軸に沿って測るかで違いがあってはいけない**ということです．それはつまり，**どちら方向に先にずらしても，つじつまが合う関数のみ全微分できる**ということになるので，全微分が可能である条件が

$$\frac{\partial}{\partial y}\left\{\frac{\partial f(x,y)}{\partial x}\right\} = \frac{\partial}{\partial x}\left\{\frac{\partial f(x,y)}{\partial y}\right\} \tag{1.29}$$

であるということは忘れないようにしておきましょう．

また，変数の数が増えた場合には，各軸方向に同じようにすればよいので，$f(x_1, x_2, \cdots, x_n)$ の全微分は

$$df = \sum_{k=1}^{n} \frac{\partial f}{\partial x_k} dx_k \tag{1.30}$$

とすることになります．ただ，変数がある程度多くなってくると (1.29) に相当する条件を書き下すのは難しくなるため，**物理的な考察から，発散などの特異性がないと期待できる場合はおおよそ大丈夫だろう**とみなすか，むしろ (1.29) が成り立つことを物理系に要請することになります．このような考え方は熱力学を勉強する際に役立ちます．

Exercise 1.5

関数 $f(x,y) = x^2 + xy + y$ の全微分を求めなさい．

Coaching まずは，全微分が可能かどうかを調べましょう．$\partial_x f(x,y) = 2x + y$，$\partial_y f(x,y) = x + 1$ なので

$$\frac{\partial}{\partial y}\left\{\frac{\partial f(x,y)}{\partial x}\right\} = 1, \qquad \frac{\partial}{\partial x}\left\{\frac{\partial f(x,y)}{\partial y}\right\} = 1$$

となり，全微分が可能であることがわかります．したがって，求める全微分 $df(x,y)$ は $df(x,y) = (2x+y)dx + (x+1)dy$ となります．■

Training 1.4

$f(x,y) = x^3 + y^3 - 3xy$ の全微分が可能かどうかを確かめ，可能であれば全微分を求めなさい．

1.4　多項式ではない級数展開 ― フーリエ級数展開 ―

1.4.1　フーリエ級数展開

テイラー展開やマクローリン展開では，展開の「部品」が $1, (x-x_0), (x-x_0)^2, \cdots$ という形式になることを最初から要請していたことを思い出してください．これは考え方としてシンプルでわかりやすいですし，$|x-x_0|$ が小さいときには高次の項を無視できるという利点もありました．しかし，例えば音声や電気信号などから得られる，図 1.14 のような周期的振動現象を展開して調べようと思うと，ある程度広い範囲まで調べる必要があります．そのような困難に加え，多項式で表される関数は，デコボコの数（極値の数）と多項式の次数が対応するために，振動現象を扱うにはかなり高次の多項式を用いなくて

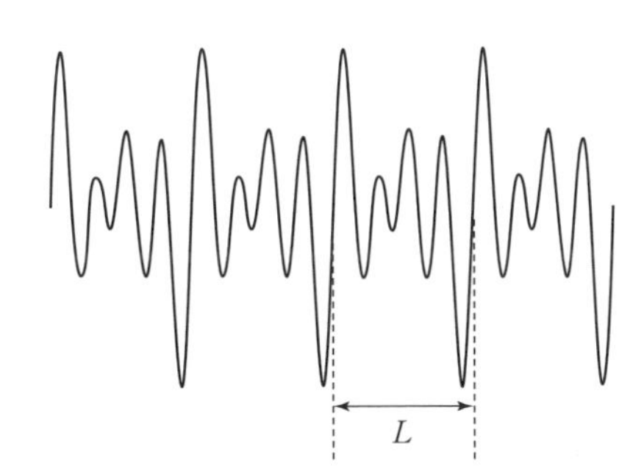

図 1.14　周期 L の周期関数 $f(x)$

はならず，展開の意味を理解することも難しくなります．そのようなわけで，多項式としての展開であるテイラー展開やマクローリン展開は図 1.14 のような関数に対してはやや不便でしょう．

これは元々展開の「部品」を周期的でない $1, (x-x_0), (x-x_0)^2, \cdots$ のようなものにしてしまったから生じた困難であって，**周期的な出来事を分解するのであれば，最初から同じ周期の周期関数で展開すれば都合が良い**ということに思い至るのではないでしょうか．

そこで，展開の「部品」に周期関数を選ぶことにしましょう．図 1.14 のような展開したい周期関数を $f(x)$ とし，その周期を L としておきます．周期関数で最も典型的なものは三角関数なので，これを「部品」にすることを考えましょう．ご存知のように三角関数，例えば $\sin\theta$ は，**位相**[13] θ が 0 のときを基準とすると，2π で 1 周期となります．しかし，調べたい波形の周期がいつも 2π というわけではないため，これを L とできるように位相 θ の部分のスケールを少しいじります．このいじり方はあまり凝ったものにする必要はなく，結局のところ，$x=L$ で位相が 2π となればよいので，2π に x/L を掛けたものとすればよいだろうと考えられます．

実際，例えば sin のグラフを描くと，図 1.15 のようになります．また，位相がこの整数倍である場合も，同じ周期とみなせることもわかるでしょう．このことから，展開の「部品」を三角関数とするとき，その位相は

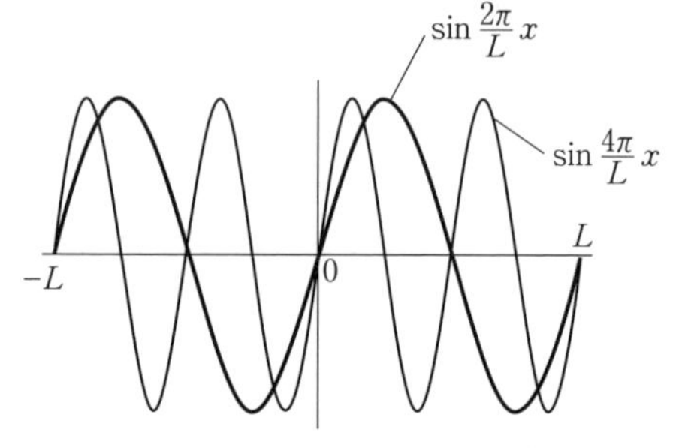

図 1.15　sin 関数の引数と周期性

13）こういう角度の部分のことを**位相**といいます．「位相」という単語は，他の意味でも使われます．例えば，ある構造をもった点の集合（物理学では大雑把にカタチという捉え方になることが多いようです）を指すトポロジーと対訳される意味の位相や，力学的な状態を表す「位相空間」での，ある点という意味の位相もあり，非常にややこしいです．慣れると「どれもだいたい似たような感じ」と思うようになりますが，物理学を学習する初めのうちでは，おそらくこの「三角関数の角度部分」という意味が最も頻繁に出てくるので，まずはこの意味で覚えておきましょう．

$$\frac{2\pi}{L}x,\quad \frac{4\pi}{L}x,\quad \frac{6\pi}{L}x,\quad \frac{8\pi}{L}x,\quad \cdots,\quad \frac{2n\pi}{L}x,\quad \cdots$$

などとすればよいことがわかります[14]．

さらに，三角関数は cos が偶関数，sin が奇関数なので，展開したい関数 $f(x)$ の偶奇性が最初からわかっている場合はともかく，一般の場合には両方使って展開するのが妥当でしょう．

以上のことから，展開の「部品」は

$$1,\quad \sin\frac{2\pi x}{L},\quad \sin\frac{4\pi x}{L},\quad \cdots,$$

$$\cos\frac{2\pi x}{L},\quad \cos\frac{4\pi x}{L},\quad \cdots$$

とすることにしましょう．こうして周期 L の関数 $f(x)$ を三角関数を用いて

$$\begin{aligned} f(x) &= a_0 + a_1\sin\frac{2\pi x}{L} + a_2\sin\frac{4\pi x}{L} + \cdots \\ &\quad + b_1\cos\frac{2\pi x}{L} + b_2\cos\frac{4\pi x}{L} + \cdots \\ &= a_0 + \sum_{n=1}^{\infty}\left(a_n\sin\frac{2n\pi x}{L} + b_n\cos\frac{2n\pi x}{L}\right) \end{aligned} \tag{1.31}$$

と展開することを目指します．これを**フーリエ級数展開**といいます．

テイラー－マクローリン展開のときと同様に，$f(x)$ がわかっているとき，$f(x)$ から (1.31) の係数 $a_0, a_1, \cdots, b_1, \cdots$ が求められるようになれば，展開は成功です．しかし，多項式の場合は微分すると次数が下がるために係数を見つけやすかったのですが，三角関数は微分しても見かけ上でさえ「項が消える」ということがありません．そこで，微分ではない方法を用いる必要があります．その方法に気づくために，初歩的な計算チェックとはなりますが，次の Exercise 1.6 に取り組んでみましょう．

14)　意外とこういうシンプルなことで躓(つまず)いてしまって，フーリエ級数展開を苦手にする人も多いので気を付けてください．

Exercise 1. 6

m, n をゼロでない自然数 $(m, n = 1, 2, \cdots)$ とし，

$$I_1 = \int_{-L/2}^{L/2} \sin\frac{2m\pi x}{L}\cos\frac{2n\pi x}{L}\,dx$$

$$I_2 = \int_{-L/2}^{L/2} \sin\frac{2m\pi x}{L}\sin\frac{2n\pi x}{L}\,dx$$

$$I_3 = \int_{-L/2}^{L/2} \cos\frac{2m\pi x}{L}\cos\frac{2n\pi x}{L}\,dx$$

とするとき，次の問いに答えなさい．

(1)　I_1 を求めなさい．

(2)　$m = n$ の場合と $m \neq n$ の場合を区別して，I_2 を求めなさい．

(3)　$m = n$ の場合と $m \neq n$ の場合を区別して，I_3 を求めなさい．

Coaching　(1)　被積分関数は，奇関数である sin と偶関数である cos の積なので奇関数です．また，積分区間 $-L/2 < x < L/2$ は $x = 0$ について対称になっているので，この積分は $I_1 = 0$ です．

(2)　三角関数の性質（積 ↔ 和公式）より

$$\sin\frac{2m\pi x}{L}\sin\frac{2n\pi x}{L} = \frac{1}{2}\left\{\cos\frac{2(m-n)\pi x}{L} - \cos\frac{2(m+n)\pi x}{L}\right\}$$

となります．そこで，$m = n$ かどうかで場合分けして積分しましょう．

(i)　$m = n$ のとき

$$I_2 = \frac{1}{2}\int_{-L/2}^{L/2}\left(1 - \cos\frac{4n\pi x}{L}\right)dx = \frac{1}{2}\left[x - \frac{L}{4n\pi}\sin\frac{4n\pi x}{L}\right]_{-L/2}^{L/2} = \frac{L}{2}$$

(ii)　$m \neq n$ のとき，$m - n \neq 0$ に注意して

$$I_2 = \frac{1}{2}\int_{-L/2}^{L/2}\left\{\cos\frac{2(m-n)\pi x}{L} - \cos\frac{2(m+n)\pi x}{L}\right\}dx$$

$$= \frac{1}{2}\left[\frac{L}{2(m-n)\pi}\sin\frac{2(m-n)\pi x}{L} - \frac{L}{2(m+n)\pi}\sin\frac{2(m+n)\pi x}{L}\right]_{-L/2}^{L/2} = 0$$

以上をまとめると，I_2 は次のように得られます．

$$I_2 = \begin{cases} \dfrac{L}{2} & (m = n \text{ のとき}) \\ 0 & (m \neq n \text{ のとき}) \end{cases}$$

(3)　(2) と同様に三角関数の性質を用いれば，

$$\cos\frac{2m\pi x}{L}\cos\frac{2n\pi x}{L}=\frac{1}{2}\left\{\cos\frac{2(m-n)\pi x}{L}+\cos\frac{2(m+n)\pi x}{L}\right\}$$

となるので，$m=n$ かどうかで場合分けします．

(i)　$m=n$ のとき

$$I_3=\frac{1}{2}\int_{-L/2}^{L/2}\left(1+\cos\frac{4n\pi x}{L}\right)dx=\frac{1}{2}\left[x+\frac{L}{4n\pi}\sin\frac{4n\pi x}{L}\right]_{-L/2}^{L/2}=\frac{L}{2}$$

(ii)　$m\neq n$ のとき，$m-n\neq 0$ に注意して

$$\begin{aligned}I_3&=\frac{1}{2}\int_{-L/2}^{L/2}\left\{\cos\frac{2(m-n)\pi x}{L}+\cos\frac{2(m+n)\pi x}{L}\right\}dx\\&=\frac{1}{2}\left[\frac{L}{2(m-n)\pi}\sin\frac{2(m-n)\pi x}{L}+\frac{L}{2(m+n)\pi}\sin\frac{2(m+n)\pi x}{L}\right]_{-L/2}^{L/2}=0\end{aligned}$$

以上より

$$I_3=\begin{cases}\dfrac{L}{2} & (m=n\text{ のとき})\\ 0 & (m\neq n\text{ のとき})\end{cases}$$

■

この Exercise 1.6 の結果をまとめると，

$$\int_{-L/2}^{L/2}\sin\frac{2m\pi x}{L}\cos\frac{2n\pi x}{L}\,dx=0$$

$$\int_{-L/2}^{L/2}\sin\frac{2m\pi x}{L}\sin\frac{2n\pi x}{L}\,dx=\begin{cases}\dfrac{L}{2} & (m=n\text{ のとき})\\ 0 & (m\neq n\text{ のとき})\end{cases}$$

$$\int_{-L/2}^{L/2}\cos\frac{2m\pi x}{L}\cos\frac{2n\pi x}{L}\,dx=\begin{cases}\dfrac{L}{2} & (m=n\text{ のとき})\\ 0 & (m\neq n\text{ のとき})\end{cases}$$

となります．つまり，**sin 同士 cos 同士の積で，かつ，位相が同じときのみ値が残り，他はゼロ**ということがいえます．これを**三角関数の直交性**といいます．

この性質をうまく使うと，フーリエ級数展開 (1.31) の係数である a_n や b_n が取り出せます．まず，k をゼロでない自然数として，(1.31) の両辺に $\sin(2k\pi x/L)$ を掛けて $-L/2<x<L/2$ で積分してみましょう．すると，素朴に書き下せば

$$\int_{-L/2}^{L/2}f(x)\sin\frac{2k\pi x}{L}\,dx$$

$$= a_0\int_{-L/2}^{L/2}\sin\frac{2k\pi x}{L}\,dx + \sum_{n=1}^{\infty}\left(a_n\int_{-L/2}^{L/2}\sin\frac{2k\pi x}{L}\sin\frac{2n\pi x}{L}\,dx\right.$$

$$\left. + b_n\int_{-L/2}^{L/2}\sin\frac{2k\pi x}{L}\cos\frac{2n\pi x}{L}\,dx\right) \tag{1.32}$$

となります．右辺の最初の積分がゼロになることに注意すると，右辺の中にたくさんある積分のうち，ゼロでない項は $a_k\int_{-L/2}^{L/2}\sin\frac{2k\pi x}{L}\sin\frac{2k\pi x}{L}\,dx = \frac{a_k L}{2}$ のみであることがわかります．つまり（1.32）は

$$\int_{-L/2}^{L/2}f(x)\sin\frac{2k\pi x}{L}\,dx = \frac{a_k L}{2}$$

という非常に単純な式になります．右辺には，もはや $a_0, a_1, \cdots, b_1, \cdots$ などの係数のうち，a_k（$k \geq 1$）のみしか現れていないことに注目してください．すなわち，$a_1, a_2, \cdots$ については，それぞれ

$$a_k = \frac{2}{L}\int_{-L/2}^{L/2}f(x)\sin\frac{2k\pi x}{L}\,dx \tag{1.33}$$

を，欲しい k に対して求めればよい，ということがわかります．

全く同様に，ゼロでない自然数 k に対して，(1.31)の両辺に $\cos(2k\pi x/L)$ を掛けて $-L/2 < x < L/2$ で積分すれば，

$$b_k = \frac{2}{L}\int_{-L/2}^{L/2}f(x)\cos\frac{2k\pi x}{L}\,dx \tag{1.34}$$

のように，すべての $b_1, b_2, \cdots$ が得られます．

こうして，展開係数のうち $a_1, a_2, \cdots$ と $b_1, b_2, \cdots$ が求められるのですが，(1.31) にはまだ a_0 が残っています．しかし，(1.33) や (1.34) を踏まえれば，a_0 は (1.31) をそのまま積分すればよいと気づくことは難しくないでしょう．すなわち，$\int_{-L/2}^{L/2}\sin\frac{2n\pi x}{L}\,dx = \int_{-L/2}^{L/2}\cos\frac{2n\pi x}{L}\,dx = 0$ なので

$$\int_{-L/2}^{L/2}f(x)\,dx = a_0\int_{-L/2}^{L/2}dx + \sum_{n=1}^{\infty}\left(a_n\int_{-L/2}^{L/2}\sin\frac{2n\pi x}{L}\,dx\right.$$

$$\left. + b_n\int_{-L/2}^{L/2}\cos\frac{2n\pi x}{L}\,dx\right) = a_0 L$$

より

$$a_0 = \frac{1}{L}\int_{-L/2}^{L/2} f(x)\,dx \tag{1.35}$$

とすれば a_0 が得られます．

以上のように，式の見た目は少し込み入っていますが，(1.33)，(1.34)，(1.35) によってすべての係数が定まるので，フーリエ級数展開 (1.31) ができたことになります．

1.4.2 フーリエ級数の意味

フーリエ級数の意味を考えるためには具体的な周期関数があった方がわかりやすいと思いますので，まずは Exercise 1.7 に取り組んでみましょう．

Exercise 1.7

図 1.16 のような形の周期関数を $y = f(x)$ とし，$-1 \leq x < 2$ において

$$f(x) = \begin{cases} 4 & (-1 \leq x < 1) \\ 0 & (1 \leq x < 2) \end{cases}$$

であり，それ以外の領域では $m = 0, \pm1, \pm2, \cdots$ に対して $f(x + 3m) = f(x)$ を満たすとします．このとき，$f(x)$ をフーリエ級数で表しなさい．

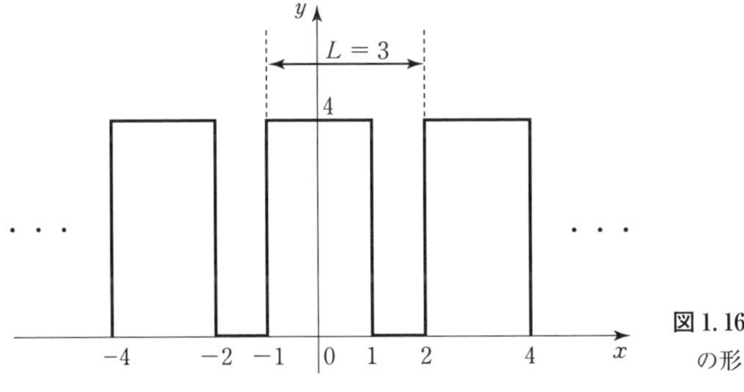

図 1.16 周期関数 $f(x)$ の形

Coaching このように，直観的に気づく周期の形が必ずしも原点を中心としない場合でも，三角関数の直交性は不変に保たれます．すなわち，きちんと1周期分の積分がなされていれば，**周期関数なので同じ値**となります．

さて，$f(x)$ が偶関数であることから，展開の「部品」は n を自然数として $1, \cos(2n\pi x/L)$ でよいことがわかります．そこで，フーリエ級数展開を，周期が $L=3$ であることに注意して，

$$f(x) = a_0 + \sum_{n=1}^{\infty} b_n \cos\frac{2n\pi x}{3} \tag{1.36}$$

とおきます．(1.36) の両辺を $-1<x<2$ で積分すると

$$\int_{-1}^{2} f(x)\,dx = a_0\int_{-1}^{2} dx + \sum_{n=1}^{\infty} b_n \int_{-1}^{2}\cos\frac{2n\pi x}{3}\,dx = 3a_0$$

より a_0 が次のように求まります．

$$a_0 = \frac{1}{3}\int_{-1}^{2} f(x)\,dx = \frac{1}{3}\left(\int_{-1}^{1} 4\,dx + \int_{1}^{2} 0\,dx\right) = \frac{8}{3}$$

また，(1.36) の両辺に $\cos(2k\pi x/3)$ を掛けて $-1<x<2$ で積分すると，三角関数の直交性から

$$\begin{aligned}\int_{-1}^{2} f(x)\cos\frac{2k\pi x}{3}\,dx &= a_0\int_{-1}^{2}\cos\frac{2k\pi x}{3}\,dx + \sum_{n=1}^{\infty} b_n\int_{-1}^{2}\cos\frac{2n\pi x}{3}\cos\frac{2k\pi x}{3}\,dx \\ &= \frac{3}{2}b_k\end{aligned}$$

より

$$b_k = \frac{2}{3}\int_{-1}^{2} f(x)\cos\frac{2k\pi x}{3}\,dx = \frac{2}{3}\left(\int_{-1}^{1} 4\cos\frac{2k\pi x}{3}\,dx + \int_{1}^{2} 0\,dx\right) = \frac{8}{k\pi}\sin\frac{2k\pi}{3}$$

となります．以上より，求めるフーリエ級数展開は次のようになります．

$$f(x) = \frac{8}{3} + \sum_{n=1}^{\infty}\frac{8}{n\pi}\sin\frac{2n\pi}{3}\cos\frac{2n\pi x}{3} \tag{1.37}$$

■

Training 1.5

$y=x^2\ (-L/2 \le x \le L/2)$ を周期 L で並べた関数 $f(x)$ をフーリエ級数で表しなさい．

このExercise 1.7の結果をもう少し検討してみましょう．図1.16の関数をフーリエ級数展開して (1.37) の表現を得ましたが，この雰囲気を感じられるように，$\sum$ をいきなりすべて足すのではなく，

$$f_N(x) = \frac{8}{3} + \frac{8}{\pi}\sin\frac{2\pi}{3}\cos\frac{2\pi x}{3} + \frac{8}{2\pi}\sin\frac{4\pi}{3}\cos\frac{4\pi x}{3} + \cdots + \frac{8}{N\pi}\sin\frac{2N\pi}{3}\cos\frac{2N\pi x}{3}$$

のように，N を 1 から少しずつ増やしてみます．これを図示したのが，図 1.17 です．

見てわかると思いますが，元の関数の不連続な点で少し飛び出しているところがあります．これは，和をどんなに増やしても消失しません．このようなことが起こる原因は少し込み入っているので本書の対象とはしませんが，端的にいえば，**不連続な部分でも無理に連続な関数で繋ごうとしたため**であり，原因の究明をした人の名前をとって**ギブス現象**といいます．原理の詳細は別にして，こういう部分は値が元の関数とは異なるので，この点での値を比較したいような場合には注意が必要です．一方で，元々連続な部分に関しては非常に良い一致をしていることも納得できるでしょう．

続いて，この和の各項がどうなっているかを見てみましょう．和の各項は

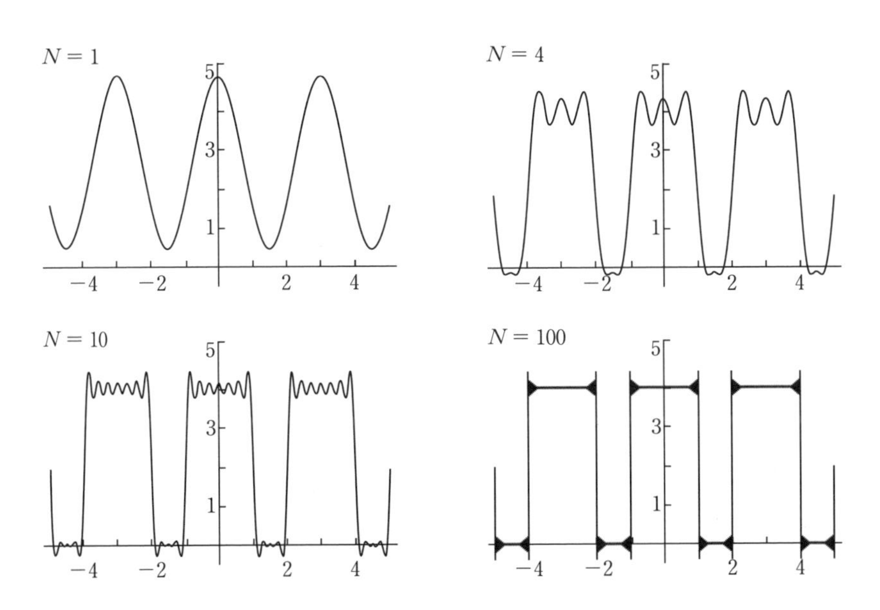

図 1.17　和を増やすごとに元の関数に近づいていく様子

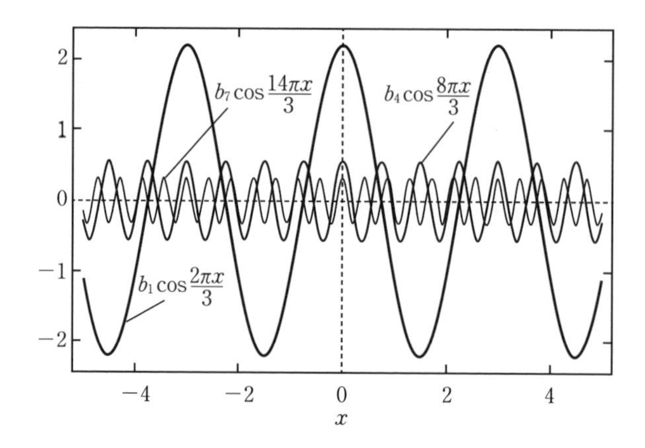

図 1.18　和の第 1 項，4 項，7 項

$$b_n \cos \frac{2n\pi x}{3} = \frac{8}{n\pi} \sin \frac{2n\pi}{3} \cos \frac{2n\pi x}{3}$$

となっています．これを直接見ると図 1.18 のようになります．

これだけ見ても，**全体の大まかな形を長い周期の関数で捉え，細かいことは短い周期の関数で調整している**ということが読み取れると思います．そして，展開表示 (1.36) において，**b_n は各 n に対する** $\cos(2n\pi x/3)$ **が** $f(x)$ **にどの程度強く影響するかという意味をもつ**ことを考えると，「細かいこと」をどのくらい頑張って調整しているのか，を振幅 b_n が表しているということも感じ取れるでしょう．

言い方をかえると，調べたい $f(x)$ において，各周期の波形がどの程度意味をもっているのか，を表すのが b_n なので，**得られた信号などから，その信号を構成する重要な振動数（周波数）や波長がわかる**という便利さがあります．そのため，この b_n はとても重要で，**フーリエ成分**とか**フーリエ係数**などということがあります．

いまの場合，b_n の最初のいくつかを並べてみると図 1.19 のようになっていて，確かに最も長い周期のもの ($n = 1$) が一番典型的な形状である，$x = 0, \pm 3, \pm 6, \cdots$ の周辺で大きな値をとる周期構造を表していることがわかります．また，n が 3 の倍数のときにはすべてゼロになっています（このこと自体は b_n の式の形からも確認できます）．すなわち，このような波形は含まれていないということがわかります．元の図 1.16 だけを見て，「周期

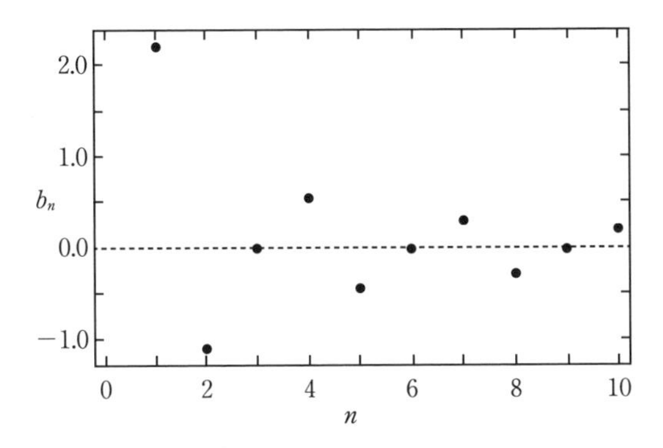

図 1.19　b_n の大きさ

1 ($n = 3$) の波形は含まれていないね」と見抜ける人は相当のレベルだと思いますし，それが難しいからこそ，フーリエ級数展開は便利なのです．

他にも，図 1.19 は多くのことを教えてくれます．例えば，n が大きいほど全体として大きさが減少する傾向があることも特徴の 1 つです．これは意味を読み直すと，「周期の短い波形はあまり大きな影響を与えていない」[15] など，いろいろなことがわかります．ぜひ，自分でも好きな周期関数をつくってフーリエ級数展開をしてみてください．とても楽しいと思います．

Coffee Break

フーリエ級数の収束性

テイラー－マクローリン展開のときには収束半径などを結構気にしていましたが，フーリエ級数の場合には気にしなくてよいのでしょうか？　実は，この問題は歴史的には非常に重要な問題でした．

元々は，1752 年にダニエル・ベルヌーイが弦の振動を表す微分方程式を解くために使ったのが，三角関数の和で周期関数を表すアイデアの始まりだといわれていますが，ダランベールやオイラーの異論を受けて，しばらくは下火だったようです．19 世紀に入って，産業革命の拡がりと共に重要視されるようになった熱伝導を記述するべく，フーリエが『熱の解析的理論』(1822 年) において熱伝導方程式を解くために「三角級数」としてベルヌーイとは独立に再提案しましたが，このときも

15)　ただし，$1/n$ 程度の寄与があるので，足した分だけ綺麗に $f(x)$ を再現できそうではあります．もちろん，この特徴は今回の $f(x)$ についてのものであり，$f(x)$ が変われば見える性質も変わります．

ラグランジュやポアソン，ラプラスらから異論が出されたようです．

ベルヌーイにしてもフーリエにしても，特に問題にしていたのは，「本当にどんな周期関数でも発散などをせずに展開できるのか？」という点で，数学上の直接のリスクは，(1.32) で無限級数の積分を，積分の無限級数にコッソリ置き換えていることでした．この問題をきっかけにして，リーマン，カントール，ルベーグ，ワイエルストラスを始めとした多くの数学者が現代的な新しい数学を切り拓いていったといわれています．

詳細は別にして，結果的に，**$f(x)$ が区分的に滑らかな 1 価関数であるなら，フーリエ級数はそれぞれの x で $f(x)$ に収束する**ということがいえます．「区分的に滑らかな 1 価関数」というのは，あまり聞きなれない言葉かもしれません．「1 価関数」は，1 つの独立変数に対して従属変数が 1 つ決まる関数です．また，発散などをせず，図 1.16 のようにところどころ不連続点があったとしても，有限区間の中に有限個の不連続点しかない関数のことを「区分的に滑らかな関数」といいます．つまり，数学的な精密さと一般性の追求は別にして，物理現象を記述するような（測定器で計測・表示できるような普通の）グラフであれば多くの場合には展開可能ということです．

本章のPoint

- **常微分**：変数を微小変化させたときの関数の変化率．ある x について極限が唯一の有限値に定まらないときは，その点で微分は不可能．

$$\frac{d}{dx}f(x) = \lim_{\Delta x \to 0}\frac{f(x+\Delta x) - f(x)}{\Delta x}$$

- **偏微分**：多変数関数の，ある特定の変数を 1 つだけ微小変化させたときの関数の変化率．

$$\frac{\partial}{\partial x_j}f(x_1, x_2, \cdots, x_j, \cdots) = \lim_{\Delta x_j \to 0}\frac{f(x_1, x_2, \cdots, x_j + \Delta x_j, \cdots) - f(x_1, x_2, \cdots, x_j, \cdots)}{\Delta x_j}$$

特に，最初から微分可能であることがわかっている場合は，着目する変数についての通常の微分を実行すればよい．

- **テイラー展開**：$x = x_0$ で何度でも微分可能な関数 $f(x)$ について，$x = x_0$ を中心とした $(x - x_0)$ の多項式への展開．

$$f(x) = f(x_0) + f^{(1)}(x_0)(x - x_0) + \frac{1}{2!}f^{(2)}(x_0)(x - x_0)^2 + \cdots$$
$$= \sum_{n=0}^{\infty}\frac{f^{(n)}(x_0)}{n!}(x - x_0)^n$$

物理学では $|x - x_0| \ll 1$ の場合をよく用いる．特に，$x \to x + \Delta x$，$x_0 \to x$ としたときの

$$f(x + \Delta x) = f(x) + f^{(1)}(x)\Delta x + \frac{1}{2!}f^{(2)}(x)\Delta x^2 + \cdots = \sum_{n=0}^{\infty} \frac{f^{(n)}(x)}{n!}\Delta x^n$$

は，近似としてよく用いる．

▶ **マクローリン展開**：$x = 0$ を中心とした x の多項式へのテイラー展開．

$$f(x) = f(0) + f^{(1)}(0)x + \frac{1}{2!}f^{(2)}(0)x^2 + \cdots = \sum_{n=0}^{\infty} \frac{f^{(n)}(0)}{n!}x^n$$

特に，

$$e^x = 1 + x + \frac{x^2}{2!} + \frac{x^3}{3!} + \frac{x^4}{4!} + \cdots = \sum_{n=0}^{\infty} \frac{x^n}{n!}$$

$$\sin x = x - \frac{x^3}{3!} + \frac{x^5}{5!} - \frac{x^7}{7!} + \cdots$$

$$\cos x = 1 - \frac{x^2}{2!} + \frac{x^4}{4!} - \frac{x^6}{6!} + \cdots$$

は，よく用いる．

▶ **全微分**：多変数関数 $f = f(x_1, x_2, \cdots, x_j, \cdots)$ のすべての変数を微小変化させたときの関数の変化量．

$$df(x_1, x_2, \cdots, x_j, \cdots) = \sum_j \frac{\partial f}{\partial x_j}\,dx_j$$

特に，2 変数関数 $f = f(x, y)$ に対して，

$$df(x, y) = \frac{\partial f}{\partial x}\,dx + \frac{\partial f}{\partial y}\,dy$$

となり，この成立条件は

$$\frac{\partial}{\partial y}\frac{\partial f}{\partial x} = \frac{\partial}{\partial x}\frac{\partial f}{\partial y}$$

である．

▶ **フーリエ級数展開**：$f(x) = f(x + L)$ を満たす周期 L の周期関数 $f(x)$ の三角関数での展開．

$$f(x) = a_0 + \sum_{n=1}^{\infty}\left(a_n \sin\frac{2n\pi x}{L} + b_n \cos\frac{2n\pi x}{L}\right)$$

$f(x)$ がこのように展開できるとき，係数 a_0, a_n, b_n は次のように求められる．

$$a_0 = \frac{1}{L}\int_{-L/2}^{L/2} f(x)\,dx, \qquad a_n = \frac{2}{L}\int_{-L/2}^{L/2} f(x)\sin\frac{2n\pi x}{L}\,dx,$$

$$b_n = \frac{2}{L}\int_{-L/2}^{L/2} f(x)\cos\frac{2n\pi x}{L}\,dx$$

 **Practice**

[1.1]　積分によるマクローリン展開の導入

関数 $f(x)$ についての微分と積分の関係が

$$\int_0^x f'(t_1)\,dt_1 = f(x) - f(0), \qquad \int_0^{t_1} f''(t_2)\,dt_2 = f'(t_1) - f'(0),$$

$$\int_0^{t_2} f'''(t_3)\,dt_3 = f''(t_2) - f''(0), \qquad \cdots$$

であることを用いて，マクローリン展開を導きなさい.

[1.2]　ロピタルの定理

(1)　次の文中の空欄に当てはまる式を答えなさい.

何度でも微分可能な関数 $f(x)$ と $g(x)$ が定数 a に対して $f(a) = g(a) = 0$ であるとする．$f(x)/g(x)$ は，$f(x), g(x)$ のそれぞれを $x = a$ でテイラー展開すると [（ア）] となる．したがって，$x \to a$ の極限では $x \neq a$ であることに注意して，分子と分母を $(x - a)$ で割ると $\displaystyle\lim_{x \to a} \frac{f(x)}{g(x)} =$ [（イ）] となる．これを**ロピタルの定理**という.

(2)　$\displaystyle\lim_{x \to 0} \frac{\sin 3x}{1 - \sqrt{1 + 2x}}$ を求めなさい.

[1.3]　絶 対 収 束

任意の実数 x に対して，数列 $\{a_n\}$ を $a_n = x^n/n!$ とします.

(1)　$\displaystyle\lim_{n \to \infty} \left| \frac{a_{n+1}}{a_n} \right|$ を求めなさい.

(2)　一般に数列 $\{c_n\}$ に対して，その絶対値の級数 $\displaystyle\sum_{j=1}^{\infty} |c_j|$ が収束するとき，級数 $\displaystyle\sum_{j=1}^{\infty} c_j$ は**絶対収束する**といいます．e^{ix} のマクローリン展開が絶対収束することを示しなさい.

(3)「絶対収束する級数は，和の順序を入れかえても収束値は変わらない」ことについて調べてみてください.（収束の定義などについて，本書で扱っているよりも詳しい理解が必要なので，ある程度習熟するまでは事実としてだけ知っているというのでもよいと思います.）

[1.4]　マクローリン展開

次の関数の x についてのマクローリン展開を 5 次まで示しなさい.

(1)　$\log \dfrac{1 + x}{1 - x}$

(2)　$\mathrm{Tan}^{-1} x$

[1.5] 電磁気学でよく用いる近似式

$r = \sqrt{x^2 + y^2 + z^2} \gg d$ であるとき，

$$f(x, y, z) = \left\{ \frac{1}{\sqrt{x^2 + y^2 + (z \pm d)^2}} \right\}^3$$

を d/r の1次までの近似で表しなさい．

[1.6] フーリエ級数展開

次の関数 $f_0(x)$ を周期的に並べてつくられる周期関数 $f(x)$ をフーリエ級数展開しなさい．

(1) $f_0(x) = |x| \qquad (-\pi \le x \le \pi)$

(2) $f_0(x) = \begin{cases} 0 & (-\pi \le x \le 0) \\ \sin x & (0 < x \le \pi) \end{cases}$

(3) $f_0(x) = e^x \qquad (-\pi \le x \le \pi)$

[1.7] 複素フーリエ級数

周期 L の関数 $f(x)$ のフーリエ級数展開

$$f(x) = a_0 + \sum_{n=1}^{\infty} (a_n \sin k_n x + b_n \cos k_n x) \qquad \left(k_n = \frac{2n\pi}{L} \right)$$

を $f(x) = \sum_{n=-\infty}^{\infty} c_n e^{-ik_n x}$ と表すとき，c_n を a_n, b_n で表しなさい．

座標変換と多変数関数の微分積分

座標は「何をどこからどう見るか」を決めるもので，自然現象を記述・観測する際の基準となるものです．本章では，座標軸を目的に応じて自由に取りかえられる（変換できる）ように，「座標変換」についての基本的な意味と具体的な例をいくつか紹介します．その後，少し混乱しやすい多変数の微分積分への利用方法を概観します．

2.1　座標変換の意味

例えば，昔の人たちが地球を中心に宇宙のあり方を考えていたように，物事を観測するときには，まずは最も自然な立ち位置から考えるのが普通の思考過程となるでしょう．そのため，異なる立場からの視点で見直すことが必要になる場合や，あるいは別の視点の方が理解が容易になる場合などがあります．これは，物理学において座標軸をどのようにとるのかということに対応します．そのため，座標軸を変えてみたときに，どのように記述が変更されるのかを理解しておくことは非常に重要です．一般に，座標軸を取りかえることを**座標変換**（あるいは**変数変換**）といいます．

簡単な座標変換の例として，図 2.1 に示すような状況を考えてみましょう．K さんと K′ さんの 2 人が同じ点（図中の黒丸）を見ているとします．具体的なイメージとしては，例えばキャッチボールのような状況が近いでしょう．

そこでこの例では，黒丸のことをボールとよぶことにします．

Kさんはボールの位置を表すために，自分のいる場所を原点としてK′さんに向けてx軸を設定するのが自然でしょう．

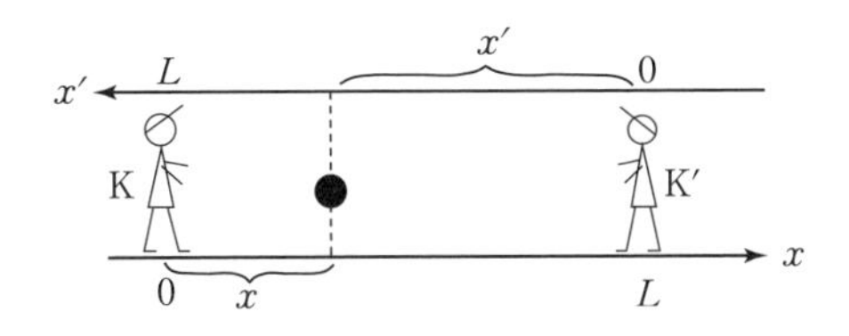

図 2.1 同じボールを見る2人

一方で，K′さんにとっては自分のいる場所（$x = L$）を原点として，Kさんに向けてx'軸を設定するのが自然です．そのため，同じボールの位置について，Kさんは「xにある」とみなし，K′さんは「x'にある」とみなします．しかし，それぞれの測定の基準は異なるものの，**KさんもK′さんも見ているボールは同じであって，位置そのものが変わるわけではありません．**このため，図2.1を見てもわかる通り，Kさんにとってのボールの位置xと，K′さんにとってのボールの位置x'の間には

$$x' = -x + L \tag{2.1}$$

という関係があります．つまり，Kさんが位置xのボールの物理量$f_{\mathrm{K}}(x)$を観測したとき，K′さんは（2.1）を用いて$x \to x'$，すなわち$f_{\mathrm{K}}(x) \to f_{\mathrm{K}}(L - x') \equiv f_{\mathrm{K'}}(x')$という読みかえをすることで，自分の座標軸での表現にすることができます．

通常の関数の書き換えはこのように比較的簡単ですが，微分や積分を行う場合には少し注意が必要です．例えば，Kさんにとっての座標軸での微分$df_{\mathrm{K}}(x)/dx$であれば

$$\frac{df_{\mathrm{K}}(x)}{dx} = \frac{df_{\mathrm{K}}(L - x')}{dx'}\frac{dx'}{dx} = -\frac{df_{\mathrm{K'}}(x')}{dx'} \tag{2.2}$$

として，K′さんにとっての座標軸での関数とその微分で表されることになります．（2.2）**で示した式変形は簡単ですが，本章で最も本質的で重要なので，流し読みしないで丁寧に追ってください．**

このような座標変換と微分の関係を実際に利用する場面では，添字のKやK′，さらには引数の(x)や(x')も省いてしまい，

$$\frac{df}{dx} = \frac{df}{dx'}\frac{dx'}{dx}\left(= -\frac{df}{dx'}\right)$$

などと記述されることが大変多いです[1)]．慣れればかなりスムーズに納得できるようになりますが，最初のうちは「どの座標上で書いた関数を，どの変数に注目して操作しているのか」をはっきり意識することが必要です．

積分についても同様の注意が必要ですが，それは高等学校の範囲でも「置換積分」として名前が付けられている有名な操作なので，比較的納得しやすいと思います．例えば，ボールが K さんから K′ さんに向かって移動するすべての領域で，K さんにとってのある関数 $f_{\mathrm{K}}(x)$ を積分する場合，K′ さんから見たその関数 $f_{\mathrm{K}'}(x')$ の積分との関係は

$$\int_0^L f_{\mathrm{K}}(x)\,dx = \int_L^0 f_{\mathrm{K}}(L - x')\,\frac{dx}{dx'}\,dx'$$

$$= \int_L^0 f_{\mathrm{K}'}(x')\,\frac{dx}{dx'}\,dx'$$

となります．積分区間が入れかわっているように見えるかもしれません．もう少しわかりやすいように，K さんと K′ さんにとっての座標の変化をそれぞれ $x_{\mathrm{ini}}(=0) \to x_{\mathrm{fin}}(=L)$ および $x_{\mathrm{ini}}{}'(=L) \to x_{\mathrm{fin}}{}'(=0)$ と表し，

$$\int_{x_{\mathrm{ini}}}^{x_{\mathrm{fin}}} f_{\mathrm{K}}(x)\,dx = \int_{x_{\mathrm{ini}}{}'}^{x_{\mathrm{fin}}{}'} f_{\mathrm{K}'}(x')\,\frac{dx}{dx'}\,dx'$$

とすると，座標変換らしさが鮮明になります．このときも，やはり添字の K や K′ を省くことが多いので注意しましょう．

ここまでで，座標変換の本質的な意味については理解できたと思います．ただ，図 2.1 のような 1 次元の座標変換であればそれほど苦労なく理解できるものの，実際にはもう少し軸の数が多くて 2 次元や 3 次元だったり，目盛幅が異なったり座標に依存したりするなどして，込み入った状況になることが多いです．次節以降では，まず (2.1) に相当する座標変換を決める関係式のうち，いくつか有名なものを紹介します．その後，多次元での微分や積分でどのように座標変換が影響するかを見てみることにしましょう．

1)　おそらくは「手間を省くため」とか「慣れればある程度自明だから」とか「この方がきれい」といった理由かと思いますが，初習時は躓く人が多いようです．

2.2　いろいろな座標変換

2.2.1　2次元極座標

2次元直交座標[2] (x,y) から **2次元極座標** (r,θ) への変換：$(x,y) \to (r,\theta)$ を考えてみましょう．図2.2にその対応関係を表します．この変換は

$$x = r\cos\theta \\ y = r\sin\theta \tag{2.3}$$

であり，$(1,1) \to (\sqrt{2}, \pi/4)$ や $(-2,-2) \to (2\sqrt{2}, 5\pi/4)$ などとなります．

変数 r, θ のとり得る範囲として，$r : 0 \to \infty$（あるいは $0 \leq r$）および $\theta : 0 \to 2\pi$（あるいは $0 \leq \theta < 2\pi$）としておけば，すべての (x,y) を過不足なく網羅できることがわかるでしょうか．重要な点は，**「過不足なく」**という部分です．例えば θ が $0 \leq \theta < 3\pi$ の値をとれることにすると，直交座標での $(1,1)$ が，この座標では $(\sqrt{2}, \pi/4)$ と $(\sqrt{2}, 9\pi/4)$ の2通りの表現ができてしまいます．これは第1象限・第2象限のすべての点に起こることです．逆に θ が $0 \leq \theta < \pi$ の範囲に制限されていると，第3象限・第4象限を指すことができません．このような，すべての点を一意的（ユニーク）に表すことができないような設定では，座標としての意味をなしません．

このことからわかるように，座標変換は本質的には自由に座標軸を決めてよいのですが，**ひとたび点が定まれば，その点はユニークに表すことができるようになっていないといけない**ので[3]，変数のとり得る値の範囲には気を配るようにしましょう．言い方を変えるなら，一意的に決まりさえすればよいので，θ についてはある程度自由で，$-\pi < \theta \leq \pi$ などでも構いません．

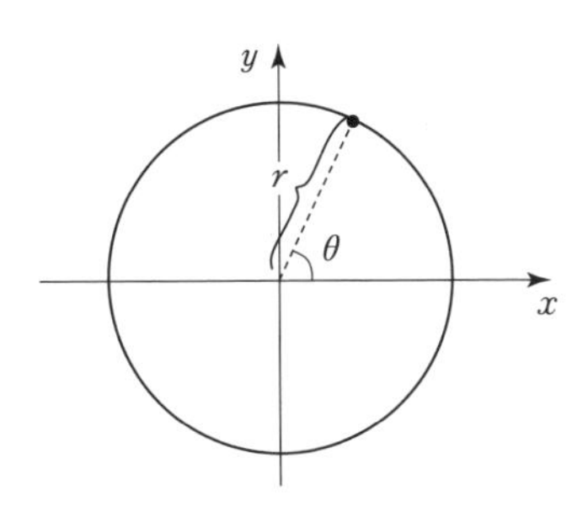

図2.2　直交座標と2次元極座標

2)　直交座標は中学校以来よく遭遇しているでしょう．**デカルト座標**や，その英語読みである**カーテシアン座標**などということも多いです．

3)　そもそもどんなときに座標軸を用意したくなるかを考えれば，物理学以前の常識的判断にこの要請があることがわかるでしょう．

2.2.2 円柱座標

2次元極座標の3次元への拡張として，最もシンプルな発想で繋がるのが**円柱座標**です．図2.3のように，3次元直交座標 (x, y, z) 上で，ある z を1つ指定すると，1つの (x, y) 平面ができます．そこで，この平面上の点を極座標 (r, θ) で表し，“高さ”に相当する z と合わせて，(r, θ, z) とすれば空間中のすべての点を過不足なく網羅することができます．この変換は

$$
\begin{aligned}
x &= r\cos\theta \\
y &= r\sin\theta \\
z &= z
\end{aligned}
\tag{2.4}
$$

と表せます．

変数のとり得る範囲は，r, θ については2次元極座標と同様に，$r: 0 \to \infty$，$\theta: 0 \to 2\pi$ でよいでしょう．z についてはすべての z 座標がそのまま対応するため，$z: -\infty \to \infty$ のように元の直交座標の z と同じものを使うのが良さそうです．

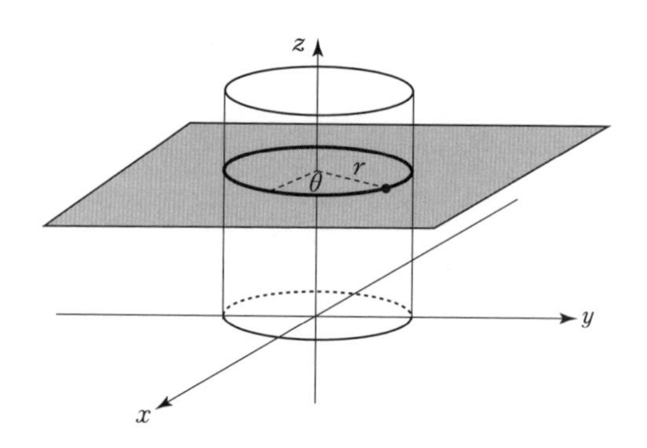

図2.3　直交座標と円柱座標

2.2.3 3次元極座標（球座標）

円柱座標は，ただ平面を上下にずらして z 座標を加えただけなので，本質的には2次元極座標と同じです．これに対して，z 座標も原点からの距離と軸からの傾きで表すのが**3次元極座標**（または**球座標**）です．基本的には2次元極座標を応用したいので，平面を切り出して考えることになります．そのために，まず半径 r の球を用意します．この球の表面上の点をすべて表

すことができれば，後はrを$0 \to \infty$とすることで，空間中のすべての点が表現できます．

そこで，球の表面上の点を極座標で表すために，図2.4のように，この球に北極（z軸の正方向）から角度θの位置にz軸と垂直になるようなハチマキを巻きます．**このハチマキは，真上から見ると半径が$r\sin\theta$の円に見える**というのは理解できるでしょうか．わかりにくい場合は，図2.4に示したような図中の黒丸と原点を繋いだ長さrの線分を斜辺とする直角三角形を切り出してみるとわかりやすいかもしれません．

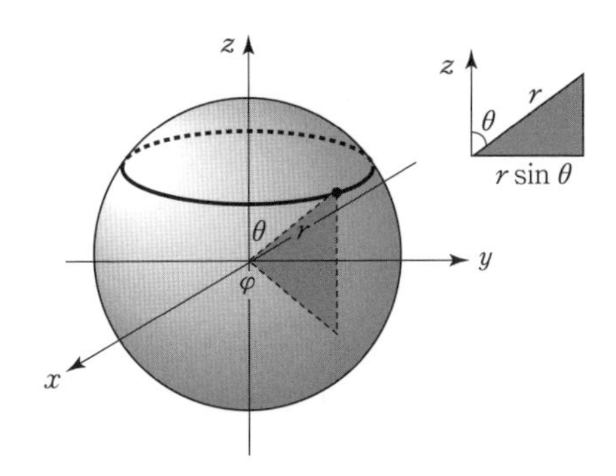

図2.4 直交座標と3次元極座標

また，このハチマキ上でx軸からの角度がφの点は，x座標とy座標がそれぞれ$r\sin\theta\cos\varphi$と$r\sin\theta\sin\varphi$になります．さらに，このz座標が$r\cos\theta$であることも切り出した直角三角形を見るとわかるでしょう．

結局，3次元直交座標(x, y, z)から3次元極座標(r, θ, φ)への変換：$(x, y, z) \to (r, \theta, \varphi)$は，

$$
\begin{aligned}
x &= r\cos\varphi\sin\theta \\
y &= r\sin\varphi\sin\theta \\
z &= r\cos\theta
\end{aligned}
\tag{2.5}
$$

となります．(2.5) を得るところまでは，図2.4のイメージがもてるとそれほど難しくなく理解できると思います．混乱しやすいのは，このときの変数のとり得る範囲です．この混乱を避ける方法の1つは，ハチマキのイメージを意識して範囲を決めることです．

まず，ハチマキ上の点がぐるっと1周できるためには$\varphi : 0 \to 2\pi$である必要があります．次に，ハチマキは北極から南極（z軸の負方向）までを巻きつくす必要がありますが，北極が$\theta = 0$であり南極が$\theta = \pi$であることから，$\theta : 0 \to \pi$で十分です．つまり，φとθは共に角度を表しますが，そのとり得

る値の範囲は異なるということに注意してください[4].

こうして球面上のすべての点を表すことができたので，後は $r:0\to\infty$ とすれば，当初の目的通り，空間中のすべての点を一意的に表せたことになります．変数のとり得る範囲は重要なので，まとめておきましょう．

$$r:0\to\infty,\qquad \varphi:0\to 2\pi,\qquad \theta:0\to\pi$$

2.2.4　回転座標への変換

回転座標は元の直交座標系[5]を，原点を中心に θ だけ回転させて得られる (x',y') のことです．物理学への応用では，自転する系から見た現象を調べたいときに有効で，メリーゴーランドや地球表面で見られるコリオリ力や遠心力に関係しています[6].

回転の角度 θ を定数とすると，座標変換 $(x,y)\to(x',y')$ はどのように表せるでしょうか．図 2.5 で，向かい合わせに角度 θ をもつ合同な直角三角形があることに気づくとわかりやすいかもしれません．x' について理解しやすいように，図 2.5 から y 軸と y' 軸を除き，補助線を引いたのが図 2.6 です．これを見ると，図形的に x' は $x\cos\theta$ と $y\sin\theta$ の和になっていることがわかります．同様に，y' については $y\cos\theta$ から $x\sin\theta$ を引いたものになっているので（こちらは各自でチャレンジしてみてください），結局，座標変換 $(x,y)\to(x',y')$ は次のようになります．

$$\begin{aligned} x' &= (\cos\theta)x + (\sin\theta)y \\ y' &= -(\sin\theta)x + (\cos\theta)y \end{aligned} \tag{2.6}$$

(2.6) の導出を上述のように行うと，作図に依存してしまうので，本来な

4)　図 2.4 を漫然と眺めると，θ と φ を入れかえてしまってもよいように感じる人もいるようです．これは図の見かけに騙されているだけで，(2.5) は θ と φ を入れかえると違う式になってしまうので，入れかえてはいけません．図に騙されそうな人は，ハチマキのイメージを忘れないようにしましょう．

5)　用語の使い方ですが，原則として，**座標**は特定の点の位置を表す数値の組を指し，**座標系**は座標をどのような数値で表すかを定めたシステム全体を指します．しかし，座標系を表すときに，それによって定められた座標点を指して，あえて「系」を省いた「○○座標」といわれることも多いです．この辺りはややこしいので，ピンと来ない方は拘泥せずに少しずつ慣れていきましょう．

6)　詳しくは，本シリーズの『力学』などのテキストを参照してください．

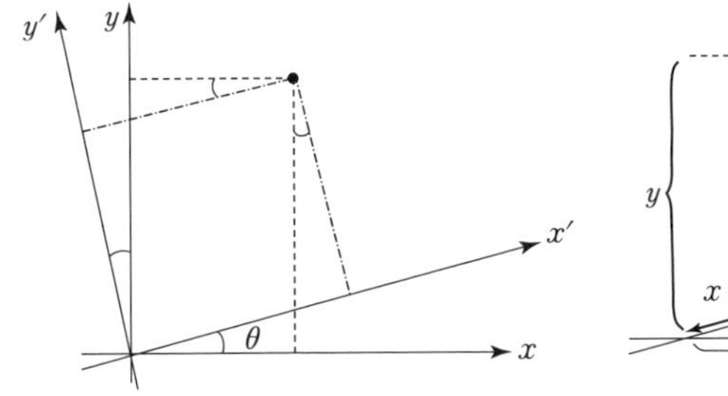

図 2.5　直交座標と回転座標

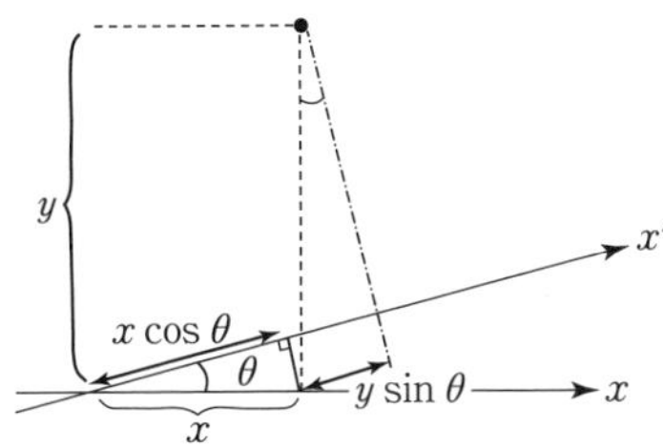

図 2.6　座標変換の求め方の一例

ら θ が鋭角でないときについての検証も必要ですが，各象限で同じことをすれば確かに成り立っていることが確認できます．ただ，物理学に活用する現場ではそういった証明そのものよりも，忘れてしまった (2.6) を思い出したい，ということも多いと思います．毎回テキストを確認してもよいですが，図 2.7 のような単位円上の黒丸と黒三角が (x, y) と (x', y') でそれぞれどのように表されるかを考えるのが便利です．黒丸は $(x, y) = (1, 0) \to (x', y') = (\cos\theta, -\sin\theta)$ と変わり，黒三角は $(x, y) = (0, 1) \to (x', y') = (\sin\theta, \cos\theta)$ に変わります．これらを共に満たすのが (2.6) であることを思い出すのは，それほど難しいことではないでしょう．

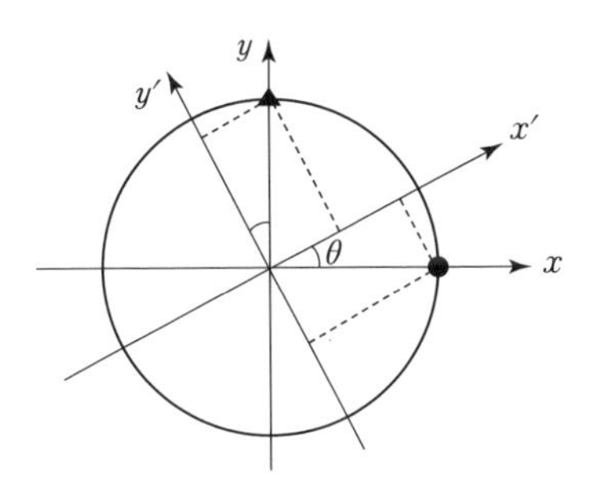

図 2.7　覚え方の一例

なお,「回転座標」というとき，一定の角速度 ω で回転していることを考える場合も多く，そのような場合には $\theta = \omega t$（t は時間）と置き換えることになります．

2.2.5　並進変換とガリレイ変換

回転座標では原点を中心として反時計回りの回転が表現できるようになりますが，原点そのものが動く場合もあります．図 2.8 のように，K さんの座標軸 x に対して，K′ さんの座標軸が a だけずれているときは $x' = x - a$ のようになります．ずれの方向に合わせて x 軸と x' 軸をとる場合には，仮に

3次元系を考えていても，$y' = y$，$z' = z$ とすればよく

$$
\begin{aligned}
x' &= x - a \\
y' &= y \\
z' &= z
\end{aligned}
$$

となります．このような変換を**並進変換**といい，平行移動に相当します．

並進変換の中でも，特に，K′ さんが一定の速度 v で K さんから離れていく場合には $a = vt$（t は時間）となり，この変換 $(t, x, y, z) \to (t', x', y', z')$ は

$$
\begin{aligned}
t' &= t \\
x' &= x - vt \\
y' &= y \\
z' &= z
\end{aligned}
\tag{2.7}
$$

となります．これを**ガリレイ変換**といい，次項で示すローレンツ変換と対比されることが多くあります[7]．

2.2.6　ローレンツ変換

図2.8のKさんに対して，K′ さんが等速度 v で運動しているとき，ガリレイ変換は (2.7) のようになり，Kさんの時刻 t と K′ さんの時刻 t' は同じとしています．この変換とは別に，Kさんの時間 t と K′ さんの時間 t' が必ずしも等しくなく，むしろ光速が等しいとすることで，マクスウェル方程式[8] を不変に保つような変換 $(t, x, y, z) \to (t', x', y', z')$ を用意することができます．この変換は，光速 c に対する γ 因子 $\gamma(v) = \dfrac{1}{\sqrt{1 - (v/c)^2}}$ を用いると

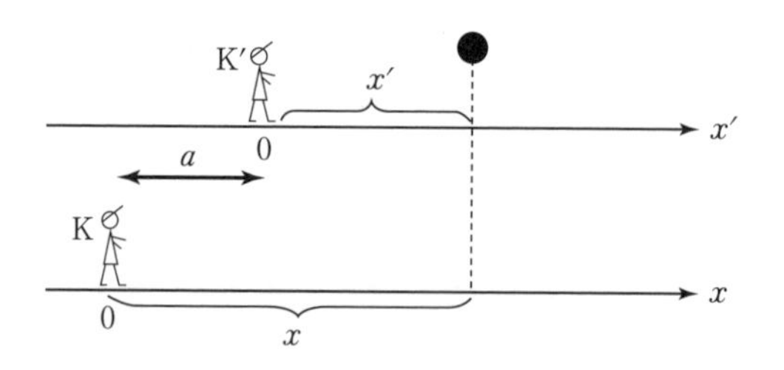

図2.8　並進変換

7）詳細は，本シリーズの『力学』などのテキストを参照してください．

8）電磁気学で出会う基礎方程式の1つです．

$$
\begin{aligned}
ct' &= \gamma(v)\,ct - \frac{v}{c}\gamma(v)\,x \\
x' &= -\frac{v}{c}\gamma(v)\,ct + \gamma(v)\,x \\
y' &= y \\
z' &= z
\end{aligned}
\tag{2.8}
$$

と表せて，これを**ローレンツ変換**といいます．

この背景や意味については物理数学の入門編としては深入りしませんが，相対性理論を勉強するときに重要な役割を果たす座標変換の 1 つです．割ときれいな形をしているので，覚えておいてもよいかもしれません．

2.3　多変数関数の微分と座標変換

ここまでで，基本的な座標変換の記述のコツはつかめてきたのではないかと思います．端的にまとめていえば，**どんな座標系に書き直したいか決心し，元の座標系との関係式を一意的に決める**ということです．このとき，変数のとり方や，その値の範囲は，過不足なく全体を覆うことができるような条件にすることが必要でした．具体的な座標変換については，学習の初期の段階では前節で挙げたものが中心に現れるので，いずれ覚えてしまうかと思いますが，そのセンスも身に付けておきましょう．

こうして座標変換ができるようになりましたが，新しい座標系で微分や積分を行うためにはひと工夫必要です．特に，座標系が 1 変数ではなく多変数の場合はややこしいので，丁寧に追っていきましょう．

2.3.1　微分の連鎖則

ある 2 次元の変数変換として $(x_1, x_2) \to (u_1, u_2)$ を想定しましょう．このときの変換の条件式が

$$
\begin{cases}
u_1 = u_1(x_1, x_2) \\
u_2 = u_2(x_1, x_2)
\end{cases}
\tag{2.9}
$$

であったとします．変換後の座標で表されたある関数 $f = f(u_1, u_2)$ について全微分してみると，(1.28) や (1.30) より

$$df = \frac{\partial f}{\partial u_1}du_1 + \frac{\partial f}{\partial u_2}du_2 \tag{2.10}$$

となりますが，いま見ている座標系 (u_1, u_2) と元の座標系 (x_1, x_2) の間には，(2.9) で表される条件があるので，

$$du_1 = \frac{\partial u_1}{\partial x_1}dx_1 + \frac{\partial u_1}{\partial x_2}dx_2, \qquad du_2 = \frac{\partial u_2}{\partial x_1}dx_1 + \frac{\partial u_2}{\partial x_2}dx_2 \tag{2.11}$$

も成り立ちます．したがって，(2.10) へ (2.11) を代入すれば

$$\begin{aligned} df &= \frac{\partial f}{\partial u_1}\left(\frac{\partial u_1}{\partial x_1}dx_1 + \frac{\partial u_1}{\partial x_2}dx_2\right) + \frac{\partial f}{\partial u_2}\left(\frac{\partial u_2}{\partial x_1}dx_1 + \frac{\partial u_2}{\partial x_2}dx_2\right) \\ &= \left(\frac{\partial f}{\partial u_1}\frac{\partial u_1}{\partial x_1} + \frac{\partial f}{\partial u_2}\frac{\partial u_2}{\partial x_1}\right)dx_1 + \left(\frac{\partial f}{\partial u_1}\frac{\partial u_1}{\partial x_2} + \frac{\partial f}{\partial u_2}\frac{\partial u_2}{\partial x_2}\right)dx_2 \end{aligned}$$

となり，全微分の条件から

$$\begin{aligned} \frac{\partial f}{\partial x_1} &= \frac{\partial f}{\partial u_1}\frac{\partial u_1}{\partial x_1} + \frac{\partial f}{\partial u_2}\frac{\partial u_2}{\partial x_1} \\ \frac{\partial f}{\partial x_2} &= \frac{\partial f}{\partial u_1}\frac{\partial u_1}{\partial x_2} + \frac{\partial f}{\partial u_2}\frac{\partial u_2}{\partial x_2} \end{aligned} \tag{2.12}$$

であることになります．

このことは変数の数が増えても同じように拡張できて，$(x_1, x_2, \cdots) \to (u_1, u_2, \cdots)$ とするとき，関数 $f(x_1, x_2, \cdots)$ の微分は

$$\frac{\partial f}{\partial x_j} = \sum_k \frac{\partial f}{\partial u_k}\frac{\partial u_k}{\partial x_j} \tag{2.13}$$

となります．これが (2.2) に対応する多変数の場合の表現で，$(x_1, x_2, \cdots)$ で微分してから $(u_1, u_2, \cdots)$ での微分をするという手続きになっており，あたかも段階的に微分を行っているような印象があるので**連鎖則**といいます．

2.3.2　微分演算子の座標変換

連鎖則 (2.12) で重要なことは，「f が (u_1, u_2) で記述されているとき，左辺は直接には計算できない」ということです．そのため，(2.12) は (x_1, x_2) **の座標系で表された微分を** (u_1, u_2) **の座標系で表された微分に書き直す方法を与えてくれる**と見ることもできます．直接には (2.13) から

$$\frac{\partial}{\partial x_j} f = \left(\sum_k \frac{\partial u_k}{\partial x_j} \frac{\partial}{\partial u_k}\right) f$$

となるので，$\dfrac{\partial}{\partial x_j}$ の代わりに $\sum_k \dfrac{\partial u_k}{\partial x_j} \dfrac{\partial}{\partial u_k}$ を使えばよいことになります．

具体的な例として，(2.6) で与えられる回転座標系 (x', y') で定義された関数 $f(x', y')$ について，元の座標系 (x, y) で微分することを考えてみましょう．(2.12) に対応する微分の表示は

$$\begin{cases} \dfrac{\partial f}{\partial x} = \dfrac{\partial f}{\partial x'} \dfrac{\partial x'}{\partial x} + \dfrac{\partial f}{\partial y'} \dfrac{\partial y'}{\partial x} \\ \dfrac{\partial f}{\partial y} = \dfrac{\partial f}{\partial x'} \dfrac{\partial x'}{\partial y} + \dfrac{\partial f}{\partial y'} \dfrac{\partial y'}{\partial y} \end{cases}$$

となります．したがって $\partial x'/\partial x = \cos\theta$，$\partial y'/\partial x = -\sin\theta$，$\partial x'/\partial y = \sin\theta$，$\partial y'/\partial y = \cos\theta$ であることから

$$\begin{cases} \dfrac{\partial}{\partial x} f(x', y') = \cos\theta \dfrac{\partial f}{\partial x'} - \sin\theta \dfrac{\partial f}{\partial y'} = \left(\cos\theta \dfrac{\partial}{\partial x'} - \sin\theta \dfrac{\partial}{\partial y'}\right) f(x', y') \\ \dfrac{\partial}{\partial y} f(x', y') = \sin\theta \dfrac{\partial f}{\partial x'} + \cos\theta \dfrac{\partial f}{\partial y'} = \left(\sin\theta \dfrac{\partial}{\partial x'} + \cos\theta \dfrac{\partial}{\partial y'}\right) f(x', y') \end{cases}$$

となることがわかります．つまり，回転座標系では $\partial/\partial x$ や $\partial/\partial y$ の代わりに，それぞれ

$$\begin{cases} \dfrac{\partial}{\partial x} \quad \to \quad \cos\theta \dfrac{\partial}{\partial x'} - \sin\theta \dfrac{\partial}{\partial y'} \\ \dfrac{\partial}{\partial y} \quad \to \quad \sin\theta \dfrac{\partial}{\partial x'} + \cos\theta \dfrac{\partial}{\partial y'} \end{cases}$$

という置き換えをすればよいことがわかるでしょう．

このように，**座標変換においては，微分演算子についても連鎖則を用いて，目的の座標系に置き換えればよいだけ**なので，1 変数のときに (2.2) で見た取り扱いと同等であり，それほど理解が困難なわけではないと思います．ただ，これは座標変換の条件が

目的の座標系の変数 = 直交座標系の変数で表される微分可能な式

となっている場合は比較的スムーズにできますが，極座標系や円柱座標系の

場合には（2.3），（2.4），（2.5）を見てもわかる通り，必ずしもこの形にはなっておらず，少し工夫が必要です．ここでは2次元極座標系を例として，具体的に見てみることにしましょう．

Exercise 2.1

2次元直交座標系における $\dfrac{\partial}{\partial x}$ および $\dfrac{\partial}{\partial y}$ を2次元極座標系で表しなさい．

Coaching 基本的には，

$$\begin{cases} \dfrac{\partial}{\partial x} f(r,\theta) = \dfrac{\partial r}{\partial x}\dfrac{\partial f}{\partial r} + \dfrac{\partial \theta}{\partial x}\dfrac{\partial f}{\partial \theta} \\[2ex] \dfrac{\partial}{\partial y} f(r,\theta) = \dfrac{\partial r}{\partial y}\dfrac{\partial f}{\partial r} + \dfrac{\partial \theta}{\partial y}\dfrac{\partial f}{\partial \theta} \end{cases}$$

なので，$\dfrac{\partial r}{\partial x}, \dfrac{\partial \theta}{\partial x}, \dfrac{\partial r}{\partial y}, \dfrac{\partial \theta}{\partial y}$ が求められればよいことになります．最初から $r = \cdots$，$\theta = \cdots$ とするのでもよいですが，$\dfrac{\partial f}{\partial r}(=\partial_r f)$，$\dfrac{\partial f}{\partial \theta}(=\partial_\theta f)$ を求めて書き直すという方法が，比較的応用範囲も広く便利です．

$\partial_r f$ および $\partial_\theta f$ を x, y で表すことを考えると，（2.3）より

$$\begin{cases} \partial_r f = \dfrac{\partial x}{\partial r}\dfrac{\partial f}{\partial x} + \dfrac{\partial y}{\partial r}\dfrac{\partial f}{\partial y} = \cos\theta(\partial_x f) + \sin\theta(\partial_y f) \\[2ex] \partial_\theta f = \dfrac{\partial x}{\partial \theta}\dfrac{\partial f}{\partial x} + \dfrac{\partial y}{\partial \theta}\dfrac{\partial f}{\partial y} = -r\sin\theta(\partial_x f) + r\cos\theta(\partial_y f) \end{cases}$$

と表すことができます．これを $\partial_x f$ および $\partial_y f$ についての連立方程式とみなして解くと[9]，

$$\begin{cases} \partial_x f = \cos\theta(\partial_r f) - \dfrac{\sin\theta}{r}(\partial_\theta f) \\[2ex] \partial_y f = \sin\theta(\partial_r f) + \dfrac{\cos\theta}{r}(\partial_\theta f) \end{cases}$$

となり，結局，求める微分演算子の置き換えは次のようになります．

$$\frac{\partial}{\partial x} \;\to\; \cos\theta\frac{\partial}{\partial r} - \frac{\sin\theta}{r}\frac{\partial}{\partial \theta}, \qquad \frac{\partial}{\partial y} \;\to\; \sin\theta\frac{\partial}{\partial r} + \frac{\cos\theta}{r}\frac{\partial}{\partial \theta}$$

いかがでしょうか．極座標系のような場合には座標変換が「目的の座標系の変数 $= \cdots$」の形になっていない場合があるので，**結局のところ微分係数がわかればよい**

9）わかりやすさのために，あえてこのような表現にしていますが，通常，このような書き換えは「解く」とはいいませんので，答案としては「書き換えて」ぐらいの方がよいでしょう．

というセンスで $r(x,y)$ や $\theta(x,y)$ の正体には踏み込まずに書き直しています．この方が考え方は難しいですが，作業としては連立方程式を解くだけなので，「どんなに複雑でも，微分さえできるならいつでも書き換えられる」という意味で便利です．3 次元極座標系の場合についても練習して，ぜひ習熟しておいてください．■

Exercise 2.2

2 次元直交座標系における**ラプラシアン** $\dfrac{\partial^2}{\partial x^2}+\dfrac{\partial^2}{\partial y^2}$ を 2 次元極座標系で表しなさい．

Coaching　Exercise 2.1 の結果を用いて，

$$\frac{\partial^2}{\partial x^2}f=\left(\cos\theta\frac{\partial}{\partial r}-\frac{\sin\theta}{r}\frac{\partial}{\partial\theta}\right)\left(\cos\theta\frac{\partial f}{\partial r}-\frac{\sin\theta}{r}\frac{\partial f}{\partial\theta}\right)$$

を計算し，同様にして $\dfrac{\partial^2}{\partial y^2}f$ を計算すれば，$\dfrac{\partial^2}{\partial x^2}+\dfrac{\partial^2}{\partial y^2}$ を得ることができます．ただし，この展開は，数式の展開ではなく**微分を行っている**ことに注意してください．微分は積の微分法に代表されるように，例えば

$$\frac{\partial}{\partial\theta}\left(-\frac{\sin\theta}{r}\frac{\partial f}{\partial\theta}\right)=-\frac{\cos\theta}{r}\frac{\partial f}{\partial\theta}+\left(-\frac{\sin\theta}{r}\right)\frac{\partial^2 f}{\partial\theta^2}$$

となるので，順序に注意してください．横着せずに，丁寧に計算すると，

$$\begin{aligned}\frac{\partial^2}{\partial x^2}f&=\left(\cos\theta\frac{\partial}{\partial r}-\frac{\sin\theta}{r}\frac{\partial}{\partial\theta}\right)\left(\cos\theta\frac{\partial f}{\partial r}-\frac{\sin\theta}{r}\frac{\partial f}{\partial\theta}\right)\\&=\cos^2\theta\frac{\partial^2 f}{\partial r^2}+2\frac{\cos\theta\sin\theta}{r^2}\frac{\partial f}{\partial\theta}-2\frac{\cos\theta\sin\theta}{r}\frac{\partial^2 f}{\partial r\,\partial\theta}\\&\qquad+\frac{\sin^2\theta}{r}\frac{\partial f}{\partial r}+\frac{\sin^2\theta}{r^2}\frac{\partial^2 f}{\partial\theta^2}\\\frac{\partial^2}{\partial y^2}f&=\left(\sin\theta\frac{\partial}{\partial r}+\frac{\cos\theta}{r}\frac{\partial}{\partial\theta}\right)\left(\sin\theta\frac{\partial f}{\partial r}+\frac{\cos\theta}{r}\frac{\partial f}{\partial\theta}\right)\\&=\sin^2\theta\frac{\partial^2 f}{\partial r^2}-2\frac{\cos\theta\sin\theta}{r^2}\frac{\partial f}{\partial\theta}+2\frac{\cos\theta\sin\theta}{r}\frac{\partial^2 f}{\partial r\,\partial\theta}\\&\qquad+\frac{\cos^2\theta}{r}\frac{\partial f}{\partial r}+\frac{\cos^2\theta}{r^2}\frac{\partial^2 f}{\partial\theta^2}\end{aligned}$$

となるので，次のようにまとめられます．

$$\left(\frac{\partial^2}{\partial x^2}+\frac{\partial^2}{\partial y^2}\right)f=\left(\frac{\partial^2}{\partial r^2}+\frac{1}{r}\frac{\partial}{\partial r}+\frac{1}{r^2}\frac{\partial^2}{\partial\theta^2}\right)f$$

したがって，右辺の $(\cdots)$ 内が求めるべきものとなります．注意してほしいのは，微分を含む式の展開に関する部分で，このあたりを丁寧に扱わないと，いくつかの

項が出てこない場合がありますので，多少面倒でも1つ1つ書き下すことをお勧めします．■

Training 2.1

3次元直交座標系における**ラプラシアン** $\frac{\partial^2}{\partial x^2}+\frac{\partial^2}{\partial y^2}+\frac{\partial^2}{\partial z^2}$ を3次元極座標系で表しなさい．

2.4 多重積分

多変数関数の微分に対する座標変換はある程度わかってきたと思いますので，今度は積分についての座標変換をできるようにしましょう．そのために，まずは直交座標系での多変数関数の積分を見てみることにします．

2.4.1 線積分

ある関数 $f(x)$ を $x：a \to b$ で積分するということは，図2.9に示すように，微小量 $\Delta I(x_j)$ について $\Delta x \to 0$ の極限で和をとるという意味で，

$$\begin{aligned} I &= \lim_{\Delta x \to 0} \sum_{a < x_j < b} \Delta I(x_j) \\ &= \lim_{\Delta x \to 0} \sum_{a < x_j < b} f(x_j)\,\Delta x \\ &\equiv \int_a^b f(x)\,dx \end{aligned} \tag{2.14}$$

と表されます．このときの微小領域 Δx は，ほとんど迷うことなく x 軸に沿ってとることができました．しかし，関数が複数の変数をもつときは，どのようにとればよいのでしょうか．

その方法の1つが図2.10に示すような，**線積分**といわれるものです．つまり，ある曲線（**積分経路**）を座標空間中に描き，その曲線に沿って微小領域 Δs をとることにするという方

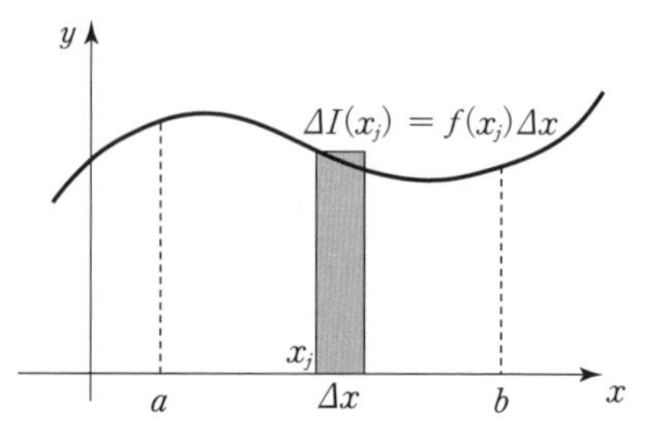

図2.9　1変数関数の積分

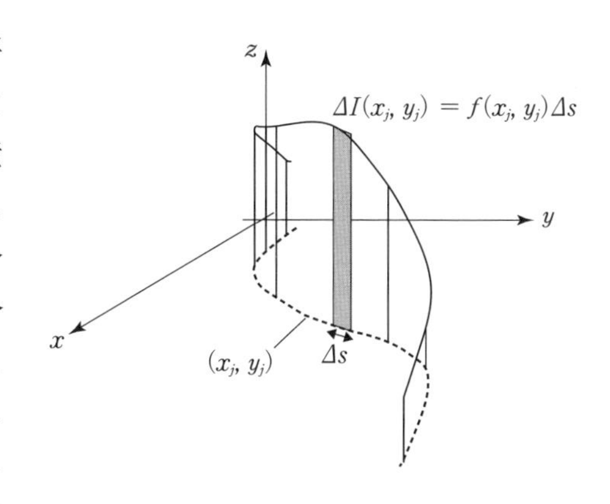

図 2.10 線積分の概略図

法です．いまの例では，xy 平面上の点線が積分経路となります．1 変数の場合には x 軸が積分経路になっていたと捉えることもできますし，1 変数の場合は x 軸にとらわれていた積分経路が，座標変数が増えることで自由度を増した，と考えることもできるでしょう．したがって，積分経路を C と表すことにすると，1 変数の場合からの自然な拡張として，

$$I = \lim_{\Delta s \to 0} \sum_{(x_j, y_j) \in \mathrm{C}} \Delta I(x_j, y_j) = \lim_{\Delta s \to 0} \sum_{(x_j, y_j) \in \mathrm{C}} f(x_j, y_j)\, \Delta s \equiv \int_{\mathrm{C}} f(x, y)\, ds \tag{2.15}$$

を「**$f(x, y)$ の C 上での線積分**」として導入することができます．

1 変数関数の場合，(2.14) で $f(x) = 1$ としたとき，$\int_a^b dx = b - a$ となって積分区間の幅，すなわち積分経路の長さが得られたことを思い出すと，(2.15) でも $\int_{\mathrm{C}} ds$ は積分経路の長さに対応しそうです．つまり，線積分 (2.15) における ds は，C を微小分割した長さを表すと考えられます．直交座標系では三平方の定理から決められ[10]，$\Delta s = \sqrt{(\Delta x)^2 + (\Delta y)^2}$ の微小極限として

$$ds = \sqrt{1 + \left(\frac{dy}{dx}\right)^2}\, dx = \sqrt{\left(\frac{dx}{dt}\right)^2 + \left(\frac{dy}{dt}\right)^2}\, dt \tag{2.16}$$

のように表されます．(2.16) の $\sqrt{1 + (dy/dx)^2}\, dx$ は C が $y = (x$ の式$)$ として明示的に表せるとき，$\sqrt{(dx/dt)^2 + (dy/dt)^2}\, dt$ は C が $x = (t$ の式$)$,

10) むしろ素朴な三平方の定理によって長さを決められる空間を**ユークリッド空間**といい，その特別な場合が直交座標系なので，理由としては少し弱いかもしれません．

$y =$ (t の式) のような媒介変数表示となるときに使うことが多いです．Exercise 2.3 を通して，具体的な計算の手続きを見てみましょう．

Exercise 2.3

C : $x^2 + y^2 = 1$ 上で $(1,0)$ から $(0,1)$ まで第 1 象限を左回り (反時計回り) に回る経路で，$f(x,y) = xy$ の線積分を求めなさい．

Coaching $0 \le \theta \le \pi/2$ となる実数 θ を用いて C 上の点を $(\cos\theta, \sin\theta)$ と媒介変数表示してから，θ での積分に書き直してみましょう．このとき

$$ds = \sqrt{dx^2 + dy^2} = \sqrt{\left(\frac{dx}{d\theta}\right)^2 + \left(\frac{dy}{d\theta}\right)^2}\, d\theta = \sqrt{\sin^2\theta + \cos^2\theta}\, d\theta = d\theta$$

となるので，$f(x,y) = \cos\theta\sin\theta = (\sin 2\theta)/2$ であることを考慮して，積分を実行します．

$$\int_{\mathrm{C}} f(x,y)\, ds = \int_0^{\pi/2} \frac{1}{2}\sin 2\theta\, d\theta = \left[-\frac{1}{4}\cos 2\theta\right]_0^{\pi/2} = \frac{1}{2}$$

計算の手続きとしてはそれほど難しさを感じないと思いますが，イメージをもてるようにしておきましょう．図 2.11 に示すように，破線で表した単位円上で $f = xy$ のグラフを描くと $(1,0)$ と $(0,1)$ でゼロになり，中間点で最大となるような曲線になります．このことは，θ の 1 変数関数に直した表示 $f = (\sin 2\theta)/2$ を見ると $\theta = \pi/4$ で最大になることからもよくわかると思います．この曲線の各点での値を用いて (2.15) の量を求めているのだという意味をよく理解しておいてください．対象となる関数が複雑になると，具体的な曲線の形を明示的にイメージするのは難しくなりますが，雰囲気を理解できていれば，後は計算に従って上手に扱えるようになると思います．

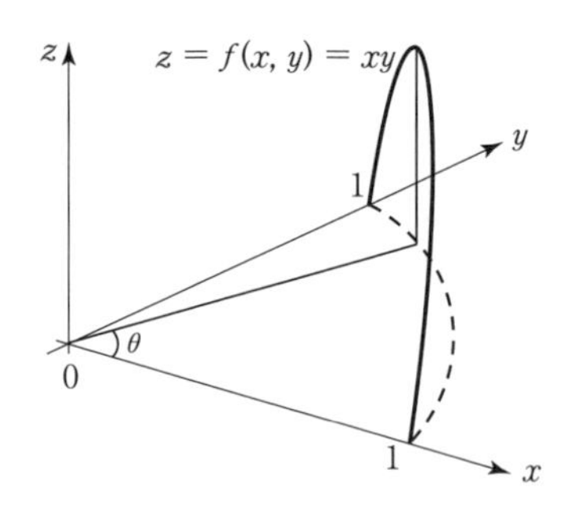

図 2.11　線積分の様子

ここでは非常に「自然な置き換え」で 1 変数関数に書き換えられているので，特別な作業をしている印象は薄いかもしれません．しかし，$(x(\theta), y(\theta))$ が θ によって積分経路を表す 1 変数関数への座標変換になっていることを意識しておきましょう．■

$x = 3\cos t - \cos 3t$, $y = 3\sin t - \sin 3t$ $(0 \leq t \leq \pi/2)$ と媒介変数表示される曲線C上で，関数 $f(x, y) = x^2 + 3y$ の線積分を求めなさい．

2.4.2 面積分

図 2.12 に示されるような (0, 0, 0)，(1, 0, 0)，(0, 1, 0)，(0, 0, 1) を頂点とする三角錐の体積を求めることを考えてみましょう．(1, 0, 0), (0, 1, 0), (0, 0, 1) の 3 点を通る平面の方程式は $x + y + z = 1$ です．

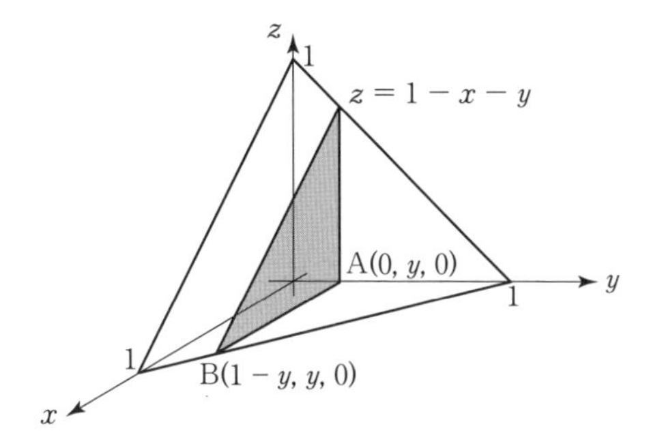

図 2.12　三角錐

まず，ある特定の y の値に対して，図中の灰色の三角形の面積 $s(y)$ を求めてみましょう．平面の方程式で $z = 0$ としたのが，(1, 0, 0) と (0, 1, 0) を結ぶ直線の式になります．そのため，図中の点 A を $(0, y, 0)$ とすると点 B は $(1 - y, y, 0)$ となります．つまり，$s(y)$ は積分区間に注意して

$$s(y) = \int_0^{1-y} (-x + 1 - y)\, dx = \frac{1}{2}(1 - y)^2$$

と得られます．

次に体積 V は，これに微小な厚さ dy を掛けて積分すればよく，

$$V = \int_0^1 s(y)\, dy = \int_0^1 \frac{1}{2}(1 - y)^2\, dy = \frac{1}{6}$$

として与えられます．

計算としてはこれでよいのですが，以上のことをまとめて書いてみると，

$$V = \int_{y=0}^1 \left\{ \int_{x=0}^{1-y} (1 - x - y)\, dx \right\} dy$$

なので，$z = f(x, y) = 1 - x - y$ とおいて，カッコ $\{\cdots\}$ を外すと

$$V = \int_{y=0}^{1} \int_{x=0}^{1-y} f(x, y)\, dx\, dy \tag{2.17}$$

とできます[11]．そして，この表示 (2.17) は「段階的な計算をまとめて書いたもの」という見方から，**関数** $f(x, y)$ **に** $dx\,dy$ **を掛けて積分したもの**という別の解釈に移ることもできます．この解釈では，図 2.13 のように微小面積 $dx\,dy$ に対して $dv = f(x, y)\,dx\,dy$ をつくり，これを全底面積で足し合わせるというイメージがもてるでしょう．

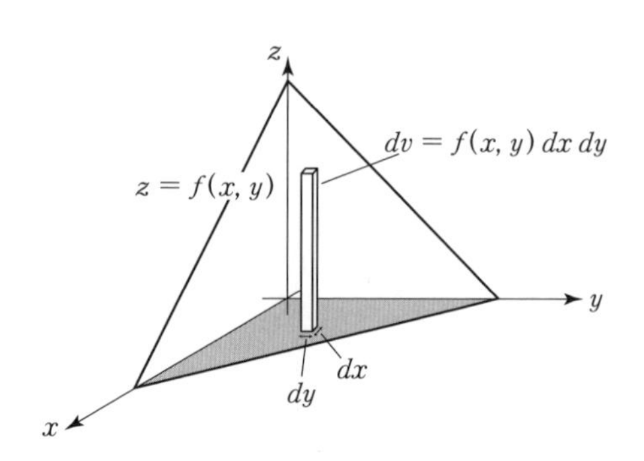

図 2.13　面積分としての解釈

このような立場での積分を，一般に**面積分**といいます．表現として，$dx\,dy$ にまとめて面積のニュアンスを与えて dS と書き，積分する面領域を S と表すことで

$$\iint_{\mathrm{S}} f(x, y)\, dS \tag{2.18}$$

と表すことが多いです[12]．もちろん，(2.18) の形で直接積分を実行することはあまりなく，結局は段階的に積分することになるのですが，具体的な積分区間を明示する手間は結構大変なので，初習のうちは，その省略のために使われる表記だと思っていただいて構いません．

11)　積分区間に $x =$ や $y =$ を書く必要はないのですが，書いておいた方が間違えにくいと思います．$\sum\limits_{k=1}^{n}$ の k のような扱いだと思ってください．

12)　$\iint$ は何となく 2 回積分している雰囲気を出しているだけで，手間のために $\int$ で代用されることも少なくありません．講義や他のテキスト類に臨む際には本数が多いか少ないかで混乱せず，どんな計算をしているのかを丁寧に追うようにしてください．こういう本質だけを追いかけることのできる柔軟さは，理数系の科目の習得において結構重要な素養です．

Exercise 2.4

xy 平面上で領域Sを $S = \{(x, y) \mid x + y \leq 2, x \geq 0, y \geq 0\}$ とするとき，関数 $f(x, y) = x^2 + y$ のS上での面積分を求めなさい．

Coaching 領域Sは図 2.14 の灰色の領域です．これを見ながら積分区間を決めると，求める積分は

$$\iint_S f(x, y)\, dS$$
$$= \int_{y=0}^{2} \left\{ \int_{x=0}^{2-y} (x^2 + y)\, dx \right\} dy$$
$$= \int_{y=0}^{2} \left\{ \frac{1}{3}(2-y)^3 + y(2-y) \right\} dy$$
$$= \frac{8}{3}$$

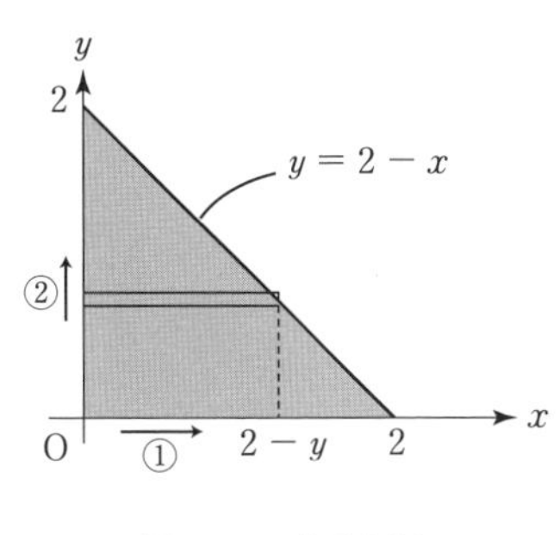

図 2.14 積分領域

となります．もちろん，先に y での積分を行っても結果は同じになります． ■

Training 2.3

xy 平面上で領域Sを $S = \{(x, y) \mid x + y \leq 1, x \geq 0, y \geq 0\}$ とするとき，関数 $f(x, y) = x^2 + y^2$ のS上での積分を求めなさい．

2.4.3 体積分

面積分が対象とするのは，$f(x, y)$ のような2変数を引数にもつ関数の積分でした．**体積分**または**体積積分**は，関数が (x, y, z) の3変数を引数にもつ場合の積分に使われる呼称で，基本的には面積分と同じセンスです．つまり，$f(x, y, z)$ について，各変数のある領域Vに対して

$$\iiint_V f(x, y, z)\, dV = \int_z \int_y \int_x f(x, y, z)\, dx\, dy\, dz$$

となります．これについては面積分が理解できていれば，特に難しいことはないでしょう．

2.5　多重積分の座標変換

微分と同様に，積分も座標変換を行った方が実行しやすい場合があります．ここでは，最も頻繁に用いる，極座標表示を直観的に扱ってみましょう．初習の段階では，ここだけでも理解しておくと，かなりの応用に使えると思います．その他の場合や一般論については，ベクトル解析の基礎を身に付けてからの方がよいので，第5章で解説します．

2.5.1　2次元極座標表示での積分

関数 $f(x, y) = (x^2 + y^2)^m$（ただし $m > 0$）を $D = \{(x, y) | x^2 + y^2 \leq a^2\}$ の領域Dで面積分することを考えてみましょう．この積分を I と表すと $I = \iint_{\mathrm{D}} f(x, y)\, dS$ となりますが，$f(x, y)$ が $(0, 0)$ と (x, y) の間の距離 $r = \sqrt{x^2 + y^2}$ のみの式なので，直交座標系よりも2次元極座標系の方が扱いやすいだろうと期待できるでしょう．そこで $x = r\cos\theta$，$y = r\sin\theta$ と置き換えると $f = r^{2m}$ となるので，積分 I が

$$I = \iint_{\mathrm{D}} r^{2m}\, dS \tag{2.19}$$

と表せるというところまでは，それほど問題ないと思います．

(2.19) を計算するためには，dS をどのように表すか，が重要になりますが，**直交座標系で $dS = dx\, dy$ だったからといって，2次元極座標系で $dS = dr\, d\theta$ とすればよいわけではない**というところがポイントです．図2.15と図2.16を見比べるとわかりやすいと思いますが，直交座標の dS は場所によらず一定の大きさである一方，2次元極座標の dS は大きさが場所によって変わる（原点から遠いほど大きくなる）という違いがあるので，灰色で示した dS の大きさを正しく見積もる必要があ

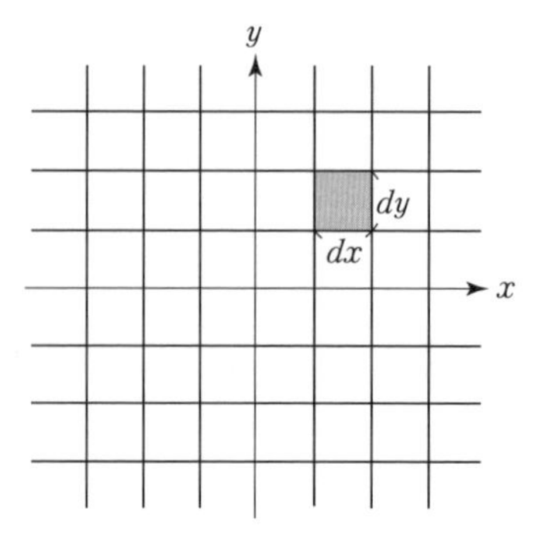

図2.15　直交座標での dS

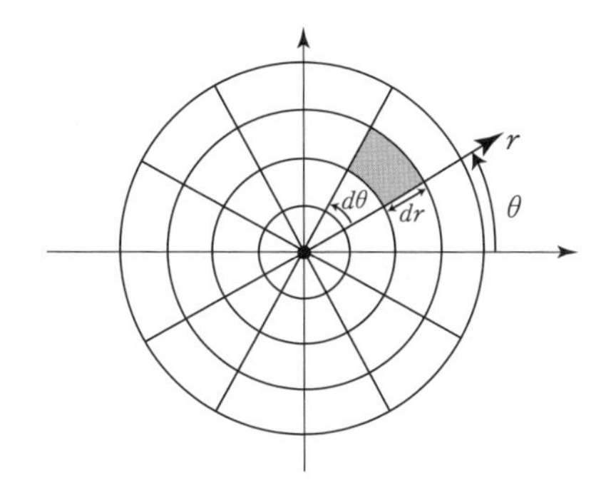

図 2.16　2 次元極座標での dS

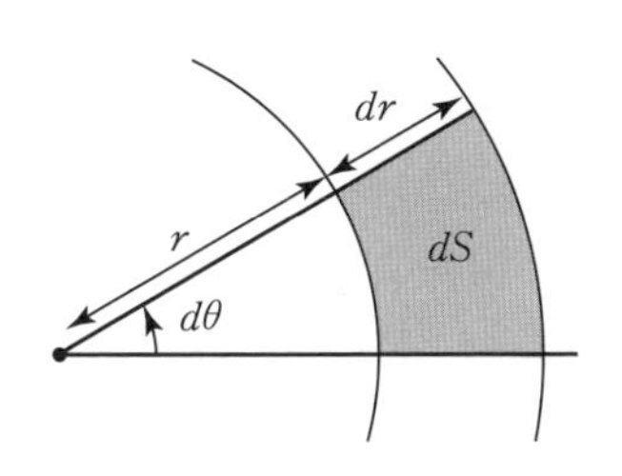

図 2.17　2 次元極座標での dS を求める.

ります. いまの場合は, 図 2.17 のように「半径 $r+dr$, 中心角 $d\theta$ の扇形」から「半径 r, 中心角 $d\theta$ の扇形」を引いたものが dS なので, $dr, d\theta$ の高次の微小量は除いて

$$dS = \frac{1}{2}(r+dr)^2\,d\theta - \frac{1}{2}r^2\,d\theta$$

$$= r\,dr\,d\theta + \frac{1}{2}(dr)^2\,d\theta \simeq r\,dr\,d\theta \qquad (2.20)$$

とすればよいことがわかります.

したがって, 求める積分は

$$I = \iint_{\mathrm{D}} f(x,y)\,dS = \int_{r=0}^{a}\int_{\theta=0}^{2\pi} r^{2m}\,r\,dr\,d\theta$$

$$= \left(\int_{\theta=0}^{2\pi} d\theta\right)\left(\int_{r=0}^{a} r^{2m+1}\,dr\right) = \frac{2\pi}{2m+2}a^{2m+2}$$

となります. dS の扱い方が理解できれば, 後は通常の手続き通り, それぞれの変数で積分するだけです. 1 行目から 2 行目に移るとき, r と θ が事実上分離できたことが極座標での計算が簡単になった理由ですが, それは**被積分関数 f が原点からの距離 r だけの式であり, 方向によらないからだ**と理解しておくことは非常に重要です.

さて, (2.20) の経験から, dS は $dr\,d\theta$ ではなく $r\,dr\,d\theta$ としなくてはいけないことがわかりました. 計算上はこのことに気をつけていればよいので,

慣れてしまえば難しいことではありません．置き換えを間違えないように，なぜ $dr\,d\theta$ としてはいけないのかについて，簡単なイメージをもっておきましょう．

図 2.18 を見てください．これは厚みのある円環から一部を切り出して，そのまま外側に並べた様子を示しています．これを見ると，**厚さがあると 2 つの円環がピッタリとくっつくことは決してない**ということがわかります．このようなことは日常生活でもよく遭遇していると思いますが，例えば同じ形の瓦をそのまま重ねると必ず隙間が空きますし，また，ペットボトルのキャップは飲み口よりも必ず少し大きな半径になっています．つまり，外側に行くほど，より大きな円から切り出された扇形を並べていくようにしないと，積分領域内をすべて埋めつくすことができなくなります．それが，いまの場合は $dr\,d\theta$ の r 倍に対応しているということです．

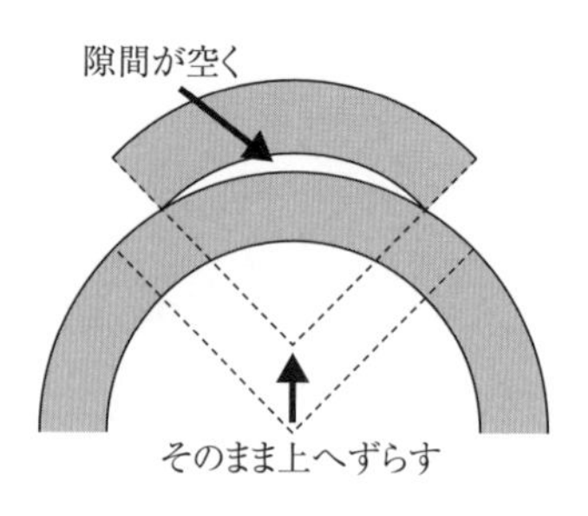

図 2.18　同じ形では重ならず，隙間ができる．

このように，面積分や体積分の計算に座標変換を用いる場合には，dS や dV がどのように補正されるのかをきちんと見極める必要があります．

2.5.2　3 次元極座標表示での積分

2 次元極座標表示での積分と同様に混乱しやすいのが，3 次元極座標表示での積分です．2 次元極座標表示では (2.20) を用いて面積 dS を直接求めましたが，この方法は次元が高くなると少しアプローチとして難しくなります．そこで，図 2.19 のように「dS を長方形のように考えて $r\,d\theta$ と dr の積をとれば面積のほとんどを占めることができるし，$dr, d\theta$ が小さければほぼ一致するだろう」と考える方法もよく知られています．

この方法は 3 次元極座標のときにも有効で，図 2.20 のようにほとんど直方体として捉えてしまうというのが，よく知られた方法です．すなわち，$x = r\cos\varphi\sin\theta$，$y = r\sin\varphi\sin\theta$，$z = r\cos\theta$ に対して

$$dV = r^2 \sin\theta\, dr\, d\theta\, d\varphi \tag{2.21}$$

となります．

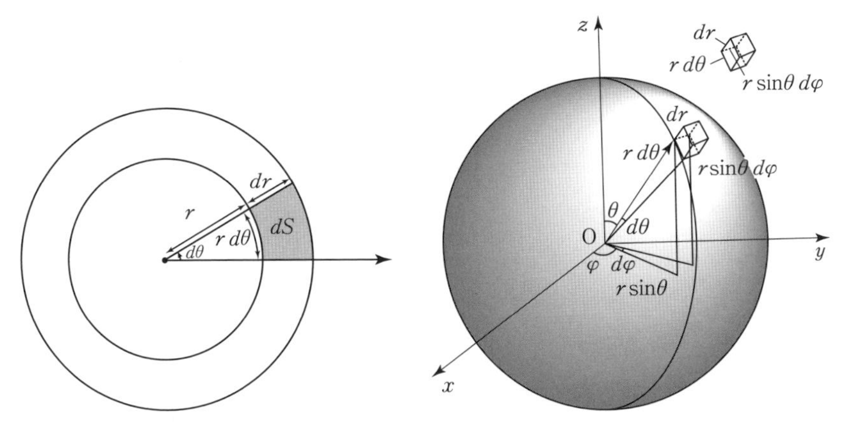

図 2.19　dS の別の認識

図 2.20　3 次元極座標での dV

では，練習も兼ねて，ややこしい Exercise 2.5 に取り組んでみましょう．

Exercise 2.5

領域 D を $D = \{(x, y, z) \mid x^2 + y^2 + z^2 \leq a^2\}$ とするとき，関数 $f(x, y, z) = x^2 + y^2 + 2xy + z^2$ の体積分を求めなさい．

Coaching　領域 D が球形をしているので，ここでも極座標を用いましょう．求める積分を $I = \iiint_D f(x, y, z)\, dV$ とおくと，3 次元極座標表示

$$x = r\cos\varphi\sin\theta, \qquad y = r\sin\varphi\sin\theta, \qquad z = r\cos\theta$$

を用いて

$$f = x^2 + y^2 + 2xy + z^2 = r^2\sin^2\theta\sin 2\varphi + r^2$$

となります．したがって，$dV = r^2\sin\theta\, dr\, d\theta\, d\varphi$ であることに注意すると，積分が実行できます．

$$\begin{aligned} I &= \iiint_D f(x, y, z)\, dV = \iiint_D (r^2\sin^2\theta\sin 2\varphi + r^2) r^2\sin\theta\, dr\, d\theta\, d\varphi \\ &= \int_{r=0}^{a} r^4\, dr \int_{\varphi=0}^{2\pi} \sin 2\varphi\, d\varphi \int_{\theta=0}^{\pi} \sin^3\theta\, d\theta + \int_{r=0}^{a} r^4\, dr \int_{\varphi=0}^{2\pi} d\varphi \int_{\theta=0}^{\pi} \sin\theta\, d\theta \\ &= \frac{4\pi a^5}{5} \end{aligned}$$

■

領域Dを $D = \{(x, y, z)\,|\,x^2 + y^2 + z^2 \leq a^2, z \geq 0\}$ とするとき，関数 $f(x, y, z) = x^2 + yz$ の体積分を求めなさい．

いかがでしょうか．dS や dV の書き換えさえできれば，手間はかかるものの，それほど難しいことではないのがわかるでしょう．この他，円柱座標については2次元極座標に z 軸方向の厚さを加えればよいだけなので，$dV = r\,dr\,d\theta\,dz$ となることなどもすぐに推察できるでしょう．特に，極座標と円柱座標は力学や電磁気学のかなり早い段階で遭遇します．一般論はともかく，このあたりだけでも記憶にとどめておくとよいので，表2.1に簡単にまとめておきます．ただし，積分区間については，問題設定にかなり強く依存しますので，図形的であれ解析的であれ，必要に応じて適切な領域を選択するようにしましょう．また，ガリレイ変換は実質的に1次元であり，ローレンツ変換はこのような座標変換の対象にはあまりならないので，ここでは割愛します．

一般の座標変換に対する微小領域の作り方については，行列やベクトル解析がある程度できるようになってからの方がわかりやすいので，第5章を参照してください．むしろ，第5章で紹介するヤコビアンを使った扱い方が本筋であって，本節での話は，どちらかというとその“解釈”に当たるものなので，覚えづらい人は無理に記憶しようとしなくても構いません．

表2.1　各座標系の特徴

座標系	座標変換	微小領域	よくある積分区間
2次元極座標	$x = r\cos\theta$ $y = r\sin\theta$	$dS = r\,dr\,d\theta$	r：0 → 注目する半径 θ：$0 \to 2\pi$
3次元極座標	$x = r\cos\varphi\sin\theta$ $y = r\sin\varphi\sin\theta$ $z = r\cos\theta$	$dV = r^2\sin\theta\,dr\,d\theta\,d\varphi$	r：0 → 注目する半径 φ：$0 \to 2\pi$ θ：$0 \to \pi$
円柱座標	$x = r\cos\theta$ $y = r\sin\theta$ $z = z$	$dV = r\,dr\,d\theta\,dz$	r：0 → 注目する半径 θ：$0 \to 2\pi$ z：注目する「高さ」
回転座標系	$x' = (\cos\theta)x + (\sin\theta)y$ $y' = -(\sin\theta)x + (\cos\theta)y$	$dS = dx'\,dy'$	x'：(x, y) に対応する区間 y'：(x, y) に対応する区間

2.5.3　ガウス積分

ガウス関数とか**ガウス分布**などといわれる関数 $f(x) = e^{-ax^2}(a > 0)$ を考えます．このとき，**原則としてガウス関数は不定積分できない関数である**ということは強く認識しておきましょう．もちろん，微分して e^{-ax^2} となる原始関数を見つければよいだけなのですが，初等関数でこれを書き下すことはできません．しかし，定積分については，面積分の極座標表示を利用して得られる有用な積分公式があります．これを**ガウス積分**といいます．ガウス積分の公式自体は

$$\int_{-\infty}^{\infty} e^{-ax^2}\,dx = \sqrt{\frac{\pi}{a}} \tag{2.22}$$

というものですが，これを導出してみましょう．

まず，左辺の積分を $I = \int_{-\infty}^{\infty} e^{-ax^2}\,dx$ とおき，I^2 を次のように表しましょう．

$$\begin{aligned} I^2 &= \left(\int_{-\infty}^{\infty} e^{-ax^2}\,dx\right)^2 = \int_{-\infty}^{\infty} e^{-ax^2}\,dx \int_{-\infty}^{\infty} e^{-ay^2}\,dy \\ &= \int_{-\infty}^{\infty}\int_{-\infty}^{\infty} e^{-a(x^2+y^2)}\,dx\,dy = \iint_{\mathrm{D}} e^{-a(x^2+y^2)}\,dS \end{aligned} \tag{2.23}$$

ここで，領域 D はすべての (x, y) に相当するので，xy 平面内の全領域ということになります．また，被積分関数は $x^2 + y^2$ のみの関数なので，2 次元極座標表示が適切でしょう．こうして (2.23) は

$$\begin{aligned} I^2 &= \iint_{\mathrm{D}} e^{-a(x^2+y^2)}\,dS = \int_{r=0}^{\infty}\int_{\theta=0}^{2\pi} e^{-ar^2} r\,dr\,d\theta \\ &= 2\pi\left[-\frac{1}{2a}e^{-ar^2}\right]_{r=0}^{\infty} = \frac{\pi}{a} \end{aligned} \tag{2.24}$$

となります．したがって，両辺の平方根をとると $I = \sqrt{\dfrac{\pi}{a}}\ (>0)$ となるので，(2.22) が成り立つことになります．I^2 をつくるところが少しトリッキーですが，一度経験してしまえば難しい計算ではないと思います．

一方で，$f(x) = e^{-ax^2}$ は不定積分が見つかっていないので，この公式は非常によく利用します．必ず記憶しておきましょう．

派生的にいくつかの積分公式がつくれます．ここで一気に確認しておきま

しょう．まず，関数 $f(x) = e^{-ax^2}$ をグラフに描くと図 2.21 のようになります．明らかに偶関数であることがわかるでしょう．したがって，積分区間を半分にすると積分値も半分になり，

$$\int_0^{\infty} e^{-ax^2}\,dx = \int_{-\infty}^{0} e^{-ax^2}\,dx = \frac{1}{2}\sqrt{\frac{\pi}{a}}$$

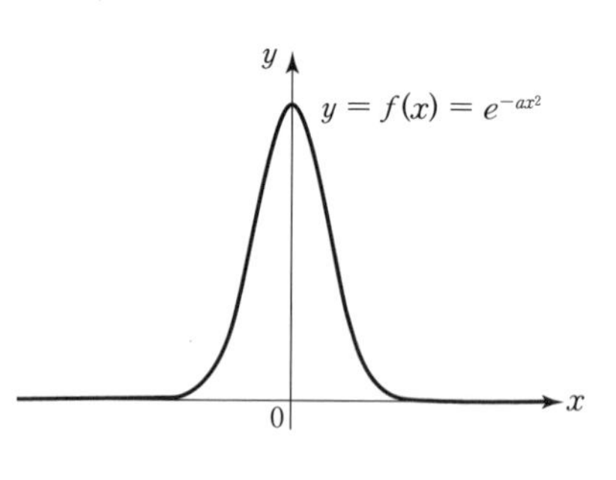

図 2.21　$f(x) = e^{-ax^2}$ のグラフ

となります．また，$f(x) = e^{-ax^2}$ の不定積分はできないのですが，(2.24) の導出でも用いたように，xe^{-ax^2} であれば不定積分できて

$$\int xe^{-ax^2}\,dx = -\frac{1}{2a}e^{-ax^2} + C$$

となります．ただし，C は積分定数です．このため，部分積分を用いて

$$\begin{aligned}\int_{-\infty}^{\infty} x^2 e^{-ax^2}\,dx &= \int_{-\infty}^{\infty} x(xe^{-ax^2})\,dx \\ &= \left[x\left(-\frac{1}{2a}e^{-ax^2}\right)\right]_{-\infty}^{\infty} - \int_{-\infty}^{\infty}\left(-\frac{1}{2a}e^{-ax^2}\right)dx \\ &= \frac{1}{2a}\sqrt{\frac{\pi}{a}}\end{aligned}$$

などとすることができます．

より一般に，$n = 0, 1, 2, \cdots$ に対して $I_n \equiv \int_{-\infty}^{\infty} x^n e^{-ax^2}\,dx$ とすると $I_0 = \sqrt{\pi/a}$，および $I_1 = 0$ の下で，$I_k\ (k = 2, 3, 4, \cdots)$ は

$$\begin{aligned}I_k &= \int_{-\infty}^{\infty} x^k e^{-ax^2}\,dx = \int_{-\infty}^{\infty} x^{k-1} xe^{-ax^2}\,dx \\ &= \frac{k-1}{2a}\int_{-\infty}^{\infty} x^{k-2}e^{-ax^2}\,dx = \frac{k-1}{2a}I_{k-2}\end{aligned}$$

を満たすことがわかります．この式そのものを覚える必要はありませんが，**x を 1 つだけ分離する**というスタンスを覚えておくと便利なことが多いです．

Exercise 2.6

$J_n \equiv \int_0^\infty x^n e^{-ax^2}\,dx$ とするとき，J_0, J_1 を求めなさい．また，J_k についての漸化式をつくりなさい．

Coaching J_0, J_1 については積分区間に注意して計算しましょう．ガウス積分の公式より $J_0 = \int_0^\infty e^{-ax^2}\,dx = \frac{1}{2}\sqrt{\frac{\pi}{a}}$ および $J_1 = \int_0^\infty xe^{-ax^2}\,dx = \left[-\frac{1}{2a}e^{-ax^2}\right]_0^\infty = \frac{1}{2a}$ です．また $k \geq 2$ に対して，

$$J_k = \int_0^\infty x^k e^{-ax^2}\,dx = \int_0^\infty x^{k-1} xe^{-ax^2}\,dx = \frac{k-1}{2a}\int_0^\infty x^{k-2}e^{-ax^2}\,dx = \frac{k-1}{2a}J_{k-2}$$

なので，漸化式 $J_k = \frac{k-1}{2a}J_{k-2}$ が成り立ちます．これは部分積分の仕組みによって出てくる漸化式なので，積分区間が変わっても同じ漸化式になっていますが，J_0, J_1 の値は積分区間に依存して I_0, I_1 とは異なる値をとるので，J_n と I_n の値は異なることに注意してください．■

Training 2.5

$\int_{-\infty}^\infty e^{-x^2+3x+1}\,dx$ の値を求めなさい．

Coffee Break

変換しても変わらないこと

座標軸をどのようにとるかは，自然現象に人間がどのように目盛をつけるか，ということであって，それによって現象そのものが変わるということはありません．世界地図をつくるときに，メルカトル図法やランベルト図法など，どのような図法を用いようと地球は地球であって，地図のレイアウトでその在り方が変わるわけではないことを思い出せば，納得しやすいと思います．このことを推し進めて考えると，複数の座標で見ても変わらない事物があれば，それには本質的に意味のある物理現象がかかわっているだろう，と期待するのも無理からぬことでしょう．さらには，物理的に本質的な事物は座標変換してもそのまま同じ意味をもつ，と**要請**する動機にもなります．

1つの例として，運動方程式 $m\dfrac{d^2x}{dt^2}=F$ について考えてみましょう．もちろん x は粒子の位置，m は質量，F は一定の外力です．本章でも紹介した並進変換として，加速度 a の等加速度運動での変換 $x'=x-\dfrac{1}{2}at^2$ を考えます．このとき，変換前の座標での運動方程式 $m\dfrac{d^2x}{dt^2}=F$ に $x=x'+\dfrac{1}{2}at^2$ を代入してまとめると，$m\dfrac{d^2x'}{dt^2}=F-ma$ となります．すなわち，変換される前の運動方程式 $m\dfrac{d^2x}{dt^2}=$（力）は，変換された座標でも同じく運動方程式 $m\dfrac{d^2x'}{dt^2}=$（力）として成り立つことを**要請**すると，変換された後の座標では確かに慣性力 $-ma$ が存在することがわかります．

同じように，座標変換しても系の構造は変わらないという方法で，光子などの**ゲージ粒子**が存在することや，**エネルギー保存則**や**運動量保存則**などを導くこともできます．もちろん，対象とする事物が異なればそれぞれの見た目は異なりますし，扱い方も容易だったり複雑だったりしますが，変換しても変わらないことを見るという方法は，かなり広い範囲で活用できます．この考え方は本シリーズでも『力学』，『相対性理論』，『解析力学』，『物性物理学』，『素粒子物理学』などで出会うと思います．

本章のPoint

- **座標変換**：現象の記述に用いる変数の組を $(x_1, x_2, \cdots)$ から $(u_1, u_2, \cdots)$ へと書き換えること（表2.1を参照）．以下の同値な2種類の表現がある．

$$\begin{cases} u_1=u_1(x_1,x_2,\cdots) \\ u_2=u_2(x_1,x_2,\cdots) \\ \quad\vdots \end{cases} \qquad \begin{cases} x_1=x_1(u_1,u_2,\cdots) \\ x_2=x_2(u_1,u_2,\cdots) \\ \quad\vdots \end{cases}$$

- **連鎖則**：変数変換によって関数 $f(x_1, x_2, \cdots)$ が $f(u_1, u_2, \cdots)$ となったとき，f の微分が満たす関係式．

$$\frac{\partial f}{\partial x_j}=\sum_k\frac{\partial f}{\partial u_k}\frac{\partial u_k}{\partial x_j}$$

この結果，微分記号そのものを $\dfrac{\partial}{\partial x_j}\to\sum_k\dfrac{\partial u_k}{\partial x_j}\dfrac{\partial}{\partial u_k}$ と書き換えられる．

▶ **多重積分**：多変数関数 $f(x_1, x_2, \cdots)$ の積分のことで，特に，2 変数の場合の面積分 $\iint_S f(x, y)\,dS$ と 3 変数の場合の体積分 $\iiint_V f(x, y, z)\,dV$ をよく利用する．各座標系での積分は表 2.1 を参照するとよい．また，第 5 章で扱う**ヤコビアン**も参照のこと．

▶ **ガウス積分**：$\int_{-\infty}^{\infty} e^{-ax^2}\,dx = \sqrt{\dfrac{\pi}{a}}$

Practice

[2.1]　線 積 分

$x(t) = (1 + \cos t)\cos t$，$y(t) = (1 + \cos t)\sin t$ $(0 \leq t \leq 2\pi)$ と表すことのできるカージオイド上の経路 C で $f(x, y) = x^2 - xy$ の線積分を求めなさい．

[2.2]　直交座標と極座標での面積分の計算

xy 平面上に半径 a の円板状の $D = \{(x, y)\,|\,x^2 + y^2 \leq a^2\}$ の領域 D をとり，D を定義域とする関数 $f(x, y) = 1 + \sqrt{a^2 - x^2 - y^2}$ を考えます．

(1)　$\dfrac{\partial}{\partial y}\left\{\dfrac{1}{2}y\sqrt{a^2 - x^2 - y^2} - \dfrac{1}{2}(a^2 - x^2)\,\mathrm{Tan}^{-1}\left(\dfrac{y\sqrt{a^2 - x^2 - y^2}}{-a^2 + x^2 + y^2}\right)\right\}$ を求めなさい．

(2)　$\iint_{\mathrm{D}} f(x, y)\,dx\,dy = \int_{x=-a}^{a}\int_{y=-\sqrt{a^2-x^2}}^{\sqrt{a^2-x^2}} f(x, y)\,dx\,dy$ を求めなさい．

(3)　極座標 (r, θ) を用いて $\iint_{\mathrm{D}} f(x, y)\,dx\,dy$ を求めなさい．

[2.3]　r のみの関数の体積分

(1)　領域 V を $V = \{(x, y, z)\,|\,x^2 + y^2 + z^2 \leq R^2\}$ とします．関数 $f(x, y, z)$ が 3 次元極座標 (r, θ, φ) 表示で r のみの関数 $f(r)$ と表せるとき，領域 V における体積分は $\iiint_{\mathrm{V}} f(x, y, z)\,dx\,dy\,dz = 4\pi\int_0^R f(r)r^2\,dr$ となることを示しなさい．

(2)　領域 V を空間の全領域とし，$f(x, y, z) = \exp(-x^2 - y^2 - z^2)$ とするとき，$\iiint_{\mathrm{V}} f(x, y, z)\,dx\,dy\,dz$ を求めなさい．

微分方程式の解法

力学を中心として，物理学の勉強の初期段階でよく出てくるのが微分方程式を解くという行為です．本来，微分方程式はいつも解けるとは限らないのですが，本章では，物理学でしばしば出会う，解けるタイプの微分方程式の取り扱い方を身に付けましょう．

3.1 方程式を解く

代数方程式といわれる方程式を解く技法については，すでによく知っていると思います．例えば $2x-4=0$ を「解く」といったとき，$x=2$ を見出すことは，すぐにできるのではないでしょうか．もちろん，これは

$$2x-4=0 \quad \Leftrightarrow \quad 2x=4 \quad \Leftrightarrow \quad x=\frac{4}{2}=2$$

としても得られます．しかし，ある程度慣れてくると，方程式を一瞥(いちべつ)して「$x=2$ を代入すると成り立つから，これは解である．さらに，この方程式は1次方程式なので解は1つだけであるから，これがすべてである」という判断ができるようになります．

このように，習熟によって「機械的な手続きによる解き方」から「発見法的な解き方」へと方程式を解く際のスタイルに変化が生じます．これは，解き慣れることで，**「解く」というのは，つまり，当てはめて成り立つものを探**

し出すことだということに気づくからでしょう．

この気づきは，物理数学の習得において非常に重要で，いったん「解く」ということが「当てはまるものを見つけるパズルである」と認識すると，機械的な手続きが「解が見つからないときのヒント」として認識できるようになります．このことは，高等学校などでも，例えば漸化式から一般項の関数形を解いたり，高次の代数方程式の解を求めるなどの方法として遭遇した，いくつかのトリッキーな式変形を受け入れる際に経験したことではないでしょうか．

本章では，**微分方程式**といわれる方程式の解を求められるようになることを目指します．典型的な微分方程式を解くための手続きを次々と紹介しますが，これらはあくまでも上述のような「ヒントとなるアルゴリズム的手続き」の１つであるということは忘れないようにしてください．それぞれの解に至ることのできる異なる手続きもあり得ますし，場合によっては冗長になることもあるでしょう．ヒントでしかない手続きに縛られるようになってしまったら本末転倒です．それよりも，**得られた解を当てはめて成り立っていることを確かめる**ということを楽しんでください．このことを忘れてしまうと，手続きや公式を覚えて辿るだけの極めてつまらない数学をやることになりますし，そのような癖がつくのは大きな損失です．勉強が楽しいのは，ただ役に立つ道具だからではなく，自分なりに理解し納得できるからなのですから．

微分方程式とその解

「代数方程式を解く」というのが，例えば「$x^2-5x+6=0$ を満たす x は何か？」という問いに答えることだというのは，厳密でないにしても何となくわかると思います．このときの解は「$x=2$ または 3」となり，「数」が解になります[1]．

一方で「微分方程式を解く」というのは，例えば「$y'=-xy$ を満たす x の関数 y は何か？」という問いに答えることに相当し，「関数」が解になります．当てはめてみるとわかりますが，この場合の解は $y=\exp(-x^2/2)$ などであり，確かに y は x の関数となっています．つまり，変数 x についての関数

1) もう少しきちんといえば，代数方程式の解はすべて複素数の範囲に存在します．

yが自身の微分も含む等式を満たすとき，この等式を**微分方程式**といい，そのyを明らかにすることを**微分方程式を解く**といいます．

代数方程式のときは解がいくつも存在することがありましたが，微分方程式の場合はどうでしょうか．先ほどの$y' = -xy$を用いて，もう少し調べてみましょう．

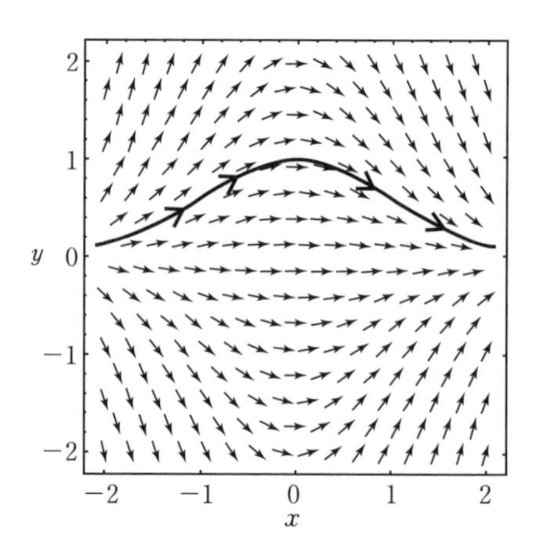

図 3.1　$y' = -xy$の示す傾きの分布と解曲線

解を$y = f(x)$とおくと，この微分方程式の左辺は$y'(= dy/dx)$であり，xy平面上での$y = f(x)$の傾きを表しています．一方，右辺は各点(x, y)ごとにある値を与えてくれます．つまり，xy平面上の**各点における傾きが与えられる**のが，微分方程式$y' = -xy$であるということになり，これを直接xy平面上に描くと，図3.1のようになります．図3.1では，$y' = -xy$の示す傾きの分布が，小さな矢印で各点ごとに描かれています．そして，関数$f(x)$の全体は，この傾きを辿った形になるはずです．

ところが，ただ傾きを辿っていくというやり方では，スタート地点によっていくつもの曲線が引けてしまいます．図3.1では$(0, 1)$を通るものを太線で引きましたが，$(0, 2)$を通るものはもっと上側を走るでしょうし，$(0, -1)$を通るものは下に凸な形状になるでしょう．このような，微分方程式の解が描く曲線を一般に**解曲線**といいますが，通る点を1つ以上指定しないと解曲線が1つには定まらないということになります．もう少し別の言い方をするなら，どの点を通る曲線が解なのかについての不定性が残ります．そこで，例えば$x = 0$のときにどの点を通ってもよいように，Aというパラメータ（ここでは実数）を用いて

$$y = f(x) = Ae^{-x^2/2} \tag{3.1}$$

という形で解を表すことにします．どうやって見つけたかはともかく，(3.1)を微分してみると$y' = -xy$を満たすので解となっています．(3.1)

のように，パラメータ（ここでは A の値）を調節することで，元の微分方程式を満たすすべての関数を表すことができる表示を**一般解**といいます．

一方で，ある特定の点，例えば $(0, 1)$ を通る解曲線は 1 つしかありません．これは（3.1）が $x = 0$，$y = 1$ を満たすという条件を課すことで，

$$1 = Ae^0 \quad \Leftrightarrow \quad A = 1$$

を選ぶということになるからです．こうして，図 3.1 の太線が $y = \exp(-x^2/2)$ であるということがわかります．このように，いくつかある解のうち，ある特定の条件を満たす解を**特殊解**または**特解**といいます．

物理系において微分方程式を扱う場合，「$(0, 1)$ を通る」などの条件は，着目する空間領域の端点や時間的な測定の最初の時刻などにすることが多く，それぞれ**境界条件**および**初期条件**などといいます．数学的な一般論を構築する場合とは異なり，物理系が境界条件や初期条件と独立に存在することはほとんどないので，大抵の場合には特殊解を上手に選ぶことになる，ということを意識しておくとよいでしょう[2]．

3.2　1 階常微分方程式

微分方程式に含まれる微分が常微分か偏微分か，つまり解になる関数が 1 変数関数か多変数関数かによって，微分方程式は大きく**常微分方程式**と**偏微分方程式**に分類されます．基本的には，常微分方程式は解の見つけ方がある程度確立されているのに対して，偏微分方程式の解を見つけるのは難しいと思っておくとよいでしょう．ここでは，1 階の常微分のみを含む微分方程式である，**1 階常微分方程式**の解の見つけ方を紹介します．

3.2.1　変数分離型　$y' = f(x)g(y)$

まずは最も基本的とされる，**変数分離型**の解き方を見ておきましょう．例として，前節で例示した微分方程式，

2）このあたりの事情は，2 項間漸化式の一般項を求めるときに初項の値をいくつにするかを決めておくことが多い，というのと同じニュアンスだと思うとわかりやすいかもしれません．

$$y' = -xy, \qquad x = 0 \text{ のとき } y = 1 \tag{3.2}$$

の解となる関数 $y = f(x)$ を求めることを考えます．この微分方程式は，形式的に

$$\frac{y'}{y} = -x \tag{3.3}$$

と表せるので，y が x の関数であることに注意すると，両辺を x で不定積分できて

$$\int \frac{y'}{y}\,dx = -\int x\,dx \quad \Leftrightarrow \quad \log|y| = -\frac{1}{2}x^2 + c \quad \Leftrightarrow \quad y = Ae^{-\frac{1}{2}x^2} \tag{3.4}$$

となります（c は積分定数）．ここで，最後の式変形では $A = \pm e^c$ とおき直しました[3]．これが条件 $x = 0$ のとき $y = 1$ を満たすならば，$A = 1$ となるので，$y = e^{-\frac{1}{2}x^2}$ を得ることができます．そして，これを元の微分方程式 (3.2) に代入すると確かに成り立つので，これが求める解であることが確認できます．

解の見つけ方の流れは以上のような感じですが，(3.3) で行った変形が重要で，左辺と右辺に x, y を分離して書くことができています．このように，$y' = \cdots$ の段階で右辺が x の式と y の式の積に分解できて，$y' = f(x)g(y)$ となる微分方程式を**変数分離型**といいます．変数分離型は，この例のように，分離後に両辺を積分することで解を得ることができます．

最後に，ここで示した (3.3) のような変形は形式的なものなので，「$y = 0$ のときはどうするのか？」という疑問が湧くかもしれません．これはあくまでも (3.4) を見つけるためのヒントであり，混乱するのであれば元の微分方程式 (3.2) を見てみましょう．$y = 0$ のときは常に $y' = 0$ なので，増減しません．つまり，x 軸に完全に一致する直線になっていて，それは (3.4) において $A = 0$ の特殊解によって表されています．したがって，$y = 0$ の場合に

3）時折このような書き換えに戸惑う人がいるようですが，基本的には未定の積分定数 c を符号と e とでまとめて A とするだけで，A が未定の数であることに変わりはありません．別の言い方をするなら，1つの自由な数を決めることができるのだけれど，その表現を c とするか A とするかという程度の差です．

も，そうでない場合にも，(3.4) が一般解であるとしてよいことがわかります．

この変数分離型は最も基本的な解法なので，Exercise 3.1 を通して練習しておきましょう．

Exercise 3.1

(1)　実数 x の関数 $y = f(x)$ が条件 $f(0) = 3$ を満たすとき，微分方程式 $y' = -5y$ を解きなさい．

(2)　実数 x の関数 $y = f(x)$ が条件 $f(1) = 1/2$ を満たすとき，微分方程式 $y' = \dfrac{y(1-y)}{x}$ を解きなさい．

Coaching　(1)　$y' = -5y$ より $y'/y = -5$ の両辺を x で積分すると

$$\int \frac{y'}{y}\,dx = -5\int dx \quad \Leftrightarrow \quad \log|y| = -5x + c \qquad (c \text{ は積分定数})$$

$$\Leftrightarrow \quad y = Ae^{-5x} \qquad (A = \pm e^{c})$$

となります．そして，条件「(0, 3) を通る」から $A = 3$ とわかります．このとき確かに解くべき微分方程式を満たすので，求める関数 $f(x)$ は $y = f(x) = 3e^{-5x}$ となります．

(2)　与式を変形すると

$$\frac{y'}{y(1-y)} = \frac{1}{x} \quad \Leftrightarrow \quad \left(\frac{1}{y} + \frac{1}{1-y}\right)y' = \frac{1}{x}$$

となるので，両辺を x で積分して $\log\left|\dfrac{y}{1-y}\right| = \log|x| + c = \log A|x|$ が得られます．ただし，c は積分定数で $A = e^{c}$ (> 0) としています．したがって

$$\frac{y}{1-y} = \pm Ax \quad \Leftrightarrow \quad y = \frac{Ax}{Ax \pm 1} \equiv f_{\pm}(x)$$

となり，

$$y = f_{+}(x) \text{ のとき，} f_{+}(1) = \frac{1}{2} \text{ なので } A = 1\text{，よって } f_{+}(x) = \frac{x}{x+1}$$

$$y = f_{-}(x) \text{ のとき，} f_{-}(1) = \frac{1}{2} \text{ なので } A = -1\text{，よって } f_{-}(x) = \frac{x}{x+1}$$

なので，$A = \pm 1$ のどちらの場合も同じ関数形 $f(x) = \dfrac{x}{x+1}$ で表せます．このとき，$y = f(x)$ は確かに与式を満たすので，これが解となります．■

実数 x の関数 $y = f(x)$ が条件 $f(0) = \log 2$ を満たすとき，微分方程式 $y' = x^2 - x + x(1-x)e^{-y}$ を解きなさい．

変数分離型の微分方程式は，最初から $y' = f(x)g(y)$ の形をしていなくても，上手に置き換えることで，この形に帰着できる場合があります．例えば，

$$(x+y)^2 y' = 1 \tag{3.5}$$

のようなものを考えてみましょう．一見すると変数分離型のようには見えませんが，$u = x + y$ とおいてみると $u' = 1 + y'$ となるので（3.5）は

$$u^2(u'-1) = 1 \quad \Leftrightarrow \quad u' = \frac{u^2+1}{u^2} \tag{3.6}$$

となり，変数分離型に帰着できます．この後の計算は，ここではあまり本質的でないので簡単に済ませましょう．

まず，分子の次数を下げて

$$\frac{u^2}{u^2+1}u' = 1 \quad \Leftrightarrow \quad \left(1 - \frac{1}{u^2+1}\right)u' = 1$$

とします．この両辺を x で積分すれば，積分定数を c として $u - \mathrm{Tan}^{-1}u = x + c$ となり，x について解くと $x = \tan(y-c) - y$ が得られます[4]．後半の積分はともかく，上手な置き換え $u = x + y$ を見つけられたことが変数分離型に帰着できた理由で，（3.5）→（3.6）の変形が最も重要なポイントになります．このような置き換えの中でも，特に有名なのが次に示す**同次型**といわれるものです．

3.2.2　同次型　$y' = f(y/x)$

同次型は $y' = \cdots$ の右辺に現れる x, y が，すべて y/x という比の形でまとめられる場合のパターンです．容易に想像できると思いますが，このような場合には $u = y/x$ とおくことで，かなり見通し良く変数分離型に帰着させ

4）　本当は $y = \cdots$ にできるとかっこいいのですが，残念ながら初等的な明示形式では書けないので $x = \cdots$ としています．この形でも逆関数としてグラフなどを描くことは可能で，物理現象を知るためには，これでも十分です．

ることができます．一般論としては，$u = \dfrac{y}{x}$ から $u' = \dfrac{xy' - y}{x^2} \Leftrightarrow y' = u + xu'$ となるので，微分方程式 $y' = f(y/x)$ は

$$u + xu' = f(u) \quad \Leftrightarrow \quad u' = \frac{1}{x}\{f(u) - u\}$$

という変数分離型に帰着されることになります．具体的に Exercise 3.2 に取り組んでみましょう．

Exercise 3. 2

実数 x の関数 $y = f(x)$ についての微分方程式 $y' = \dfrac{x^2 + y^2}{xy}$ の一般解を求めなさい．ただし，x の定義域は微分方程式が成り立つように適切に定義されているものとします．

Coaching　まずは $u = y/x$ とおいてみましょう．微分方程式が分数の形で与えられているので，分母に x が現れても，いまは気にしなくて構いません．このとき，

$$u + xu' = \frac{1 + u^2}{u} \quad \Leftrightarrow \quad u' = \frac{1}{xu}$$

となります．これは変数分離型で $uu' = 1/x$ と表せるので，両辺を積分すれば，積分定数を c として $\dfrac{1}{2}u^2 = \log x + c$ となります．したがって，改めて積分定数を $2c \to c$ とおき直せば一般解が得られます．

$$y = \pm x\sqrt{2\log x + c}$$

■

Training 3. 2

$x > 1$ であるような実数 x の関数 $y = f(x)$ についての微分方程式 $x^2 - y^2 + 2xyy' = 0$ の一般解を求めなさい．

(3.5) に対して行った置き換え $u = x + y$ に比べたら随分と見抜きやすく，かつ，扱いやすいと感じられたのではないでしょうか．ここでの置き換えが簡便であった背景には，解くべき微分方程式の右辺において，分子と分母が

同じ次数 (x^2, y^2, xy) であったために，$u = y/x$ という「x と y の比のみの式」にまとめられたことがあります．こんなにも都合の良いことがそうそう頻繁に現れるものでしょうか？

一般の数式の中では比較的珍しい部類ですが，物理学で方程式を用いる場合，**等号（＝）や加減（±）で繋がれる項は同じ次元（単位）の量である**という絶対的な法則があります．そのため，x と y が同じ次元の量であれば，

$$\boxed{x\text{ と }y\text{ の式 }A(x,y)}\,y' = \boxed{x\text{ と }y\text{ の式 }B(x,y)}$$

と書いたとき，$A(x,y)$ と $B(x,y)$ は x, y について同じ次数になります[5]．したがって，$y' = \dfrac{B(x,y)}{A(x,y)}$ としたときに，分子と分母が同じ次数になって同次型になることになります．もちろん，この場合でも「x と y が同じ次元の量であれば」という仮定があるので，いつでも使えるというわけではないのですが，極端に珍しいものでもないということがわかるのではないでしょうか．

3.2.3　1 階線形常微分方程式と定数変化法　$y' = q(x)y + r(x)$

さて，ここまでは少し特殊な形の微分方程式の解を見つけるために，その特殊性を利用して変数分離型に帰着させてきました．変数分離型は，微分方程式の解を見つけるための，最も基本的で強力な形式です．

ここでは，変数分離型と並んで強力な形式である **1 階線形常微分方程式**を見ていきましょう．これは**微分については 1 階の常微分のみで，y の高次の項は含まない**という形式の微分方程式です．y について高次の項を含まないというときは，負のベキ，すなわち $1/y$ とか $1/(y^2+1)$ のような有理式も含まないことを意味するので，y について 0 次か 1 次しか含まないという意味で「線形」といいます．

1 階線形常微分方程式は，一般に，

$$y' = q(x)y + r(x) \tag{3.7}$$

5)　x と y が同じ次元のとき，$y' = dy/dx$ は無次元となることに注意しましょう．

と表すことができます．特に，$r(x)=0$ の場合は特別で，**斉次**（せいじ）または**同次**といいます．斉次のときは，

$$y'=q(x)y$$

となって変数分離型に他なりません．

斉次型の場合の解

まず，斉次な方程式 $y'=q(x)y$ を変数分離型の手続きに従って解いてみましょう．$\dfrac{1}{y}y'=q(x)$ と変形し，両辺を積分すると

$$\log|y|=\int q(x)\,dx=Q(x)+C \tag{3.8}$$

となります．ここで $Q(x)$ は $q(x)$ の原始関数の1つで，C はそれに対する積分定数です．したがって，$A=\pm\exp(C)$ とすると，(3.8) は

$$y=Ae^{Q(x)} \tag{3.9}$$

となり，これが斉次型の場合（$r(x)=0$ の場合）の微分方程式 (3.7) の一般解です．実際に微分してみると，$y'=Aq(x)e^{Q(x)}$ となり，微分方程式が成り立つことが確認できると思います．

非斉次型の場合の解 ― 定数変化法 ―

次に，**非斉次**の場合（$r(x)\neq 0$）はどうしたらよいでしょうか？まったくゼロから新しく解き方を探すのも一興ですが，先ほどの斉次型の場合の解 $y=Ae^{Q(x)}$ をヒントにできないでしょうか．これが斉次型の場合の解になったのは，微分したときに $y'=q(x)Ae^{Q(x)}=q(x)y$ となったことが直接の理由です．もし微分したときに

$$y'=q(x)Ae^{Q(x)}+\boxed{x\text{の式}}=q(x)y+\boxed{x\text{の式}}$$

となれば，(3.7) と見比べて，$\boxed{x\text{の式}}$ が $r(x)$ に対応するように設定できるかもしれません．つまり，この $\boxed{x\text{の式}}$ が現れるように $Ae^{Q(x)}$ に上手いこと手を加えればよいわけです．

そこで，少し飛躍がありますが，**非斉次型の場合には，斉次型の場合の解の A が x の式であるとみなせばよいかもしれない**と考えてみてはどうでしょう．もし A が x の関数 $A(x)$ になっているとすると，積の微分法（ライ

プニッツ の規則）によって $y = A(x)e^{Q(x)}$ の微分は

$$y' = q(x)A(x)e^{Q(x)} + A'(x)e^{Q(x)} \tag{3.10}$$

となります．すなわち，$\boxed{x\text{の式}} = A'(x)e^{Q(x)}$ とすれば良さそうに見えます．

「そんなことしていいの？」というのはもっともな疑問ですが，そもそも定数 A というのは**斉次型の場合について解いた際の積分定数**でしかなく，非斉次型の場合に同じ定数が使えるという保障はないですし，解きたい方程式が違う以上，解は（3.9）とは違う形になるだろう，というのも妥当ではないでしょうか．むしろ，疑問に思うなら「**$A \to A(x)$ とするだけで本当に上手くいくのか？　もっと根本的に違う形になる必要はないのか？**」という方向に疑念を持っていくべきかもしれません．ただ，いまのところ $\boxed{x\text{の式}}$ さえ得られればよいので，せっかく持っているヒントから大幅に離れない形式で $\boxed{x\text{の式}}$ を得るためのアイデアの 1 つだと思っていただければよいでしょう．上手につじつまが合わせられれば OK ですし，もしどうしてもつじつまが合わないようであれば，このやり方がダメだったというだけのことで，別の方法を探せばよいのです．

そんなわけで，斉次型の場合の解 $y = Ae^{Q(x)}$ をもとにして，$A \to A(x)$ とした $y = A(x)e^{Q(x)}$ を解の候補として仮定してみましょう．これを微分すると（3.10）のようになるので，

$$y' = q(x)A(x)e^{Q(x)} + A'(x)e^{Q(x)} = q(x)y + A'(x)e^{Q(x)}$$

が非斉次の微分方程式（3.7）と一致するには，$A'(x)e^{Q(x)} = r(x)$ となればつじつまが合います．これを満たす $A(x)$ は

$$A'(x) = r(x)e^{-Q(x)} \quad \Leftrightarrow \quad A(x) = \int r(x)e^{-Q(x)}\,dx = P(x) + R$$

であるはずです．ここで $P(x)$ は $r(x)e^{-Q(x)}$ の原始関数の 1 つで，R はそれに対応する積分定数です．

結局，これが $A(x)$ なので，非斉次型の場合の一般解は $q(x)$，$r(x)e^{-Q(x)}$ の原始関数 $Q(x), P(x)$ および定数 R を用いて次のように得られます．

$$y = \{P(x) + R\}e^{Q(x)}$$

この方法は，初めて勉強するときにはかなりショッキングな印象があると思いますが，そのまま**定数変化法**という特徴的な名前が付けられているので，

まずは覚えてしまうことが得策でしょう[6)]．少し一般論の導入が長くなりましたが，まとめると次のような手続きになります．

▶ 1階線形常微分方程式を解く手順

(1) 変数分離型として，斉次型の場合について解く．

(2) 積分定数 A を x の関数 $A(x)$ におき直す．

(3) 非斉次型の微分方程式に代入して，つじつまの合う $A(x)$ を求める．

Exercise 3.3

実数 x の関数 $y = f(x)$ についての微分方程式 $y' + 2y = 5e^{3x}$ の一般解を求めなさい．

Coaching 解くべき微分方程式に対応する斉次型の微分方程式は $y' = -2y$ であり，その一般解は定数 A を用いて $y = Ae^{-2x}$ です．これを $A \to A(x)$ とすると

$$y' = -2A(x)e^{-2x} + A'(x)e^{-2x} = -2y + A'(x)e^{-2x}$$

となるので，$A'(x)e^{-2x} = 5e^{3x} \iff A'(x) = 5e^{5x}$ であればよいことがわかります．これを満たす $A(x)$ は，積分定数を R として $A(x) = e^{5x} + R$ です．したがって，求める一般解は次のようになります．

$$y = (e^{5x} + R)e^{-2x} = e^{3x} + Re^{-2x}$$ ■

Training 3.3

実数 x の関数 $y = f(x)$ についての微分方程式 $(x^2 - 1)y' = xy + x^3$ の一般解を求めなさい．

非斉次型の場合の解 ― 発見的に非斉次項を消す ―

Exercise 3.3 で扱った微分方程式 $y' + 2y = 5e^{3x}$ に対して，$y = e^{3x}$ を代

6)　こういう「名前の付いている手法」は，「何もないところから思いつくのは難しいから名前を付けて覚えておこう」という意味だと思った方がよいです．似たものとして，「平方完成」とか「部分分数分解」とか「数学的帰納法」とか「ε-δ 論法」などを思い出す人もいるのではないでしょうか．

入すると成り立つことを定数変化法を使う前に見つけた人もいるかもしれません．このあたりは経験次第なので，いまの時点ですぐに気づけなくても構いませんが，このような特殊解に気づいた場合の方法として以下を読み進めてください．

さて，$y = e^{3x}$ に気づいたとすると，x の関数 $v = v(x)$ を用いて $y = v + e^{3x}$ とおけば，解くべき方程式は

$$v' + (e^{3x})' + 2(v + e^{3x}) = 5e^{3x} \quad \Leftrightarrow \quad v' + 2v = 0$$

となり，非斉次項 $5e^{3x}$ が消えた，v についての方程式となっています．この状態で v を求めるのは簡単で，定数 R を用いて $v = Re^{-2x}$ となります．したがって，$y = Re^{-2x} + e^{3x}$ として一般解が得られることになります．たった1つでよいので特殊解を見つけると，定数変化法を直接利用するより，かなり簡便で見通し良く一般解に辿りつくことができます．

一般に，非斉次の微分方程式 (3.7) に代入して成り立つ簡単な式 $y = w(x)$ が見つかったとします．これは，先ほどの例における e^{3x} に相当するもので，もちろん一般解ではなく特殊解に相当しますが，それで十分です．

すると，(3.7) に $y = w(x)$ を代入して $w'(x) = q(x)w(x) + r(x)$ となるので，$y = v + w(x)$ とおくと

$$v' + w'(x) = q(x)\{v + w(x)\} + r(x) \quad \Leftrightarrow \quad v' = q(x)v$$

となって，非斉次項 $r(x)$ が消せます．この式変形は，ぜひ自分でもやってみてください．非斉次項の消える理由がよく見えると思います．

このように，**線形方程式で非斉次項をもつ方程式の解が1つ見つかると，非斉次項を消すことができる**という特徴があります．

3.2.4　全微分の利用　$P(x, y)\,dx + Q(x, y)\,dy = 0$

例えば，円や楕円などを表す方程式は $x^2 + 3y^2 = 1$ のようになっていて，必ずしも $y = x^2 + 2x + 3$ などといった明示的な書き方では表せないことがあります．$x^2 + 3y^2 = 1$ のような表示を**陰な表示**，$y = x^2 + 2x + 3$ のような明示的な表示を**陽な表示**といって区別することもあります．

さて，変数分離型や1階線形常微分方程式は，基本的には陽な表示で解が得られることになります．一方で，それこそ楕円や円，あるいはもっと複雑

な図形などは陰な表示の方が使いやすいことも多くあります．このようなものは微分方程式としてはどのようになるでしょうか？

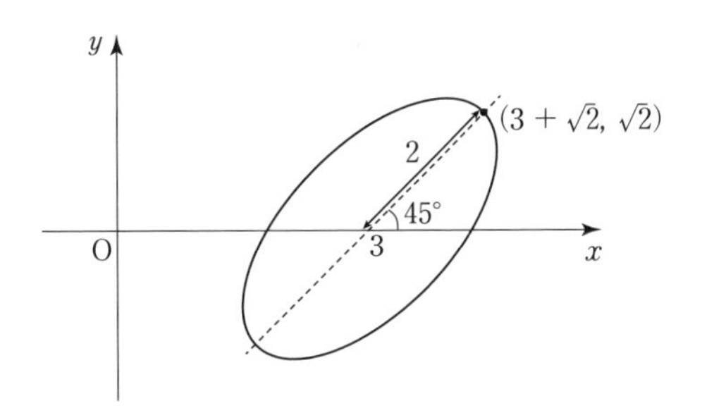

図 3.2　(3.11) の示す楕円の形

ここでは具体的に

$$5x^2 + 5y^2 - 30x + 18y - 6xy + 37 = 0 \tag{3.11}$$

という楕円の方程式を使って考えてみましょう．なお，この楕円は図 3.2 に示すように，長軸 4，短軸 2 の楕円を x 軸方向に $+3$ だけ平行移動して，45° 回転させたものです．図形的にわかるかもしれませんが，点 $(3+\sqrt{2}, \sqrt{2})$ を通ります．いまは，この図形的な性質は参考にする程度で構いません．重要なことは，(3.11) を解にもつ微分方程式を考えてみることです．

(3.11) の両辺を x で微分してみましょう．y は x で微分したときに y' となることに注意すると

$$10x + 10yy' - 30 + 18y' - 6y - 6xy' = 0$$
$$\Leftrightarrow \quad y' = \frac{5x - 3y - 15}{3x - 5y - 9} \tag{3.12}$$

となります．この (3.12) が (3.11) の従う微分方程式です．

さて，ここからは (3.11) を知らないとして，(3.12) から (3.11) を求めることを考えてみましょう．右辺が分数関数ですが，15 や 9 という数があるので同次型にもしにくそうです[7]．そこで，(3.12) に対するアプローチとして，$y' = dy/dx$ であることから

$$(5x - 3y - 15)\,dx = (3x - 5y - 9)\,dy$$
$$\Leftrightarrow \quad (5x - 3y - 15)\,dx - (3x - 5y - 9)\,dy = 0$$

という書き換えを行います．この左辺を見ると，あたかも全微分であるかの

---

7)　一応 $5x - 15 = 5(x - 3)$，$3x - 9 = 3(x - 3)$ に気づくことができれば，$u = y/(x - 3)$ とすることで同次型として扱うこともできますが，ここでは論点の都合上扱いません．興味のある人は，同次型としても解いてみるとよいでしょう．

ような形をしています．そこで，これが全微分としてみなせるかどうかを考えてみましょう．

$(5x-3y-15)\,dx-(3x-5y-9)\,dy$ が全微分であるためには

$$\frac{\partial}{\partial y}(5x-3y-15)=\frac{\partial}{\partial x}\{-(3x-5y-9)\}$$

が成り立てばよいのですが[8]，これは両辺とも -3 となって成り立っています．そこで，「全微分された関数 $f(x,y)$ があるはずだ」と考え，

$$\begin{aligned} df(x,y) &= \frac{\partial f(x,y)}{\partial x}\,dx+\frac{\partial f(x,y)}{\partial y}\,dy \\ &= (5x-3y-15)\,dx-(3x-5y-9)\,dy=0 \end{aligned} \tag{3.13}$$

と見ると，全微分がゼロということなので $f(x,y)$ は変化せず，$f(x,y)=$ 定数 という関係が得られることがわかります．

後は，$f(x,y)$ の表式を求めればよく，(3.13) を見ると

$$\frac{\partial f(x,y)}{\partial x}=5x-3y-15,\qquad \frac{\partial f(x,y)}{\partial y}=-(3x-5y-9) \tag{3.14}$$

を満たしているだろうと考えられます．したがって，$f(x,y)$ は

$$\begin{cases} f(x,y)=\dfrac{5}{2}x^2-3xy-15x+g(y) \\ f(x,y)=-3xy+\dfrac{5}{2}y^2+9y+h(x) \end{cases} \tag{3.15}$$

と推定されます．偏微分なので積分定数に相当する $g(y)$ や $h(x)$ は，$g(y)$ は y **のみ**の関数，$h(x)$ は x **のみ**の関数となる可能性があることに注意してください．このような $g(y),h(x)$ は，定数項以外は図 3.3 のような対応関係から見つけることができます．

結局，(3.15) の両方を満たす $f(x,y)$ は，

$$f(x,y)=\frac{5}{2}x^2+\frac{5}{2}y^2-15x+9y-3xy+\text{定数} \tag{3.16}$$

です．そこで $f(x,y)=$ 定数 であることを用いて，x,y の満たす関係式は

8) ピンと来ない人は，第1章の「全微分」の項（1.3.2 項）を参照してください．

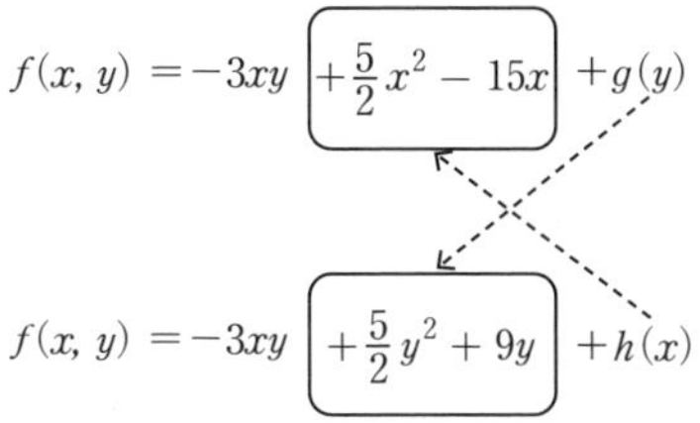

$$f(x, y) = -3xy \boxed{+\frac{5}{2}x^2 - 15x} + g(y)$$

$$f(x, y) = -3xy \boxed{+\frac{5}{2}y^2 + 9y} + h(x)$$

図 3.3　(3.15) の $g(y)$, $h(x)$ の見つけ方

$$\frac{5}{2}x^2 + \frac{5}{2}y^2 - 15x + 9y - 3xy = C \text{（定数）}$$

となります．微分方程式の一般解として解いているので，(3.11) とは少し係数が異なりますが，点 $(3+\sqrt{2}, \sqrt{2})$ を通ることを要請すると $C = -37/2$ となり，(3.11) が特殊解であることを確認できます．

ここで，わざわざ解曲線の表式 (3.11) から微分方程式 (3.12) を導いてからこれを解いたのは，(3.13) を満たす $f(x,y)$ に対して $f(x,y) =$ 定数 としたものが解であることに納得してもらうためです．(3.13) から (3.16) を導く過程は，**ちょうど (3.12) で行った作業を真逆に辿っている**のだという点に気づけると，この全微分を利用する方法が妥当であることに納得できるでしょう．

一般には，

$$\frac{dy}{dx} = -\frac{P(x,y)}{Q(x,y)} \tag{3.17}$$

であるときに，まず，

$$P(x,y)\,dx + Q(x,y)\,dy = 0$$

として，全微分の条件

$$\frac{\partial P(x,y)}{\partial y} = \frac{\partial Q(x,y)}{\partial x} \tag{3.18}$$

が成り立っているかを確認します．これが成り立っていれば，何らかの $f(x,y)$ が存在して

$$df(x,y) = P(x,y)\,dx + Q(x,y)\,dy = 0$$

となるので，

$$\begin{cases} \dfrac{\partial f(x,y)}{\partial x} = P(x,y) \\ \dfrac{\partial f(x,y)}{\partial y} = Q(x,y) \end{cases}$$

を満たす $f(x,y)$ を見つけられれば，定数 C を用いて

$$f(x,y) = C$$

として，微分方程式（3.17）の一般解が得られます．

細かいことと感じるかもしれませんが，全微分であることの条件（3.18）を確認することは怠らないようにしましょう．ここでの導入では，納得しやすいように，元々 $f(x,y)$ が存在する例を用いて解説しましたが，普通は最初に微分方程式が与えられます．そのような場合，$P(x,y), Q(x,y)$ は何らかの関数としてしか定められていないので，(3.17) の形をしているからといって全微分の形に対応している保証はないのです．その意味で，全微分の条件（3.18）が成り立つときに，**完全型**あるいは**完全微分型**といって特別視する場合もあります．

Exercise 3.4

微分方程式 $y' = \dfrac{2x\cos y + y^2\cos x}{x^2\sin y - 2y\sin x}$ の一般解を求めなさい．

Coaching　この微分方程式を書き換えると

$$(2x\cos y + y^2\cos x)\,dx + (-x^2\sin y + 2y\sin x)\,dy = 0$$

なので，全微分の条件を確認しましょう．今回は

$$\frac{\partial}{\partial y}(2x\cos y + y^2\cos x) = \frac{\partial}{\partial x}(-x^2\sin y + 2y\sin x) = -2x\sin y + 2y\cos x$$

となっているので，完全微分型であることが確認できます．したがって，

$$df(x,y) = (2x\cos y + y^2\cos x)\,dx + (-x^2\sin y + 2y\sin x)\,dy = 0$$

となる $f(x,y)$ が存在して

$$\frac{\partial f(x,y)}{\partial x} = 2x\cos y + y^2\cos x, \qquad \frac{\partial f(x,y)}{\partial y} = -x^2\sin y + 2y\sin x$$

となります．そのため，それぞれから

$$f(x,y) = x^2\cos y + y^2\sin x + g(y), \qquad f(x,y) = x^2\cos y + y^2\sin x + h(x)$$

であることが得られます．これらを共に満たす $f(x,y)$ は $f(x,y) = x^2\cos y + y^2\sin x +$ 定数 であり，$df(x,y) = 0$ と合わせて，一般解が $x^2\cos y + y^2\sin x = C$（定数）であるとわかります．■

微分方程式 $y' = -\dfrac{2e^{2x}\sin y + y}{e^{2x}\cos y + x}$ の一般解を求めなさい．

3.2.5　積分因子

さて，前項で見たように，全微分の形式を用いて微分方程式の解を探すとき，完全微分型であるかどうかが重要になります．本来は全微分の条件を満たしていないのであればこの方法が使えないのですが，多少の工夫によって完全微分型に帰着できる場合があります．

具体例を見た方がわかりやすいでしょうから，$y' = -\dfrac{y + \cos x}{x + xy + \sin x}$ を解くことを考えてみましょう．全微分の形式に合うように

$$(y + \cos x)\,dx + (x + xy + \sin x)\,dy = 0 \tag{3.19}$$

と書き直します．今後の記述を便利にするために，$P(x,y) = y + \cos x$，$Q(x,y) = x + xy + \sin x$ としておきましょう．

まず最初に，完全微分型かどうか調べてみると，

$$\frac{\partial P(x,y)}{\partial y} = 1, \qquad \frac{\partial Q(x,y)}{\partial x} = 1 + y + \cos x$$

となるので，完全微分型ではないことがわかります．そこで，唐突ですが，(3.19) の両辺に e^y を掛けてみましょう．すると，右辺がゼロであるために

$$e^y(y + \cos x)\,dx + e^y(x + xy + \sin x)\,dy = 0 \tag{3.20}$$

という方程式に書き換えられることになります．ここで，$\overline{P}(x,y) = e^y(y + \cos x)$，$\overline{Q}(x,y) = e^y(x + xy + \sin x)$ とおくと，今度は

$$\frac{\partial \overline{P}(x,y)}{\partial y} = e^y(y + \cos x) + e^y = e^y(1 + y + \cos x)$$

$$\frac{\partial \overline{Q}(x,y)}{\partial x} = e^y(1 + y + \cos x)$$

となって，完全微分型になっていることがわかります．そのため，

$$df(x,y) = e^y(y+\cos x)\,dx + e^y(x+xy+\sin x)\,dy = 0$$

となる関数 $f(x,y)$ が存在して，

$$\frac{\partial f(x,y)}{\partial x} = e^y(y+\cos x), \qquad \frac{\partial f(x,y)}{\partial y} = e^y(x+xy+\sin x)$$

を満たします．若干手間ですが，$\int ye^y\,dy = ye^y - e^y = (y-1)e^y$ となることなどを用いると，

$$\begin{cases} f(x,y) = xye^y + e^y \sin x + g(y) \\ f(x,y) = xye^y + e^y \sin x + h(x) \end{cases}$$

なので，$g(y) = h(x) =$ 定数 となり，$df=0$ と合わせると，定数 C を用いて

$$xye^y + e^y \sin x = C \quad \Leftrightarrow \quad xy + \sin x = Ce^{-y}$$

となります．

(3.19) のときには完全微分型にはなっていないので全微分を利用して解曲線を得ることはできませんが，e^y を掛けて (3.20) とするだけで完全微分型に帰着できるところが特徴です．このような e^y のように，解けない方程式を解けるように書き直すことのできる因子を**積分因子**といいます．

積分因子を一般に $\lambda(x,y)$ としたとき，いつも都合の良い $\lambda(x,y)$ が見つけられるとは限らないので，**たまたま良い積分因子が見つかるときには上手に扱える場合がある**という程度に意識しておくのが無難です．そうはいっても，$\lambda(x,y)$ を得る典型的なパターンとして知られているものもあるので，有名なものを紹介しておきます．

$$P(x,y)\,dx + Q(x,y)\,dy = 0$$

が完全微分型ではないとします．このとき，

$$\theta = \frac{1}{Q(x,y)}\left\{\frac{\partial P(x,y)}{\partial y} - \frac{\partial Q(x,y)}{\partial x}\right\}$$

が x のみの式 $\theta(x)$（定数を含む）となるときは

$$\lambda = \exp\left\{\int \theta(x)\,dx\right\}$$

が積分因子として使えます．また，

$$\theta = \frac{1}{P(x,y)}\left\{\frac{\partial P(x,y)}{\partial y} - \frac{\partial Q(x,y)}{\partial x}\right\}$$

が y のみの式 $\theta(y)$（定数を含む）となるときは

$$\lambda = \exp\left\{-\int \theta(y)\,dy\right\}$$

が積分因子として使えます．具体例として，以下の Exercise 3.5 で試してみましょう．

Exercise 3.5

微分方程式 $(3xy^2 + 2y)\,dx + (2x^2y + x)\,dy = 0$ の一般解を求めなさい．

Coaching　$P(x,y) = 3xy^2 + 2y$，$Q(x,y) = 2x^2y + x$ として完全微分条件を確認してみると，成り立っていないことがわかります．そこで，積分因子 λ を見抜くために，$\partial_y P - \partial_x Q$ をまず求めてみましょう．すると，

$$\frac{\partial P(x,y)}{\partial y} - \frac{\partial Q(x,y)}{\partial x} = (6xy + 2) - (4xy + 1) = 2xy + 1$$

なので

$$\theta = \frac{1}{Q(x,y)}\left\{\frac{\partial P(x,y)}{\partial y} - \frac{\partial Q(x,y)}{\partial x}\right\} = \frac{1}{x}$$

が x のみの関数であるとわかります．そこで，

$$\lambda = \exp\left(\int \theta\,dx\right) = \exp\,(\log x) = x$$

として積分因子を導出します．この積分では積分定数は不要です．なぜなら，積分因子は $P(x,y)\,dx + Q(x,y)\,dy = 0$ に掛けることが前提なので，右辺がゼロであると積分因子の定数倍は意味がないからです．後は，積分因子 $\lambda = x$ を「あたかもいきなり思いついたかのように」微分方程式に掛けて

$$(3x^2y^2 + 2xy)\,dx + (2x^3y + x^2)\,dy = 0 \tag{3.21}$$

とします．ここで $\overline{P}(x,y) = 3x^2y^2 + 2xy$ および $\overline{Q}(x,y) = 2x^3y + x^2$ とおくと

$$\frac{\partial \overline{P}(x,y)}{\partial y} = \frac{\partial \overline{Q}(x,y)}{\partial x} = 6x^2y + 2x$$

となるので，(3.21) は完全微分型であるといえます．

したがって，$df(x,y) = (3x^2y^2 + 2xy)\,dx + (2x^3y + x^2)\,dy = 0$ の一般解が求

める微分方程式の解であり，これを解くと，定数 C を用いて $x^3y^2 + x^2y = C$ となります．■

微分方程式 $y + \cos x + (x + xy + \sin x)y' = 0$ の一般解を求めなさい．

3.3　特別な 1 階非線形常微分方程式

ここまでは y^2 や y^3 など，y についての高次項がない微分方程式を中心的に扱ってきました[9]．こういう**非線形項**が含まれるような場合には，必ずしも解析的に一般解が求まるとは限りません．これが，「解けない方程式の方が多い」といわれる所以です．しかし，非線形項を含むものでも，かなり特殊な形式のものは一般解に辿りつく方法がある程度確立されています．特に有名なものが，ここで紹介する**ベルヌーイ型**と**リッカチ型**です．

3.3.1　ベルヌーイ型

ベルヌーイ型といわれる方程式は，2 以上の整数 n に対する

$$y' + p(x)y + q(x)y^n = 0 \tag{3.22}$$

という形式のもので，左辺の第 3 項 $q(x)y^n$ が非線形項となります．ここで $u = y^{1-n}$ とおくと

$$y = uy^n, \qquad y' = \frac{1}{1-n}u'y^n$$

なので，(3.22) に代入すれば

$$\frac{1}{1-n}u'y^n + p(x)uy^n + q(x)y^n = 0$$

となり，すべての項に y^n が現れます．そこで，$y = 0$ となる自明な解を除いて

$$u' = (n-1)p(x)u + (n-1)q(x)$$

9)　厳密には有理式で表される同次型や完全微分型は線形とはいわないのですが，標準的な手法ではその非線形性を気にすることはあまり多くないので，ここでの説明と同様に線形微分方程式の文脈で説明されることが多いです．

と書き換えれば，$u(x)$ の1階線形常微分方程式（3.7）に帰着されるので，定数変化法などを用いて u について解くと，$y = u^{1/(1-n)}$ として y が得られます．

Exercise 3.6

微分方程式 $2xy' + y = 2x^2(x+1)y^3$ の一般解を求めなさい．

Coaching　まず，解くべき方程式が $n = 3$ のベルヌーイ型であることを見抜きます．そこで $u = y^{1-3} = y^{-2}$ とおくと $y = uy^3$，$y' = -\dfrac{1}{2}u'y^3$ となるので，解くべき微分方程式は

$$2x\left(-\frac{1}{2}u'y^3\right) + uy^3 = 2x^2(x+1)y^3 \quad \Leftrightarrow \quad u' - \frac{1}{x}u = -2x(x+1) \tag{3.23}$$

となります．後は，これを変数分離法などで u について解けば，解が得られます．

（3.23）は非斉次項が $-2x(x+1)$ であるような，u の1階線形常微分方程式です．この斉次形が $u' - \dfrac{u}{x} = 0$ であることから，変数分離法によって

$$\frac{u'}{u} = \frac{1}{x} \quad \Leftrightarrow \quad \log|u| = \log x + c$$

すなわち，$u = Ax$（ただし，c は積分定数で，$A = \pm e^c$）となります．これに定数変化法を用いて非斉次の（3.23）を満たす u を求めましょう．

$A \to A(x)$ として $u = A(x)x$ を（3.23）に代入すると，$A(x)$ は $A'(x) = -2x - 2$ を満たせばよいことがわかるので，$A(x) = -x^2 - 2x + C$（C は積分定数）となります．したがって，$u = A(x)x = (-x^2 - 2x + C)x$ なので，u を y に戻して（$u = y^{-2}$ に代入して），解 $(x^3 + 2x^2 - Cx)y^2 = -1$ が得られます．■

Training 3.6

微分方程式 $xy' + y = x^2\sqrt{y}$ の一般解を求めなさい．

3.3.2　リッカチ型

リッカチ型の方程式は，$n = 2$ のベルヌーイ型に非斉次項が加わったもので

$$y' + p(x)y + q(x)y^2 = r(x)$$

という形式のものです．これはベルヌーイ型に非斉次項が加わった**だけ**なので，非斉次項を除くことができれば解けます．そこで，代入して成り立つ式（特殊解）$y = w(x)$ を見つけて，$y = v + w(x)$ としてみましょう．

非線形の方程式なので，この方法で非斉次項が除ける保証はないのですが，非線形項の次数が y^2 に限られているため，

$$v' + w'(x) + p(x)\{v + w(x)\} + q(x)\{v + w(x)\}^2 = r(x)$$
$$\Leftrightarrow \quad v' + \{p(x) + 2q(x)w(x)\}v + q(x)v^2 = 0$$

となり，上手いこと $n = 2$ のベルヌーイ型に帰着します．なお，この式変形では $w(x)$ が

$$w'(x) + p(x)w(x) + q(x)w^2(x) = r(x)$$

を満たすことを利用しています．

こうしてベルヌーイ型に帰着できたので，後は $u = v^{1-2} = v^{-1}$ とおけば非線形項もなくなり，線形方程式として解くことができるようになります．簡単に書いていますが，踏むべき段階が多いので，手間がかかります．途中で計算間違いをしないように注意しましょう．

Exercise 3.7

微分方程式 $xy' - y + y^2 = x^2$ の一般解を求めなさい．

Coaching　まず非斉次項を除くために，y に代入して成り立つ式 $w(x)$ を探しましょう．慣れないとちょっと難しいですが，「右辺が x^2 になっているから x^n の形が上手く合いそう」などとアタリをつけると見つけられると思います．今回の場合は，$w(x) = x$ が見つけやすいでしょう．

これを用いて $y = v + w(x) = v + x$ とおくと，解くべき方程式は

$$xv' + (2x - 1)v + v^2 = 0$$

というベルヌーイ型になります．そこで $u = v^{1-2} = 1/v$ とすれば，$v = uv^2$，$v' = -u'v^2$ なので，$u(x)$ についての 1 階の線形微分方程式

$$u' - \frac{2x - 1}{x}u = \frac{1}{x} \tag{3.24}$$

に帰着します．後は，これを u について解くだけです．

(3.24) は非斉次の 1 階線形常微分方程式なので，まずは斉次形の $u' - \frac{2x-1}{x}u = 0$ を解きましょう．これは変数分離型なので，

$$\frac{u'}{u} = \frac{2x-1}{x} \quad \Leftrightarrow \quad \log|u| = \int\left(2 - \frac{1}{x}\right)dx = 2x - \log x + c \quad (c\text{ は積分定数})$$

とでき，$A = \pm e^c$ とすれば $u = A\frac{e^{2x}}{x}$ が斉次型 $u' - \frac{2x-1}{x}u = 0$ の解となります．これを用いて，非斉次型 (3.24) を解きましょう．

定数変化法に従い，$A \to A(x)$ として，$u = A(x)\frac{e^{2x}}{x}$ を (3.24) に代入すれば，$A(x)$ は $A'(x) = e^{-2x}$ を満たせばよいことがわかるので，$A(x) = -e^{-2x}/2 + D$ (D は積分定数) であり，$u = A(x)\frac{e^{2x}}{x} = \frac{2De^{2x}-1}{2x}$ とわかります．

したがって，$v = \frac{1}{u} = \frac{2x}{2De^{2x}-1}$ となるので，$y = v + x$ だったことから，$2D = C$ として $y = x + \frac{2x}{Ce^{2x}-1}$ となります．■

Training 3.7

微分方程式 $y' + (2x+3)y - (x+2)y^2 = x + 1$ の一般解を求めなさい．

「こんなの思いつかない！」という不安を感じるかもしれませんが，人名が付く手法は基本的に膨大な試行錯誤と驚異的な思索の果てに辿りついた叡智であることが多いので，まずは見よう見まねで使ってみるというのがよいでしょう．繰り返すうち，徐々にその考え方を自然だと思うようになります．

3.4　2 階線形常微分方程式　$y'' + p(x)y' + q(x)y = r(x)$

ここまでは 1 階の常微分方程式を扱ってきました．しかし，物理学への応用では，例えば加速度が座標の 2 階微分であるように，2 階の微分方程式を扱う必要もあります．特に，線形の場合には

$$y'' + p(x)y' + q(x)y = r(x) \tag{3.25}$$

という形式で **2 階線形常微分方程式**が表されることになります．ここでは，

この解を見つける手続きについて見ていきましょう．

(3.25) の右辺 $r(x)$ が非斉次項になるので，**代入して成り立つ解を何らかの形で見つけると上手く解けそうだ**ということが，これまでの経験からわかると思います．ただ，非斉次の場合に成り立つものを見つけるのは随分と難しいので，もう少しだけ簡単にして，$r(x) = 0$ となる斉次方程式に代入して成り立つ式（特殊解）$w(x)$ を何とか見つけることにしましょう．つまり，

$$w''(x) + p(x)w'(x) + q(x)w(x) = 0$$

となっている $w(x)$ を見つけることにします．この $w(x)$ が見つかったら，$y = w(x)u$ とおくと (3.25) は

$$w(x)u'' + \{2w'(x) + p(x)w(x)\}u' = r(x)$$

となります．ここで，さらに $v = u'$ とすれば $u'' = v'$ を用いて

$$v' + \frac{2w'(x) + p(x)w(x)}{w(x)}v = \frac{r(x)}{w(x)} \tag{3.26}$$

となるので，1 階線形常微分方程式に帰着できます．後は，(3.26) を v について解き，$u = \int v\,dx$ および $y = w(x)u$ を用いてまとめれば y が求まる，という流れです．少し込み入っているので，手順をまとめておきましょう．

▶ 2 階線形常微分方程式を解く手順

(1) 解くべき方程式に対応する斉次方程式の特殊解 $y = w(x)$ を 1 つ見つける．

(2) $y = w(x)u$ とおいて，解くべき微分方程式を u の微分方程式に書き直す．

(3) $u' = v$ とすると 1 階線形常微分方程式に帰着するので，v について解く．

(4) 求まった v から $u = \int v\,dx$ および $y = w(x)u$ として解を得る．

Exercise 3. 8

微分方程式 $x^2y'' + 7xy' + 9y = \dfrac{2}{x^3}$ の一般解を求めなさい．

Coaching 斉次方程式 $x^2y'' + 7xy' + 9y = 0$ を満たす $y = w(x)$ を見つけるのは，初めてだと結構混乱しやすいと思います．もちろん，カンが鋭くてすぐに見つかった人はそのまま見つけたものを使えばよいですが，なかなか見つからない場合は，左辺の係数部分が $x^2, 7x, 9$ であって，x^n の形だけなので，このことに注目して $w(x) = ax^n$ とおいてみるのが1つの方法です．

$w(x) = ax^n$ とすると $x^2w''(x) + 7xw'(x) + 9w(x) = a(n^2 + 6n + 9)x^n$ となるので，これがゼロになるのは $a = 0$ か $n = -3$ です．もちろん，$a = 0$ では特殊解を見つけていないのと同じなので，$n = -3$ として $w(x) = ax^{-3}$ とすればよいことがわかります．この場合，a はゼロでなければ何でもよいのですが，計算を簡単にするために $a = 1$ を選ぶのが適当でしょう．

そこで $y = x^{-3}u$ とおくと，$x^2y'' + 7xy' + 9y = \dfrac{2}{x^3}$ は $u'' + \dfrac{1}{x}u' = \dfrac{2}{x^2}$ と書き直せます．したがって，$v = u'$ として v について定数変化法を用いて解けば，C_1 を定数として

$$v = 2\frac{\log x + C_1}{x}$$

となります．ゆえに，C_2 を定数として

$$u = \int v\,dx = 2\int \frac{1}{x}(\log x + C_1)\,dx = (\log x + C_1)^2 + C_2$$

となるので，求める解は $y = \dfrac{1}{x^3}\{(\log x + C_1)^2 + C_2\}$ となります． ■

Training 3.8

微分方程式 $x^2y'' + 2xy' - 2y = x^3$ の一般解を求めなさい．

このExercise 3.8からは，解き方そのものの他に，学びたいことが2つあります．1つは，**$w(x)$ を見つけるのは一般にはかなり難しい**ということです．この問題のように，係数から ax^n だろうと予想できるなど何らかの手掛かりがある場合には，そこからある程度試行錯誤して見つけることができます．それでも，係数部分が複雑な関数になると，必ずしも特殊解を明示的に求めることができない場合もあるということを意識しておく方がよいでしょう．ただ，物理学で使う場合には，エネルギーが保存するなどの理由によって，この部分があまり複雑にならずに済む場合も多く，特に振動・波動論な

どの基礎では，$p(x), q(x)$ が共に定数になることがほとんどです．その意味ではあまり恐れずに，むしろ「系統的に解き得る方法がある」ということに希望をもってください．

このExercise 3.8から学ぶべきもう1つの点は，**2階の微分方程式の一般解は未知定数を2つ含む**ということです．プロセスとして，v を求める際に一度不定積分を行い，その後 u に書き直すときにもう一度不定積分を行っているため，それぞれで積分定数が現れています．これが未知定数が2つ含まれる作業過程上の理由で，同じ意味ですが，そもそも2階の微分方程式なので2回積分する必要があるためです．一方で，これまでに経験した1階の微分方程式は未知定数を1つしか含みません．これも，1階の常微分方程式は1回積分すれば解が得られるためです．

3.4.1　定数係数の2階線形常微分方程式

2階線形常微分方程式の中でも特によく現れるのは，(3.25) の係数 $p(x)$ および $q(x)$ が定数の場合です．すなわち，$p(x) = p$，$q(x) = q$ を定数としておき，

$$y'' + py' + qy = r(x) \tag{3.27}$$

を解くことを考えます．まずは斉次型（$r(x) = 0$ の場合）を扱い，その後に非斉次型（$r(x) \neq 0$ の場合）を扱います．

斉次型の場合の解の公式と原理

斉次型の場合には

$$y'' + py' + qy = 0 \tag{3.28}$$

となるので，この特殊解 $y = w(x)$ を求めましょう．各項の形が微分の階数に応じて変わってしまうと，左辺を扱いやすい形にまとめるのが大変そうなので，指数関数のように微分しても形の変わらない関数が $w(x)$ には使いやすそうです．そこで，おおよその形として，$w(x) = ae^{\lambda x}$ としてみます．これを，(3.28) に代入すると

$$w''(x) + pw'(x) + qw(x) = 0 \quad \Leftrightarrow \quad a(\lambda^2 + p\lambda + q)e^{\lambda x} = 0$$

となります．一般に $e^{\lambda x} \neq 0$ であることと，$a = 0$ では意味がないことから，

$$\lambda^2 + p\lambda + q = 0 \tag{3.29}$$

が $w(x)$ の条件です．このとき a は何でもよいので，便利のために $a = 1$ としておきましょう．

さて，(3.29) は λ についての2次方程式なので，複素数の範囲で必ず解けて，それらの解を $\lambda = \lambda_1, \lambda_2$ としておきます．このとき解と係数の関係[10]より

$$\lambda_1 + \lambda_2 = -p, \qquad \lambda_1\lambda_2 = q \tag{3.30}$$

となることを意識しておいてください．

特殊解 $w(x)$ を表すための λ は2つありますが，ここでは好きな方を選んで $w(x) = e^{\lambda_1 x}$ とおくことにします．これまでと同様に，$y = w(x)u$ とすると，

$$y = e^{\lambda_1 x}u, \quad y' = \lambda_1 e^{\lambda_1 x}u + e^{\lambda_1 x}u', \quad y'' = {\lambda_1}^2 e^{\lambda_1 x}u + 2\lambda_1 e^{\lambda_1 x}u' + e^{\lambda_1 x}u''$$

となるので，(3.28) は u の微分方程式として $u'' + (2\lambda_1 + p)u' = 0$ となり，$v = u'$ の置き換えで $v' = -(2\lambda_1 + p)v$ という変数分離型の1階微分方程式に帰着されます．少し複雑な見た目の式ですが，$2\lambda_1 + p$ は複素数の定数であることは忘れないでください．v について解くと，定数 A を用いて $v = Ae^{-(2\lambda_1 + p)x}$ となるので，積分して u に直すと，積分定数を B として

$$u = \int v\,dx = -\frac{A}{2\lambda_1 + p}e^{-(2\lambda_1 + p)x} + B$$

となります．結局，求める $y = e^{\lambda_1 x}u$ は

$$y = Be^{\lambda_1 x} - \frac{A}{2\lambda_1 + p}e^{-(\lambda_1 + p)x} \tag{3.31}$$

となることがわかります．

解としてはこれでよいのですが，もう少し観察すると面白いことがわかります．まず，解と係数の関係 (3.30) の1つ目から $-(\lambda_1 + p) = \lambda_2$ となっていることに気づけるでしょうか．さらに，定数の表現を少し変えて

$$B \ \rightarrow \ C_1, \qquad -\frac{A}{2\lambda_1 + p} \ \rightarrow \ C_2$$

---

10)　高等学校の範囲なので特に問題はないかと思いますが，$\lambda = \lambda_1, \lambda_2$ が解になる2次方程式は $(\lambda - \lambda_1)(\lambda - \lambda_2) = 0$ とまとめることができるはずなので，$\lambda^2 - (\lambda_1 + \lambda_2)\lambda + \lambda_1\lambda_2 = 0$ となるはずです．これが (3.29) となるのなら，$\lambda_1 + \lambda_2 = -p$ と $\lambda_1\lambda_2 = q$ が共に成り立ちます．これを「解と係数の関係」といいます．

と書いてみると，(3.31) は

$$y = C_1 e^{\lambda_1 x} + C_2 e^{\lambda_2 x} \tag{3.32}$$

となり，2つの特殊解 $e^{\lambda_1 x}$ と $e^{\lambda_2 x}$ の線形結合[11)]になっています．

(3.32) を見ると，(3.29) の2つの解さえわかれば手順通りに追う必要はなく，いきなり解である (3.32) が得られるように思われます．これは決して偶然ではなく，本質的な理由があります．

一般に，**線形方程式は特殊解の線形結合もまた解である**という特徴があります．本来は，この性質を「線形性」といい，これが線形微分方程式といわれる所以です．最初に「発見」した解 $y = w(x)$ には，条件 (3.29) を満たす λ を使っていれば十分で，$e^{\lambda_1 x}$ と $e^{\lambda_2 x}$ のどちらを選ぶことも可能でした．つまり，便宜上 $w_1(x) = e^{\lambda_1 x}$ と $w_2(x) = e^{\lambda_2 x}$ と書いておくと，

$$\begin{cases} \dfrac{d^2}{dx^2} w_1(x) + p\dfrac{d}{dx} w_1(x) + q w_1(x) = 0 \\ \dfrac{d^2}{dx^2} w_2(x) + p\dfrac{d}{dx} w_2(x) + q w_2(x) = 0 \end{cases} \tag{3.33}$$

という2つの式が成り立つということです．ところが，この2つが成り立つということは，それぞれを定数倍して和をとった

$$\frac{d^2}{dx^2}\{C_1 w_1(x) + C_2 w_2(x)\} + p\frac{d}{dx}\{C_1 w_1(x) + C_2 w_2(x)\} + q\{C_1 w_1(x) + C_2 w_2(x)\} = 0 \tag{3.34}$$

も成り立つということです．したがって，$y = C_1 w_1(x) + C_2 w_2(x)$ も解になります．そして，2階の微分方程式の解には2つの未知定数が含まれ，それ以上の自由度はありません．ということは，2つの未知定数をもち，解の資格ももっている $y = C_1 w_1(x) + C_2 w_2(x)$ が一般解であるといえます．

こうして，代数方程式 (3.29) の2つの解を知るだけで，微分方程式の解がわかってしまいます．そのため，(3.29) は，微分方程式の振る舞いを決めている代数方程式という意味で，**特性方程式**といいます．

---

11) 「関数の線形結合」の意味がわかりにくい方は，第0章の「基本的な語句」を参照してください．

実用上は特性方程式の解を求めて，対応する指数関数をつくって定数倍で繋ぐだけなので，(3.32) を**解の公式**として用いる方法は，解き方としては非常に簡便で有用です．一方で，特性方程式が重解をもつような場合には自由度の導入に工夫が必要だったりするので，ここで示したような「手続き通りの解き方」もできるようにしておきましょう．

非斉次型の場合や特性方程式が重解をもつ場合

$r(x) \neq 0$ となる非斉次型であったり，特性方程式が重解をもっていたりすると，(3.32) を直接用いるよりは手順通りに解いた方が早いです[12]．

解くべき方程式が非斉次型であっても，特殊解 $w(x)$ は斉次型の方程式を満たす解 $w_1(x) = e^{\lambda_1 x}$ を用います．異なるのは，等価な 1 階の常微分方程式に非斉次項 $r(x)$ が現れることで，$y = w(x)u,\ v = u'$ の置き換えによって

$$v' + (2\lambda_1 + p)v = r(x) \tag{3.35}$$

となることです．非斉次項が付くだけで，これもやはり 1 階線形常微分方程式なので，そのまま解いてしまうことができます．一般形で書くのはこのくらいでとどめておいて，後は具体的な数に対して試してみる方が扱いやすいので，ここでも具体例を見てみることにしましょう．

Exercise 3.9

次の微分方程式の一般解を求めなさい．

(1)　$y'' - 4y' - 5y = 0$　　(2)　$y'' - 4y' - 5y = 5x + 6$

(3)　$y'' - 6y' + 9y = 0$

Coaching　(1)，(2) の左辺は同じなので，まず特性方程式 $\lambda^2 - 4\lambda - 5 = 0$ を解いて $\lambda = -1, 5$ を得ておきましょう．

(1)　解の公式 (3.32) を用いて，$y = C_1 e^{-x} + C_2 e^{5x}$ が求める一般解です．

12)　(3.32) を直接用いることに加えて，さらに別の特殊解を求め，その線形結合を用いることでも対応できます．そのような解法が記載されているテキストも多いですが，手続きの順序が異なるだけで同じことです．ただ，初学者の場合は解き方のパターンが増えすぎると柔軟性を失いやすいので，特に最初のうちは，なるべく汎用性の高い方法で同じように解けるようになるのがよいと思います．

(2)　$y = e^{-x}u$, $v = u'$ とおくと，$v' - 6v = e^x(5x+6)$ と書き直せるので，定数変化法を用いて $v(x)$ は $v = -\dfrac{1}{5}(5x+7)e^x + C_1 e^{6x}$（$C_1$ は定数）となります．したがって，u は定数 C_2 を用いて

$$u = \int v\,dx = -xe^x - \frac{2}{5}e^x + C_1 e^{6x} + C_2$$

となるので，求める一般解は $y = e^{-x}u = -x - \dfrac{2}{5} + C_1 e^{5x} + C_2 e^{-x}$ となります．

(3)　特性方程式は $\lambda^2 - 6\lambda + 9 = 0$ なので，これを満たす λ は $\lambda = 3$ のみとなり，特性方程式の解が重解になるタイプです．解の公式は使えなくなりますが，実は，この場合の方が途中の計算はかなり楽になります．$y = e^{3x}u$ とおくと u の微分方程式として $(9e^{3x}u + 6e^{3x}u' + e^{3x}u'') - 6(3e^{3x}u + e^{3x}u') + 9e^{3x}u = 0 \Leftrightarrow u'' = 0$ が得られるので，C_1, C_2 を定数とすれば，$u' = C_1$，$u = C_1 x + C_2$ となります．したがって，求める解は $y = (C_1 x + C_2)e^{3x}$ です．■

微分方程式 $y'' - 6y' + 9y = \cos x$ の一般解を求めなさい．

3.4.2　物理系の例

有名な例ですが，ここでは2階線形常微分方程式を解く練習として，図3.4のように，バネ定数 κ のバネに取り付けた質量 m の質点の振動を扱います．

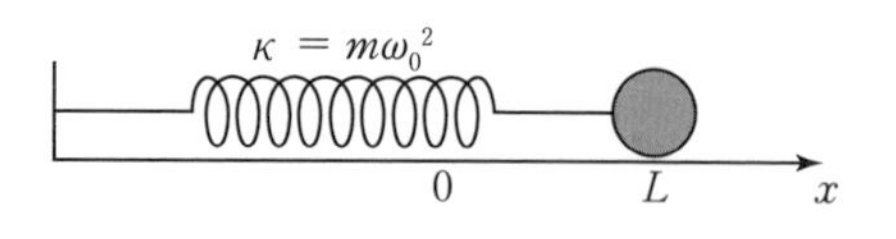

図 3.4　バネの振動

式をきれいにするため，κ を正の定数 ω_0 を用いて $\kappa = m\omega_0{}^2$ と表しておきましょう．初期条件として，時刻 $t = 0$ で位置 $x = L$，速度 $\dot{x} = dx/dt = 0$ であるとします．言葉で表せば，「始めにバネを L だけ伸ばして静止し，そっと手を離す」ということです．摩擦の大きさによって少し挙動が変わるので，それぞれの場合について考えてみましょう．なお，本節での計算の意味については，本シリーズの『力学』などのテキストも参照してみるとよいでしょう．

単振動

もし，床と質点の間に摩擦がなく，外力を加えることもしなければ，運動方程式はバネの弾性力のみを反映して

$$m\frac{d^2x}{dt^2} = -m{\omega_0}^2 x \tag{3.36}$$

と表せます．すなわち，$d^2x/dt^2 = \ddot{x}$ とすれば $\ddot{x} + {\omega_0}^2 x = 0$ となります．このときの特性方程式は $\lambda^2 + {\omega_0}^2 = 0$ なので，$\lambda = \pm i\omega_0$ と得られます．したがって，一般解は

$$x = C_1 e^{i\omega_0 t} + C_2 e^{-i\omega_0 t}$$

です．これを微分すると

$$\dot{x} = i\omega_0(C_1 e^{i\omega_0 t} - C_2 e^{-i\omega_0 t})$$

となり，これが速度の一般解に対応します．

これらの一般解に初期条件「$t = 0$ で $x = L, \dot{x} = 0$」を当てはめると，

$$\begin{cases} C_1 + C_2 = L \\ C_1 - C_2 = 0 \end{cases}$$

なので，$C_1 = C_2 = L/2$ と得られます．以上より，摩擦も外力もない場合のバネの振動を表す特殊解は

$$x = \frac{L}{2}(e^{i\omega_0 t} + e^{-i\omega_0 t}) = L\cos\omega_0 t$$

となります．これは**単振動**に他なりません．なお，最後の式変形ではオイラーの公式（1.21）を用いました．

減衰振動

床と質点の間に摩擦力がある場合のことを考えてみましょう．摩擦力の仕組みは複雑ですが，ここでは典型的な「速度に比例する摩擦力」$-2m\gamma\dfrac{dx}{dt}$ がかかることを考えてみましょう．要するに，速度が大きいほど強い摩擦力が速度を減らす方向にかかるということで，γ は正の実数から成る物理定数（単位をもつ定数）です．係数の $2m$ については γ に含ませてもよいですが，分離しておく方が計算の見通しが良くなります．

この場合の運動方程式は

$$m\frac{d^2x}{dt^2} = -m{\omega_0}^2 x - 2m\gamma\frac{dx}{dt} \quad\Leftrightarrow\quad \ddot{x} + 2\gamma\dot{x} + {\omega_0}^2 x = 0 \qquad (3.37)$$

であり，この特性方程式は $\lambda^2 + 2\gamma\lambda + {\omega_0}^2 = 0$ となるので，

$$\lambda = -\gamma \pm \sqrt{\gamma^2 - {\omega_0}^2}$$

と得られます．このまま一般解を書き下してもよいのですが，γ と ω_0 の大きさによって λ は実数になったり複素数になったりするので，$\omega = \sqrt{|\gamma^2 - {\omega_0}^2|}$ として $\lambda = -\gamma \pm i\omega$，$\lambda = -\gamma$，$\lambda = -\gamma \pm \omega$ の3通りに分類しておくのが賢明です．

(i) $\gamma < \omega_0$ のとき

$\lambda = -\gamma \pm i\omega$ なので，一般解は

$$x = C_1 e^{(-\gamma+i\omega)t} + C_2 e^{-(\gamma+i\omega)t} = e^{-\gamma t}(C_1 e^{i\omega t} + C_2 e^{-i\omega t})$$

となり，速度 $\dot{x}$ は $\dot{x} = -\gamma e^{-\gamma t}(C_1 e^{i\omega t} + C_2 e^{-i\omega t}) + i\omega e^{-\gamma t}(C_1 e^{i\omega t} - C_2 e^{-i\omega t})$ となります．これが初期条件「$t = 0$ で $x = L, \dot{x} = 0$」を満たすので

$$\begin{cases} C_1 + C_2 = L \\ (\gamma - i\omega)C_1 + (\gamma + i\omega)C_2 = 0 \end{cases}$$

であり，C_1, C_2 は

$$C_1 = \frac{\gamma + i\omega}{2i\omega}L, \qquad C_2 = -\frac{\gamma - i\omega}{2i\omega}L$$

となることがわかります．したがって，(3.37) の解は

$$x = Le^{-\gamma t}\left(\cos\omega t + \frac{\gamma}{\omega}\sin\omega t\right)$$

となります．

(ii) $\gamma > \omega_0$ のとき

$\lambda = -\gamma \pm \omega$ なので，一般解は

$$x = e^{-\gamma t}(C_1 e^{\omega t} + C_2 e^{-\omega t})$$

であり，速度 $\dot{x}$ は $\dot{x} = -\gamma e^{-\gamma t}(C_1 e^{\omega t} + C_2 e^{-\omega t}) + \omega e^{-\gamma t}(C_1 e^{\omega t} - C_2 e^{-\omega t})$ となります．これが初期条件を満たすので

$$\begin{cases} C_1 + C_2 = L \\ (\gamma - \omega)C_1 + (\gamma + \omega)C_2 = 0 \end{cases}$$

であり，これを解いて

$$C_1 = \frac{L}{2\omega}(\gamma + \omega), \qquad C_2 = \frac{L}{2\omega}(-\gamma + \omega)$$

となります．したがって，(3.37) の解は

$$x = Le^{-\gamma t}\left(\cosh \omega t + \frac{\gamma}{\omega} \sinh \omega t\right)$$

となります．

$\gamma < \omega_0$ のときと $\gamma > \omega_0$ のときを見比べると，$\omega \leftrightarrow i\omega$ の対応関係のために $\sin \leftrightarrow \sinh$ および $\cos \leftrightarrow \cosh$ となっていることがわかります．式の見かけは似ていますが，振る舞いは全く違うので注意しましょう．

(iii) $\gamma = \omega_0$ のとき

$\lambda = -\gamma$ なので一般解は，Exercise 3.9 の (3) と同様に解いて

$$x = (C_1 t + C_2)\,e^{-\gamma t}$$

であり，速度 $\dot{x}$ は $\dot{x} = C_1 e^{-\gamma t} - \gamma(C_1 t + C_2)\,e^{-\gamma t}$ となります．これが初期条件を満たすので

$$\begin{cases} C_2 = L \\ C_1 - \gamma C_2 = 0 \end{cases}$$

であり，これを解いて $C_1 = \gamma L$，$C_2 = L$ です．したがって，(3.37) の解は

$$x = L(\gamma t + 1)e^{-\gamma t}$$

となります．

(i) ～ (iii) をグラフとして描いてみましょう．より詳細な物理的考察や応用例については「力学」や「振動・波動」の知識が必要になるとしても，バネの強さを表す ω_0 に対して，摩擦の強さ γ が大きくなっていくに従って振動がなくなり，減衰のみをするようになる様子は，図 3.5 から読み

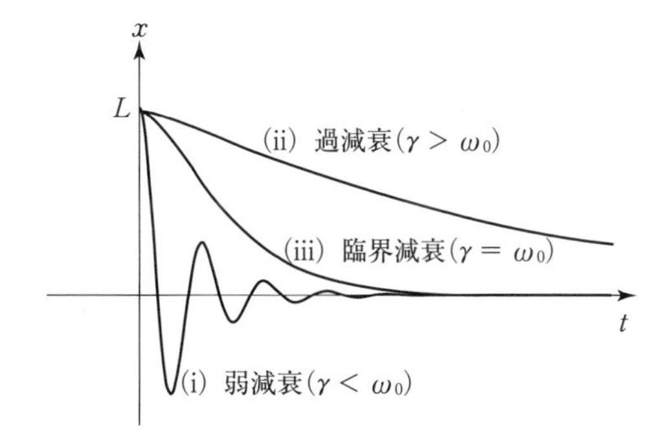

図 3.5　3つの減衰振動

とれると思います．これらはいずれも**減衰振動**といいますが，それぞれの解には減衰の強さに応じて「弱減衰（$\gamma < \omega_0$）」および「過減衰（$\gamma > \omega_0$）」とその境界に当たる「臨界減衰（$\gamma = \omega_0$）」という名が付けられていて，物理数学では有名なテーマです．

図 3.5 を見てもわかると思いますが，臨界減衰には「最も速く振動せずに減衰する」という特徴があり，ドアの制御などにも利用されています．

Coffee Break

数式中の物理定数の扱い方

摩擦力のような，減衰項のある微分方程式は，ここで見たように場合分けをするとスムーズに調べることができます．しかし，**場合分けの方が面倒くさいのでは？複素数とはいえ数字なんだから，後から上手いこと代入すればよいじゃないか？**と思う人もいると思います．これは物理学の特徴の 1 つなのですが，物理量を文字でおくことが非常に多く，具体的な数字を直接扱うことの多い理系諸学の中でも，文字変数が著しく多くなる傾向があります．

このようなときには，複雑な議論になってもなるべく物理的イメージを失わず，かつ計算間違いにも気づきやすいような取り扱いをする必要があり，そのために，文字変数を扱うときには **(1) 可能な限り正の実数を想定できる量にしておく，(2) 単位を明瞭にしておく**，という 2 点が重要なコツとなります．もちろん，結果的に負になったり，どうしても複素数のまま扱わざるを得ない場合もありますが，無用に物理的イメージを混乱させるようなことはしない方が賢明です．

実は，このセンスはすでに使っていて，運動方程式（3.36）や（3.37）を書き下すとき，あえて「バネが縮んでいるとき」を想定せずに，「伸びているとき」を想定する人の方が多いと思います．これは $x > 0$ を想定しておいて，後から「負でも大丈夫」と確認する方が，イメージを混乱させずに数式に翻訳できるからです．

3.5　連立微分方程式

ここまでに出会った微分方程式は，1 つの未知の関数とその導関数が特定の関係にあるときに，その未知の関数を探し出す，という文脈で記述されていました．一方で，未知の関数が複数ある場合には，**連立微分方程式**として取り組むことになります．特に，1階の連立微分方程式は重要です．具体例を通して，取り組み方を紹介します．

変数 t に対する2つの未知の関数 $x = x(t), y = y(t)$ が次の連立微分方程式

$$\begin{cases} \dfrac{dx}{dt} + \dfrac{dy}{dt} + 3x = \sin t \\ \dfrac{dx}{dt} - x + y = \cos t \end{cases} \tag{3.38}$$

を満たしているとします．物理的には座標 (x, y) が時間 t の関数として移動していくイメージです．時間での微分をドットで表して $\dot{x} = dx/dt, \dot{y} = dy/dt$ とすれば

$$\begin{cases} \dot{x} + \dot{y} + 3x = \sin t \\ \dot{x} - x + y = \cos t \end{cases} \tag{3.39}$$

と表すこともできます．

微分方程式 (3.38) あるいは (3.39) の解を見つけるための手続きとしては，大きく2種類の方法があります．1つずつ見ていくことにしましょう．

3.5.1 代入法

(3.39) の第2式を $y = -\dot{x} + x + \cos t$ と書き直して t で微分すると，

$$\dot{y} = -\ddot{x} + \dot{x} - \sin t \tag{3.40}$$

を得ることができます．(3.40) の右辺に y が現れないことが重要で，これを (3.39) の第1式に代入すると，x のみについての常微分方程式

$$\ddot{x} - 2\dot{x} - 3x = -2\sin t \tag{3.41}$$

が得られます．これは，これまでに用いてきた手法を使って解くことができて

$$x = -\frac{1}{5}\cos t + \frac{2}{5}\sin t + C_1 e^{3t} + C_2 e^{-t} \tag{3.42}$$

となります (C_1, C_2 は定数)．さらに，(3.42) を $y = -\dot{x} + x + \cos t$ へ代入すれば，

$$y = \frac{2}{5}\cos t + \frac{1}{5}\sin t - 2C_1 e^{3t} + 2C_2 e^{-t} \tag{3.43}$$

が得られます．(3.41) から (3.42) を得る方法がスムーズにできない場合については，定数係数の2階線形常微分方程式に非斉次項がある場合の取り扱い (3.4.1項) を復習してみてください．

これは，代数方程式の連立方程式を解く際に，ある1つの未知数を他の未知数で表し，一度に扱う未知数を1つに限定することで解くことができるようになったのと本質的には同じです．ただ，微分方程式の場合には**未知関数の数を減らした代わりに，微分の階数が上がっている**ということに注意してください．

3.5.2　変数変換によって方程式を分離する方法

上手な変数変換を用いると，連立微分方程式を独立な微分方程式に分離できます．系統的な方法は行列の対角化を用いることになるので，次項で簡単にまとめて紹介することにして，ここでは具体的に扱ってみましょう．

連立微分方程式 (3.39) における x, y から新しい関数 u, v への変換を

$$\begin{cases} x = u + v \\ y = -2(u - v) \end{cases} \tag{3.44}$$

とすると，$\dot{x} = \dot{u} + \dot{v}$，$\dot{y} = -2(\dot{u} - \dot{v})$ なので，(3.39) の第1式は

$$-\dot{u} + 3\dot{v} + 3u + 3v = \sin t \tag{3.45}$$

であり，第2式は

$$\dot{u} + \dot{v} - 3u + v = \cos t \tag{3.46}$$

となります．したがって，(3.45) − 3 × (3.46) として

$$\dot{u} - 3u = -\frac{1}{4}\sin t + \frac{3}{4}\cos t \tag{3.47}$$

となり，また，(3.45) + (3.46) として

$$\dot{v} + v = \frac{1}{4}\sin t + \frac{1}{4}\cos t \tag{3.48}$$

となることがわかります．これら (3.47)，(3.48) は，それぞれ u および v **のみ**の1階微分方程式なので，それぞれ独立に解くことができて，C_1, C_2 を定数として，

$$u = -\frac{1}{5}\cos t + \frac{3}{20}\sin t + C_1 e^{3t}, \qquad v = \frac{1}{4}\sin t + C_2 e^{-t}$$

と得られます．これらを（3.44）に戻せば，$x(t), y(t)$ についての解（3.42）および（3.43）を得ることができます．

代入法に比べて，こちらの方が微分の階数が増えないので，計算の大変さは少ないかもしれません．ただ，この方針の肝心な部分は，(3.44）**に気づくことができるかどうか**という点でしょう．初めて見ると少し面食らうかもしれませんが，これも慣れてしまえば（2本の方程式から成る連立微分方程式ぐらいなら）ある程度直観的に決めておいて，後から少し係数を調整することで上手く処理できることが多いです．次項で行列を使った系統的な方針を示しますが，その前に，Exercise 3.10 で練習してみましょう．

Exercise 3.10

変数 t についての関数 $x = x(t), y = y(t)$ が次の連立微分方程式を満たすとき，各設問で指定された方法で，一般解を求めなさい．

$$\begin{cases} 3\dot{x} + 2\dot{y} + x + y = 0 \\ \dot{x} + \dot{y} + 7x + 5y = 0 \end{cases}$$

(1)　$\dot{y}, y$ を $\dot{x}, x$ で表すことで，x についての2階常微分方程式を導き，一般解を求めなさい（代入法）．

(2)　$x = 3u + 3v$，$y = -4u - 5v$ となるように新しい関数 u, v を導入して，まず u, v について解き，それを用いて x, y の一般解を求めなさい（変数変換）．

Coaching　(1)　与えられた連立微分方程式を $y, \dot{y}$ について代数的に解くと，

$$\dot{y} = -\frac{14}{9}\dot{x} + \frac{2}{9}x, \qquad y = \frac{1}{9}\dot{x} - \frac{13}{9}x$$

となります．したがって，$y = \frac{1}{9}\dot{x} - \frac{13}{9}x$ の両辺を微分したものと $\dot{y} = -\frac{14}{9}\dot{x} + \frac{2}{9}x$ が等しいことから，$\ddot{x} + \dot{x} - 2x = 0$ となります．この特性方程式は $\lambda^2 + \lambda - 2 = 0$ なので $\lambda = 1, -2$ であり，解の公式（3.32）から，A, B を定数として，

$x = Ae^t + Be^{-2t}$ が得られます．これを $y = \frac{1}{9}\dot{x} - \frac{13}{9}x$ に代入すると，$y = -\frac{4}{3}Ae^t - \frac{5}{3}Be^{-2t}$ と得られます．

このように，y と $\dot{y}$ についての連立代数方程式とみなして解くことで，y と $\dot{y}$ を x と $\dot{x}$ の式にすることができます．そこで，$y = (x, \dot{x}$ の式$)$ を微分して $\dot{y}$ と等しいとおくことで，x についての微分方程式が得られます．

(2)　与えられた変換を当てはめると，解くべき連立微分方程式は

$$\dot{u} - \dot{v} - u - 2v = 0 \tag{3.49}$$

$$\dot{u} + 2\dot{v} - u + 4v = 0 \tag{3.50}$$

となります．(3.49) × 2 + (3.50) および (3.49) × (−1) + (3.50) とすると，それぞれ $\dot{u} - u = 0$，$\dot{v} + 2v = 0$ となり，$u = C_1e^t$，$v = C_2e^{-2t}$ であることがわかるので，$x = 3u + 3v$，$y = -4u - 5v$ に当てはめて

$$x = 3C_1e^t + 3C_2e^{-2t}, \qquad y = -4C_1e^t - 5C_2e^{-2t}$$

という解を得ます．（※なお，未知定数 C_1, C_2 をそれぞれ $A/3, B/3$ とすると，(1) の解と一致します．）■

Training 3. 10

ω を正の定数とし，変数 t についての関数 $x(t), y(t)$ が次の連立微分方程式を満たすとき，$t = 0$ で $x(0) = 1$，$y(0) = 0$ であるような解を求めなさい．ただし，i は虚数単位とします．

$$\begin{cases} \dot{x} = i\omega y \\ \dot{y} = i\omega x \end{cases}$$

3. 5. 3　変数変換によって方程式を分離する方法の背景

ここでは行列の知識を用いて，変数変換で連立微分方程式が分離できる理由と，系統的な変数変換の見つけ方を示しておきます．この部分については，行列について未習の場合には読み飛ばして，第 4 章の内容を先に習得しておくことをお勧めします．

基本的には (3. 38) のように，非斉次項を含む 1 階線形の常微分方程式が連立されている状況を対象とします．(3. 38) は，行列形式で記述すると

$$\begin{pmatrix} 1 & 1 \\ 1 & 0 \end{pmatrix}\begin{pmatrix} dx/dt \\ dy/dt \end{pmatrix} = \begin{pmatrix} -3 & 0 \\ 1 & -1 \end{pmatrix}\begin{pmatrix} x \\ y \end{pmatrix} + \begin{pmatrix} \sin t \\ \cos t \end{pmatrix} \tag{3.51}$$

となります．そこで両辺に左から $\begin{pmatrix} 1 & 1 \\ 1 & 0 \end{pmatrix}^{-1}$ を掛ければ

$$\begin{pmatrix} dx/dt \\ dy/dt \end{pmatrix} = \begin{pmatrix} 1 & 1 \\ 1 & 0 \end{pmatrix}^{-1} \begin{pmatrix} -3 & 0 \\ 1 & -1 \end{pmatrix} \begin{pmatrix} x \\ y \end{pmatrix} + \begin{pmatrix} 1 & 1 \\ 1 & 0 \end{pmatrix}^{-1} \begin{pmatrix} \sin t \\ \cos t \end{pmatrix}$$

$$\Leftrightarrow \quad \frac{d}{dt} \begin{pmatrix} x \\ y \end{pmatrix} = \begin{pmatrix} 1 & -1 \\ -4 & 1 \end{pmatrix} \begin{pmatrix} x \\ y \end{pmatrix} + \begin{pmatrix} \cos t \\ \sin t - \cos t \end{pmatrix}$$

と表せます．つまり，

$$\vec{r} = \begin{pmatrix} x \\ y \end{pmatrix}, \qquad A = \begin{pmatrix} 1 & -1 \\ -4 & 1 \end{pmatrix}, \qquad \vec{b} = \begin{pmatrix} \cos t \\ \sin t - \cos t \end{pmatrix}$$

とすると，

$$\frac{d}{dt}\vec{r} = A\vec{r} + \vec{b} \tag{3.52}$$

となります．ここで A の対角化行列を P とすると，$A = P(P^{-1}AP)P^{-1}$ であることに注意して，(3.52) は

$$\frac{d}{dt}(P^{-1}\vec{r}) = (P^{-1}AP)(P^{-1}\vec{r}) + P^{-1}\vec{b} \tag{3.53}$$

となります．なお，ここでは $P = \begin{pmatrix} 1 & 1 \\ -2 & 2 \end{pmatrix}$ であり，$P^{-1} = \frac{1}{4}\begin{pmatrix} 2 & -1 \\ 2 & 1 \end{pmatrix}$ です．

重要なことは，$P^{-1}AP$ が対角行列であることで，その対角成分は A の固有値 $3, -1$ になります．実際，$P^{-1}\vec{r} = \begin{pmatrix} u \\ v \end{pmatrix}$ とおいて，(3.53) を成分で表すと，

$$\frac{d}{dt}\begin{pmatrix} u \\ v \end{pmatrix} = \begin{pmatrix} 3 & 0 \\ 0 & -1 \end{pmatrix} \begin{pmatrix} u \\ v \end{pmatrix} + \frac{1}{4}\begin{pmatrix} -\sin t + 3\cos t \\ \sin t + \cos t \end{pmatrix}$$

となっていて，この時点で u, v それぞれの連立方程式に分離されていることがわかります．ということは，ここでの変換 $P^{-1}\vec{r} = \begin{pmatrix} u \\ v \end{pmatrix}$ が分離に必要な変換であり，それは

$$P^{-1}\begin{pmatrix} x \\ y \end{pmatrix} = \begin{pmatrix} u \\ v \end{pmatrix} \quad \Leftrightarrow \quad \begin{pmatrix} x \\ y \end{pmatrix} = P\begin{pmatrix} u \\ v \end{pmatrix} \quad \Leftrightarrow \quad \begin{cases} x = u + v \\ y = -2u + 2v \end{cases}$$

であることになります．これが，(3.44) の背景です．

基本的には，(3.52) の形式にできれば，機械的に A の対角化行列 P を求めることで (3.53) とすることができます．成分を見れば分離されていることに気づけると思いますので，まずは (3.52) → (3.53) の書き換えを習得しておくのが便利でしょう．

3.6　代表的な偏微分方程式

ここまでは，変数が1つの場合の常微分方程式の解を見つける主要な方法を扱ってきました．これらが使いこなせるようになるだけでも，かなりの物理現象を記述できるので，ぜひ習得しておきましょう．

しかし，例えば雲が風に流されるような状況を想像してみると，雲は時々刻々とその形状を変化させていきます．つまり，雲の様子を知るためには，「時間が経つとどのように位置が変わるのか」という時間的な変化と，「各瞬間にどのような形状をしているのか」という空間的な構造の双方を同時に知る必要があります．そのような場合には，どうしても時間 t と空間 x, y, z のような複数の変数を同時に扱うことになり，偏微分方程式を解くことになります．

ただ，偏微分方程式の解を見つける方法については，常微分方程式の場合ほどには系統的な手法がなく，**基本的には，それぞれの状況に応じて知恵を絞るしかない**と考えておく方が無難です．

ここでは，その中でも物理的に面白い例として，時間と共に形状が変化していく様子のわかりやすい，熱伝導方程式（拡散方程式）と非線形波動方程式について紹介します．

3.6.1　熱伝導方程式（拡散方程式）

偏微分方程式の物理的な例題として最も有名なものは**熱伝導方程式**あるいは**拡散方程式**といわれるタイプのもので，時間についての1階微分と，空間についての2階微分の関係を表す偏微分方程式です．熱伝導方程式は，物理数学の歴史上でもかなり重要な位置を占めるものなので，ぜひここで理解しておいてください．

長さ L の棒状の物体を用意し，両端の温度を一定に保ちます．このとき棒の中心を温めたとすると，図 3.6 に示すように中央部分で温度が高く，端に行くほど冷たいという状態になります．この後，時間 t と共に全体の温度分布 $u(t,x)$ がどのように変化していくのかを記述するのが熱伝導方程式で，

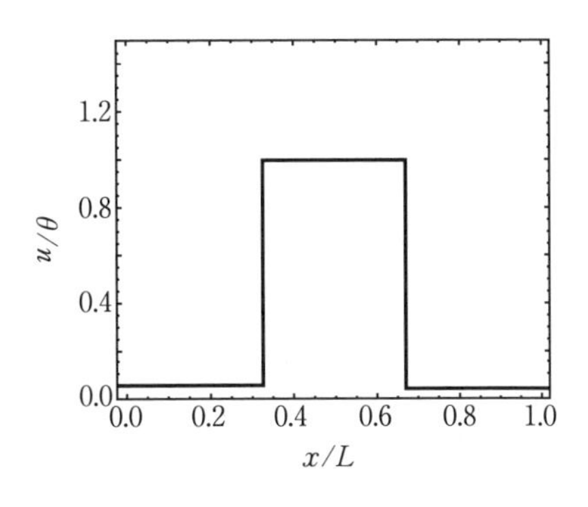

図 3.6　棒の温度分布の初期条件

$$\frac{\partial u}{\partial t} = c\frac{\partial^2 u}{\partial x^2} \tag{3.54}$$

と表されます．ただし，c は正の定数です．初期条件および境界条件は，図 3.6 に合わせて

$$u(0,x) = g(x), \qquad u(t,0) = u(t,L) = 0 \tag{3.55}$$

としておきましょう．ただし，$g(x)$ は

$$g(x) = \begin{cases} \theta & \left(\dfrac{L}{3} \leq x \leq \dfrac{2L}{3}\right) \\ 0 & \left(0 \leq x < \dfrac{L}{3},\ \dfrac{2L}{3} < x \leq L\right) \end{cases}$$

であるとし，これによって，中央部分の温度が両端よりも θ だけ高温である状況を表します．

(3.54) の直観的な意味としては，右辺の x についての 2 階微分が，上に凸のときに負の値をとり，曲線の曲がり具合がキツイほど大きな絶対値になるので，**温度分布が上に向かって「とがって」いるところほど，速く冷める**ということを表していると理解しておけば十分です．この場合，定数 c は冷め具合に当たり，棒の素材に依存します．この意味からもわかるように，時間が経つと，まず $x = L/3, 2L/3$ の温度分布がとがっているところが減少し，徐々に中央部分のふくらみが小さくなって，最終的には一様な温度分布に落ち着くことが予想できるでしょう．この予想を確かめるために，(3.54) を**変数分離法**といわれる方法で解いてみましょう．

3.6.2　変数分離法で熱伝導方程式を解く

一般論よりも，具体的に解いてみた方が納得しやすいと思いますので，ここでは直接に（3.54）を扱います．

$u=u(t,x)$ は t と x の式なのですが，これが上手く t のみの関数 $T(t)$ と x のみの関数 $X(x)$ の積として

$$u=u(t,x)=T(t)X(x)$$

と表せる場合があります．実際に，これを偏微分方程式（3.54）に代入すると，t での偏微分は $T(t)$ にしか掛からず，x での偏微分は $X(x)$ にしか掛からないため，

$$X(x)\frac{\partial T(t)}{\partial t}=c\,T(t)\frac{\partial^2 X(x)}{\partial x^2}$$

となります．これを少し書き換えると

$$\frac{1}{c}\frac{1}{T(t)}\frac{\partial T(t)}{\partial t}=\frac{1}{X(x)}\frac{\partial^2 X(x)}{\partial x^2}$$

となりますが，左辺は t のみの式，右辺は x のみの式となっていることに気づけるでしょうか[13]．このことは

$$t\,\textbf{の式}=x\,\textbf{の式}$$

であることを表していますが，**これが成り立つのは両方とも定数項のみの場合だけ**しかありません．すなわち，定数 λ を用いて

$$\frac{1}{c}\frac{1}{T(t)}\frac{\partial T(t)}{\partial t}=\frac{1}{X(x)}\frac{\partial^2 X(x)}{\partial x^2}=\lambda$$

となるということです．したがって，x と t のそれぞれに分離して表すことができて

$$\begin{cases}\dfrac{\partial T(t)}{\partial t}=c\lambda\,T(t)\\[2ex]\dfrac{\partial^2 X(x)}{\partial x^2}=\lambda X(x)\end{cases}$$

となります．このような分離ができれば，後はそれぞれについて解けばよく，

13)　c についてはどちらにあっても構わないのですが，左辺に送っておくと後々の計算が楽です．右辺においておきたい方は，そのまま解いても構いません．

これが変数分離法といわれている所以です．

さて，まずは $\partial T(t)/\partial t = c\lambda T(t)$ について解きます．これは，ここまで辿りつけた人にとっては容易に扱えるはずで，定数 T_0 を用いて

$$T(t) = T_0 e^{c\lambda t} \tag{3.56}$$

となります．

数式としてはこれでよいのですが，物理的な状況を考慮すると，λ をこの表記のまま扱い続けるのは，あまり得策ではないことに気づけるでしょうか．c が正の定数なので，$\lambda > 0$ だとすると $T(t)$ は時間 t についての増加関数です．これは少しおかしくないでしょうか．中心部分を加熱した状態から，その温度が徐々に一様になっていく様子を調べていたはずだからです．ということは，物理的に意味のある解は $\lambda < 0$ の場合だけであることになります．そこで，このことを忘れないように，正でも負でもよい実数 k を用いて $\lambda = -k^2$ とおくことにします．すると，(3.56) は

$$T(t) = T_0 e^{-ck^2 t} \tag{3.57}$$

と表せます．

続いて，$\lambda = -k^2$ であることに注意して，$X(x)$ についての微分方程式の方を解きます．解くべき方程式は

$$\frac{\partial^2 X(x)}{\partial x^2} = -k^2 X(x)$$

です．こちらも典型的な2階微分方程式なので，定数 A, B を用いて

$$X(x) = Ae^{ikx} + Be^{-ikx} \tag{3.58}$$

となります．

ここで条件式 (3.55) のうち，境界条件 $u(t, 0) = u(t, L) = 0$ を見てみましょう．この境界条件は棒の両端を一定の温度にしているということに対応しています．いま，その温度をゼロとしたので，時間 t にかかわらずゼロになるはずです．ということは，$T(t)$ がどんな関数でも $X(0) = X(L) = 0$ となっていればよいことになります．これを (3.58) に要請すると

$$\begin{cases} A + B = 0 \\ Ae^{ikL} + Be^{-ikL} = 0 \end{cases}$$

なので，$B = -A$ として

$$A\left(e^{ikL}-e^{-ikL}\right)=0 \quad \Leftrightarrow \quad 2iA\sin kL=0$$
$$\Leftrightarrow \quad k=\frac{n\pi}{L} \qquad (n=0,1,2,\cdots)$$

を満たすべきであることがわかります．つまり，k は単一の実数というわけではなく，$k=0, \frac{\pi}{L}, \frac{2\pi}{L}, \cdots$ というくつもの値が許されることになります．そこで，これらを区別できるよう，以下では $k \to k_n = \frac{n\pi}{L}$ とすることにしましょう．

以上の考察から，$X(x)$ は $2Ai=A_0$ として

$$X(x)=Ae^{ik_nx}+Be^{-ik_nx}=A_0\sin k_nx, \qquad k_n=\frac{n\pi}{L}$$

となることがわかります．

こうして，$T(t)$ と $X(x)$ がそれぞれ求まったので，これらの積

$$T(t)X(x)=T_0A_0e^{-ck_n^2t}\sin k_nx, \qquad k_n=\frac{n\pi}{L} \tag{3.59}$$

が方程式 (3.54) の，条件 (3.55) の下での解の候補であることがわかりました．しかし，k_n が n に依存するということは，(3.59) で表されている式は1つではなく，いくつもあるということです．このような場合，(3.33) や (3.34) で紹介した通り，可能な解の線形結合もまた解になります．したがって，$u(t,x)$ としては，線形結合の係数を $b_0, b_1, \cdots$ として

$$u(t,x)=\sum_{n=0}^{\infty}b_nT_0A_0e^{-ck_n^2t}\sin k_nx=\sum_{n=0}^{\infty}C_ne^{-ck_n^2t}\sin k_nx, \qquad k_n=\frac{n\pi}{L} \tag{3.60}$$

としておくのが妥当でしょう．なお，最後の表示では，定数の積をまとめて $C_0, C_1, \cdots$ と表しました．

後は，この $\{C_0, C_1, C_2, \cdots\}$ のすべてが求まればよいことになります．そのために，(3.55) のうちでまだ使っていない条件 $u(0,x)=g(x)$ を使うことにしましょう．すなわち，(3.60) で $t=0$ とすれば

$$g(x)=\sum_{n=1}^{\infty}C_n\sin\frac{n\pi}{L}x \tag{3.61}$$

が成り立ちます．$\sum$のnが$n=1$からとなっているのは，$n=0$のとき$k_0=0$なので$\sin k_0 x=0$となるからです．

(3.61) を見ると，フーリエ級数展開（第1章を参照）を思い出す人も多いかと思います．仮に気づかなかったとしても，

$$\int_0^L \sin\left(\frac{n\pi}{L}x\right)\sin\left(\frac{m\pi}{L}x\right)dx=\begin{cases}0 & (m\neq n)\\ \dfrac{L}{2} & (m=n)\end{cases} \tag{3.62}$$

を用いて，(3.61) の両辺に$\sin k_m x \quad (m\geq 1)$を掛けて区間$0\leq x\leq L$で積分すれば，すべての$C_m$を

$$C_m=\frac{2}{L}\int_0^L g(x)\sin\left(\frac{m\pi}{L}x\right)dx=\frac{2\theta}{L}\int_{L/3}^{2L/3}\sin\left(\frac{m\pi}{L}x\right)dx$$
$$=2\theta\cdot\frac{\cos\left(\dfrac{\pi m}{3}\right)-\cos\left(\dfrac{2\pi m}{3}\right)}{\pi m}$$

として求めることができます．

結局，以上のことをまとめれば，解$u(t,x)$は

$$u(t,x)=2\theta\sum_{n=1}^{\infty}\frac{\cos\left(\dfrac{\pi n}{3}\right)-\cos\left(\dfrac{2\pi n}{3}\right)}{\pi n}e^{-ck_n{}^2t}\sin(k_n x),\qquad k_n=\frac{n\pi}{L} \tag{3.63}$$

となります．結果の表示に$\sum$記号が残っているので，慣れるまではキモチワルイかもしれませんが，tとxの明示的な表示になっているので，解としての資格を有しています．

ここでは$\sum$の最初の50項を足したときのグラフを図3.7に示します．確かに当初の予想通り，まずカド

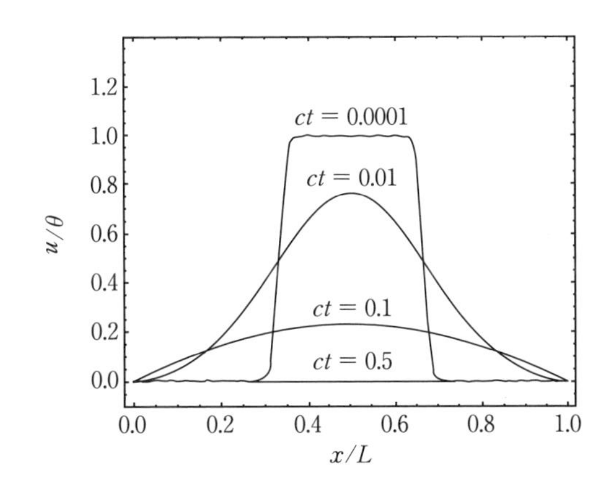

図 3.7 棒の温度分布の解

のところの温度が下がり，次いで徐々に中心部分の温度が下がっていく様子が見られます．

この場合は級数の形で解が得られましたが，それはいくつもの k_n が現れたためであり，境界条件に依存するものなので，変数分離法が直接に級数の形式を導いたわけではないということは理解しておいてください．あくまでも，変数分離法は**複数の変数をもつ偏微分方程式をそれぞれの変数についての実質的な常微分方程式に帰着する方法**だったことをよく覚えておきましょう．

3.6.3　非線形波動方程式

本書では物理的な背景の詳細は省きますが，例えば浅い水路に波が立つと，その波が長距離にわたって崩れることなく伝播することがあります．これを**ソリトン**といい，そのような現象を記述できる微分方程式の1つとして，**コルトヴェーグ-ド・フリース方程式**（Korteweg - de Vries 方程式；**KdV 方程式**）というものが知られています．

KdV 方程式の一般的な形式は，時刻 t，位置 x における波の振幅を表す変数 $u = u(t, x)$ に対して

$$\frac{\partial u}{\partial t} + \alpha u \frac{\partial u}{\partial x} + \beta \frac{\partial^3 u}{\partial x^3} = 0$$

となります．α, β は，さし当たり定数として構いません．第2項 $\alpha u \dfrac{\partial u}{\partial x}$ が波がどのように立つのかを表す非線形項で，第3項 $\beta \dfrac{\partial^3 u}{\partial x^3}$ がその拡がり方を示す分散項です．実際の現象では，これらが上手くはたらいて，波が減衰せずに長距離を伝播することができます．

ここでは微分方程式として扱いやすいように，$\alpha = 1$，$\beta = 0$ という特別な場合について扱ってみましょう．すなわち，解きたい方程式は

$$\frac{\partial u}{\partial t} + u \frac{\partial u}{\partial x} = 0 \tag{3.64}$$

です．初期条件は

$$u(0, x) = g(x) = e^{-x^2} \tag{3.65}$$

だとしましょう．これは図3.8に示すような形状で，(3.64) の解を知ること

ができれば，これからこれがどのような形に変わっていくのかがわかるはずです．数学的には，(3.64) の形式の偏微分方程式を**準線形偏微分方程式**といいます．そして，この解を求めるには**特性曲線法**といわれる方法が適しているので，まずはその方法を解説します．

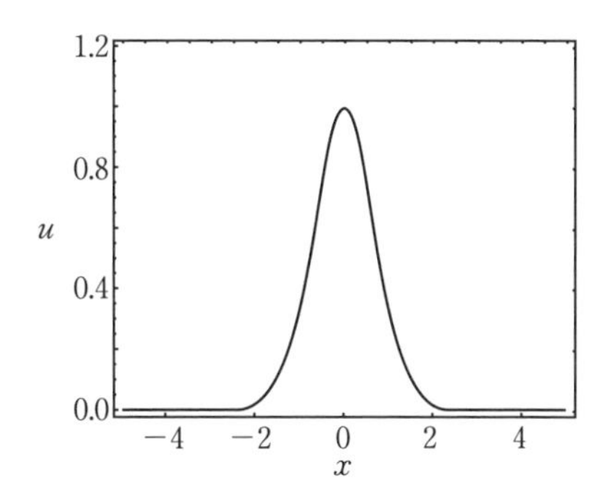

図 3.8　非線形波動方程式の初期条件

3.6.4　特性曲線法

一般に，変数 t, x の多変数関数 $u = u(t, x)$ の従う偏微分方程式が

$$A(u, t, x)\frac{\partial u}{\partial t} + B(u, t, x)\frac{\partial u}{\partial x} = C(u, t, x) \tag{3.66}$$

であるとします．この解を得る方法として特性曲線法を使うのですが，絵解きとしては $u = u(t, x)$ が図 3.9 のような曲面となることを想像するとわかりやすいでしょう．

$u = u(t, x)$ の描く曲面を得るために，まず，ある特定の曲線（基礎曲線）を tx 平面上に描きます．その曲線上で u の値を描くと，1 つの曲線が txu 空間中に描かれます．この曲線を**特性曲線**といいます．そして，この特性曲線

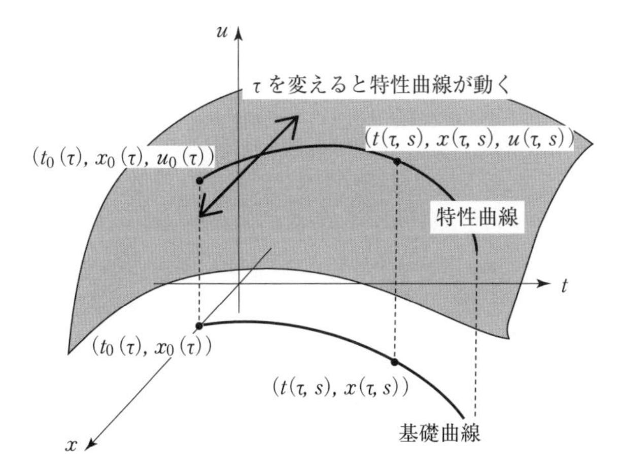

図 3.9　特性曲線法のイメージ

を可能な範囲で移動させることで，$u=u(t,x)$ の描く曲面を得ようという方法です．

基礎曲線はどのように選んでもよいのですが，移動させたときに $u=u(t,x)$ の全体をめぐらなくてはいけませんし，$u=u(t,x)$ の定義域から外れてもいけません．このような基礎曲線を明示的に $x=(t$ の式$)$ として表すのは大変そうなので，とりあえず点 (t,x) をパラメータ s を用いて $t=t(s)$，$x=x(s)$ で表すことを考えます．しかし，これだけだと通る点を変動させるときに不便です．そこで，通る点 (t_0,x_0,u_0) を適切に変動させられるように s と独立なパラメータ τ も導入して，点 $(t_0(\tau),x_0(\tau),u_0(\tau))$ を通る特性曲線 $(t(\tau,s),x(\tau,s),u(\tau,s))$ とその基礎曲線 $(t(\tau,s),x(\tau,s))$ を導入します．最終的に特性曲線 $(t(\tau,s),x(\tau,s),u(\tau,s))$ から τ と s を消去できれば，それが求める u,t,x の関係式になります．

あとは，$t(\tau,s),x(\tau,s),u(\tau,s)$ をどのように求めるかが問題です．そこで $u(\tau,s)$ が本来 $u(\tau,s)=u(t(\tau,s),x(\tau,s))$ であったことから，du/ds を全微分（あるいは連鎖則）を利用して

$$\frac{du}{ds}=\frac{\partial u}{\partial t}\frac{dt}{ds}+\frac{\partial u}{\partial x}\frac{dx}{ds} \tag{3.67}$$

と表しておきます．(3.66) と (3.67) を見比べると，

$$\begin{cases} \dfrac{dt}{ds}=A(u,t,x) \\ \dfrac{dx}{ds}=B(u,t,x) \\ \dfrac{du}{ds}=C(u,t,x) \end{cases} \tag{3.68}$$

であればよいことがわかります．これは常微分方程式なので，上手に扱えば解けるかもしれません．そこで (3.68) を初期条件 $(t_0(\tau),x_0(\tau),u_0(\tau))$ のもとで解き，特性曲線 $(t(\tau,s),x(\tau,s),u(\tau,s))$ を得ます．後は，問題設定の初期条件から τ の条件を得て，パラメータ τ,s を消去すれば u の解を得ることができるはずです．この一連の手続きが**特性曲線法**です．早速，この方法を使って非線形波動方程式 (3.64) を解いてみましょう．

3.6.5 非線形波動方程式を特性曲線法で解く

パラメータ τ, s を用いて特性曲線を $(t(\tau,s), x(\tau,s), u(\tau,s))$ とします．$u = u(\tau,s) = u(t(\tau,s), x(\tau,s))$ なので，連鎖則 (3.67) を用いると，(3.64) と見比べて

$$\frac{dt}{ds} = 1, \qquad \frac{dx}{ds} = u, \qquad \frac{du}{ds} = 0 \tag{3.69}$$

であればよいことがわかります．これらはそれぞれ容易に解くことができて，初期条件を $(t_0(\tau), x_0(\tau), u_0(\tau))$ とおくと，連立微分方程式 (3.69) の解は

$$\frac{dt}{ds} = 1 \quad \Leftrightarrow \quad t(\tau,s) = s + t_0(\tau), \qquad \frac{du}{ds} = 0 \quad \Leftrightarrow \quad u(\tau,s) = u_0(\tau),$$

$$\frac{dx}{ds} = u \quad \Leftrightarrow \quad \frac{dx}{ds} = u_0(\tau) \quad \Leftrightarrow \quad x(\tau,s) = u_0(\tau)s + x_0(\tau) \tag{3.70}$$

となります．後は，初期条件の (3.65) を満たすように $(t_0(\tau), x_0(\tau), u_0(\tau))$ を表す必要があります．すなわち，$t = 0$ で $u = g(x) = e^{-x^2}$ であるような $(t_0(\tau), x_0(\tau), u_0(\tau))$ のすべての組み合わせを表すことができればよいので

$$t_0(\tau) = 0, \qquad x_0(\tau) = \tau, \qquad u_0(\tau) = g(\tau) = e^{-\tau^2}$$

とすればよいでしょう[14]．結局，

$$\begin{cases} t = t(\tau,s) = s \\ x = x(\tau,s) = e^{-\tau^2}s + \tau \\ u = u(\tau,s) = e^{-\tau^2} \end{cases}$$

なので，ここから τ, s を消去すれば，次のように得られます．

$$u = e^{-(x-ut)^2} \tag{3.71}$$

ここのパラメータの消去で躓いた人は，$t = s$ と $e^{-\tau^2} = u$ を $x = e^{-\tau^2}s + \tau$ に代入して得られる $x = ut + \tau$ を $\tau = x - ut$ に直して，再度 $u = e^{-\tau^2}$ に代入してみましょう．

(3.71) が解ですが，どのような振る舞いなのか，すぐにはわかりにくいですね．残念ながら，(3.71) を直接 $u = (x, t$ の式$)$ で表すことは難しいですが，

$$x = ut \pm \sqrt{-\log u} \tag{3.72}$$

14) もちろん $t_0(\tau) = 0$，$x_0(\tau) = 3\tau$，$u_0(\tau) = e^{-9\tau^2}$ などとしてもよいですが，無駄にややこしくする必要はありません．

として横軸 u，縦軸 x のグラフを各 t について描くことはできます．その縦軸と横軸を後から入れかえて描いた（$x=u$ について線対称に反転した）のが図 3.10 です．(3.72) からも u は $0<u\leq 1$ であることがわかりますが，図として見ると，その意味がはっきりするでしょう．非線形項の効果で頂点が徐々にズレていき，波の形が変形していく様子がわかります．

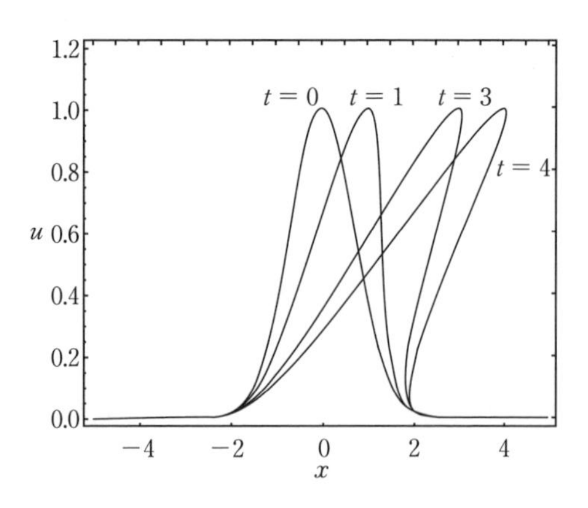

図 3.10　非線形波動の解

本章のPoint

▶ **線形常微分方程式**：x の関数 y が従う微分方程式において，y^2 や $\sin y$ 等の y の高次の項を含まない常微分方程式．微分の階数は問わない．特に，次の 1 階と 2 階の常微分方程式が重要．

$$y' + a(x)y = r(x)$$
$$y'' + p(x)y' + q(x)y = r(x)$$

▶ **斉次と非斉次**：線形常微分方程式において，y およびその微分を含まない項を $r(x)$ としたとき，$r(x)=0$ ならば斉次，$r(x)\neq 0$ ならば非斉次．

▶ **特殊解と一般解**

一般解：微分の階数と同じだけの未知定数を含んだ解．

特殊解：何らかの方法によって未知定数の値を定めた解．

▶ **解き方の基本**

- 代入して成り立つ関数を手探りで探す．
- 本章で紹介したいくつかの手続きをヒントにして，線形微分方程式に帰着させる．
- 線形常微分方程式は，特殊解 $w(x)$ を用いて $y=w(x)u$ とすると，微分の階数を系統的に小さくできる．
- 得られた解が，方程式を満たすかどうかを必ず確認する．

▶ **常微分方程式の解法**：基本的な考え方のフローを示す[15].

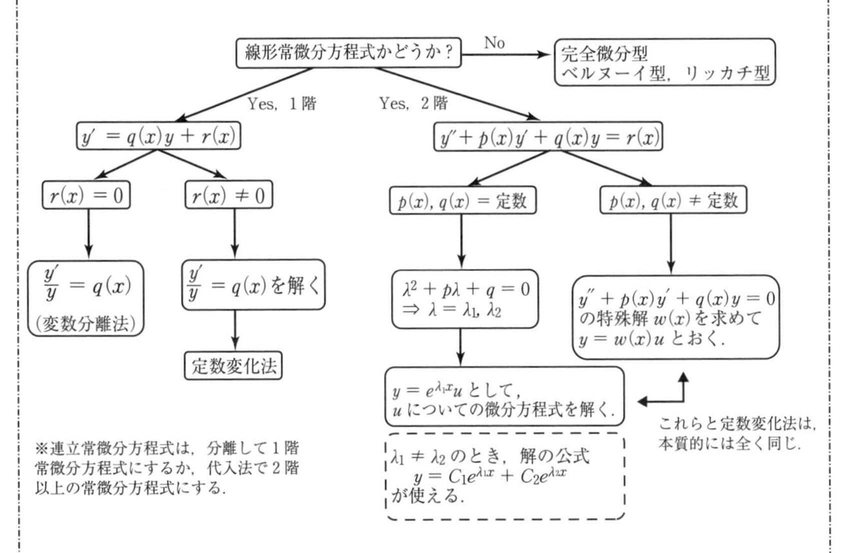

▶ **偏微分方程式の解法**：基本的には，方程式に応じて臨機応変に対応する．熱伝導方程式のように，変数分離法を用いる場合が物理学では多い．

Practice

[3.1]　置き換えの工夫

y を x の関数とするとき，微分方程式 $x\dfrac{dy}{dx} + x + y = 0$ の一般解を求めなさい．

[3.2]　全微分の利用

y を x の関数として，微分方程式 $\dfrac{dy}{dx} = -\dfrac{2x^2 + 3xy}{3x^2}$ について，次の問いに答えなさい．ただし，解曲線は $(1, 0)$ を通るものとします．

(1)　$P(x, y) = 2x^2 + 3xy$，$Q(x, y) = 3x^2$ として

$$\theta = \frac{1}{Q(x, y)}\left\{\frac{\partial P(x, y)}{\partial y} - \frac{\partial Q(x, y)}{\partial x}\right\}$$

を求め，完全微分型になるような積分因子を導入して解を求めなさい．

15)　復習になると思いますし，慣れるまでは，このようなフローを利用すると便利かもしれません．ただ，こういった「他人のつくったルーチンワーク」からは，できるだけ早めに手を引いて，独自の道を目指しましょう．

(2)　$t = y/x$ という置き換えを用いて，変数分離型に帰着して解を求めなさい．

[3. 3]　定数変化法

y を x の関数とするとき，微分方程式 $\dfrac{dy}{dx} + 2xy = xe^{-x^2}$ の一般解を求めなさい．

[3. 4]　強 制 振 動

時間を t として，振幅 f_0 の周期外力 $F(t) = f_0 \cos \omega t$ を受ける質量 m の粒子の位置 $x(t)$ は，減衰項 $-2m\gamma \dfrac{dx}{dt}$ を含むとき，γ, ω_0, ω を正の定数として，

$$m\frac{d^2x(t)}{dt^2} + 2m\gamma\frac{dx}{dt} + m{\omega_0}^2 x = f_0 \cos \omega t$$

という微分方程式（**運動方程式**）に従います．$\gamma < \omega_0$ となる場合に着目し，$\sqrt{|\gamma^2 - {\omega_0}^2|} = \Omega$ とおいて，次の問いに答えなさい．

(1)　運動方程式の一般解 $x(t)$ は，C_0, C_1 を複素数の定数として

$$x(t) = e^{-\gamma t}(C_0 e^{i\Omega t} + C_1 e^{-i\Omega t}) + \frac{f_0}{m}K(\omega)\cos(\omega t - \delta)$$

と表せます．このとき，$K(\omega)$ および $\tan\delta$ を求めなさい．

(2)　$t \to \infty$ では $x(t)$ の第 1 項にある減衰振動の部分はゼロに漸近します．振動の振幅を決める $K(\omega)$ が極大となる ω を，ω_0, γ を用いて表しなさい．

[3. 5]　湯川ポテンシャル

$r > 0$ の関数 $f(r)$ についての微分方程式

$$\left(\frac{1}{r^2}\frac{\partial}{\partial r}r^2\frac{\partial}{\partial r} - k^2\right)f(r) = 0$$

を解きなさい．ただし，k は正の定数であるとし，$\lim_{r\to\infty} f(r) = 0$ とします．

[3. 6]　特殊な境界条件の拡散方程式

$u = u(x, t)$ であるような 2 変数関数が，拡散方程式 $\dfrac{\partial u}{\partial t} = D\dfrac{\partial^2 u}{\partial x^2}$ に従うとします．また，$u = u(x, t)$ の初期条件および境界条件を

$$u'(x = 0, t) = \alpha, \qquad u'(x = L, 0) = 0, \qquad u(x, t = 0) = u_0$$

とし，D, L, u_0 は正の定数，α は負の定数であるとします．また，$u' = \partial u/\partial x$，$\dot{u} = \partial u/\partial t$ と表します．このとき，次の問いに答えなさい．

(1)　$v(x, t) = u(x, t) + \dfrac{\alpha}{2L}x^2 - \alpha x + \dfrac{D\alpha}{L}t$ とおいて，v についての偏微分方程式と初期条件および境界条件を表しなさい．

(2)　v についての変数分離法を用いて解き，$u(x, t)$ を求めなさい．

ベクトルと行列

微分方程式と並んで物理学でよく使う数学がベクトルと行列です．おそらく，すでに力学の基礎として親しんでいるであろう位置や力をベクトルで表すということだけではなく，行列の固有値・固有ベクトルを用いて自然現象を記述することは，現代の物理学では日常茶飯事です．本章では，行列の取り扱いに慣れることから始めて，固有値・固有ベクトルを求められるようになることを目指します．

4.1 行　列

4.1.1 行列の基礎

行列は数字を並べた表のようなもので，英字の大文字を用いて表すことが多く，具体的には，例えば

$$A = \begin{pmatrix} -4 & 4 & 5 & 3 \\ -5 & -1 & 5 & 4 \\ 0 & 2 & -3 & 2 \\ 0 & 5 & -4 & -2 \end{pmatrix}, \quad M = \begin{pmatrix} x^2 & 1 & -3 \\ -3 & 5 & 3 \\ -2 & 2x+3y & -4 \\ 0 & 2 & \cos x \\ e^{-x}\sin y & -2 & 5 \end{pmatrix}$$

のようなものです．図 4.1 に示すように，横の並びを**行**，縦の並びを**列**といい，m 行 n 列の行列を $m \times n$ 行列といいます．したがって上記の例では，A は 4×4 行列，M は 5×3 行列などということになります．

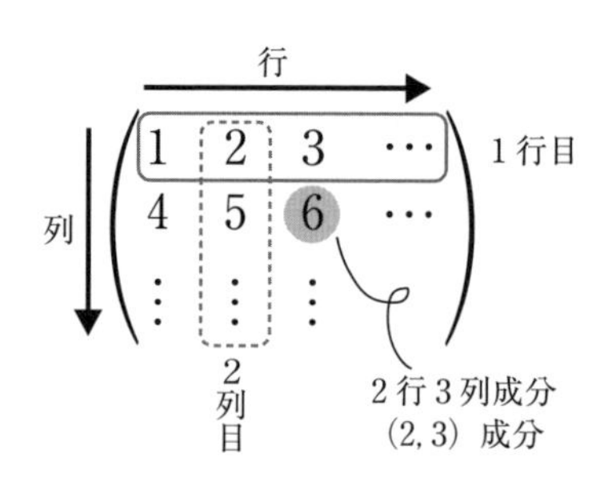

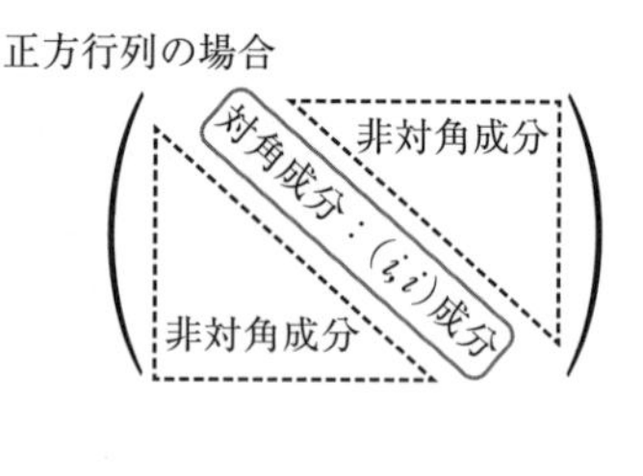

図 4.1　行列の行と列と成分

また，i 行 j 列の成分を (i, j) **成分**といいます．特に，行と列の数が等しい行列では，(i, i) 成分（左上から右下への対角線上の成分）を**対角成分**，それ以外を**非対角成分**といいます．つまり，$n \times n$ 行列では対角成分は n 個あり，非対角成分は $n(n-1)$ 個あります．

初めて見る人もいるかもしれませんが，これまで数や式を対象としていたのを，行列では数や式の"集まり"を対象とするのだという認識で十分です．もちろん，並んでいる数は複素数や関数などでも構いません．こうした行列の中で，特徴的なものには名前が付いているので，ここで紹介しておきます．

▶ 特徴的な行列

- **n 次正方行列**：$n \times n$ 行列（行の数と列の数が同じ行列）．
- **対角行列**：非対角成分がすべてゼロの正方行列．

  2 次の対角行列の例：$\begin{pmatrix} -3 & 0 \\ 0 & e^x \end{pmatrix}$（対角成分はいくつでもよい）

- **単位行列 $\mathbf{1}$**（E や I と表すこともある）：対角成分がすべて 1，非対角成分がすべてゼロの正方行列．
- **ゼロ行列 $\boldsymbol{O}$**：すべての成分がゼロの（正方）行列．

  2 次の単位行列：$\mathbf{1} = \begin{pmatrix} 1 & 0 \\ 0 & 1 \end{pmatrix}$，　2 次のゼロ行列：$\boldsymbol{O} = \begin{pmatrix} 0 & 0 \\ 0 & 0 \end{pmatrix}$

行列を成分で表すとき，明示的に成分の数や式がわかっているときはそのまま書けばよいですが，未知数として表したいときに，$x, y, z, \cdots$ とするとアッという間に文字が足りなくなるので，一般に (i, j) 成分を a_{ij} などと表すことがあります．つまり，例えば $n \times n$ 行列 A を成分で表す際に，

$$A = \begin{pmatrix} a_{11} & a_{12} & \cdots & a_{1n} \\ a_{21} & a_{22} & \cdots & a_{2n} \\ \vdots & \vdots & \ddots & \vdots \\ a_{n1} & a_{n2} & \cdots & a_{nn} \end{pmatrix} = (a_{ij}) \tag{4.1}$$

という表し方がよくされます．(4.1) の最後の表示は表記のスペースを抑えるためのもので,「カッコの中に各成分を並べているよ」という程度のニュアンスだと思ってください.

また，(4.1) で与えられる正方行列に対して，少し操作を加えて別の行列にすることができます．まず，行と列を入れかえてつくる**転置共役**（t は転置（transpose）の頭文字）

$$A^t = {}^tA = \begin{pmatrix} a_{11} & a_{21} & \cdots & a_{n1} \\ a_{12} & a_{22} & \cdots & a_{n2} \\ \vdots & \vdots & \ddots & \vdots \\ a_{1n} & a_{2n} & \cdots & a_{nn} \end{pmatrix} = (a_{ji})$$

と, さらにその複素共役をとった**エルミート共役**[1]（† は「ダガー」と読みます）

$$A^\dagger = (A^t)^* = \begin{pmatrix} a_{11}{}^* & a_{21}{}^* & \cdots & a_{n1}{}^* \\ a_{12}{}^* & a_{22}{}^* & \cdots & a_{n2}{}^* \\ \vdots & \vdots & \ddots & \vdots \\ a_{1n}{}^* & a_{2n}{}^* & \cdots & a_{nn}{}^* \end{pmatrix} = (a_{ji}{}^*)$$

は, 物理学でも非常に多用します. 今後の議論でも頻繁に出てくるので, ぜひ覚えておきたいところです．各成分がどのように扱われているのか，よく見ておいてください．まずは Exercise 4.1 で練習して慣れておきましょう.

1）線形代数学では**随伴**ということの方が多いかもしれませんが, 物理学ではエルミート共役ということが多いです．なお，複素数については第 0 章および第 6 章を参照してください.

Exercise 4.1

$A=\begin{pmatrix}2&3\\4&5\end{pmatrix}$, $B=\begin{pmatrix}0&-i\\i&0\end{pmatrix}$ とするとき，$A^t, A^\dagger, B^t, B^\dagger$ をそれぞれ求めなさい．

Coaching 定義通りに置き換えればOKです．A^t は A の行と列を入れかえたもので，$A^\dagger$ はさらに複素共役をとったものですが，いまは A の全成分が実数なのでこれらは等しく，

$$A^t=A^\dagger=\begin{pmatrix}2&4\\3&5\end{pmatrix}$$

となります．同様にして，$B^t, B^\dagger$ も次のようになります．作業は同じですが，B は成分に複素数を含むことに注意してください．

$$B^t=\begin{pmatrix}0&i\\-i&0\end{pmatrix},\qquad B^\dagger=\begin{pmatrix}0&-i\\i&0\end{pmatrix}$$

■

Training 4.1

$A=\begin{pmatrix}2+\sqrt{3}i&1+i\\1-i&2-\sqrt{3}i\end{pmatrix}$ に対して A^t と $A^\dagger$ を求めなさい．

4.1.2　行列の計算規則

数や式を並べただけのものとして導入される行列ですが，さすがにそれだけだと利用するメリットが少ないので，計算の規則が定められています．

▶ **相等条件：行列 $A=(a_{ij})$ と行列 $B=(b_{ij})$ は $a_{ij}=b_{ij}$ のとき等しい．**

これは，すべての成分がそれぞれ等しいときにだけ行列が等しいとするということで，割と自然な考え方だと思います．

▶ **加法：行列 $A=(a_{ij})$ と行列 $B=(b_{ij})$ を加えると，各成分が $a_{ij}+b_{ij}$ の行列と等しい．**

これは式で書いた方がわかりやすいかもしれませんが，

$$A+B=\begin{pmatrix} a_{11} & a_{12} & \cdots & a_{1n} \\ a_{21} & a_{22} & \cdots & a_{2n} \\ \vdots & \vdots & \ddots & \vdots \\ a_{n1} & a_{n2} & \cdots & a_{nn} \end{pmatrix} + \begin{pmatrix} b_{11} & b_{12} & \cdots & b_{1n} \\ b_{21} & b_{22} & \cdots & b_{2n} \\ \vdots & \vdots & \ddots & \vdots \\ b_{n1} & b_{n2} & \cdots & b_{nn} \end{pmatrix}$$

$$= \begin{pmatrix} a_{11}+b_{11} & a_{12}+b_{12} & \cdots & a_{1n}+b_{1n} \\ a_{21}+b_{21} & a_{22}+b_{22} & \cdots & a_{2n}+b_{2n} \\ \vdots & \vdots & \ddots & \vdots \\ a_{n1}+b_{n1} & a_{n2}+b_{n2} & \cdots & a_{nn}+b_{nn} \end{pmatrix}$$

ということで，要するに，そのまま各成分で足し算しましょうということです．

▶ **定数倍：行列 $A=(a_{ij})$ に定数 k を掛けると，各成分が ka_{ij} となる行列と等しい．**

これも，上記と同様です．自分で書き下して確かめてみましょう．このような加法と定数倍の規則については比較的単純なので，少し練習するだけで，すぐに習得できるでしょう．

Exercise 4.2

$A=\begin{pmatrix} -2 & -5 \\ 2 & -1 \end{pmatrix}$，$B=\begin{pmatrix} 5 & 5 \\ -4 & -3 \end{pmatrix}$ のとき，$2A-3B$ を求めなさい．

Coaching　まず $2A-3B$ を書き下してから規則通りの計算をすればよいです．

$$2A-3B = 2\begin{pmatrix} -2 & -5 \\ 2 & -1 \end{pmatrix} - 3\begin{pmatrix} 5 & 5 \\ -4 & -3 \end{pmatrix}$$

$$= \begin{pmatrix} -4 & -10 \\ 4 & -2 \end{pmatrix} - \begin{pmatrix} 15 & 15 \\ -12 & -9 \end{pmatrix} = \begin{pmatrix} -19 & -25 \\ 16 & 7 \end{pmatrix}$$ ■

Training 4.2

Exercise 4.2 の A, B に対して，$3X-B=X+2A$ を満たす X を求めなさい．

▶ **行列の積：行列 $A=(a_{ij})$ と行列 $B=(b_{ij})$ の積 AB の (i,j) 成分は $\sum_k a_{ik}b_{kj}$ であるとする．**

これは少し難しいですね．具体的に 2×2 行列の A, B で書き下してみましょう．

$$AB = \begin{pmatrix} a_{11} & a_{12} \\ a_{21} & a_{22} \end{pmatrix} \begin{pmatrix} b_{11} & b_{12} \\ b_{21} & b_{22} \end{pmatrix} = \begin{pmatrix} a_{11}b_{11} + a_{12}b_{21} & a_{11}b_{12} + a_{12}b_{22} \\ a_{21}b_{11} + a_{22}b_{21} & a_{21}b_{12} + a_{22}b_{22} \end{pmatrix}$$

規則性がつかめますか？　図 4.2 からもわかるように，例えば AB の $(1, 1)$ 成分は $A = (a_{ij})$ の 1 行目と $B = (b_{ij})$ の 1 列目の成分をそれぞれ掛けたものの和となっていますし，AB の $(2, 1)$ 成分は $A = (a_{ij})$ の 2 行目と $B = (b_{ij})$ の 1 列目の成分をそれぞれ掛けたものの和となっています．割とインパクトがあるので，ここで躓く人は少ないような気がしますが，練習なしにできるようになる人もあまりいないので，しっかりと練習しておきましょう．特に，積の順序に注目することが大切です．

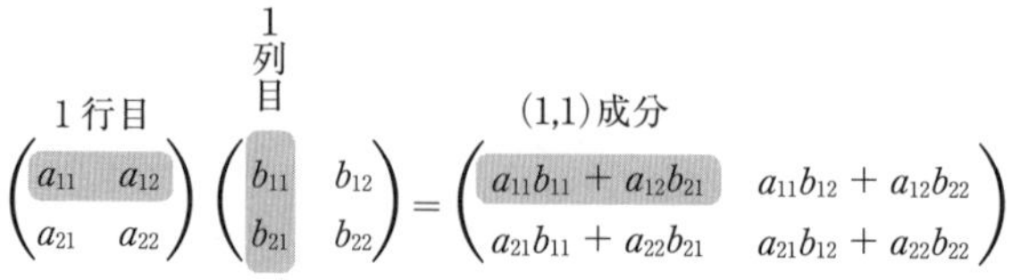

$$\begin{pmatrix} a_{11} & a_{12} \\ a_{21} & a_{22} \end{pmatrix} \begin{pmatrix} b_{11} & b_{12} \\ b_{21} & b_{22} \end{pmatrix} = \begin{pmatrix} a_{11}b_{11} + a_{12}b_{21} & a_{11}b_{12} + a_{12}b_{22} \\ a_{21}b_{11} + a_{22}b_{21} & a_{21}b_{12} + a_{22}b_{22} \end{pmatrix}$$

図 4.2　行列の積

Exercise 4. 3

行列 A, B が，それぞれ次のように与えられるとします．

$$A = \begin{pmatrix} -2 & -5 \\ 2 & -1 \end{pmatrix}, \qquad B = \begin{pmatrix} 5 & 5 \\ -4 & -3 \end{pmatrix}$$

(1)　AB, BA をそれぞれ求めなさい．

(2)　$A^2 + AB - BA - B^2$ を求めなさい．

Coaching　(1)　直接書き下すと，それぞれ

$$AB = \begin{pmatrix} -2 & -5 \\ 2 & -1 \end{pmatrix} \begin{pmatrix} 5 & 5 \\ -4 & -3 \end{pmatrix} = \begin{pmatrix} 10 & 5 \\ 14 & 13 \end{pmatrix}$$

$$BA = \begin{pmatrix} 5 & 5 \\ -4 & -3 \end{pmatrix} \begin{pmatrix} -2 & -5 \\ 2 & -1 \end{pmatrix} = \begin{pmatrix} 0 & -30 \\ 2 & 23 \end{pmatrix}$$

となります．ここからわかるように，行列では一般に $AB \neq BA$ であり，これは実数や複素数にはない特徴なので，よく認識しておきましょう．

(2)　(1) の経験から，掛け算の順番を変えないように注意して計算しましょう．直接的には A^2, AB, BA, B^2 をそれぞれ計算して足したり引いたりすればよいのですが，別解として，少し工夫すると

$$A^2 + AB - BA - B^2 = A(A + B) - B(A + B)$$
$$= (A - B)(A + B) = \begin{pmatrix} -1 & 40 \\ 14 & -8 \end{pmatrix}$$

として求めることもできます．■

Exercise 4.3 の A, B について $(A - B)^2$ を求めなさい．

このExercise 4.3からもわかると思いますが，行列の掛け算をする場合には，順序が大事です．そのため，展開や因数分解をするときは少し注意が必要です．例えば，$(A + B)^2 \neq A^2 + 2AB + B^2$ となります．これは，

$$(A + B)^2 = (A + B)(A + B) = A(A + B) + B(A + B)$$
$$= A^2 + AB + BA + B^2$$

となるので，$AB \neq BA$ だと真ん中の2項をまとめることができないからです．逆にExercise 4.3の (2) のように上手く並んでいると，順序を変えずに因数分解ができる場合もあります．最初は戸惑うかもしれませんが，丁寧に扱えばそれほど難しくはないでしょう．

4.1.3　行列の交換関係

前項で見たように，行列は掛け算の順序を交換すると異なる結果を与えることがあります．この違いを明らかに示すために用いるのが**交換関係**という計算規則で，

$$[A, B] = AB - BA$$

として定義されます．まさに，AB と BA の差ですね．量子力学では，この交換関係が活躍するので，少しだけその雰囲気を味わってみましょう．

Exercise 4. 4

行列 A, B, C に対して，交換関係は次の恒等式を満たすことを示しなさい．

(1)　$[AB, C] = A[B, C] + [A, C]B$

(2)　$[A, [B, C]] + [B, [C, A]] + [C, [A, B]] = \boldsymbol{O}$

Coaching　若干手間はかかりますが，直接計算をすればそれぞれ成り立つことが確認できます．

(1)　右辺から始めましょう．

$$\begin{aligned} A[B, C] + [A, C]B &= ABC - ACB + ACB - CAB \\ &= (AB)C - C(AB) = [AB, C] \end{aligned}$$

(2)　1つずつバラバラに書き下せば

$$\begin{aligned} [A, [B, C]] &= ABC - ACB - BCA + CBA \\ [B, [C, A]] &= BCA - BAC - CAB + ACB \\ [C, [A, B]] &= CAB - CBA - ABC + BAC \end{aligned}$$

となるので，全部の和をとると $\boldsymbol{O}$ となります．これは有名な式で**ヤコビの恒等式**といわれています．■

4.2　ベクトルと内積

4.2.1　ベクトルの表記方法

1行のみの行列や1列のみの行列を**ベクトル**といいます．数学としてのベクトルにはすでにある程度慣れていると思いますが，物理学では，その表記方法がかなりいろいろに使われます．特別な装飾を加えず「ベクトル v」とだけ表すこともないわけではありませんが，特に多いのは，矢印を使って書く $\vec{v}$，太文字を使って書く $\boldsymbol{v}$，ブラケット記号を使って書く $|v\rangle$ でしょう．物理学の先生によっては「いつも太文字」という強硬派もいますが，経験的に，古典力学に代表されるような具体的な座標や図形的な矢印としての意味合いが重要な場合には $\vec{v}$，流体力学や電磁気学に代表される場の理論を扱う場合には $\boldsymbol{v}$，量子力学や統計力学，あるいは情報理論に代表されるような内積が重要な場合には $|v\rangle$ を使うと便利だと思います．

本書では初学者が実際に使う場合のことを考慮して，適宜表記を使い分けるようにし，あまりヒステリックにどれか1つの表記に統一するということはしません．むしろ柔軟にいろいろな記法を渡り歩けるようになりましょう．ただし，記法にかかわらず，ゼロベクトル（全成分がゼロであるベクトル）は $\mathbf{0}$ と書くことにします[2]．

まずは行列との対応関係がわかりやすいように，ベクトルの表記として $|v\rangle$ を用いることにし，

$$|v\rangle = \begin{pmatrix} v_1 \\ v_2 \\ \vdots \end{pmatrix}$$

と表すことにします．$|\quad\rangle$ の中に挟まっている数字や文字は $\vec{v}$ の v に相当するもので，$|v\rangle$ の成分とは関係ありません．適宜好きな意味を与えてください[3]．また，$|v\rangle$ のエルミート共役 $(|v\rangle)^\dagger$ を $\langle v|$ と書き，

$$\langle v| = (v_1{}^* \quad v_2{}^* \quad \cdots)$$

とします．

4.2.2 内 積

実用の一例を見るために，実数値から成る2つの3次元ベクトル $|a\rangle, |b\rangle$ を，$|a\rangle = \begin{pmatrix} 2 \\ -1 \\ 3 \end{pmatrix}, |b\rangle = \begin{pmatrix} 1 \\ -3 \\ 1 \end{pmatrix}$ としてみましょう．これらのベクトル $|a\rangle$, $|b\rangle$ は**どちらも1列の行列**なので，当然，行列と同様の計算ができて，加法と定数倍に関しては次元が同じなら

$$-2|a\rangle + 3|b\rangle = -2\begin{pmatrix} 2 \\ -1 \\ 3 \end{pmatrix} + 3\begin{pmatrix} 1 \\ -3 \\ 1 \end{pmatrix} = \begin{pmatrix} -1 \\ -7 \\ -3 \end{pmatrix}$$

などとすることができます．

---

2) $\vec{0}$ や $\mathbf{0}$ はほとんどの場合でゼロベクトルを表しますが，$|0\rangle$ はゼロベクトルとして使われることは少なく，「真空」を表すゼロでないベクトルを表すことが多いので注意してください．

3) イメージとしては，→ の下に v と書くか，→ の「中」に v と書くか，程度の違いだと思うと扱いやすいと思います．

一方で，2つのベクトルの積を考えようとすると，行列の積のルールに従うためには**どちらかが1行の行列**になっている必要があります．そのために，エルミート共役を用いて

$$\langle b|a\rangle = (\langle b|)(|a\rangle) = (1 \quad -3 \quad 1)\begin{pmatrix} 2 \\ -1 \\ 3 \end{pmatrix}$$
$$= 1 \times 2 + (-3)\times(-1) + 1 \times 3 = 8$$

または

$$\langle a|b\rangle = (\langle a|)(|b\rangle) = (2 \quad -1 \quad 3)\begin{pmatrix} 1 \\ -3 \\ 1 \end{pmatrix}$$
$$= 2 \times 1 + (-1)\times(-3) + 3 \times 1 = 8$$

とすることが考えられます．これはちょうど**内積**（または，**スカラー積**）に対応していることが理解できるでしょう．このことを矢印表記で書く場合には

$$\vec{a} = \begin{pmatrix} 2 \\ -1 \\ 3 \end{pmatrix}, \quad \vec{b} = \begin{pmatrix} 1 \\ -3 \\ 1 \end{pmatrix}, \quad \vec{a}\cdot\vec{b} = \vec{b}\cdot\vec{a} = 8$$

ということになります．この表記であれば，すでにかなり慣れていると思うので，対応関係をよく見てみると，それほど難しくないことがわかるでしょう．

ここで見たように，成分が実数の場合には内積 $\langle a|b\rangle$ と $\langle b|a\rangle$ は同じですが，成分が複素数の場合には，$\langle a|$ が $|a\rangle$ のエルミート共役であるため，$\langle a|b\rangle \neq \langle b|a\rangle$ となることに注意してください．次の Exercise 4.5 でそのイメージをもってみましょう．

Exercise 4. 5

ベクトル $|a\rangle, |b\rangle, |v\rangle, |w\rangle$ を次のように決めたとき，次の計算をしなさい．

$$|a\rangle = \begin{pmatrix} 4 \\ -5 \\ -1 \end{pmatrix}, \quad |b\rangle = \begin{pmatrix} 2 \\ -5 \\ 1 \end{pmatrix}, \quad |v\rangle = \begin{pmatrix} -2+4i \\ -1-i \\ 5-i \end{pmatrix}, \quad |w\rangle = \begin{pmatrix} -1-4i \\ 3+3i \\ 2+i \end{pmatrix}$$

(1)　$|a\rangle + 3|b\rangle$　　(2)　$\langle a|b\rangle$ および $\langle b|a\rangle$

(3)　$\langle v|w\rangle$ および $\langle w|v\rangle$　　(4)　$\langle a|a\rangle$ および $\langle v|v\rangle$

Coaching　あまり雑にやらずに丁寧に計算しましょう．

(1)　$|a\rangle + 3|b\rangle = \begin{pmatrix} 10 \\ -20 \\ 2 \end{pmatrix}$

(2)　$\langle a|b\rangle = \langle b|a\rangle = 32$

この2つについてはそれほど難しくないでしょう．

(3)　これが複素数を成分にもっていることから来る特徴で

$$\langle v|w\rangle = (-2-4i \quad -1+i \quad 5+i)\begin{pmatrix} -1-4i \\ 3+3i \\ 2+i \end{pmatrix} = -11+19i$$

$$\langle w|v\rangle = (-1+4i \quad 3-3i \quad 2-i)\begin{pmatrix} -2+4i \\ -1-i \\ 5-i \end{pmatrix} = -11-19i$$

となります．見てわかる通り，$\langle v|w\rangle = (\langle w|v\rangle)^*$ となっています．

(4)　同じベクトル同士の内積は大きさの2乗となります．そのことは今回の表示でも同様で，

$$\langle a|a\rangle = 42, \qquad \langle v|v\rangle = (-2-4i \quad -1+i \quad 5+i)\begin{pmatrix} -2+4i \\ -1-i \\ 5-i \end{pmatrix} = 48$$

となります．特に $\langle v|v\rangle$ からわかるように

$$||v\rangle|^2 = \langle v|v\rangle = |-2+4i|^2 + |-1-i|^2 + |5-i|^2$$

であり，大きさはきちんと実数として与えられる点が重要です．このために，$\langle v|$ が $|v\rangle$ の単なる転置ではなく，エルミート共役として決められています．■

Exercise 4.5 の $|a\rangle, |b\rangle, |v\rangle, |w\rangle$ に対して，$|a\rangle\langle w|, \langle b|v\rangle$ を求めなさい．

ここで扱った $|a\rangle$ のような表記は**ブラケット表示**といわれていて，$\langle a|$ を**ブラベクトル**，$|a\rangle$ を**ケットベクトル**ということがあります．重要な点として，**ケットベクトルは1列の行列，ブラベクトルは1行の行列である**という

ことを印象に刻んでおいてください．こう考えると，$\langle a|b\rangle$ は内積なので定数を与え，$|a\rangle\langle b|$ は行列を与えます．Exercise 4.5 の $|a\rangle, |b\rangle$ で試してみると

$$|a\rangle\langle b| = \begin{pmatrix} 4 \\ -5 \\ -1 \end{pmatrix}(2 \quad -5 \quad 1) = \begin{pmatrix} 8 & -20 & 4 \\ -10 & 25 & -5 \\ -2 & 5 & -1 \end{pmatrix}$$

となって，確かに行列になっていることがわかります．このことは非常に重要なので，肌感覚になじませておきましょう[4)]．

4.3　ベクトルの図形的な意味

ここでは，ベクトルの図形的な側面について考えます．図形的な意味が大事になるので，実数の成分をもつベクトルとして $\vec{a}$ という表示を用いることにします．

まず，よく知られているように，実ベクトル $\vec{a}$ の成分は，ベクトルの始点を原点としたときの終点の座標に相当します．図 4.3 の左図は 2 次元の場合についてのイメージ図ですが，実際には何次元でも構いません．さらに，右図のように，2 つのベクトル $\vec{a}, \vec{b}$ があるとき，$\vec{b} - \vec{a}$ は $\vec{a}$ と $\vec{b}$ の始点をそろえて $\vec{a}$ の先端から $\vec{b}$ の先端に引いたベクトルとなります[5)]．

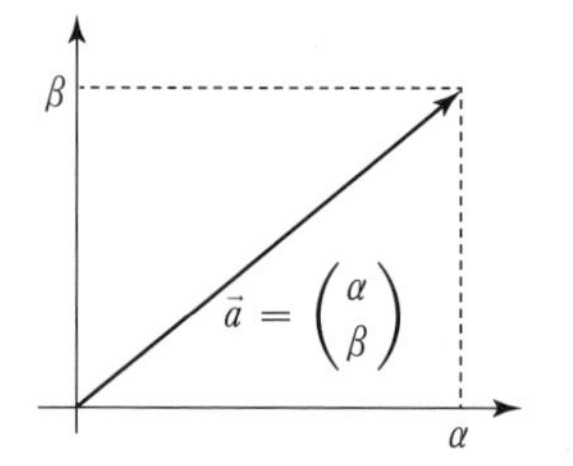

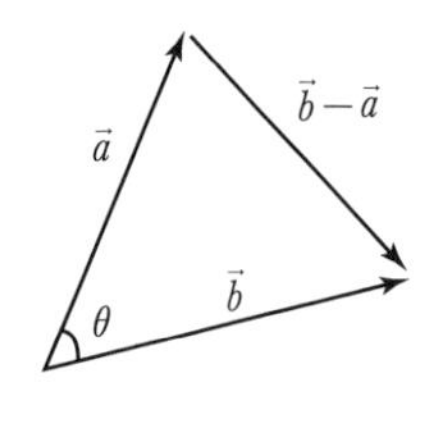

図 4.3　ベクトルと座標（2 次元の場合）

4)　量子力学では，ここで扱っているような離散基底だけではなくて，連続基底への拡張（基底については 4.3.3 項を参照）も視野に入れてブラケット記法が用いられますが，ここでは深入りしません．

5)　素朴には平行四辺形を描いてみるとよいですが，(先っぽ) − (根元) $= \vec{b} - \vec{a}$ として認識しておくと間違いにくく，使いやすいです．

4.3.1 内積と直交

さて，図 4.3 の右図に対して余弦定理を当てはめると

$$|\vec{b}-\vec{a}|^2 = |\vec{a}|^2 + |\vec{b}|^2 - 2|\vec{a}||\vec{b}|\cos\theta \tag{4.2}$$

が成り立ちます．一方で，$|\vec{b}-\vec{a}|^2 = (\vec{b}-\vec{a})\cdot(\vec{b}-\vec{a})$ であることを用いると

$$|\vec{b}-\vec{a}|^2 = |\vec{a}|^2 + |\vec{b}|^2 - 2\vec{a}\cdot\vec{b} \tag{4.3}$$

となります．(4.2) と (4.3) は同じものを表しているので，内積は $\vec{a}$ と $\vec{b}$ の成す角 θ $(0 \leq \theta \leq \pi)$ を用いて

$$\vec{a}\cdot\vec{b} = |\vec{a}||\vec{b}|\cos\theta \tag{4.4}$$

であることがわかります．したがって，**ベクトルの内積は「$\vec{a}$ と $\vec{b}$ がどの程度同じ向きを向いているのか」を表している**と考えることができます．言い方を変えると，$\theta = \pi/2$ のとき直交して，$\vec{a}\cdot\vec{b} = 0$ で表現されます．

成分に複素数を含む場合には，図 4.3 のような図を描くことはできませんが，この場合にも $\vec{a} \to |a\rangle$，$\vec{b} \to |b\rangle$ とすると，ゼロベクトルでない 2 つのベクトル $|a\rangle, |b\rangle$ に対して $\langle a|b\rangle = \langle b|a\rangle = 0$ であれば**直交する**と表現されます[6)]．

4.3.2 ベクトルの線形独立

例えば $|v_1\rangle = \begin{pmatrix} 1 \\ 2 \end{pmatrix}$ と $|v_2\rangle = \begin{pmatrix} 2 \\ 4 \end{pmatrix}$ があるとします．この 2 つのベクトルは $|v_2\rangle = 2|v_1\rangle$ なので，**互いに相手を使って表すことができます**．つまり，もし $|v_2\rangle$ がなかったとしても $|v_1\rangle$ があれば，その 2 倍としてつくり出すことができるので，$|v_1\rangle$ で $|v_2\rangle$ を代用することができます．このように，あるベクトルを別のベクトルからつくり出せるとき，この関係を**従属である**といいます．ベクトルの数が多いときでも同様で，適切な定数 a, b を用いて $|v_3\rangle = a|v_1\rangle + b|v_2\rangle$ と表せるようなときは，$|v_1\rangle, |v_2\rangle, |v_3\rangle$ は従属です．逆に，互いに別のどのベクトルの組み合わせでもつくることのできないベクトルの組を**独立である**といいます．

6) 本来は，複素数成分をもつベクトルの「成す角」についてはもう少し詳細な議論が必要ですが，とりあえず似たようなイメージで定義されていると認識していれば，いまの時点では十分です．

もう少し誠実に表現すると，一般に，n 個のベクトルのセット $\{|v_1\rangle, |v_2\rangle, \cdots, |v_n\rangle\}$ に対して，

$$c_1|v_1\rangle + c_2|v_2\rangle + \cdots + c_n|v_n\rangle = \mathbf{0} \tag{4.5}$$

を満たす定数 $c_1, c_2, \cdots, c_n$ が $c_1 = c_2 = \cdots = c_n = 0$ しか存在しないとき，$\{|v_1\rangle, |v_2\rangle, \cdots, |v_n\rangle\}$ は**線形独立である**といいます．こういう表現をすると凄く抽象的に感じるかもしれませんが，決して特殊なことをいっているわけではありません．もし $c_1, c_2, \cdots, c_n$ が「全部ゼロ」でなくても (4.5) が成り立つとすると，少なくとも1つはゼロでない c_k（ただし k は $1 \leq k \leq n$）があるので，$|v_k\rangle$ 以外を右辺に移動して c_k で割れば

$$|v_k\rangle = -\frac{1}{c_k}(c_1|v_1\rangle + c_2|v_2\rangle + \cdots + c_n|v_n\rangle)$$

と表すことができてしまいます．右辺には，もちろん $|v_k\rangle$ は含まれないことに注意してください．したがって，$|v_k\rangle$ を他のベクトルで表すことができるので，従属となります．こういうことができないための条件は，(4.5) を満たすような $c_1, c_2, \cdots, c_n$ が「全部ゼロ」しかなく，そのときに線形独立であるといえます．また，このことから，ゼロベクトルが含まれるセットは線形独立ではありません．ゼロベクトルが含まれるとき，その係数をいくつにしても (4.5) を満たすことができるからです．

高等学校では「ゼロベクトルでなく，平行でない2つの2次元ベクトルは線形独立」や「ゼロベクトルでなく，同一平面上にのらない非平行な3つの3次元ベクトルは線形独立」などのように，それぞれの場合について図形的な意味を与えることが多いですが，それらは上記のルールをきちんと満たしていることがわかるようになると楽しめるようになると思います．ぜひ考えてみてください．

4.3.3　基　底

n 個の成分から成るベクトルを **n 次元ベクトル**といいます．線形独立な n 次元ベクトルが n 個あるとし，$\{|v_1\rangle, |v_2\rangle, \cdots, |v_n\rangle\}$ とします．このとき，任意の n 次元ベクトル $|V\rangle$ は，$\{|v_1\rangle, |v_2\rangle, \cdots, |v_n\rangle\}$ と定数 $c_1, \cdots, c_n$ を用いて

$$|V\rangle = c_1|v_1\rangle + c_2|v_2\rangle + \cdots + c_n|v_n\rangle \tag{4.6}$$

の形で表すことができ，$\{|v_1\rangle, |v_2\rangle, \cdots, |v_n\rangle\}$ **の線形結合で** $|V\rangle$ **を表す**といいます．また，そのときの $\{|v_1\rangle, |v_2\rangle, \cdots, |v_n\rangle\}$ を**基底**といいます．この言い方は，ちょうど関数の線形結合の場合と同様です．

基底 $\{|v_1\rangle, |v_2\rangle, \cdots, |v_n\rangle\}$ を1つ決めてしまうと，$|V\rangle$ を基底の線形結合で表す係数の組み合わせは1通りしかありません．もし (4.6) の他に係数の組み合わせがあって

$$|V\rangle = c_1'|v_1\rangle + c_2'|v_2\rangle + \cdots + c_n'|v_n\rangle \tag{4.7}$$

とできるとすると，(4.6)－(4.7) として

$$\mathbf{0} = (c_1 - c_1')|v_1\rangle + (c_2 - c_2')|v_2\rangle + \cdots + (c_n - c_n')|v_n\rangle$$

が成り立つことになります．しかし，$\{|v_1\rangle, |v_2\rangle, \cdots, |v_n\rangle\}$ が線形独立であることから $c_1 - c_1' = c_2 - c_2' = \cdots = c_n - c_n' = 0$ となるので，結局 $c_1 = c_1'$, $c_2 = c_2', \cdots, c_n = c_n'$ となって，(4.6) と (4.7) は同じになるからです．

通常，ある物理的な対象をベクトルによって表現しようと思ったとき，そのベクトルの次元はすぐにわかることが多いです．例えば力学的な対象であれば空間次元に相当するもので，それが2次元か3次元かわからないということは少ないでしょう．こうしてベクトルの次元 n が先にわかる場合，自分の扱いやすい線形独立なベクトルを n 個用意するのはそれほど難しいことではありません．これを基底にすると，自分の選んだ基底によってその空間のベクトルが一意的に記述できるので，かなり取り扱いやすくなります．その意味で，適切な基底を上手に選択することは，物理学を扱う上での重要なセンスになります．少しふわっとした話が続いたので，具体的な例を見てみましょう．

Exercise 4.6

ベクトル $|v_1\rangle, |v_2\rangle, |v_3\rangle$ を

$$|v_1\rangle = \begin{pmatrix} 1 \\ 0 \\ -1 \end{pmatrix}, \qquad |v_2\rangle = \begin{pmatrix} 1 \\ 3 \\ 2 \end{pmatrix}, \qquad |v_3\rangle = \begin{pmatrix} -2 \\ 1 \\ 1 \end{pmatrix}$$

と決めるとき，次の各問いに答えなさい．

(1)　$\{|v_1\rangle, |v_2\rangle, |v_3\rangle\}$ が線形独立であることを確認しなさい.

(2)　$|V\rangle = \begin{pmatrix} -3 \\ 2 \\ 1 \end{pmatrix}$ を $\{|v_1\rangle, |v_2\rangle, |v_3\rangle\}$ を基底とする線形結合で表しなさい.

(3)　任意の3次元実ベクトル $|r\rangle$ が $\{|v_1\rangle, |v_2\rangle, |v_3\rangle\}$ を基底とする線形結合で表せることを示しなさい.

Coaching　(1)　定義通りに考えると，線形独立であるためには $c_1|v_1\rangle + c_2|v_2\rangle + c_3|v_3\rangle = \mathbf{0}$ を満たす係数 c_1, c_2, c_3 が全部ゼロであることを確かめればよいはずです．そこで,

$$c_1 \begin{pmatrix} 1 \\ 0 \\ -1 \end{pmatrix} + c_2 \begin{pmatrix} 1 \\ 3 \\ 2 \end{pmatrix} + c_3 \begin{pmatrix} -2 \\ 1 \\ 1 \end{pmatrix} = \mathbf{0}$$

として，c_1, c_2, c_3 についての連立方程式

$$\begin{cases} c_1 + c_2 - 2c_3 = 0 \\ 3c_2 + c_3 = 0 \\ -c_1 + 2c_2 + c_3 = 0 \end{cases}$$

を解けばよく，この解は $c_1 = c_2 = c_3 = 0$ です．したがって，$\{|v_1\rangle, |v_2\rangle, |v_3\rangle\}$ は線形独立となります.

(2)　線形結合で表してみると，(1) と同様に扱えることがわかります．つまり，係数 a_1, a_2, a_3 を用いて,

$$|V\rangle = \begin{pmatrix} -3 \\ 2 \\ 1 \end{pmatrix} = a_1 \begin{pmatrix} 1 \\ 0 \\ -1 \end{pmatrix} + a_2 \begin{pmatrix} 1 \\ 3 \\ 2 \end{pmatrix} + a_3 \begin{pmatrix} -2 \\ 1 \\ 1 \end{pmatrix}$$

として，(1) と同様に連立方程式を解くと，$a_1 = 1$，$a_2 = 0$，$a_3 = 2$ が得られます．したがって，$|V\rangle$ は $\{|v_1\rangle, |v_2\rangle, |v_3\rangle\}$ を基底とする線形結合で

$$|V\rangle = |v_1\rangle + 2|v_3\rangle$$

と表せることになります.

(3)　こちらも同様ですが，$|r\rangle$ は任意のベクトルなので，その各成分を文字 x, y, z でおいておきましょう．線形結合で表してみると，係数 k_1, k_2, k_3 を用いて,

$$|r\rangle = \begin{pmatrix} x \\ y \\ z \end{pmatrix} = k_1 \begin{pmatrix} 1 \\ 0 \\ -1 \end{pmatrix} + k_2 \begin{pmatrix} 1 \\ 3 \\ 2 \end{pmatrix} + k_3 \begin{pmatrix} -2 \\ 1 \\ 1 \end{pmatrix}$$

となります．したがって，どんな x, y, z についても

$$k_1 = \frac{-x+5y-7z}{6}, \qquad k_2 = \frac{x+y+z}{6}, \qquad k_3 = \frac{-x+y-z}{2}$$

とすれば，線形結合で表せることになります． ■

Exercise 4.6 の基底の線形結合によって $|w(x)\rangle = \begin{pmatrix} 3x^2 \\ 2x \\ 1 \end{pmatrix}$ を表しなさい．

この Exercise 4.6 では，**線形独立であれば基底になり得る**ということを体感してもらうために，基底 $\{|v_1\rangle, |v_2\rangle, |v_3\rangle\}$ はかなりデタラメに用意しました．これは $\langle v_1|v_2\rangle = -1$ などを計算してみればわかるように，直交でもなければ大きさもマチマチで，何かの事情がない限り，あまり使いやすい基底を選んだとはいえないでしょう．むしろ，線形独立で互いに直交し，大きさも 1 であるようなセット $\{|e_1\rangle, |e_2\rangle, |e_3\rangle\}$ として

$$|e_1\rangle = \begin{pmatrix} 1 \\ 0 \\ 0 \end{pmatrix}, \qquad |e_2\rangle = \begin{pmatrix} 0 \\ 1 \\ 0 \end{pmatrix}, \qquad |e_3\rangle = \begin{pmatrix} 0 \\ 0 \\ 1 \end{pmatrix} \tag{4.8}$$

を選ぶ方が便利そうです．これらを**基本ベクトル**といい，基本ベクトルで構成される基底を**標準基底**といいます．基底を自由に選べるときには基本ベクトルを基底に選ぶと便利ですが，物理的な制約で選べないこともあるので，上記のような原理的な部分も理解しておいてください．

基底の線形結合でベクトルを表すことを図形的に見てみましょう．わかりやすいように空間次元は2次元として，ベクトル $|V\rangle$ を標準基底 $\{|e_1\rangle, |e_2\rangle\}$ および基底 $\{|v_1\rangle, |v_2\rangle\}$ のそれぞれで表してみたとします．そして，その結果が，

$$|V\rangle = \begin{cases} 2|e_1\rangle + 2|e_2\rangle \\ |v_1\rangle + \dfrac{3}{2}|v_2\rangle \end{cases} \tag{4.9}$$

になったとしましょう．このことを示したのが図 4.4 です．左側が標準基底 $\{|e_1\rangle, |e_2\rangle\}$ での表示，右側が基底 $\{|v_1\rangle, |v_2\rangle\}$ での表示を表しています．どちらの場合も $|V\rangle$ そのものは同じベクトルです．ところが，基底が異なる

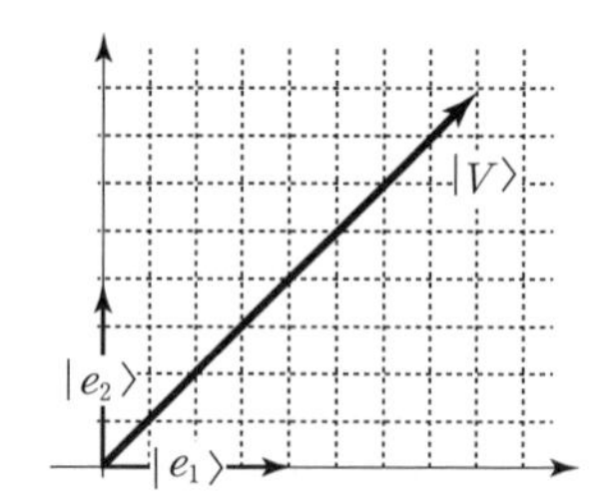

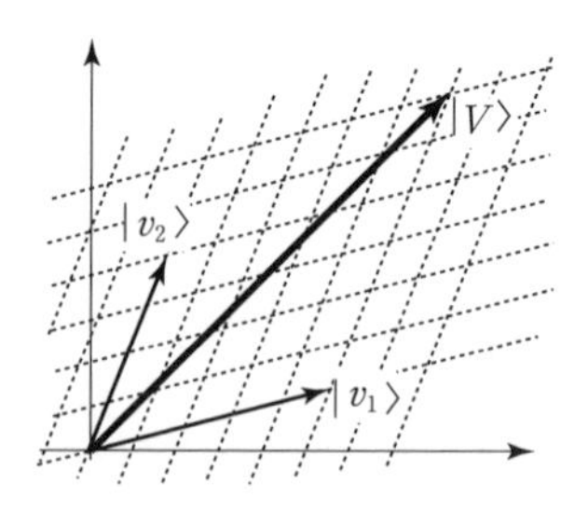

図 4.4　異なる基底での線形結合表示

ために，(4.9) に示す線形結合の係数は異なったものになっています．

図 4.4 からわかることを 1 つずつ見ていきましょう．まず，図中のグリッド線は見た目がわかりやすいように引いたものですが，ここからちょうど $|V\rangle$ の線形結合の係数が座標のような意味をもつことが見てとれるかと思います．つまり，**基底が変わると座標の目盛が変わる**という点が重要です．同時に，基底を決めると，その線形結合での表示の方法（係数の組）が 1 通りしかないことも，ほとんど明らかではないでしょうか．逆に，どんな $|V\rangle$ に対しても，係数を適当に調整すれば，どちらの基底でも表示できることになります．そのためには，通常であれば次元の数と基底の数は同じになりそうだというのも納得できるでしょう．1 つの図に，これまで体験してきた計算の背景がたくさん含まれているので，この図 4.4 を強く印象に残しておいてください．

4.3.4　正規直交基底とベクトルの成分

基底 $\{|v_1\rangle, |v_2\rangle, \cdots, |v_n\rangle\}$ が互いに直交していて，かつ大きさが 1 になっている場合に，その基底を**正規直交基底**といいます．素朴に思いつくのは標準基底ですが，その他の選択もできて，例えば 2 次元なら

$$\left\{|v_1\rangle = \frac{1}{\sqrt{2}}\begin{pmatrix}1\\1\end{pmatrix},\ |v_2\rangle = \frac{1}{\sqrt{2}}\begin{pmatrix}1\\-1\end{pmatrix}\right\}$$

のような場合も正規直交基底です．正規直交基底はベクトルの展開係数を見つけるのに便利で，ベクトル $|V\rangle$ を正規直交基底 $\{|v_1\rangle, |v_2\rangle, \cdots, |v_n\rangle\}$ によって (4.6) と表したとき，$\langle v_j|v_k\rangle$ が $j = k$ のときにのみ 1 で，それ以外だとゼロになるため，

$$\langle v_j|V\rangle = c_1\langle v_j|v_1\rangle + c_2\langle v_j|v_2\rangle + \cdots + c_n\langle v_j|v_n\rangle = c_j$$

であり，$c_j = \langle v_j|V\rangle$ として得られることがわかります．この関係式はとても有用です．

4.4 行列の意味

ベクトルの基本が一通り復習できたところで，もう一度，行列に戻ってみることにしましょう．ここでは，$A = \begin{pmatrix} 2 & 1 \\ 2 & 3 \end{pmatrix}$ という行列に注目してみます．それは，この行列が特別だからというわけではなく，具体的な数字が入っていた方がイメージが湧きやすいからです．余力のある人は，別の行列を用意して以下の解説を辿ってみると，より納得できると思います．

さて，多くの人は行列 A を見たときに，「数字が並んでいる」という見方と「ベクトルが並んでいる」という見方の2通りの見え方があるということに気づいたのではないでしょうか．この見方の違いが，それぞれ「連立方程式」,「基底変換」の意味の違いに当たり，それらの間に位置する「1次変換」を含めて，3通りの重要な取り扱いに繋がります．物理数学に初めて触れたとき，行列の取り扱いで混乱をきたす人は，ほとんどの場合にこれらの区別が認識できていないことが多いので，上記の「見方の違い」を意識しながら，それぞれについて見ていくことにしましょう．

4.4.1 連立方程式を記述する行列

ある程度，行列の掛け算のルールになじんだ人は，例えば連立方程式が

$$\begin{cases} 2x + y = 1 \\ 2x + 3y = 2 \end{cases} \Leftrightarrow \begin{pmatrix} 2 & 1 \\ 2 & 3 \end{pmatrix}\begin{pmatrix} x \\ y \end{pmatrix} = \begin{pmatrix} 1 \\ 2 \end{pmatrix} \tag{4.10}$$

として行列で表せることがわかるでしょう．あるいは右辺をゼロにするために

$$\begin{cases} 2x + y - 1 = 0 \\ 2x + 3y - 2 = 0 \end{cases} \Leftrightarrow \begin{pmatrix} 2 & 1 & 1 \\ 2 & 3 & 2 \end{pmatrix}\begin{pmatrix} x \\ y \\ -1 \end{pmatrix} = \mathbf{0} \tag{4.11}$$

としても構いません．(4.10) での $A = \begin{pmatrix} 2 & 1 \\ 2 & 3 \end{pmatrix}$ に相当する行列を**係数行列**,

また，(4.11) での$\begin{pmatrix} 2 & 1 & 1 \\ 2 & 3 & 2 \end{pmatrix}$に相当する行列を**拡大係数行列**といいます．係数行列や拡大係数行列は，いずれも連立方程式の係数（あるいは定数項）を並べたものになることは容易に理解できるでしょう．そして，この意味では，**連立方程式に対してできることを行列の成分に対して行ってもよい**ということがわかります．

つまり，連立方程式としての意味で見る限り，ある行と別の行を入れかえる，ある行の定数倍を別の行に加える，ある行の全成分を定数倍する，といった操作が行えそうだと考えられます．これを**行列の基本変形**といいます．行列の基本変形については少し練習が必要なので，4.5 節で記しますが，行列の背景として連立方程式を考えることができるのだということを理解しておいてください．

4.4.2　1 次変換（線形変換）としての行列

(4.10) は連立方程式なので，ある特定の x, y の組（いまの場合なら $x = 1/4, y = 1/2$）に対してしか成り立ちません．しかし，他の x, y でも左辺の計算はできるので，これを新しく X, Y と考えたらどうでしょう．つまり，$(x, y) \to (X, Y)$ という変換の 1 つとして考えれば，

$$\begin{cases} X = 2x + y \\ Y = 2x + 3y \end{cases} \Leftrightarrow \begin{pmatrix} X \\ Y \end{pmatrix} = \begin{pmatrix} 2 & 1 \\ 2 & 3 \end{pmatrix} \begin{pmatrix} x \\ y \end{pmatrix} \tag{4.12}$$

という変換を表すのが行列 A であると考えることもできます．これは，あるベクトルを別のベクトルに変換することを表していて，(4.12) のように，1 次式で変換するので **1 次変換**あるいは**線形変換**といいます．

4.4.3　基底ベクトルの変換としての行列

ベクトルの積が基底を変えること

前項で見たように，ベクトル$\begin{pmatrix} x \\ y \end{pmatrix}$は行列 A によって 1 次変換することができます．この変換されるベクトルは，図 4.5 に示すように，xy 平面内のベクトルであればどれでも構いません．そこで，標準基底のベクトル $|e_1\rangle =$

$\begin{pmatrix}1\\0\end{pmatrix}$ および $|e_2\rangle = \begin{pmatrix}0\\1\end{pmatrix}$ を１次変換してみましょう．すると，

$$A\,|e_1\rangle = \begin{pmatrix}2 & 1\\2 & 3\end{pmatrix}\begin{pmatrix}1\\0\end{pmatrix} = \begin{pmatrix}2\\2\end{pmatrix} = |v_1\rangle$$

$$A\,|e_2\rangle = \begin{pmatrix}2 & 1\\2 & 3\end{pmatrix}\begin{pmatrix}0\\1\end{pmatrix} = \begin{pmatrix}1\\3\end{pmatrix} = |v_2\rangle$$

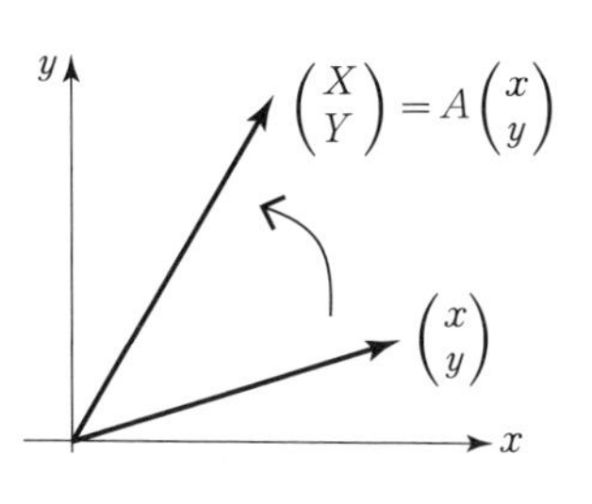

図 4.5 行列の積であるベクトルを別のベクトルにする．

となります．このときに出てくる $|v_1\rangle$ と $|v_2\rangle$ を並べたものが，$A = (|v_1\rangle\ |v_2\rangle)$ であることに気づけるでしょうか．これは標準基底のベクトルに行列を掛ける場合，各列が取り出されるような演算になるためで，2 次元の場合に限りません．

つまり，ある行列を見たときに，**「列ベクトルが並んでいる」と捉えることは，格子状の直交座標系から図 4.6 のような座標系に書き直すことだ**と見ることができます．これが１次変換に対して**基底変換**といわれる操作です．

あるベクトル $|\,V\rangle$ が標準基底で $|\,V\rangle = x|e_1\rangle + y|e_2\rangle$ と与えられたとしましょう．このベクトル $|\,V\rangle$ に対して行列 $A = (|v_1\rangle\ |v_2\rangle)$ による１次変換をすると

$$A\,|\,V\rangle = xA\,|e_1\rangle + yA\,|e_2\rangle = x|v_1\rangle + y|v_2\rangle$$

となって，見かけ上，係数が変わらないように見えます．しかし，座標の目盛の構造が変わってしまうので，図 4.7 のように，ベクトルとしては異なる

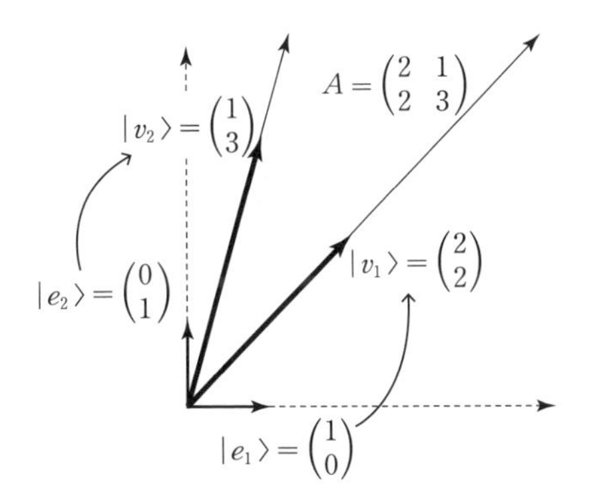

図 4.6 標準基底からの基底変換

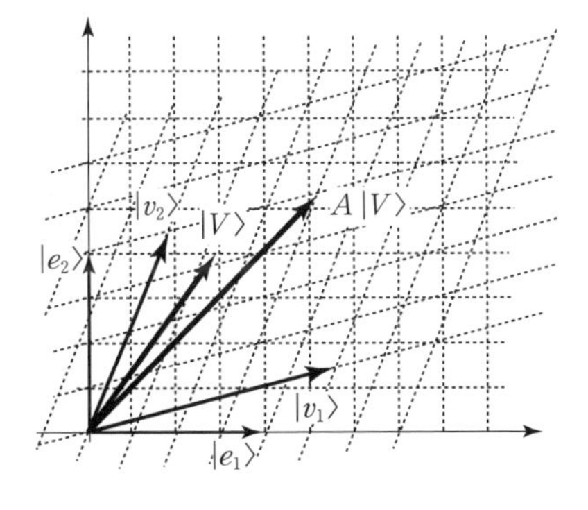

図 4.7 基底変換の立場から見た１次変換

ものになります．これが基底変換の立場から見た1次変換です[7]．

同じようなことを，いくつかの方法で表現したので少し混乱しているかもしれません．行列 A を数の並びとして捉え，連立方程式のようなイメージをもつか，ベクトルの並びとして捉え，標準基底に対する基底変換が示されているというイメージをもつか，というだけのことなので，落ち着いて整理してみてください．この2つの見方は，1次変換を橋渡しにすると，見通しが良くなります．

行列とベクトルの成分表示と基底変換

あるベクトル $|u\rangle$ に行列 A を掛けて，別のベクトル $|w\rangle = A|u\rangle$ を得ることを考えます．ベクトルの成分表示は基底を $\{|v_1\rangle, |v_2\rangle, \cdots\}$ として

$$|u\rangle = u_1|v_1\rangle + u_2|v_2\rangle + \cdots = \begin{pmatrix} u_1 \\ u_2 \\ \vdots \end{pmatrix}$$

$$|w\rangle = w_1|v_1\rangle + w_2|v_2\rangle + \cdots = \begin{pmatrix} w_1 \\ w_2 \\ \vdots \end{pmatrix}$$

と表すことにします．わかりにくければ，一例として $\{|v_1\rangle, |v_2\rangle, \cdots\}$ が標準基底であるときのことを想像してみてください．

ここで，何らかの利便性から別の基底 $\{|v_1'\rangle, |v_2'\rangle, \cdots\}$ を使いたくなったとします．基底の変換 $\{|v_1\rangle, |v_2\rangle, \cdots\} \to \{|v_1'\rangle, |v_2'\rangle, \cdots\}$ を1次変換で対応付けて

$$\left\{ \begin{array}{l} |v_1'\rangle = p_{11}|v_1\rangle + p_{21}|v_2\rangle + p_{31}|v_3\rangle + \cdots \\ |v_2'\rangle = p_{12}|v_1\rangle + p_{22}|v_2\rangle + p_{32}|v_3\rangle + \cdots \\ \qquad\qquad\qquad \vdots \end{array} \right. \Leftrightarrow \quad |v_j'\rangle = \sum_i p_{ij}|v_i\rangle \tag{4.13}$$

とし，これらの係数 p_{ij} を取り出して，それらを成分とする行列 $P = (p_{ij})$ を考えます．間違いやすいので，添字の順番に注意してください．

さて，新しい基底 $\{|v_1'\rangle, |v_2'\rangle, \cdots\}$ では，ベクトル $|u\rangle, |w\rangle$ が

7）図4.4と図4.7の意味の違いに混乱しないように気を付けてください．

$$|u\rangle = u_1'|v_1'\rangle + u_2'|v_2'\rangle + \cdots = \sum_j u_j'|v_j'\rangle$$
$$|w\rangle = w_1'|v_1'\rangle + w_2'|v_2'\rangle + \cdots = \sum_j w_j'|v_j'\rangle$$

のように，$u_1, u_2, \cdots$ や $w_1, w_2, \cdots$ とは異なる係数での線形結合で表されることになりますが，これを安直に $\begin{pmatrix} u_1' \\ u_2' \\ \vdots \end{pmatrix}$ や $\begin{pmatrix} w_1' \\ w_2' \\ \vdots \end{pmatrix}$ と書くわけにはいきません．いまは，このカッコでの表示はあくまでも基底を $\{|v_1\rangle, |v_2\rangle, \cdots\}$ としたものなので $\begin{pmatrix} u_1' \\ u_2' \\ \vdots \end{pmatrix} = u_1'|v_1\rangle + u_2'|v_2\rangle + \cdots$ などということになってしまうからです．そこで，$|v_j'\rangle = \sum_i p_{ij}|v_i\rangle$ を用いて変換の前後を繋ぐと，$|u\rangle$ は

$$|u\rangle = \sum_j u_j'|v_j'\rangle = \sum_i u_i|v_i\rangle$$
$$\Leftrightarrow \quad \sum_j u_j' \sum_i p_{ij}|v_i\rangle = \sum_i u_i|v_i\rangle \quad \Leftrightarrow \quad \sum_i \Bigl(\sum_j p_{ij}u_j'\Bigr)|v_i\rangle = \sum_i u_i|v_i\rangle$$

となりますが，基底は線形独立なので $\sum_j p_{ij}u_j' = u_i$ であることがわかります．$|w\rangle$ でも同様にして，$\sum_j p_{ij}w_j' = w_i$ となります．

したがって，これらの連立方程式を行列表示すれば，

$$P\begin{pmatrix} u_1' \\ u_2' \\ \vdots \end{pmatrix} = \begin{pmatrix} u_1 \\ u_2 \\ \vdots \end{pmatrix}, \qquad P\begin{pmatrix} w_1' \\ w_2' \\ \vdots \end{pmatrix} = \begin{pmatrix} w_1 \\ w_2 \\ \vdots \end{pmatrix}$$

と表すことができます．そこで，$A|u\rangle = |w\rangle$ であることから

$$A\begin{pmatrix} u_1 \\ u_2 \\ \vdots \end{pmatrix} = \begin{pmatrix} w_1 \\ w_2 \\ \vdots \end{pmatrix} \;\Leftrightarrow\; AP\begin{pmatrix} u_1' \\ u_2' \\ \vdots \end{pmatrix} = P\begin{pmatrix} w_1' \\ w_2' \\ \vdots \end{pmatrix} \;\Leftrightarrow\; P^{-1}AP\begin{pmatrix} u_1' \\ u_2' \\ \vdots \end{pmatrix} = \begin{pmatrix} w_1' \\ w_2' \\ \vdots \end{pmatrix} \tag{4.14}$$

となることがわかります．ここで用いた P^{-1} は $PP^{-1} = P^{-1}P = \mathbf{1}$ を満たす行列で，P の**逆行列**といいます（ある行列が与えられたとき，逆行列を系統的に求める方法は少し込み入っているので，4.5 節で扱います）．

(4.14) を見ると，あたかも A **の代わりに** $P^{-1}AP$ **を用いれば，新しい基底での成分表示のように扱うことができる**といえそうです．このことは**行列の基底変換**といわれていて，知らなくてもある程度の計算技術は身に付きます

が，理解しているとかなり見通しが良くなるので，余力のある人はぜひ習得しておいてください．

残された課題は，P を得る方法です．(4.13) の係数 p_{ij} をすべて書き下してもよいのですが，次元が大きいと取り扱いが難しくなりそうです．そこで，変換後の基底ベクトルを並べた行列 $(|v_1'\rangle \ |v_2'\rangle \ \cdots)$ と変換前の基底ベクトルを並べた行列 $(|v_1\rangle \ |v_2\rangle \ \cdots)$ の間には $(|v_1'\rangle \ |v_2'\rangle \ \cdots) = (|v_1\rangle \ |v_2\rangle \ \cdots)P$ の関係があることに注目します．すると，$(|v_1\rangle \ |v_2\rangle \ \cdots)$ の逆行列 $(|v_1\rangle \ |v_2\rangle \ \cdots)^{-1}$ を用いて

$$P = (|v_1\rangle \ |v_2\rangle \ \cdots)^{-1}(|v_1'\rangle \ |v_2'\rangle \ \cdots)$$

として**変換前後の基底ベクトルさえ決めておけば，逆行列を用いて簡単に P が得られる**ことになります．特に，変換前の基底 $\{|v_1\rangle, |v_2\rangle, \cdots\}$ を標準基底 $\{|e_1\rangle, |e_2\rangle, \cdots\}$ にすることが多く，その場合には $(|e_1\rangle \ |e_2\rangle \ \cdots) = \mathbf{1}$ なので，$P = (|v_1'\rangle \ |v_2'\rangle \ \cdots)$ となります．これはまさに，基底変換そのものとなっています．

4.5　行列の基本変形と逆行列

前節で，行列の捉え方として，数字の並びと見るか，ベクトルの並びと見るかで，イメージが変わることを紹介しました．**線形空間**[8] の理解としては，特に基底変換の意味が納得できていれば十分ですが，一方，実際の取り扱いでは，やはり逆行列が系統的に求められないと不便です．そこで，ここでは逆行列を系統的に求める方法を身に付けましょう．

4.5.1　行列の基本変形

連立方程式 (4.10) あるいは (4.11) を解くことを考えてみましょう．もちろん皆さんはすぐに解くことができて，答えは $x = 1/4, y = 1/2$ と得られるでしょう．若干冗長ですが，解くための手続きとして，例えば

8)　ここまでに見てきた行列やベクトルのような，加法と定数倍によって構成される数学的対象の集合を**線形空間**といい，線形空間での代数的構造を調べる数学の分野を**線形代数**といいます．

2つの式を 1/2 倍して x の係数を 1 にする．

⇓

第 2 式から第 1 式を引いて（第 1 式の -1 倍を第 2 式に足して）y を得る．

⇓

第 1 式に第 2 式の $-1/2$ 倍を足して x を得る．

という手順を辿り，次のような式変形をしたとします．

$$\begin{cases} 2x+y=1 \\ 2x+3y=2 \end{cases} \to \begin{cases} x+\frac{1}{2}y=\frac{1}{2} \\ x+\frac{3}{2}y=1 \end{cases} \to \begin{cases} x+\frac{1}{2}y=\frac{1}{2} \\ \qquad y=\frac{1}{2} \end{cases} \to \begin{cases} x=\frac{1}{4} \\ y=\frac{1}{2} \end{cases}$$

これを，拡大係数行列で表せば

$$\begin{pmatrix} 2 & 1 & 1 \\ 2 & 3 & 2 \end{pmatrix} \to \begin{pmatrix} 1 & 1/2 & 1/2 \\ 1 & 3/2 & 1 \end{pmatrix} \to \begin{pmatrix} 1 & 1/2 & 1/2 \\ 0 & 1 & 1/2 \end{pmatrix} \to \begin{pmatrix} 1 & 0 & 1/4 \\ 0 & 1 & 1/2 \end{pmatrix}$$

ということになります．この各段階での操作において，**行列としては違うものになっているので，＝ではなく → で繋いでいる**のですが，連立方程式としては同値な変形になっていることに着目してください．

このように，ある行列に対して次のような操作をしても，連立方程式の意味では同値な変形であることがわかります．

▶ **行列の行基本変形（掃き出し法）**

- ある行を定数倍する．
- ある行に別の行の定数倍を加える．
- ある行と別の行を入れかえる．

これらの操作を**行基本変形**または**掃き出し法**といいます．そして，行基本変形を用いて最も単純な連立方程式（可能なら解を示す形）に直す操作を**簡約化**，最終的に辿りついた形式を**簡約階段形**といいます．

もう少し簡約階段形を形式的に定義すると，次のようになります．

▶ 簡約階段形の定義

行列において，それぞれの行の一番左に現れるゼロでない成分を，その行列の**主成分**といい，行列が次の4つの条件を満たすとき，簡約階段形であるという．

- 主成分が1である．
- 主成分が存在する列の，主成分を除くすべての成分がゼロである．
- 主成分が (i,j) と (k,l) にあるとき，$j<l$ なら $i<k$ である．
- i 行目のすべての成分がゼロであるとき，ゼロでない成分を含む j 行目に対して $i>j$ である．

連立方程式の解が（解けるときには）唯一であることからわかるように，途中，どのような手順で簡約化したかによらず，簡約階段形は一意的になります．

Exercise 4.7

次の行列 A,B,C,D のうち，簡約階段形を選びなさい．

$$A=\begin{pmatrix}0&1&0&3\\0&0&2&8\end{pmatrix}\qquad B=\begin{pmatrix}0&1&2&3\\0&0&1&5\end{pmatrix}$$

$$C=\begin{pmatrix}0&1&0&3\\0&0&0&0\\0&0&1&2\end{pmatrix}\qquad D=\begin{pmatrix}1&0&1&0&2\\0&1&4&0&3\\0&0&0&1&5\end{pmatrix}$$

Coaching 条件をきちんと満たしているかを確認していきましょう．A の1行目の主成分は1ですが，2行目の主成分が2となっているので，A は簡約階段形ではありません．B は1行目と2行目の主成分は確かに1となっています．しかし，主成分が存在する列（2列目と3列目）の主成分を除く成分に，ゼロではない値（ここでは $(1,3)$ 成分の2）があるので，B は簡約階段形ではありません．C は2行目がすべてゼロになっていますが，ゼロでない成分を含む1行目と3行目に対して $2>1$ は成り立つものの，$2>3$ は成り立たないので簡約階段形ではありません．D はすべての条件を満たすので，簡約階段形です．

なお，簡約階段形でないものも，行基本変形をすることで簡約階段形に変形することができます．A は，2行目を1/2倍して $A\to\begin{pmatrix}0&1&0&3\\0&0&1&4\end{pmatrix}$ とすると簡約階段形になります．Bは，2行目を(-2)倍して1行目に加えて$B \to \begin{pmatrix} 0 & 1 & 0 & -7 \\ 0 & 0 & 1 & 5 \end{pmatrix}$とすると簡約階段形になります．$C$は，2行目と3行目を入れかえて$C \to \begin{pmatrix} 0 & 1 & 0 & 3 \\ 0 & 0 & 1 & 2 \\ 0 & 0 & 0 & 0 \end{pmatrix}$とすると簡約階段形になります． ■

重要な点は，この簡約階段化の手続きは，すべて正方行列の掛け算で表すことができるという点です．先の（4.11）の例では

$$\begin{pmatrix} 1/2 & 0 \\ 0 & 1/2 \end{pmatrix}\begin{pmatrix} 2 & 1 & 1 \\ 2 & 3 & 2 \end{pmatrix} = \begin{pmatrix} 1 & 1/2 & 1/2 \\ 1 & 3/2 & 1 \end{pmatrix}$$

$$\to \begin{pmatrix} 1 & 0 \\ -1 & 1 \end{pmatrix}\begin{pmatrix} 1 & 1/2 & 1/2 \\ 1 & 3/2 & 1 \end{pmatrix} = \begin{pmatrix} 1 & 1/2 & 1/2 \\ 0 & 1 & 1/2 \end{pmatrix}$$

$$\to \begin{pmatrix} 1 & -1/2 \\ 0 & 1 \end{pmatrix}\begin{pmatrix} 1 & 1/2 & 1/2 \\ 0 & 1 & 1/2 \end{pmatrix} = \begin{pmatrix} 1 & 0 & 1/4 \\ 0 & 1 & 1/2 \end{pmatrix} \tag{4.15}$$

として，それぞれの操作が行列の積で表現できるので，掛ける順序に注意してまとめれば

$$\begin{pmatrix} 1 & -1/2 \\ 0 & 1 \end{pmatrix}\begin{pmatrix} 1 & 0 \\ -1 & 1 \end{pmatrix}\begin{pmatrix} 1/2 & 0 \\ 0 & 1/2 \end{pmatrix}\begin{pmatrix} 2 & 1 & 1 \\ 2 & 3 & 2 \end{pmatrix} = \begin{pmatrix} 1 & 0 & 1/4 \\ 0 & 1 & 1/2 \end{pmatrix}$$

$$\Leftrightarrow \begin{pmatrix} 3/4 & -1/4 \\ -1/2 & 1/2 \end{pmatrix}\begin{pmatrix} 2 & 1 & 1 \\ 2 & 3 & 2 \end{pmatrix} = \begin{pmatrix} 1 & 0 & 1/4 \\ 0 & 1 & 1/2 \end{pmatrix} \tag{4.16}$$

となります．つまり，正方行列$\frac{1}{4}\begin{pmatrix} 3 & -1 \\ -2 & 2 \end{pmatrix}$を左から掛けることによって，簡約化を表すことができます．

ここでは，連立方程式の同値変形が簡約化で表せるという事例をもとに簡約化を導入しましたが，この操作そのものは行列を掛けるということと同じ意味なので，**背景に連立方程式がなかったとしても，行列さえ定義されていれば，この操作をすることができる**という点に注意してください[9]．

9) もちろん，連立方程式を解くことに使ってもよいのですが．

Exercise 4. 8

行列 A を簡約階段化しなさい.

$$A = \begin{pmatrix} 4 & -4 & 1 & -2 & -1 \\ 4 & 4 & -1 & -4 & 2 \\ 2 & -1 & 0 & 2 & 2 \end{pmatrix}$$

Coaching　まず最初に $(1,1)$ 成分を 1 にすると，それを用いて $(2,1)$ 成分および $(3,1)$ 成分をゼロにしやすいので，計算の手続きを見失いにくいです．その後は同じことの繰り返しですね．最初のいくつかを示せば，「1 行目を 1/4 倍する」→「1 行目の -4 倍を 2 行目に足す，1 行目の -2 倍を 3 行目に足す」→「2 行目を 1/8 倍する」→「2 行目を 1 行目に足す，2 行目の -1 倍を 3 行目に足す」→ $\cdots$ という操作を繰り返し，最終的に簡約階段形になるまで続けます．**段階的に主成分を 1 にして，その上下の成分がゼロになるように定数倍を足していくのがコツ**です．

$$A \to \begin{pmatrix} 1 & -1 & 1/4 & -1/2 & -1/4 \\ 4 & 4 & -1 & -4 & 2 \\ 2 & -1 & 0 & 2 & 2 \end{pmatrix} \to \begin{pmatrix} 1 & -1 & 1/4 & -1/2 & -1/4 \\ 0 & 8 & -2 & -2 & 3 \\ 0 & 1 & -1/2 & 3 & 5/2 \end{pmatrix}$$

$$\to \begin{pmatrix} 1 & -1 & 1/4 & -1/2 & -1/4 \\ 0 & 1 & -1/4 & -1/4 & 3/8 \\ 0 & 1 & -1/2 & 3 & 5/2 \end{pmatrix} \to \begin{pmatrix} 1 & 0 & 0 & -3/4 & 1/8 \\ 0 & 1 & -1/4 & -1/4 & 3/8 \\ 0 & 0 & -1/4 & 13/4 & 17/8 \end{pmatrix}$$

$$\to \cdots \to \begin{pmatrix} 1 & 0 & 0 & -3/4 & 1/8 \\ 0 & 1 & 0 & -7/2 & -7/4 \\ 0 & 0 & 1 & -13 & -17/2 \end{pmatrix}$$

実際に実行できるようになるためには，ある程度の訓練が必要なので，ぜひ頑張っていろいろな行列で練習してみてください．■

Training 4. 6

$\begin{pmatrix} 1 & 2 & -2 & 7 \\ 2 & -1 & 3 & -3 \\ 4 & 3 & 1 & 9 \end{pmatrix}$ を簡約階段化しなさい.

この簡約化によって，全部ゼロであるような行がいくつ出てくるか，ということから「**ランク**」および「**カーネル**」という数学的対象を用意することができます．それらによって線形写像の特徴がわかるようになりますが，物理数学の初習段階で前面に出てくることは少ないので，本書では割愛します．

4.5.2 逆行列

ここからは，$n \times n$ の正方行列を対象とします．正方行列 A に掛けると単位行列 $\mathbf{1}$ になる行列を**逆行列**といい，A^{-1} と表します．すなわち，A^{-1} は次の条件を満たします．

$$AA^{-1} = A^{-1}A = \mathbf{1} \tag{4.17}$$

実数であれば，ゼロでない実数 a に対して $a^{-1} = 1/a$ とすると，$aa^{-1} = a^{-1}a = 1$ が成り立つことはすぐにわかります．むしろ，これが**逆数の定義**でした．では，行列の場合にも，すべての成分を逆数で置き換えればよいでしょうか？ 残念ながら，このアイデアは成り立ちません．1つの例は次のようなもので，掛け算の順序を変えても単位行列 $\mathbf{1}$ にはなりません．

$$\begin{pmatrix} 1/2 & 1 \\ 1/2 & 1/3 \end{pmatrix}\begin{pmatrix} 2 & 1 \\ 2 & 3 \end{pmatrix} = \begin{pmatrix} 3 & 7/2 \\ 5/3 & 3/2 \end{pmatrix} \neq \begin{pmatrix} 1 & 0 \\ 0 & 1 \end{pmatrix}$$

そこで，ここでは行列 $A = \begin{pmatrix} 3 & 1 & 3 \\ 2 & 1 & -3 \\ 0 & 0 & -1 \end{pmatrix}$ の逆行列をどうやって求めるかを考えてみましょう．A と全く無関係な行列が A^{-1} になるというのも考えづらいので，A から変形して辿りつけるはずだと信じることにして，A についての簡約化を行ってみると，例えば

$$A \to \begin{pmatrix} 1 & 1/3 & 1 \\ 1 & 1/2 & -3/2 \\ 0 & 0 & 1 \end{pmatrix} \to \begin{pmatrix} 1 & 1/3 & 1 \\ 0 & 1/6 & -5/2 \\ 0 & 0 & 1 \end{pmatrix} \to \cdots \to \begin{pmatrix} 1 & 0 & 0 \\ 0 & 1 & 0 \\ 0 & 0 & 1 \end{pmatrix}$$

となり，単位行列となります．簡約化が行列の積で表現できたことを思い出すと，このことは「$PA = \mathbf{1}$ であるような行列 P が存在する」ということを示しています．この P は A^{-1} の有力な候補でしょう．しかし，この P を取り出すのはあまり容易ではありません．(4.15) を用いて (4.16) にしたように，すべての手順を頑張って行列表示していけば，原理的には P を求めることができますが，簡約化の手順が遠回りをしていたり，行列の次元が高かったりすると，大変な作業になるからです．

それでも，ここで諦めてしまうのはもったいないので，$PA=\mathbf{1}$ となることを逆手にとって，A に対して行ったのと同じ簡約化の手順を単位行列 $\mathbf{1}$ に対して行ったとしたらどうなるかを考えてみましょう．すると単位行列の定義から，当然 $P\mathbf{1}=P$ となるはずなので，$\mathbf{1}\to P$ と変換されるだろうと思い至ります．

そこで，最初から A と $\mathbf{1}$ を並べた行列 $\begin{pmatrix} 3 & 1 & 3 & 1 & 0 & 0 \\ 2 & 1 & -3 & 0 & 1 & 0 \\ 0 & 0 & -1 & 0 & 0 & 1 \end{pmatrix}$ を簡約化して，

$$\begin{pmatrix} 3 & 1 & 3 & 1 & 0 & 0 \\ 2 & 1 & -3 & 0 & 1 & 0 \\ 0 & 0 & -1 & 0 & 0 & 1 \end{pmatrix} \to \begin{pmatrix} 1 & 1/3 & 1 & 1/3 & 0 & 0 \\ 1 & 1/2 & -3/2 & 0 & 1/2 & 0 \\ 0 & 0 & 1 & 0 & 0 & -1 \end{pmatrix}$$

$$\to \cdots \to \begin{pmatrix} 1 & 0 & 0 & 1 & -1 & 6 \\ 0 & 1 & 0 & -2 & 3 & -15 \\ 0 & 0 & 1 & 0 & 0 & -1 \end{pmatrix}$$

を得ておきましょう．行基本変形で列が入れかわることはないので，1 列目 2 列目 3 列目が A の簡約階段形であり，4 列目 5 列目 6 列目が $\mathbf{1}$ に対して A と同じ行基本変形を施したもの，すなわち $P\mathbf{1}=P$ であるはずです．こうして，P を無事に取り出すことができました．後は簡単な確認で，

$$PA = \begin{pmatrix} 1 & -1 & 6 \\ -2 & 3 & -15 \\ 0 & 0 & -1 \end{pmatrix}\begin{pmatrix} 3 & 1 & 3 \\ 2 & 1 & -3 \\ 0 & 0 & -1 \end{pmatrix} = \begin{pmatrix} 1 & 0 & 0 \\ 0 & 1 & 0 \\ 0 & 0 & 1 \end{pmatrix} = \mathbf{1}$$

$$AP = \begin{pmatrix} 3 & 1 & 3 \\ 2 & 1 & -3 \\ 0 & 0 & -1 \end{pmatrix}\begin{pmatrix} 1 & -1 & 6 \\ -2 & 3 & -15 \\ 0 & 0 & -1 \end{pmatrix} = \begin{pmatrix} 1 & 0 & 0 \\ 0 & 1 & 0 \\ 0 & 0 & 1 \end{pmatrix} = \mathbf{1}$$

が成り立つので，確かに $A^{-1}=P=\begin{pmatrix} 1 & -1 & 6 \\ -2 & 3 & -15 \\ 0 & 0 & -1 \end{pmatrix}$ であることがわかります．

物理学では文字式になることが多いので，行列の次数が大きいと簡約化自体が容易ではありませんが，ある程度大きい次数にも対応できる方法としては，この方法がおそらく最も速いです．

Exercise 4.9

次の行列 A, B の逆行列を求めなさい．

$$A = \begin{pmatrix} 1 & -3 & 0 \\ 1 & 2 & 1 \\ -2 & 3 & 2 \end{pmatrix}, \qquad B = \begin{pmatrix} -2 & 1 \\ 3 & 1 \end{pmatrix}$$

Coaching　A, B のいずれも，単位行列と並べた行列をつくり，簡約化しましょう．最後に出てきた部分のどこが逆行列に相当するのか見失わないように注意が必要です．

A の逆行列は A と単位行列を並べたものを簡約化して

$$\begin{pmatrix} 1 & -3 & 0 & 1 & 0 & 0 \\ 1 & 2 & 1 & 0 & 1 & 0 \\ -2 & 3 & 2 & 0 & 0 & 1 \end{pmatrix} \to \cdots \to \begin{pmatrix} 1 & 0 & 0 & 1/13 & 6/13 & -3/13 \\ 0 & 1 & 0 & -4/13 & 2/13 & -1/13 \\ 0 & 0 & 1 & 7/13 & 3/13 & 5/13 \end{pmatrix}$$

$$\Rightarrow \quad A^{-1} = \frac{1}{13}\begin{pmatrix} 1 & 6 & -3 \\ -4 & 2 & -1 \\ 7 & 3 & 5 \end{pmatrix}$$

となります．同様に，B の逆行列も以下のようにして得られます．

$$\begin{pmatrix} -2 & 1 & 1 & 0 \\ 3 & 1 & 0 & 1 \end{pmatrix} \to \cdots \to \begin{pmatrix} 1 & 0 & -1/5 & 1/5 \\ 0 & 1 & 3/5 & 2/5 \end{pmatrix} \quad \Rightarrow \quad B^{-1} = \frac{1}{5}\begin{pmatrix} -1 & 1 \\ 3 & 2 \end{pmatrix}$$

■

Training 4.7

$$\begin{pmatrix} 1 & 1 & 0 \\ 1 & 0 & 1 \\ 0 & 1 & 1 \end{pmatrix}^{-1}$$ を求めなさい．

特に 2×2 行列の逆行列については，公式として覚えておくべきで，複素数 a, b, c, d に対して $ad - bc \neq 0$ であれば，

$$\begin{pmatrix} a & b \\ c & d \end{pmatrix}^{-1} = \frac{1}{ad - bc}\begin{pmatrix} d & -b \\ -c & a \end{pmatrix} \tag{4.18}$$

となります．

このあたりで気づいたでしょうか？ **いつも A^{-1} が存在するわけではありません．** (4.18) で $ad - bc = 0$ となる場合，あるいはもう少し一般的に，

A の簡約階段形が単位行列にならない場合には A^{-1} が存在しません．このことは，これまで経験してきた手続きを思い出せば理解できるでしょう．そこで A^{-1} が存在するものを**正則行列**，存在しないものを**非正則行列**といって区別します．

なお，行列 A, B が共に正則行列であるとき，AB に対して $B^{-1}A^{-1}$ は左右どちらから掛けても

$$(B^{-1}A^{-1})AB = B^{-1}(A^{-1}A)B = B^{-1}B = \mathbf{1}$$
$$AB(B^{-1}A^{-1}) = A(BB^{-1})A^{-1} = AA^{-1} = \mathbf{1}$$

となるので，次のようになることには注意しておきましょう．順序が重要です．

$$(AB)^{-1} = B^{-1}A^{-1}$$

4.6 行列式

正則行列と非正則行列はどのように区別されるでしょうか？　前節で見たように，2 × 2 行列の場合には $ad - bc$ がゼロであるか否かで区別できました．そこで，これをヒントに基底変換のイメージから $ad - bc$ の意味を考えてみることにしましょう．ここでは簡単のために行列 A を $\begin{pmatrix} a & b \\ c & d \end{pmatrix}$ とし，a, b, c, d を実数とします．行列 A の基底変換としての視点は，図 4.6 での経験をもとにすると，図 4.8 のようになることがわかるでしょう．

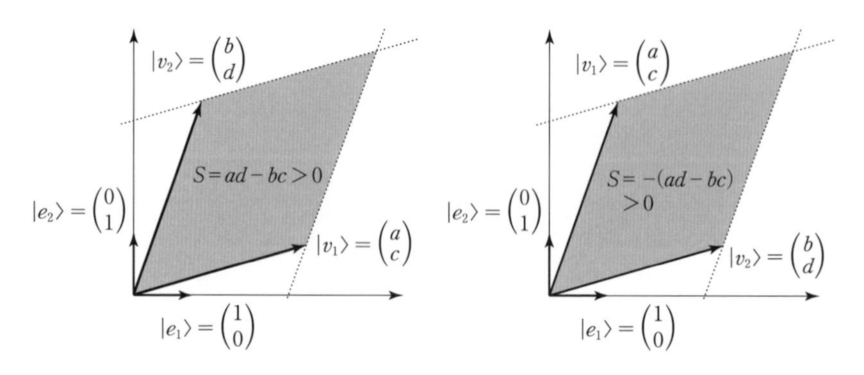

図 4.8　基底変換と基底ベクトルの張る面積

さて，図 4.8 を見てもわかるように，$ad - bc$ は変換された基底ベクトルのつくる平行四辺形の面積に対応しています．この面積が $|ad - bc|$ になることは簡単なので，ぜひ各自で確かめてみてください．そして，$D = ad - bc$ の値は正にも負にもなりますが，$|v_1\rangle$ が $|e_1\rangle$ 側にあるときに正（図 4.8 の左側），逆側にあるときに負（図 4.8 の右側）となります．これがちょうど入れかわるタイミングでは $D = ad - bc = 0$ となり，$|v_1\rangle$ と $|v_2\rangle$ は（大きさは別にして）重なってしまい，線形独立ではなくなります．

こうなってしまうと，

$$A\begin{pmatrix} x \\ y \end{pmatrix} = \begin{pmatrix} X \\ Y \end{pmatrix} \quad \Leftrightarrow \quad \begin{cases} ax + by = X \\ cx + dy = Y \end{cases}$$

として，2 次元平面上の任意の (x, y) から変換される (X, Y) は，すべて $|v_1\rangle \propto |v_2\rangle$ に沿った直線に乗ってしまい，逆に (X, Y) から (x, y) に一意的に戻すことができなくなります．直観的に納得しにくければ，「2 次元から 1 次元に写した影から，元の 2 次元の構造を復元するのが難しい」という表現なら受け入れられるのではないでしょうか．この事情は 2 次元と 3 次元，3 次元と 4 次元，…でも同様です．したがって，$D = ad - bc = 0$ のときは逆行列 A^{-1} が存在しないことになります．

このように考えると，逆行列があるかどうかの判別式（determinant）としての役割が D にあることがわかります．ここでは 2 次元の場合を考えましたが，より高次元でも同様で，基底ベクトルのつくる領域の「広さ」に相当する量を適切に定義する必要があります．これを表すために導入されるのが**行列式**（determinant）です．

4.6.1 行列式の定義

置換とその符号

行列式の定義のために，**置換**という操作を考えておきます．自然数を任意の順に並べたものを用意し，その並び順を適当に入れかえることを考えます．例えば，$(1, 2, 3, 4, 5) \to (1, 2, 5, 3, 4)$ としてみましょう．このとき，入れかえが何回生じているかを見るために，図 4.9 のように元の数字がどこに行くかを辿り，その矢印の交点（**互換**）がいくつあるかを数えます．これを**置換数**

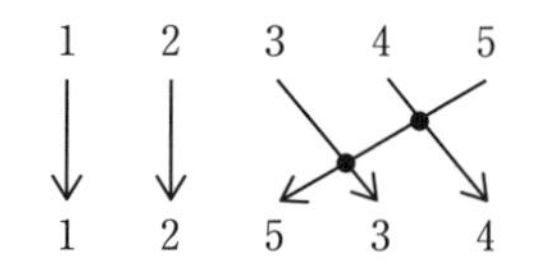

図 4.9　置換と置換数

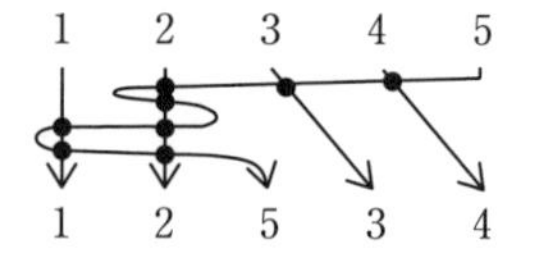

図 4.10　遠回りしたときの置換数

といい，図 4.9 の場合は 2 となります．難しいことではないと思いますが，表現としてこのような置換を

$$\sigma = \begin{bmatrix} 1 & 2 & 3 & 4 & 5 \\ 1 & 2 & 5 & 3 & 4 \end{bmatrix}$$

などと表し，「σ の**最小の置換数**は 2」と表現します．「最小の」という表現は，図 4.9 では入れかえを表す矢印を最短の描き方にしていますが，図 4.10 に示すように「遠回り」を想定すると，同じ置き換えにもかかわらず，より大きな置換数にすることができるからです[10]．しかし，遠回りするとしても“往復”があるために，増える数は必ず偶数です．すなわち，**置換が 1 つ決まれば，置換数の偶奇は一意的に決まる**ことがわかります．

そこで，**置換の符号**として，置換数が偶数であるときに $+1$，奇数であるときに -1 を与える関数を導入し，$\mathrm{sgn}(\sigma)$ とします．つまり今回の場合は，置換数が偶数なので，次のようになります[11]．

$$\mathrm{sgn}(\sigma) = \mathrm{sgn}\left(\begin{bmatrix} 1 & 2 & 3 & 4 & 5 \\ 1 & 2 & 5 & 3 & 4 \end{bmatrix}\right) = 1$$

行列式の定義

$n \times n$ 行列 $A = (a_{ij})$ の行列式を $\det(A)$ または $|A|$ と表し

$$\det(A) = |A| = \sum_{\sigma} \mathrm{sgn}(\sigma) a_{1\sigma_1} a_{2\sigma_2} \cdots a_{n\sigma_n} \tag{4.19}$$

と定義します．ただし，$\sigma_1, \sigma_2, \cdots, \sigma_n$ は $\sigma = \begin{bmatrix} 1 & 2 & 3 & \cdots & n \\ \sigma_1 & \sigma_2 & \sigma_3 & \cdots & \sigma_n \end{bmatrix}$ を満たすものとし，$\sum_{\sigma}$ は可能なすべての σ についての和とすることにします．

10）「最小の置換数」は**転倒数**ということもあります．

11）関数 sgn( ) の読み方は，「シグナム」が標準的なようです．

少し込み入っていてわかりづらいので，具体的に考えてみましょう．2×2 行列 $A = \begin{pmatrix} a & b \\ c & d \end{pmatrix}$ に対する行列式 $\det(A)$ を定義式 (4.19) の通りに書いてみます．$n = 2$ なので，可能なすべての σ は

$$\sigma = \begin{bmatrix} 1 & 2 \\ 1 & 2 \end{bmatrix}, \quad \begin{bmatrix} 1 & 2 \\ 2 & 1 \end{bmatrix}$$

です．つまり，$(\sigma_1, \sigma_2) = (1, 2), (2, 1)$ の2通りがあって，

$$\mathrm{sgn}\left(\begin{bmatrix} 1 & 2 \\ 1 & 2 \end{bmatrix}\right) = 1, \qquad \mathrm{sgn}\left(\begin{bmatrix} 1 & 2 \\ 2 & 1 \end{bmatrix}\right) = -1$$

なので

$$\det(A) = |A| = 1 \times a_{11}a_{22} + (-1) \times a_{12}a_{21} = ad - bc \tag{4.20}$$

となって，2次元の行列式にきちんと帰着されていることがわかります．

同様に，$A = (a_{ij})$ が 3×3 行列の場合は，行列式 $\det(A)$ を定義式 (4.19) の通りに書くとどうなるでしょうか．$n = 3$ なので，可能なすべての σ は

$$\sigma = \begin{bmatrix} 1 & 2 & 3 \\ 1 & 2 & 3 \end{bmatrix}, \begin{bmatrix} 1 & 2 & 3 \\ 1 & 3 & 2 \end{bmatrix}, \begin{bmatrix} 1 & 2 & 3 \\ 2 & 1 & 3 \end{bmatrix}, \begin{bmatrix} 1 & 2 & 3 \\ 2 & 3 & 1 \end{bmatrix}, \begin{bmatrix} 1 & 2 & 3 \\ 3 & 1 & 2 \end{bmatrix}, \begin{bmatrix} 1 & 2 & 3 \\ 3 & 2 & 1 \end{bmatrix}$$

の6通りです．符号は

$$\mathrm{sgn}\left(\begin{bmatrix} 1 & 2 & 3 \\ 1 & 2 & 3 \end{bmatrix}\right) = \mathrm{sgn}\left(\begin{bmatrix} 1 & 2 & 3 \\ 2 & 3 & 1 \end{bmatrix}\right) = \mathrm{sgn}\left(\begin{bmatrix} 1 & 2 & 3 \\ 3 & 1 & 2 \end{bmatrix}\right) = 1$$

$$\mathrm{sgn}\left(\begin{bmatrix} 1 & 2 & 3 \\ 1 & 3 & 2 \end{bmatrix}\right) = \mathrm{sgn}\left(\begin{bmatrix} 1 & 2 & 3 \\ 2 & 1 & 3 \end{bmatrix}\right) = \mathrm{sgn}\left(\begin{bmatrix} 1 & 2 & 3 \\ 3 & 2 & 1 \end{bmatrix}\right) = -1$$

なので

$$\begin{aligned} \det(A) = |A| = (&a_{11}a_{22}a_{33} + a_{12}a_{23}a_{31} + a_{13}a_{21}a_{32}) \\ &- (a_{11}a_{23}a_{32} + a_{12}a_{21}a_{33} + a_{13}a_{22}a_{31}) \end{aligned} \tag{4.21}$$

となります．これは $A = (|v_1\rangle \ |v_2\rangle \ |v_3\rangle)$ と見たときの $|v_1\rangle, |v_2\rangle, |v_3\rangle$ がつくる平行六面体の体積に相当し，**サラスの公式**といわれています．

サラスの公式は特に3次のときが覚えにくいので，しばしば図4.11のような暗記法が使われています[12]．2×2 行列の行列式は，たすき掛けに線を

12) これは単に暗記法ですので，覚えるのであれば定義と合わせてしっかり覚えましょう．**技巧だけを覚えるぐらいなら，定義しか知らない方がマシです．**

引き，灰色の線上の数の積を + に，破線上の数の積を − にして合計したものが行列式の値 (4.20) となります．一方，3 × 3 行列の行列式は，隣に同じ行列式を書いて，灰色の線上の数の積を + に，破線上の数の積を − にして合計したものが行列式の値 (4.21) となります．4 × 4 よりも大きな行列の行列式は，こういった手法はあまり知られていないので，次項で紹介する行列式の性質を上手に使うことで対応しましょう．

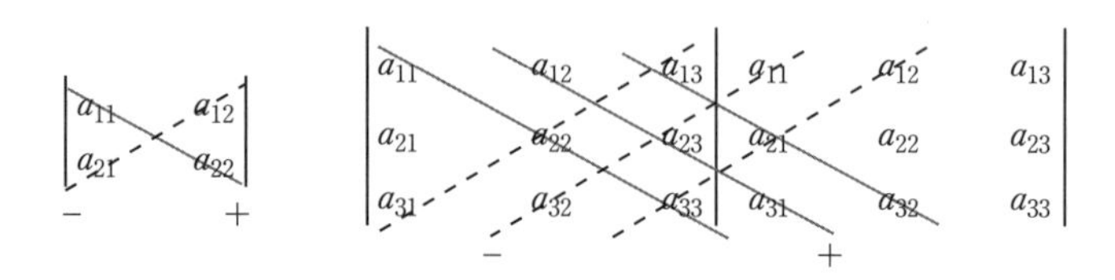

図 4.11　サラスの公式の暗記法

Exercise 4.10

次の行列 A, B の行列式を求めなさい．

$$A = \begin{pmatrix} \sin\theta\cos\varphi & r\cos\theta\cos\varphi & -r\sin\theta\sin\varphi \\ \sin\theta\sin\varphi & r\cos\theta\sin\varphi & r\sin\theta\cos\varphi \\ \cos\theta & -r\sin\theta & 0 \end{pmatrix}, \qquad B = \begin{pmatrix} \cos\theta & -\sin\theta \\ \sin\theta & \cos\theta \end{pmatrix}$$

Coaching　定義通りに計算しましょう．3 × 3 行列および 2 × 2 行列なので，本節でつくった式をそのまま使えばよいでしょう．$\sin^2\theta + \cos^2\theta = 1$ などの三角関数の性質を適宜利用してください．

$$\begin{aligned} \det(A) &= \begin{vmatrix} \sin\theta\cos\varphi & r\cos\theta\cos\varphi & -r\sin\theta\sin\varphi \\ \sin\theta\sin\varphi & r\cos\theta\sin\varphi & r\sin\theta\cos\varphi \\ \cos\theta & -r\sin\theta & 0 \end{vmatrix} \\ &= 0 + r^2\sin\theta\cos^2\theta\cos^2\varphi + r^2\sin^3\theta\sin^2\varphi + r^2\sin^3\theta\cos^2\varphi \\ &\quad - 0 + r^2\sin\theta\cos^2\theta\sin^2\varphi \\ &= r^2\sin^3\theta + r^2\sin\theta\cos^2\theta = r^2\sin\theta \end{aligned}$$

$$\det(B) = \begin{vmatrix} \cos\theta & -\sin\theta \\ \sin\theta & \cos\theta \end{vmatrix} = \cos^2\theta + \sin^2\theta = 1$$

■

$A = \begin{pmatrix} 1 & -1 & 1 \\ -1 & 3 & 1 \end{pmatrix}$ であるとき，$\det(A^t A)$ および $\det(AA^t)$ を求めなさい．

4.6.2 行列式の性質

行列式を定義 (4.19) 通りに求めるのは，次元が高くなると $\sum_{\sigma}$ で出てくるパターンが多くなるので，少し見通しが悪くなります．そこで，知っていると便利な関係式をいくつか紹介しておきます．

転置対称性 $|A| = |A^t|$：転置しても行列式は等しい

これは定義式から明らかですが，納得しづらい場合は 2×2 行列や 3×3 行列で定義通りに確認してみましょう．この性質から，以降では行への操作を行いますが，列への同じ操作が可能です．

還元定理

定義に従って $A = \begin{pmatrix} a_{11} & 0 & 0 \\ a_{21} & a_{22} & a_{23} \\ a_{31} & a_{32} & a_{33} \end{pmatrix}$ の行列式 $|A|$ を計算することを考えてみましょう．3×3 行列の行列式なので，定義式 $|A| = \sum_{\sigma} \mathrm{sgn}(\sigma) a_{1\sigma_1} a_{2\sigma_2} a_{3\sigma_3}$ において考えるべき置換 $\sigma_1, \sigma_2, \sigma_3$ は $3! = 6$ 通りあります．しかし，$a_{12} = a_{13} = 0$ なので，$|A|$ に寄与するのは $\sigma_1 = 1$ のときのみに限られます．そのため，$\sigma_1 = 1$ かつ $(\sigma_2, \sigma_3) = (2, 3), (3, 2)$ の場合に限って考えればよく，そのとき

$$|A| = a_{11} \sum_{(\sigma_2, \sigma_3)} \mathrm{sgn}(\sigma) a_{2\sigma_2} a_{3\sigma_3} = a_{11} \begin{vmatrix} a_{22} & a_{23} \\ a_{32} & a_{33} \end{vmatrix}$$

となります．つまり，1 行目（または 1 列目）が a_{11} 以外全部ゼロになっているときは，(2, 2) 成分より右下のひと回り小さい行列式を a_{11} 倍したものと等しくなります．これを**還元定理**といい，ひと回り小さな行列式に還元されることを意味します．1 つを除いて全部ゼロというのはあまりに都合が良すぎるのでは？ と感じる人もいるかもしれませんが，この後紹介するいくつかの性質を組み合わせると，この形にもっていくことができます．行列式はサイズが小さくなると劇的に計算量が少なくなるので，積極的に活用したい性質です．

多重線形性：特定の行(列)における線形性が成り立つ

少しわかりにくいかもしれないので，具体的に書いてみましょう．どこでもよいのですが，i 行目の $j = 1, 2, \cdots, n$ 列成分が s, t を定数として，$sb_{ij} + tc_{ij}$ と表せたとします．すると，定義から次のように計算できます．

$$\begin{vmatrix} a_{11} & a_{12} & \cdots & a_{1n} \\ \vdots & \vdots & \ddots & \vdots \\ sb_{i1} + tc_{i1} & sb_{i2} + tc_{i2} & \cdots & sb_{in} + tc_{in} \\ \vdots & \vdots & \ddots & \vdots \\ a_{n1} & a_{n2} & \cdots & a_{nn} \end{vmatrix} \quad \leftarrow \quad i \text{行目}$$

$$= \sum_{\sigma} \mathrm{sgn}(\sigma) a_{1\sigma_1} a_{2\sigma_2} \cdots (sb_{i\sigma_i} + tc_{i\sigma_i}) \cdots a_{n\sigma_n}$$

$$= s\left\{\sum_{\sigma} \mathrm{sgn}(\sigma) a_{1\sigma_1} a_{2\sigma_2} \cdots b_{i\sigma_i} \cdots a_{n\sigma_n}\right\} + t\left\{\sum_{\sigma} \mathrm{sgn}(\sigma) a_{1\sigma_1} a_{2\sigma_2} \cdots c_{i\sigma_i} \cdots a_{n\sigma_n}\right\}$$

$$= s\begin{vmatrix} a_{11} & a_{12} & \cdots & a_{1n} \\ \vdots & \vdots & \ddots & \vdots \\ b_{i1} & b_{i2} & \cdots & b_{in} \\ \vdots & \vdots & \ddots & \vdots \\ a_{n1} & a_{n2} & \cdots & a_{nn} \end{vmatrix} + t\begin{vmatrix} a_{11} & a_{12} & \cdots & a_{1n} \\ \vdots & \vdots & \ddots & \vdots \\ c_{i1} & c_{i2} & \cdots & c_{in} \\ \vdots & \vdots & \ddots & \vdots \\ a_{n1} & a_{n2} & \cdots & a_{nn} \end{vmatrix}$$

したがって，ある行（または列）がまとめて $sb_{ij} + tc_{ij}$ という形になっているときは，2つの行列式の和に分解できることになります．一般にはこのような関係がありますが，s か t のどちらかがゼロである場合が特によく用いられて，ある特定の行を定数倍するとき

$$\begin{vmatrix} a_{11} & a_{12} & \cdots & a_{1n} \\ \vdots & \vdots & \ddots & \vdots \\ sa_{i1} & sa_{i2} & \cdots & sa_{in} \\ \vdots & \vdots & \ddots & \vdots \\ a_{n1} & a_{n2} & \cdots & a_{nn} \end{vmatrix} = s\begin{vmatrix} a_{11} & a_{12} & \cdots & a_{1n} \\ \vdots & \vdots & \ddots & \vdots \\ a_{i1} & a_{i2} & \cdots & a_{in} \\ \vdots & \vdots & \ddots & \vdots \\ a_{n1} & a_{n2} & \cdots & a_{nn} \end{vmatrix}$$

のように，定数倍がそのまま前に出ます．

積の行列式は行列式の積 $|AB| = |A||B|$

導出は，具体的に成分を扱えばよいのですが，$n \times n$ 行列で行うと，特に初学者は添字に混乱しやすいので，小さな行列で確認してみましょう．

$$\begin{vmatrix} a_{11} & a_{12} \\ a_{21} & a_{22} \end{vmatrix} = a_{11}a_{22} - a_{12}a_{21}, \qquad \begin{vmatrix} b_{11} & b_{12} \\ b_{21} & b_{22} \end{vmatrix} = b_{11}b_{22} - b_{12}b_{21}$$

なので，

$$\begin{aligned} \left| \begin{pmatrix} a_{11} & a_{12} \\ a_{21} & a_{22} \end{pmatrix} \begin{pmatrix} b_{11} & b_{12} \\ b_{21} & b_{22} \end{pmatrix} \right| &= \begin{vmatrix} a_{11}b_{11} + a_{12}b_{21} & a_{11}b_{12} + a_{12}b_{22} \\ a_{21}b_{11} + a_{22}b_{21} & a_{21}b_{12} + a_{22}b_{22} \end{vmatrix} \\ &= (a_{11}a_{22} - a_{12}a_{21})(b_{11}b_{22} - b_{12}b_{21}) \\ &= \begin{vmatrix} a_{11} & a_{12} \\ a_{21} & a_{22} \end{vmatrix} \begin{vmatrix} b_{11} & b_{12} \\ b_{21} & b_{22} \end{vmatrix} \end{aligned}$$

となり，

$$|AB| = |A||B|$$

が確かに成り立っていることがわかります．次数が高くなると導出には工夫がいるので，ある程度慣れてから挑戦してみてください．

この性質は，上手に使うことができて，特に $A^{-1}A = \mathbf{1}$ であることから，

$$|A^{-1}A| = 1 \quad \Leftrightarrow \quad |A^{-1}| = \frac{1}{|A|}$$

が成り立ちます．

行交代性：任意の 2 つの行(列)を入れかえると行列式の値は -1 倍

行列の任意の 2 つの行を入れかえるのは，行基本変形の 1 つなので，行列の積として表現できます．そこで，行列 $A = (a_{ij})$ の k 行目と l 行目を入れかえる基本変形を，行列 P との積で PA として表すことを考えます．このような P は (k, l) 成分，(l, k) 成分，(m, m) 成分（ただし，m は k, l を除く）だけが 1 で，その他の成分がすべてゼロになっている行列です．

例えば，A が 3 行の行列だとして，1 行目と 2 行目を入れかえるには $P = \begin{pmatrix} 0 & 1 & 0 \\ 1 & 0 & 0 \\ 0 & 0 & 1 \end{pmatrix}$ を用いて PA とすれば，所望の操作が得られます．

このような $P = (p_{ij})$ に対して，$\det(P)$ の定義を書き下すと

$$\det(P) = \sum_{\sigma} \mathrm{sgn}(\sigma)\, p_{1\sigma_1} p_{2\sigma_2} \cdots p_{n\sigma_n}$$

となりますが，この右辺の $p_{1\sigma_1} p_{2\sigma_2} \cdots p_{n\sigma_n}$ に1つでもゼロが含まれるとその項は寄与しないので，全部1になる項だけ考えればよいことになります．

したがって，$\det(P)$ に寄与する項は $p_{11} p_{22} \cdots p_{kl} \cdots p_{lk} \cdots p_{nn} = 1$ となる場合だけであり，対応する σ は

$$\sigma = \begin{bmatrix} 1 & 2 & \cdots & k & \cdots & l & \cdots & n \\ 1 & 2 & \cdots & l & \cdots & k & \cdots & n \end{bmatrix}$$

です．このときの $\mathrm{sgn}(\sigma)$ は，図4.12に示すように $\mathrm{sgn}(\sigma) = -1$ です．こうして，2つの行を入れかえる操作を表す行列 P は $\det(P) = -1$ であることがわかります．したがって，$|PA| = |P||A| = -|A|$ なので，2つの行（または列）を入れかえると，行列式は -1 倍になります．

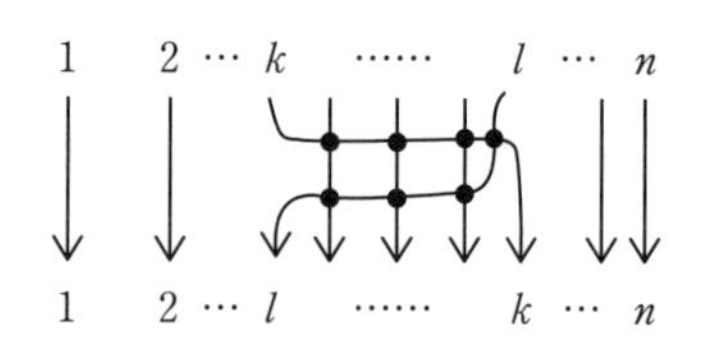

図4.12　P に寄与する置換数は必ず奇数になる．

このことの重要な帰結として，**2つの行が同じときは** $|A| = -|A|$ **なので** $|A| = 0$ **であることが導かれます．**

派生：ある行(列)に別の行(列)の定数倍を加えても行列式の値は不変

ここまでに見てきた「多重線形性」と「同じ行があるときは行列式はゼロ」という性質から，とても便利な規則がわかります．目立つように，ある行列式 $|(a_{ij})|$ の i 行目を $b_{i1}, \cdots, b_{in}$，j 行目を $c_{j1}, \cdots, c_{jn}$ とすると，

$$\begin{vmatrix} a_{11} & a_{12} & \cdots & a_{1n} \\ \vdots & \vdots & \ddots & \vdots \\ b_{i1} & b_{i2} & \cdots & b_{in} \\ \vdots & \vdots & \ddots & \vdots \\ c_{j1} & c_{j2} & \cdots & c_{jn} \\ \vdots & \vdots & \ddots & \vdots \\ a_{n1} & a_{n2} & \cdots & a_{nn} \end{vmatrix} = \begin{vmatrix} a_{11} & a_{12} & \cdots & a_{1n} \\ \vdots & \vdots & \ddots & \vdots \\ b_{i1} & b_{i2} & \cdots & b_{in} \\ \vdots & \vdots & \ddots & \vdots \\ c_{j1} & c_{j2} & \cdots & c_{jn} \\ \vdots & \vdots & \ddots & \vdots \\ a_{n1} & a_{n2} & \cdots & a_{nn} \end{vmatrix} + k \begin{vmatrix} a_{11} & a_{12} & \cdots & a_{1n} \\ \vdots & \vdots & \ddots & \vdots \\ b_{i1} & b_{i2} & \cdots & b_{in} \\ \vdots & \vdots & \ddots & \vdots \\ b_{i1} & b_{i2} & \cdots & b_{in} \\ \vdots & \vdots & \ddots & \vdots \\ a_{n1} & a_{n2} & \cdots & a_{nn} \end{vmatrix}$$

$$
= \begin{vmatrix} a_{11} & a_{12} & \cdots & a_{1n} \\ \vdots & \vdots & \ddots & \vdots \\ b_{i1} & b_{i2} & \cdots & b_{in} \\ \vdots & \vdots & \ddots & \vdots \\ c_{j1} + kb_{i1} & c_{j2} + kb_{i2} & \cdots & c_{jn} + kb_{in} \\ \vdots & \vdots & \ddots & \vdots \\ a_{n1} & a_{n2} & \cdots & a_{nn} \end{vmatrix}
$$

となります．最初の式変形では同じ行があると行列式がゼロであること，2つ目の式変形では多重線形性を使っています．このことから，j 行目に i 行目を k 倍して加えても行列式の値は変わらないということがわかります．

同値変形による還元定理への帰着と大きな行列式の計算

ここまで見てきた性質は，すべて = で繋がれた式で表現できていることからわかるように，行列式に対する**同値変形**となっています．この同値変形を上手に使って最終的に還元定理に帰着させることで，ある程度大きな行列式でも求められるようになります．例えば，

$$
\begin{vmatrix} 3 & 2 & 1 \\ -2 & 2 & 0 \\ -1 & -1 & 3 \end{vmatrix} = \begin{vmatrix} 0 & -1 & 10 \\ -2 & 2 & 0 \\ -1 & -1 & 3 \end{vmatrix} \qquad \text{3行目を3倍して1行目に加える}
$$

$$
= -\begin{vmatrix} -1 & -1 & 3 \\ -2 & 2 & 0 \\ 0 & -1 & 10 \end{vmatrix} \qquad \text{1行目と3行目を入れかえる}
$$

$$
= -\begin{vmatrix} -1 & -1 & 3 \\ 0 & 4 & -6 \\ 0 & -1 & 10 \end{vmatrix} \qquad \text{1行目を}(-2)\text{倍して2行目に加える}
$$

$$
= \begin{vmatrix} 1 & 1 & -3 \\ 0 & 4 & -6 \\ 0 & -1 & 10 \end{vmatrix} \qquad \text{1行目を}(-1)\text{倍する}
$$

$$
= \begin{vmatrix} 4 & -6 \\ -1 & 10 \end{vmatrix} \qquad \text{還元定理}
$$

$$
= 4 \times 10 - (-6) \times (-1) = 34
$$

というような手続きで行列式の値が得られます．各段階でどの法則を使っているかをよく考えて読み取ってみてください．

ここでは，読み取りやすさを優先して丁寧に書きましたが，実際にはほとんどの段階を暗算で実行できるので，各成分が数字で与えられるときにはそれほど難しくはないですから，ぜひ諦めずにやってみましょう．ある行の定数倍を別の行に加えたり，順序を入れかえたりするので，式変形の手続きは簡約化と似ていますが，**操作によって別の行列を生成する簡約化と，同値変形であるここでの操作は，本質的に異なる**ことに注意してください．

Exercise 4. 11

$\begin{vmatrix} 3 & -1 & -1 & 3 \\ 2 & 3 & -2 & 3 \\ -1 & -1 & -2 & -2 \\ 0 & 0 & 1 & 1 \end{vmatrix}$ を求めなさい．

Coaching　定義からこのサイズの行列式を求めるのはかなり大変です．

$$\begin{aligned}\begin{vmatrix} 3 & -1 & -1 & 3 \\ 2 & 3 & -2 & 3 \\ -1 & -1 & -2 & -2 \\ 0 & 0 & 1 & 1 \end{vmatrix} &= \begin{vmatrix} 3 & -1 & -4 & 3 \\ 2 & 3 & -5 & 3 \\ -1 & -1 & 0 & -2 \\ 0 & 0 & 0 & 1 \end{vmatrix} = -\begin{vmatrix} 3 & -1 & -4 & 3 \\ 3 & 3 & -5 & 2 \\ -2 & -1 & 0 & -1 \\ 1 & 0 & 0 & 0 \end{vmatrix} \\ &= \begin{vmatrix} 1 & 0 & 0 & 0 \\ 3 & 3 & -5 & 2 \\ -2 & -1 & 0 & -1 \\ 3 & -1 & -4 & 3 \end{vmatrix} = \begin{vmatrix} 3 & -5 & 2 \\ -1 & 0 & -1 \\ -1 & -4 & 3 \end{vmatrix} \\ &= \begin{vmatrix} 1 & 4 & -3 \\ -1 & 0 & -1 \\ 3 & -5 & 2 \end{vmatrix} = \begin{vmatrix} 1 & 4 & -3 \\ 0 & 4 & -4 \\ 0 & -17 & 11 \end{vmatrix} = \begin{vmatrix} 4 & -4 \\ -17 & 11 \end{vmatrix} \\ &= -24\end{aligned}$$

各段階で，「4列目を (-1) 倍して3列目に加える」→「1列目と4列目を入れかえる」→「1行目と4行目を入れかえる」→「還元定理」→「1行目と3行目の入れかえ，1行目の (-1) 倍」→「1行目を2行目に加え，1行目の (-3) 倍を3行目に加える」→「還元定理」としていますが，読み取れたでしょうか．

もちろん，ここで示した手順でなくても構いません．読み取れることよりも，遠回りになったとしても自分の手で実行できるように何度もチャレンジしてみてください．コツは簡約階段化と似ていますが，**還元定理が使えるような状況にもっていくこと**です．どういう手順で扱っても結果は同じになります．そして，何よりも大事なのは，この程度の計算で挫けない気持ちの強さです．■

Training 4. 9

$\begin{vmatrix} -3 & -3 & 1 & 1 & 0 \\ 1 & -2 & -3 & -1 & -1 \\ 2 & -1 & -3 & -1 & -3 \\ 3 & -2 & 0 & -3 & 1 \\ -2 & -1 & 0 & -2 & -1 \end{vmatrix}$ を求めなさい．

余因子展開

さて，同値変形は行列式の値を得るときに非常に強力であることは体感できたのではないかと思います．ここでは，その途中経過に現れる構造を抽出してみましょう．

多重線形性と還元定理を用いると，例えば，

$$\begin{vmatrix} 1 & 2 & 4 \\ 3 & 9 & 27 \\ -1 & 1 & -1 \end{vmatrix} = \begin{vmatrix} 1 & 0 & 0 \\ 3 & 9 & 27 \\ -1 & 1 & -1 \end{vmatrix} + 2\begin{vmatrix} 0 & 1 & 0 \\ 3 & 9 & 27 \\ -1 & 1 & -1 \end{vmatrix} + 4\begin{vmatrix} 0 & 0 & 1 \\ 3 & 9 & 27 \\ -1 & 1 & -1 \end{vmatrix}$$

$$= 1\begin{vmatrix} 9 & 27 \\ 1 & -1 \end{vmatrix} - 2\begin{vmatrix} 3 & 27 \\ -1 & -1 \end{vmatrix} + 4\begin{vmatrix} 3 & 9 \\ -1 & 1 \end{vmatrix} \qquad (4.22)$$

とすることができます．これは，大きな行列式を小さな行列式で「展開」しているように見ることができるでしょう．

一般に，ある行列 $A = (a_{ij})$ に対して，k 行目と l 列目を除いた行列の行列式 D_{kl} を**小行列式**といいます．例えば，$A = \begin{pmatrix} 1 & 2 & 3 & 4 \\ 5 & 6 & 7 & 8 \\ 9 & 10 & 11 & 12 \\ 13 & 14 & 15 & 16 \end{pmatrix}$ に対して

$D_{13} = \begin{vmatrix} 5 & 6 & 8 \\ 9 & 10 & 12 \\ 13 & 14 & 16 \end{vmatrix}$，$D_{23} = \begin{vmatrix} 1 & 2 & 4 \\ 9 & 10 & 12 \\ 13 & 14 & 16 \end{vmatrix}$ などのようになります．この小行列

式は名前の通り，元の行列 A の行列式に比べてサイズがひと回り小さくなっています．

(4.22) の例で見たように，行列式の同値変形と等価ではありますが，det (A) は小行列式で展開することができて，

$$|A| = \sum_j (-1)^{i+j} a_{ij} D_{ij} = \sum_i (-1)^{i+j} a_{ij} D_{ij} \tag{4.23}$$

とすることができます．この性質はかなり強力で，**余因子展開**といわれています．余因子というのは $(-1)^{i+j} D_{ij}$ のことで，これに各成分を掛け算した形での展開になっています．

(4.23) で気を付けて欲しいのは，第 2 式の $\sum$ は j のみについての和，第 3 式の $\sum$ は i のみについての和となっていることで，**ある特定の行や列にのみ着目して展開する**ということです．具体的な例でいえば，(4.22) は 1 行目に着目した場合に相当し，2 列目に着目した場合には

$$\begin{vmatrix} 1 & 2 & 4 \\ 3 & 9 & 27 \\ -1 & 1 & -1 \end{vmatrix} = -2\begin{vmatrix} 3 & 27 \\ -1 & -1 \end{vmatrix} + 9\begin{vmatrix} 1 & 4 \\ -1 & -1 \end{vmatrix} - 1\begin{vmatrix} 1 & 4 \\ 3 & 27 \end{vmatrix}$$

となります．いずれも計算結果は同じになりますが，展開の見た目は異なるので，必要に応じて適切な形式を選ぶようにしましょう．

Coffee Break

ルイス・キャロルと行列式

『不思議の国のアリス』などの童話を著したルイス・キャロル（本名 C. L. Dodgson）が数学者でもあったことは有名で，実際に童話の中でも数遊びのような表現が使われています．童話には含まれていませんが，彼の研究成果の 1 つに**行列式の縮約**[13] という，行列式の少し特殊な計算方法があります．これは現代ではあまり使われていませんが，コラムの 1 つとして紹介します．

ある $n \times n$ 行列 $A = (a_{ij})$ があったとき，1 行目と n 行目，1 列目と n 列目を取り除いた $(n-2) \times (n-2)$ 行列を “interior” といいます．

まず，$A_0 = A$ として左上の 4 つの成分を取り出した行列の行列式 $\begin{vmatrix} a_{11} & a_{12} \\ a_{21} & a_{22} \end{vmatrix} =$

13) C. L. Dodgson: Proc. Royal Soc. London, **15** (1866) 150.

$a_{11}^{(1)}$，1 列ズラした行列の行列式$\begin{vmatrix} a_{12} & a_{13} \\ a_{22} & a_{23} \end{vmatrix} = a_{12}^{(1)}$ などと繰り返して新しい行列 $A_1 = (a_{ij}^{(1)})$ の 1 行目 $a_{1j}^{(1)}$ をつくります．続いて，同様に $\begin{vmatrix} a_{21} & a_{22} \\ a_{31} & a_{32} \end{vmatrix} = a_{21}^{(1)}$ などとして A_1 の 2 行目 $a_{2j}^{(1)}$ をつくります．これを繰り返していくと，$(n-1)\times(n-1)$ 行列 A_1 ができます．さらに A_2 を同様にして得ますが，A_2 以降の A_n では，それぞれの成分を A_{n-2} の対応する interior で割ります．成分が 1 つになるまで以上の作業を繰り返すと，最後に辿りついた数字が行列式の値となります．

$$\begin{vmatrix} -2 & -1 & -1 & -4 \\ -1 & -2 & -1 & -6 \\ -1 & -1 & 2 & 4 \\ 2 & 1 & -3 & -8 \end{vmatrix} : |A_0|$$

$$\rightarrow \begin{vmatrix} 3 & -1 & 2 \\ -1 & -5 & 8 \\ 1 & 1 & -4 \end{vmatrix} : |A_1|$$

$$\rightarrow \begin{vmatrix} -16/(-2) & 2/(-1) \\ 4/(-1) & 12/(2) \end{vmatrix} = \begin{vmatrix} 8 & -2 \\ -4 & 6 \end{vmatrix} : |A_2|$$

$$\rightarrow |40/(-5)| = -8 : |A_3|$$

① 最初は 4 つずつの組で det を得て並べる．
② 2 回目からは，同様にして，2 つ前の interior で割る．
③ 1 つの数になるまで繰り返す．

図 4.13　行列式の縮約の手順

文面で書くとわかりづらいですが，具体的な計算は図 4.13 のようになります．

4.7 固有値・固有ベクトルと対角化

ここまでお膳立てがそろえば，固有値・固有ベクトルについて理解するのは簡単です．おそらく物理学への応用で最も頻繁に用いるのが，ここで見る固有値・固有ベクトルの取り扱いと，それらを用いた対角化です．分野を問わず頻繁に遭遇しますので，確実に習得してください．

4.7.1 固有値と固有ベクトル

あるベクトル $|r\rangle$ に行列 A を掛けて $A|r\rangle$ とすると，通常は $|r\rangle$ とは異なるベクトルが得られます．しかし，$|r\rangle$ を上手く選ぶと，元の $|r\rangle$ と $A|r\rangle$ が平行になることがあります．すなわち

$$A|r\rangle = \lambda|r\rangle \quad \Leftrightarrow \quad (A - \lambda\mathbf{1})|r\rangle = \mathbf{0} \tag{4.24}$$

となるようなゼロベクトルでない $|r\rangle$，および定数 λ が存在することがあります．このような $|r\rangle$ を**固有ベクトル**，λ を**固有値**といいます．

$|r\rangle$ や λ を求めるためには，$(A-\lambda\mathbf{1})^{-1}$ が存在しないことに気づければOKです．もし，$(A-\lambda\mathbf{1})^{-1}$ が存在すると，(4.24) に $(A-\lambda\mathbf{1})^{-1}$ を掛ければ

$$(A-\lambda\mathbf{1})^{-1}(A-\lambda\mathbf{1})|r\rangle = (A-\lambda\mathbf{1})^{-1}\mathbf{0} \quad\Leftrightarrow\quad |r\rangle = \mathbf{0}$$

となってしまい，$|r\rangle$ がゼロベクトルでないことと矛盾します．したがって，$(A-\lambda\mathbf{1})^{-1}$ は存在せず，$(A-\lambda\mathbf{1})$ は正則でないことになるので

$$\det(A-\lambda\mathbf{1}) = |A-\lambda\mathbf{1}| = 0$$

となります．この方程式の左辺を**固有多項式**といいます．固有多項式は名前の通り，λ に関する多項式になるので，λ について解けば固有値が求まります．λ が求まれば，$|r\rangle$ を得るのはそれほど難しくはありません．

具体的にやってみましょう．$A=\begin{pmatrix}4 & -2\\ 1 & 1\end{pmatrix}$ とし，この A の固有値 λ と固有ベクトル $|r\rangle$ を求めてみましょう．まず，$|A-\lambda\mathbf{1}|=0$ より $(4-\lambda)(1-\lambda)+2=0 \quad\Leftrightarrow\quad (\lambda-2)(\lambda-3)=0$ となり，$\lambda=2,3$ が得られます．

$\lambda=2$ のとき，$|r\rangle=\begin{pmatrix}x\\ y\end{pmatrix}$ とすると

$$(A-\lambda\mathbf{1})|r\rangle=\mathbf{0} \quad\Leftrightarrow\quad \begin{cases}2x-2y=0\\ x-y=0\end{cases}$$

となります．すなわち，$x=y$ であるようなベクトルが固有ベクトルであり，実数 c_1 を用いて $|r\rangle=c_1\begin{pmatrix}1\\ 1\end{pmatrix}$ となります．物理学では，多くの場合に $|r\rangle$ の大きさが1になるように**規格化**して，$c_1=1/\sqrt{2}$ とします[14)]．従って，固有値 $\lambda=2$ に属する固有ベクトル（の1つ）は $|r\rangle=\dfrac{1}{\sqrt{2}}\begin{pmatrix}1\\ 1\end{pmatrix}$ と得られます．

同様にして，$\lambda=3$ の場合は

$$(A-\lambda\mathbf{1})|r\rangle=\mathbf{0} \quad\Leftrightarrow\quad \begin{cases}x-2y=0\\ x-2y=0\end{cases}$$

なので，$x=2y$ となるようなベクトルが固有ベクトルであり，実数 c_2 を用いて $|r\rangle=c_2\begin{pmatrix}2\\ 1\end{pmatrix}$ となります．これも規格化して $|r\rangle=\dfrac{1}{\sqrt{5}}\begin{pmatrix}2\\ 1\end{pmatrix}$ とする

14)　これは必要だからではなく，便利だからです．

ことが多いです．

ここまでのことがある程度納得できていれば，この作業自体はそれほど難しくないのではないでしょうか．行列が少し大きくなっても，同様にできます．Exercise 4.12 にチャレンジしてみましょう．

Exercise 4.12

次の行列 A の固有値と規格化された固有ベクトルを求めなさい．

$$A = \begin{pmatrix} 1 & 1 & 3 \\ 1 & 5 & 1 \\ 3 & 1 & 1 \end{pmatrix}$$

Coaching　まずは $|A - \lambda \mathbf{1}| = 0$ となる λ を求めると，

$$\begin{vmatrix} 1-\lambda & 1 & 3 \\ 1 & 5-\lambda & 1 \\ 3 & 1 & 1-\lambda \end{vmatrix} = (\lambda+2)(\lambda-3)(\lambda-6) = 0$$

なので，$\lambda = -2, 3, 6$ です．固有ベクトルを $|r\rangle = \begin{pmatrix} x \\ y \\ z \end{pmatrix}$ とすると，$\lambda = -2$ のとき，

$$(A - \lambda \mathbf{1})|r\rangle = \mathbf{0} \quad \Leftrightarrow \quad \begin{cases} 3x + y + 3z = 0 \\ x + 7y + z \ = 0 \\ 3x + y + 3z = 0 \end{cases}$$

となります．これを解くと，$y = 0$, $z = -x$ となるので，規格化された固有ベクトルは $|r\rangle = \dfrac{1}{\sqrt{2}}\begin{pmatrix} 1 \\ 0 \\ -1 \end{pmatrix}$ となります．

同様に，$\lambda = 3$ のとき，

$$(A - \lambda \mathbf{1})|r\rangle = \mathbf{0} \quad \Leftrightarrow \quad \begin{cases} -2x + y + 3z = 0 \\ x + 2y + z = 0 \\ 3x + y - 2z = 0 \end{cases}$$

となります．これを解くと $y = -x$, $z = x$ となるので，規格化された固有ベクトルは $|r\rangle = \dfrac{1}{\sqrt{3}}\begin{pmatrix} 1 \\ -1 \\ 1 \end{pmatrix}$ となります．

さらに，$\lambda = 6$ のとき，

$$(A-\lambda\mathbf{1})|r\rangle=\mathbf{0}\quad\Leftrightarrow\quad\begin{cases}-5x+y+3z=0\\ \quad x-y+z=0\\ 3x+y-5z=0\end{cases}$$

となります．これを解くと $y=2x$, $z=x$ となるので，規格化された固有ベクトルは $|r\rangle=\dfrac{1}{\sqrt{6}}\begin{pmatrix}1\\2\\1\end{pmatrix}$ となります． ■

Training 4.10

$A=\begin{pmatrix}4&2\\1&3\end{pmatrix}$ の固有値と規格化された固有ベクトルを求めなさい．

4.7.2 対角化

行列 A の固有値とそれに対応する固有ベクトルがすべて求まったとします．A が $n\times n$ 行列であれば，典型的には n 個の固有値 $\lambda=\lambda_1,\lambda_2,\cdots,\lambda_n$ があり，それに対応する固有ベクトル $|r_1\rangle,|r_2\rangle,\cdots,|r_n\rangle$ が得られます．

そこで，固有ベクトルを並べて得られる行列 $P=(|r_1\rangle\ |r_2\rangle\ \cdots\ |r_n\rangle)$ をつくり AP を求めると，定義より

$$AP=A(|r_1\rangle\ |r_2\rangle\ \cdots\ |r_n\rangle)=(\lambda_1|r_1\rangle\ \lambda_2|r_2\rangle\ \cdots\ \lambda_n|r_n\rangle) \tag{4.25}$$

となります．一方で，P を n 次の対角行列 $\Lambda=\begin{pmatrix}\lambda_1&0&\cdots&0\\0&\lambda_2&\cdots&0\\\vdots&\vdots&\ddots&\vdots\\0&0&\cdots&\lambda_n\end{pmatrix}$ に掛けると

$$P\Lambda=(|r_1\rangle\ |r_2\rangle\ \cdots\ |r_n\rangle)\Lambda=(\lambda_1|r_1\rangle\ \lambda_2|r_2\rangle\ \cdots\ \lambda_n|r_n\rangle) \tag{4.26}$$

となります．したがって，(4.25) と (4.26) は等しく，

$$AP=P\Lambda\quad\Leftrightarrow\quad P^{-1}AP=\Lambda \tag{4.27}$$

となります．つまり，A を $P^{-1}AP$ と変換することで，対角成分に固有値が並んだ対角行列 Λ にすることができます．

この操作を**対角化**といい，ここで用いる行列 P を**対角化行列**といいます．(4.27) から，**対角化では，標準基底から固有ベクトルが成す基底への基底変換になっている**，ということに気づけると，対角成分しか現れないことが納得しやすいかと思います（4.4.3 項を参照）．

対角化ができると，例えば $(P^{-1}AP)^k = P^{-1}A^kP = \Lambda^k$ などとして，$A^k = P\Lambda^kP^{-1}$ が得られるなど，活用の範囲が非常に広がります．物理学の広い分野で対角化が基本になっているので，ぜひできるようにしておきましょう．

Exercise 4.13

次の行列 A の対角化行列 P を構成し，A^n を求めなさい．ただし，n は自然数とします．

$$A = \begin{pmatrix} 1 & 1 & 3 \\ 1 & 5 & 1 \\ 3 & 1 & 1 \end{pmatrix}$$

Coaching Exercise 4.12 より，固有値 λ と固有ベクトル $|r\rangle$ はそれぞれ $\lambda_1 = -2$, $\lambda_2 = 3$, $\lambda_3 = 6$ および $|r_1\rangle = \frac{1}{\sqrt{2}}\begin{pmatrix} 1 \\ 0 \\ -1 \end{pmatrix}$, $|r_2\rangle = \frac{1}{\sqrt{3}}\begin{pmatrix} 1 \\ -1 \\ 1 \end{pmatrix}$, $|r_3\rangle = \frac{1}{\sqrt{6}}\begin{pmatrix} 1 \\ 2 \\ 1 \end{pmatrix}$ と求まっています．これを用いて対角化行列 P をつくると，規格化係数を除いて $P = \begin{pmatrix} 1 & 1 & 1 \\ 0 & -1 & 2 \\ -1 & 1 & 1 \end{pmatrix}$ となります．「規格化の係数を除いてもよいのか？」という疑問が湧くかもしれませんが，(4.27) のようになってさえいればよいので，この場合は必ずしも必要ありません．もちろん係数を付けても構いませんが，数字が汚くなって逆行列を求めるのが大変になりますので，ここでは除いておきます．

すると，4.5.2 項の手順を用いて逆行列は $P^{-1} = \begin{pmatrix} 1/2 & 0 & -1/2 \\ 1/3 & -1/3 & 1/3 \\ 1/6 & 1/3 & 1/6 \end{pmatrix}$ なので，

$P^{-1}AP = \begin{pmatrix} -2 & 0 & 0 \\ 0 & 3 & 0 \\ 0 & 0 & 6 \end{pmatrix}$ となって，確かに対角化できていることがわかります．

さらに，このとき，$(P^{-1}AP)^n = \begin{pmatrix} (-2)^n & 0 & 0 \\ 0 & 3^n & 0 \\ 0 & 0 & 6^n \end{pmatrix}$ と得られるので，

$$(P^{-1}AP)^n = P^{-1}APP^{-1}APP^{-1}AP \cdots P^{-1}AP = P^{-1}A^nP$$

であることを用いて

$$\begin{pmatrix} (-2)^n & 0 & 0 \\ 0 & 3^n & 0 \\ 0 & 0 & 6^n \end{pmatrix} = P^{-1}A^nP \quad \Leftrightarrow \quad A^n = P\begin{pmatrix} (-2)^n & 0 & 0 \\ 0 & 3^n & 0 \\ 0 & 0 & 6^n \end{pmatrix}P^{-1}$$

$$\Leftrightarrow \quad A^n = \begin{pmatrix} 1 & 1 & 1 \\ 0 & -1 & 2 \\ -1 & 1 & 1 \end{pmatrix} \begin{pmatrix} (-2)^n & 0 & 0 \\ 0 & 3^n & 0 \\ 0 & 0 & 6^n \end{pmatrix} \begin{pmatrix} 1/2 & 0 & -1/2 \\ 1/3 & -1/3 & 1/3 \\ 1/6 & 1/3 & 1/6 \end{pmatrix}$$

$$\Leftrightarrow \quad A^n = \frac{1}{6}\begin{pmatrix} 3(-2)^n + 2\cdot 3^n + 6^n & 2\cdot 3^n(2^n - 1) & -3(-2)^n + 2\cdot 3^n + 6^n \\ 2\cdot 3^n(2^n - 1) & 2\cdot 3^n(2^{n+1} + 1) & 2\cdot 3^n(2^n - 1) \\ -3(-2)^n + 2\cdot 3^n + 6^n & 2\cdot 3^n(2^n - 1) & 3(-2)^n + 2\cdot 3^n + 6^n \end{pmatrix}$$

となります. ■

 **Training 4. 11**

$A = \begin{pmatrix} 4 & 2 \\ 1 & 3 \end{pmatrix}$ の対角化行列 P を導入し，$P^{-1}AP$ および A^n を求めなさい．ただし，n は自然数とします．

4. 8　共役行列の特徴

本章の冒頭で紹介した転置共役やエルミート共役はいろいろな特徴があり，特に量子力学や情報理論においては，それらの性質を積極的に利用していくことになります．ここですべてを紹介することはできませんが，特に初習の段階でよく出会うものについて示しておきましょう．一般の場合についても考えることはできますが，とりあえずは正方行列を対象とします．

まず，計算上の特徴として，転置共役・エルミート共役は共に「**積の共役はそれぞれの共役の逆順の積**」となっていて

$$(AB)^t = B^t A^t, \qquad (AB)^\dagger = B^\dagger A^\dagger$$

となります．この確認は結構簡単で，$A = (a_{ij})$，$B = (b_{ij})$，$AB = (c_{ij})$ および $A^t = (a_{ij}')$，$B^t = (b_{ij}')$，$(AB)^t = (c_{ij}')$ とすると，$a_{ij}' = a_{ji}$，$b_{ij}' = b_{ji}$，$c_{ij}' = c_{ji}$ と $c_{ij} = \sum_k a_{ik} b_{kj}$ が成り立つので

$$c_{ij}' = c_{ji} = \sum_k a_{jk} b_{ki} = \sum_k b_{ki} a_{jk} = \sum_k b_{ik}' a_{kj}' = (B^t A^t) \text{ の } (i, j) \text{ 成分}$$

として示せます．自分で具体的に好きな行列をつくって試してみると，より納得できると思います．エルミート共役の場合も基本的には同じで，成分の複素共役が付くだけです．

Exercise 4. 14

次の行列 A, B について，$(AB)^t$，A^tB^t，B^tA^t を求めて比較しなさい．

$$A = \begin{pmatrix} 1 & 1 & 3 \\ 1 & 5 & 1 \\ 3 & 1 & 1 \end{pmatrix}, \qquad B = \begin{pmatrix} 1 & 2 & 3 \\ 4 & 5 & 1 \\ 3 & 4 & 2 \end{pmatrix}$$

Coaching $(AB)^t$ を求めるためには，まずは AB を計算して，それを転置しましょう．計算するだけですが，順序に注意すると

$$(AB)^t = \begin{pmatrix} 14 & 24 & 10 \\ 19 & 31 & 15 \\ 10 & 10 & 12 \end{pmatrix}, \qquad A^tB^t = \begin{pmatrix} 12 & 12 & 13 \\ 14 & 30 & 25 \\ 8 & 18 & 15 \end{pmatrix}, \qquad B^tA^t = \begin{pmatrix} 14 & 24 & 10 \\ 19 & 31 & 15 \\ 10 & 10 & 12 \end{pmatrix}$$

となります．確かに，$(AB)^t = B^tA^t \neq A^tB^t$ となっていることが確認できます．■

Training 4. 12

Exercise 4.14 の A, B に対して $[A, B]^t$ を求めなさい．

T, R, H, U をそれぞれ正方行列として，T, R はすべての成分が実数であるとし，H, U は複素数を成分にもつとします．これらが，転置共役やエルミート共役をとったときに元の行列と特別な関係にあるときには，次のような特別な名前が与えられています．

$T^t = T$：**実対称行列**，　$R^t = R^{-1}$：**実直交行列**

$H^\dagger = H$：**エルミート行列**，　$U^\dagger = U^{-1}$：**ユニタリー行列**

これらは，それぞれにちょっとした特徴があって，特に固有値や対角化行列にそれが現れます．実対称行列はエルミート行列の特別な場合であり，実直交行列はユニタリー行列の特別な場合であることはすぐに納得できるでしょう．そこで，ここではエルミート行列とユニタリー行列を用いて，特に量子力学でよく用いる典型的な特徴を確認してみましょう．

エルミート行列の固有値は実数である

エルミート行列 H の固有値の1つを λ とし，それに属する固有ベクトルを $|r\rangle$ とします．すると固有値・固有ベクトルの関係から $H|r\rangle = \lambda|r\rangle$ と

なり，この両辺のエルミート共役をとることで，$\langle r|H^\dagger = \lambda^* \langle r|$ も成り立ちます．したがって $H = H^\dagger$ であることから，$\langle r|H|r\rangle$ は次のように 2 通りの表し方があります．

$$\langle r|H|r\rangle = \begin{cases} \langle r|(H|r\rangle) = \langle r|(\lambda|r\rangle) = \lambda\langle r|r\rangle \\ \langle r|H^\dagger|r\rangle = (\langle r|H^\dagger)|r\rangle = (\langle r|\lambda^*)|r\rangle = \lambda^*\langle r|r\rangle \end{cases}$$

固有ベクトルはゼロでない大きさをもつので $\langle r|r\rangle \neq 0$ であり，これら 2 つの表現が一致するので，$\lambda = \lambda^*$ となります．つまり，**エルミート行列の固有値 λ は実数**であることがわかります．

エルミート行列の固有ベクトルは直交する

エルミート行列 H の異なる 2 つの固有値を λ_j と λ_k とし，それぞれに属する固有ベクトルを $|r_j\rangle, |r_k\rangle$ とします．つまり，$\lambda_j \neq \lambda_k$ に対して $H|r_j\rangle = \lambda_j|r_j\rangle$，$H|r_k\rangle = \lambda_k|r_k\rangle$ となるとします．このとき，λ_j, λ_k が実数であることに注意すると，

$$\langle r_j|H|r_k\rangle = \begin{cases} \lambda_k\langle r_j|r_k\rangle \\ \lambda_j^*\langle r_j|r_k\rangle = \lambda_j\langle r_j|r_k\rangle \end{cases}$$

となるので，$\lambda_k\langle r_j|r_k\rangle = \lambda_j\langle r_j|r_k\rangle \quad \Leftrightarrow \quad (\lambda_j - \lambda_k)\langle r_j|r_k\rangle = 0$ です．いまは $\lambda_j \neq \lambda_k$ であったので，このことから $\langle r_j|r_k\rangle = 0$ となり，**エルミート行列の異なる固有値に属する固有ベクトルは直交**することがわかります．

エルミート行列はユニタリー行列で対角化できる

$n \times n$ のエルミート行列 H の固有値を $\lambda_1, \lambda_2, \cdots, \lambda_n$ とし，それぞれに属する固有ベクトルを $|r_1\rangle$, $|r_2\rangle$, $\cdots$, $|r_n\rangle$ とします．この固有ベクトルを用いて対角化行列 $P = (|r_1\rangle\ |r_2\rangle\ \cdots\ |r_n\rangle)$ を用意すると

$$P^\dagger P = \begin{pmatrix} \langle r_1| \\ \langle r_2| \\ \vdots \\ \langle r_n| \end{pmatrix} (|r_1\rangle\ |r_2\rangle\ \cdots\ |r_n\rangle) = \begin{pmatrix} \langle r_1|r_1\rangle & \langle r_1|r_2\rangle & \cdots & \langle r_1|r_n\rangle \\ \langle r_2|r_1\rangle & \langle r_2|r_2\rangle & \cdots & \langle r_2|r_n\rangle \\ \vdots & \vdots & \ddots & \vdots \\ \langle r_n|r_1\rangle & \langle r_n|r_2\rangle & \cdots & \langle r_n|r_n\rangle \end{pmatrix}$$

となることがわかります．エルミート行列の固有ベクトルが直交することから，$P^\dagger P$ の非対角成分はすべてゼロになります．また，対角成分は，固有ベクトルをすべて規格化しておくことで 1 にすることができます．つまり，$P^\dagger P = \mathbf{1}$ とすることができます．少し大変ですが，同様にして $PP^\dagger = \mathbf{1}$ も

成り立つことが確認できます．結局，$P^\dagger = P^{-1}$ であることになり，これはエルミート行列がユニタリー行列で対角化できることを示しています[15)]．

 Exercise 4.15

次の行列 A について，固有値・固有ベクトル・対角化行列を求め，次の (1) ～ (3) を示しなさい．

$$A = \begin{pmatrix} 0 & -i & 0 \\ i & 0 & -i \\ 0 & i & 0 \end{pmatrix}$$

(1) 固有値が実数であること．　(2) 固有ベクトルが直交すること．

(3) ユニタリー行列で対角化できること．

Coaching まずは固有値と固有ベクトルを求めてしまいましょう．固有値 λ_j に属する固有ベクトル $|r_j\rangle$ を規格化しておくと

$$\lambda_1 = -\sqrt{2}, \quad \lambda_2 = 0, \quad \lambda_3 = \sqrt{2}$$

$$|r_1\rangle = \frac{1}{2}\begin{pmatrix} -1 \\ \sqrt{2}i \\ 1 \end{pmatrix}, \quad |r_2\rangle = \frac{1}{\sqrt{2}}\begin{pmatrix} 1 \\ 0 \\ 1 \end{pmatrix}, \quad |r_3\rangle = \frac{1}{2}\begin{pmatrix} -1 \\ -\sqrt{2}i \\ 1 \end{pmatrix}$$

となります．

(1) の固有値が実数であることは明らかですね．(2) については，

$$\langle r_1|r_2\rangle = \langle r_1|r_3\rangle = \langle r_2|r_3\rangle = 0$$

となることから確認できます．$\langle r_1|r_3\rangle$ の計算で，$\langle r_1|$ は $|r_1\rangle$ のエルミート共役なので，転置するだけではなく，複素共役をとることを忘れないようにしてください．

(3) については，$P = (|r_1\rangle\ |r_2\rangle\ |r_3\rangle)$ として，$P^\dagger, P^{-1}$ をつくると

$$P^\dagger = P^{-1} = \begin{pmatrix} -1/2 & -i/\sqrt{2} & 1/2 \\ 1/\sqrt{2} & 0 & 1/\sqrt{2} \\ -1/2 & i/\sqrt{2} & 1/2 \end{pmatrix}$$

となります．このことから，この対角化行列 P はユニタリー行列であることが

15) 固有ベクトルを規格化しない場合には，対角化行列は厳密にはユニタリー行列とはならないので「ユニタリー行列でなくても対角化はできる」といわざるを得ないのですが，物理学では様々な理由で規格化するのが標準的なので，大抵の場合にはユニタリー行列が選ばれると思っていて構いません．

わかります．また，実際に $P^{-1}AP$ が対角行列になっていることも確認してください．

■

本章のPoint

- **ベクトルの線形独立**：n 個のベクトルのセット $\{|v_1\rangle, |v_2\rangle, \cdots, |v_n\rangle\}$ が線形独立であるとき，

$$c_1|v_1\rangle + c_2|v_2\rangle + \cdots + c_n|v_n\rangle = \mathbf{0}$$

を満たす $c_1, c_2, \cdots, c_n$ は $c_1 = c_2 = \cdots = c_n = 0$ しか存在しない．

- **ベクトルの線形結合**：n 次元ベクトル $|V\rangle$ は線形独立な n 個のベクトル $\{|v_1\rangle, |v_2\rangle, \cdots, |v_n\rangle\}$ の線形結合で表すことができる．

$$|V\rangle = c_1|v_1\rangle + c_2|v_2\rangle + \cdots + c_n|v_n\rangle$$

このとき，$\{|v_1\rangle, |v_2\rangle, \cdots, |v_n\rangle\}$ を基底という．

- **正規直交基底**：

$\langle v_j|v_k\rangle = \begin{cases} 1 & (j = k) \\ 0 & (j \neq k) \end{cases}$ を満たす基底 $\{|v_1\rangle, |v_2\rangle, \cdots\}$ を正規直交基底という．

- **正則行列**：行列 A に対して $AA^{-1} = \mathbf{1}$，$A^{-1}A = \mathbf{1}$ となる A^{-1} を逆行列といい，逆行列の存在する行列を正則行列という．

- **行列式**：行列 $A = (a_{ij})$ の行列式は置換 $\sigma = \begin{bmatrix} 1 & 2 & 3 & \cdots & n \\ \sigma_1 & \sigma_2 & \sigma_3 & \cdots & \sigma_n \end{bmatrix}$ を用いて

$$\det A = |A| = \sum_{\sigma} \mathrm{sgn}(\sigma) a_{1\sigma_1} a_{2\sigma_2} \cdots a_{n\sigma_n}$$

と定義される．和は，可能なすべての置換に対してとる．

- **固有値・固有ベクトル**：行列 A の固有値 λ と固有ベクトル $|r\rangle$ は $A|r\rangle = \lambda|r\rangle$ を満たす．

Practice

[4. 1] 基礎の確認

$A = \begin{pmatrix} 1 & 2 \\ 1 & 3 \end{pmatrix}$, $B = \begin{pmatrix} 1 & 1 \\ 3 & 1 \end{pmatrix}$ とします.

(1) $(A - 2B)^2$ を求めなさい.

(2) A^{-1} および B^{-1} を求めなさい.

(3) $[A^{-1}, B]$ を求めなさい.

(4) $\det AB$ を求めなさい.

(5) B の固有値と規格化された固有ベクトルを求めなさい.

[4. 2] パウリ行列

行列 $\sigma_x, \sigma_y, \sigma_z$ を

$$\sigma_x = \begin{pmatrix} 0 & 1 \\ 1 & 0 \end{pmatrix}, \qquad \sigma_y = \begin{pmatrix} 0 & -i \\ i & 0 \end{pmatrix}, \qquad \sigma_z = \begin{pmatrix} 1 & 0 \\ 0 & -1 \end{pmatrix}$$

とするとき，これを**パウリ行列**といいます[16]．次の問いに答えなさい.

(1) $\sigma_x \sigma_y = i\sigma_z$ が成り立つことを示しなさい.

(2) $\sigma_x, \sigma_y, \sigma_z$ の固有値と固有ベクトルを求めなさい.

(3) $e^x = \sum_{n=0}^{\infty} \frac{x^n}{n!}$ であることを用いて，$\exp(K\sigma_z) = \mathbf{1} \cosh K + \sigma_z \sinh K$ であることを示しなさい．ただし，K は実数の定数とします.

[4. 3] 行列の基本変形と行列式の同値変形

行列 A, B をそれぞれ

$$A = \begin{pmatrix} 1 & -1 & -2 & 3 & 1 & 2 \\ 2 & 3 & 2 & 1 & 0 & -1 \\ -3 & -7 & -4 & 7 & 1 & 4 \\ 1 & -1 & 0 & 9 & 1 & 2 \\ 0 & -5 & -8 & 1 & 6 & 9 \end{pmatrix}, \qquad B = \begin{pmatrix} -1 & 3 & -3 & 0 & -1 & 3 \\ 1 & 0 & 1 & 2 & 0 & 2 \\ -1 & 0 & -2 & -1 & -1 & 1 \\ 2 & 2 & 0 & 3 & -2 & 2 \\ 2 & 1 & 1 & 1 & -3 & -3 \\ -1 & 1 & -2 & 1 & -1 & 3 \end{pmatrix}$$

とするとき，次の問いに答えなさい.

(1) A を簡約階段化しなさい.

(2) $|B|$ を求めなさい.

---

16) 量子力学でよく使うので，簡単な行列ですが見慣れておくとよいでしょう.

ベクトル解析

本章では，ベクトル場の微分や積分についての基本事項を身に付けます．まず，ベクトルの内積（スカラー積）の復習と外積（ベクトル積）の導入を行い，その後，ベクトル場がどのようなものかについて簡単に示します．ベクトル場の微分や積分は電磁気学を中心として，物理学の学習の初期段階で現れるので，まずはこれらをきちんと計算できるようになりましょう．

5.1 ベクトルの関数と微分

ベクトル解析の技法は，初学者は主に電磁気学でよく出会うので，そこでの利用を念頭に置き，いくつかの重要な記述方法をまとめておきます．このあたりで，高等学校までにあまりなじんで来なかった記号が増えるので，苦手意識をもつ方も多いように思います．書き方だけの都合でわからなくなるのはもったいないので，早めに慣れてしまいましょう．

5.1.1 対象とする空間とベクトルの表示

電磁気学における多くの議論は実空間を舞台としてなされるので，本章での空間は3次元に限定します．そして，3次元ベクトルで表される様々な物理量（力，電場，磁場，ベクトルポテンシャルなど）を想定して，ベクトルの表記は太字表記（$\boldsymbol{A}$ など）とします．空間中の座標を表すには，(x, y, z)

座標が用いられるとして，この座標点を表す**位置ベクトル**を $\boldsymbol{r}=\begin{pmatrix} x \\ y \\ z \end{pmatrix}$ とします．特に断りがない場合，(x,y,z) の直交座標系は図5.1に示すような**右手系**とします．図5.1が右手系といわれる理由は，右手の親指を x，人差し指を y，中指を z に見立てたときに右手でつくれる系だからです[1]．

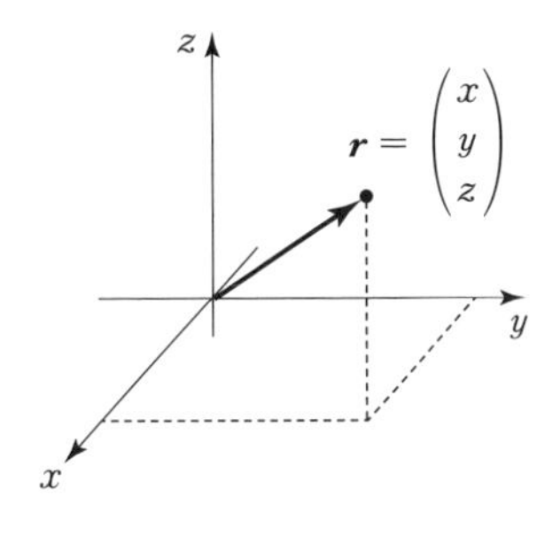

図5.1 右手系

さらに，x,y,z それぞれの方向に向いた大きさ1のベクトルの組を $\boldsymbol{e}_x,\boldsymbol{e}_y,\boldsymbol{e}_z$ とします．これは直交座標系の標準基底に対応して，具体的には次のようになります．

$$\boldsymbol{e}_x=\begin{pmatrix} 1 \\ 0 \\ 0 \end{pmatrix},\quad \boldsymbol{e}_y=\begin{pmatrix} 0 \\ 1 \\ 0 \end{pmatrix},\quad \boldsymbol{e}_z=\begin{pmatrix} 0 \\ 0 \\ 1 \end{pmatrix}$$

この基底を用いると，例えば，

$$a\boldsymbol{e}_x+b\boldsymbol{e}_y+c\boldsymbol{e}_z=a\begin{pmatrix} 1 \\ 0 \\ 0 \end{pmatrix}+b\begin{pmatrix} 0 \\ 1 \\ 0 \end{pmatrix}+c\begin{pmatrix} 0 \\ 0 \\ 1 \end{pmatrix}=\begin{pmatrix} a \\ b \\ c \end{pmatrix}$$

となります．右辺の記法には慣れていると思いますが，ベクトル解析では左辺のような記法もよく遭遇しますので，どちらの書き方でもすぐに対応できるようにしておきましょう．

5.1.2 微分記号

3次元空間の中での微分には，x,y,z など多くの変数があるので，偏微分が頻繁に現れます．しかも，ベクトルの成分の中に微分記号が含まれる場合もあり，非常に煩雑になります．そこで本書では，少しでも記号をシンプルにするために，微分はなるべく $\partial_x,\partial_y,\partial_z$ の記法を用いることにします．すで

1) 左手でこれをつくるのは結構大変で，どれかの軸を逆向きにする必要があり，そのような座標系を**左手系**といいます．

に第1章で紹介していますが，それぞれ $\partial_x = \dfrac{\partial}{\partial x}$，$\partial_y = \dfrac{\partial}{\partial y}$，$\partial_z = \dfrac{\partial}{\partial z}$ です．

これらを含む典型的なベクトルとして，∇ があります．これは

$$\nabla = \begin{pmatrix} \partial_x \\ \partial_y \\ \partial_z \end{pmatrix} = \boldsymbol{e}_x \partial_x + \boldsymbol{e}_y \partial_y + \boldsymbol{e}_z \partial_z$$

として定義されるもので，**ナブラ演算子**といいます．成分に微分演算子が含まれますが，あくまでもベクトルであることを意識しておくと便利です．特に，$\nabla \cdot \nabla = \nabla^2$ というものを考えることができて，$\nabla^2 = (\partial_x)^2 + (\partial_y)^2 + (\partial_z)^2$ となります．この ∇^2 は Δ と表すこともあり，**ラプラシアン**といいます．

5.1.3　ベクトルを引数とする関数

ベクトルのように複数の成分をもつものに対して，単一の数で表すことのできる量を**スカラー**（または**スカラー量**）といい，特に $f(x)$ のようなスカラー量を返す関数を**スカラー関数**といいます．

例えば，位置ベクトル $\boldsymbol{r}$ の大きさは $|\boldsymbol{r}| = \sqrt{x^2 + y^2 + z^2}$ となりますが，これは x, y, z のスカラー関数です．このような場合，$f(x, y, z) = \sqrt{x^2 + y^2 + z^2}$ と表しても構いませんが，特に $\boldsymbol{r}$ によって決まるスカラー量であるという意味で $f(\boldsymbol{r})$ と表すことが多いです．なお，**変数の部分（引数）にベクトルが当てはめられていますが，関数の値はスカラーであることに注意してください．**

一方で，$\boldsymbol{A}(\boldsymbol{r}) = \begin{pmatrix} x^2 + y \\ x - z \\ y \end{pmatrix}$ のように $\boldsymbol{r}$ の成分 x, y, z によって与えられるベクトル $\boldsymbol{A}(\boldsymbol{r})$ というのもあります．このような場合には引数もベクトルで，関数 $\boldsymbol{A}(\boldsymbol{r})$ もベクトルです．

ベクトルの成分は $\boldsymbol{A} = A_x \boldsymbol{e}_x + A_y \boldsymbol{e}_y + A_z \boldsymbol{e}_z$ のように，普通の字体に x, y, z の添字を付けて表します．例えば A_x は，ベクトル $\boldsymbol{A}$ の x 成分である，という意味です．**x のみの関数という意味ではない**ので注意してください．いまの例であれば

$$\boldsymbol{A}(\boldsymbol{r}) = \begin{pmatrix} x^2 + y \\ x - z \\ y \end{pmatrix} \Rightarrow A_x(\boldsymbol{r}) = x^2 + y, \quad A_y(\boldsymbol{r}) = x - z, \quad A_z(\boldsymbol{r}) = y$$

ということです.

5.2 ベクトルの外積

2つのベクトル $\boldsymbol{A}, \boldsymbol{B}$ を考えます. これらからつくることができる量として, 内積（スカラー積）$\boldsymbol{A}\cdot\boldsymbol{B}$ が

$$\boldsymbol{A}\cdot\boldsymbol{B} = A_x B_x + A_y B_y + A_z B_z$$

と表されることは, すでによく知っていると思います[2]. そこで, 内積とは別に, **外積（ベクトル積）** という量として,

$$\boldsymbol{A} \times \boldsymbol{B} = \begin{pmatrix} A_y B_z - A_z B_y \\ A_z B_x - A_x B_z \\ A_x B_y - A_y B_x \end{pmatrix} \tag{5.1}$$

を定義しましょう. これは (5.1) を見ても明らかなように, ベクトル量です. なお, (5.1) を覚えるのが大変な場合は, 標準基底 $\boldsymbol{e}_x, \boldsymbol{e}_y, \boldsymbol{e}_z$ を使った書き方にしてみると, 次のように行列式で表現できます.

$$\begin{aligned} \boldsymbol{A} \times \boldsymbol{B} &= (A_y B_z - A_z B_y)\boldsymbol{e}_x + (A_z B_x - A_x B_z)\boldsymbol{e}_y + (A_x B_y - A_y B_x)\boldsymbol{e}_z \\ &= \begin{vmatrix} \boldsymbol{e}_x & \boldsymbol{e}_y & \boldsymbol{e}_z \\ A_x & A_y & A_z \\ B_x & B_y & B_z \end{vmatrix} \end{aligned}$$

初めのうちは, この形式は単なる暗記法だと思って構いませんが, 複雑な形でも上手にまとめると特徴が見えてくる, という経験になるのではないでしょうか. 計算の手際の良さ, という意味では暗記法を経由せずに直接計算できるようになると便利ですが[3], こういった**表現を変えて楽しむゆとり**も

2) あるいは4.3.1項を参照してください.

3) さらには, この計算を各成分ごとにすぐ計算できる技法の1つとして, 反対称テンソルというものを用いた方法もあります. ただ, いきなりいろいろな手法に手を出すよりも, まずは定義通りに理解しましょう. ある程度慣れてきてから調べてみると, 複雑な外積でも比較的簡素に計算できることがわかるでしょう.

欲しいところです．いずれにしても，なじみがないとこの先の議論がしづらいと思いますので，Exercise 5.1 で慣れてください．

Exercise 5.1

$\boldsymbol{A}$ と $\boldsymbol{B}$ を次のように定めるとき，外積 $\boldsymbol{A}\times\boldsymbol{B}$ を求めなさい．

(1)　$\boldsymbol{A}=\boldsymbol{e}_x+2\boldsymbol{e}_y+3\boldsymbol{e}_z,\quad \boldsymbol{B}=4\boldsymbol{e}_x+5\boldsymbol{e}_y+6\boldsymbol{e}_z$

(2)　$\boldsymbol{A}=a\boldsymbol{e}_x+b\boldsymbol{e}_y,\quad \boldsymbol{B}=c\boldsymbol{e}_x+d\boldsymbol{e}_y$

(3)　$\boldsymbol{A}=a\boldsymbol{e}_x,\quad \boldsymbol{B}=b\cos\theta\,\boldsymbol{e}_x+b\sin\theta\,\boldsymbol{e}_y$

Coaching

(1)　とりあえず定義通りに計算すればよいでしょう．

$$\boldsymbol{A}\times\boldsymbol{B}=\begin{pmatrix}2\times6-3\times5\\3\times4-1\times6\\1\times5-2\times4\end{pmatrix}=\begin{pmatrix}-3\\6\\-3\end{pmatrix}$$

(2)　明示的に $\boldsymbol{e}_z$ はありませんが，$\boldsymbol{A}$ と $\boldsymbol{B}$ はあくまでも 3 次元ベクトルなので，例えば $\boldsymbol{A}$ では $\boldsymbol{A}=a\boldsymbol{e}_x+b\boldsymbol{e}_y=\begin{pmatrix}a\\b\\0\end{pmatrix}$ であることに注意してください．そのため，$A_z=0$ を見落とさないようにしましょう．

$$\boldsymbol{A}\times\boldsymbol{B}=\begin{pmatrix}b\times0-0\times d\\0\times c-a\times0\\ad-bc\end{pmatrix}=\begin{pmatrix}0\\0\\ad-bc\end{pmatrix}$$

(3)　こちらも (2) と同様で，3 次元ベクトルであることを忘れないようにしましょう．そうすれば

$$\boldsymbol{A}\times\boldsymbol{B}=\begin{pmatrix}0\\0\\ab\sin\theta\end{pmatrix}$$

となります．　■

$\boldsymbol{e}_x \times \boldsymbol{e}_y$, $\boldsymbol{e}_y \times \boldsymbol{e}_z$, $\boldsymbol{e}_z \times \boldsymbol{e}_x$ を $\boldsymbol{e}_x, \boldsymbol{e}_y, \boldsymbol{e}_z$ で表しなさい.

この Exercise 5.1 の (2), (3) では $A_z = B_z = 0$ と z 成分がゼロになっているので, $z = 0$ の平面 (xy 平面) に $\boldsymbol{A}, \boldsymbol{B}$ が制限されています. これらの結果を用いると, 外積の図形的意味がわかりやすいのではないでしょうか.

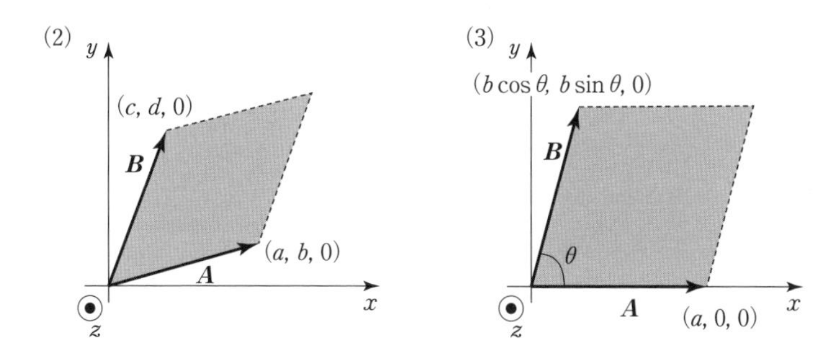

図 5.2　Exercise 5.1 (2), (3) の図形的意味

(2) と (3) の結果は, 図示すると図 5.2 のようになります. すなわち, $\boldsymbol{A} \times \boldsymbol{B}$ の大きさは $\boldsymbol{A}$ と $\boldsymbol{B}$ がつくる平行四辺形の面積になっていることがわかるでしょう. また, (2), (3) のいずれも $\boldsymbol{A} \times \boldsymbol{B}$ が z 成分しかもっていないことから, $\boldsymbol{A}$ と $\boldsymbol{B}$ のなす角 θ が正のとき z 軸の正方向, 負のとき z 軸の負方向を向くことがわかります.

一般の場合にもこの性質は保たれて, 図 5.3 に示すようになります. すなわち, $\boldsymbol{A} \times \boldsymbol{B}$ は $\boldsymbol{A}, \boldsymbol{B}$ のいずれにも垂直で, $\boldsymbol{A}$ から $\boldsymbol{B}$ の方向に右ネジを回したときに, それが向かう方向のベクトルとなり, その大きさは $\boldsymbol{A}$ と $\boldsymbol{B}$ のつくる平行四辺形の面積に一致します. これを言葉で覚えておくのは大変なので, ぜひ図を記憶にとどめておいてください. このことと Training 5.1 の結果を比べると楽しいと思います.

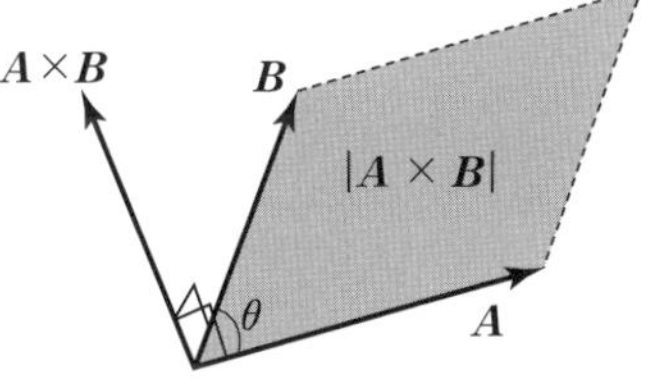

図 5.3　一般の場合のベクトルの外積

5.3　場の量の微分

5.3.1　場

例えば空間中に正電荷と負電荷を並べて固定すると，図 5.4 に示すような電場（あるいは電界）ができます．この電場は，場所ごとに異なるベクトル $\boldsymbol{E}(\boldsymbol{r})$ となっています．また，この電場に対応して，静電気による位置エネルギー（静電ポテンシャル）は，場所ごとに異なるスカラー $\varphi(\boldsymbol{r})$ として与えられます．このように，ある場所（および時刻）が定まったときに，ある特定の値を与える量のことを**場**あるいは**場の量**といいます．特に，電場のように各場所ごとに決まるベクトル量のことを**ベクトル場**，静電ポテンシャルのように各場所ごとに決まるスカラー量のことを**スカラー場**といいます．

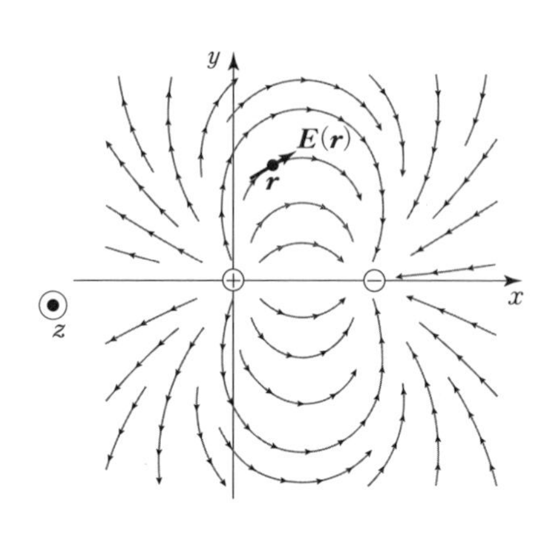

図 5.4　ベクトル場のイメージ

例えば，荷電粒子を図 5.4 の電場に入射すると，電場から力を受けて運動の様子が変わります．しかし，電場そのものは荷電粒子の運動とは関係なく，それぞれの場所で特定の値をもった状態で存在します．もちろん，現象の理解のためにはある点の電場だけを考えればよいわけではなく，図 5.4 全体としてどのように電場が分布しているかが，入射された荷電粒子の運動にとって重要であることは確かです．

そこで，各点 $\boldsymbol{r}$ における電場を $\boldsymbol{r}$ の関数として表すことになります．それが $\boldsymbol{E}(\boldsymbol{r})$ であり，通常はこれを電場といいます．電磁気学としての詳細は，本シリーズの『電磁気学入門』などに譲りますが，このように，**場の議論における「座標」は各点を表しているので，運動論における「座標」，すなわち「ある粒子がどこにいるか？」を表すものとは異なる意味である**ということはよく理解しておきましょう．

5.3.2　微分演算子 ∇ による微分

スカラー場 $f(\boldsymbol{r})$ やベクトル場 $\boldsymbol{A}(\boldsymbol{r})$ は，ナブラ演算子 ∇ を用いて微分することができます．原則としてナブラ演算子はベクトルなので，これを直接用いて計算できる 1 階微分のパターンは

$$\nabla f(\boldsymbol{r}) = \begin{pmatrix} \partial_x f(\boldsymbol{r}) \\ \partial_y f(\boldsymbol{r}) \\ \partial_z f(\boldsymbol{r}) \end{pmatrix}, \qquad \nabla \cdot \boldsymbol{A}(\boldsymbol{r}) = \partial_x A_x + \partial_y A_y + \partial_z A_z$$
$$\nabla \times \boldsymbol{A}(\boldsymbol{r}) = \begin{pmatrix} \partial_y A_z - \partial_z A_y \\ \partial_z A_x - \partial_x A_z \\ \partial_x A_y - \partial_y A_x \end{pmatrix} \tag{5.2}$$

の 3 通りが考えられます．後述する絵解きのイメージから，それぞれ「**勾配**」，「**発散**」，「**回転**」といわれ，そのイメージを前面に押し出した grad $f(\boldsymbol{r})$ $(= \nabla f(\boldsymbol{r}))$，div $\boldsymbol{A}(\boldsymbol{r}) (= \nabla \cdot \boldsymbol{A}(\boldsymbol{r}))$，rot $\boldsymbol{A}(\boldsymbol{r}) (= \nabla \times \boldsymbol{A}(\boldsymbol{r}))$ という表記が使われることもあります[4)]．ただ，昨今の論文等では，流体力学など一部の分野を除いて，この記法を前面に出して使うことは少なくなっているので，本書では $\nabla f(\boldsymbol{r})$，$\nabla \cdot \boldsymbol{A}(\boldsymbol{r})$，$\nabla \times \boldsymbol{A}(\boldsymbol{r})$ と記述します．

重要なことは，$\nabla f(\boldsymbol{r})$ は「ベクトルとスカラーの積」なのでベクトル，$\nabla \cdot \boldsymbol{A}(\boldsymbol{r})$ は「ベクトルとベクトルの内積」なのでスカラー，$\nabla \times \boldsymbol{A}(\boldsymbol{r})$ は「ベクトルとベクトルの外積」なのでベクトル，ということです．まずは，このことを強く意識し，その上で，次の Exercise 5.2 に挑戦してみましょう．

Exercise 5.2

スカラー場 $f(\boldsymbol{r})$ とベクトル場 $\boldsymbol{A}(\boldsymbol{r})$ を $f(\boldsymbol{r}) = r^{-3}$，$\boldsymbol{A}(\boldsymbol{r}) = r^{2n}\boldsymbol{r}$ とし，n は 1 より大きな自然数，r は $\boldsymbol{r}$ の大きさ $r = |\boldsymbol{r}| = \sqrt{x^2 + y^2 + z^2}$ であるとします．次のそれぞれの量を計算しなさい．

(1)　$\nabla f(\boldsymbol{r})$　　(2)　$\nabla \cdot \boldsymbol{A}(\boldsymbol{r})$　　(3)　$\nabla \times \boldsymbol{A}(\boldsymbol{r})$

---

4)　実際，かなり多くのテキストではこの表記が使われていますが，歴史に起因する rot と curl のブレがあったり，そもそも計算結果がベクトルかスカラーかを区別しづらいので，あまり使いやすくはないように思います．

Coaching (1) まずは，x, y, z に直しましょう．$f(\boldsymbol{r}) = (x^2 + y^2 + z^2)^{-3/2}$ なので

$$\partial_x f(\boldsymbol{r}) = -\frac{3x}{(x^2 + y^2 + z^2)^{5/2}}, \qquad \partial_y f(\boldsymbol{r}) = -\frac{3y}{(x^2 + y^2 + z^2)^{5/2}}$$

$$\partial_z f(\boldsymbol{r}) = -\frac{3z}{(x^2 + y^2 + z^2)^{5/2}}$$

となります．これを用いて，$\nabla f(\boldsymbol{r})$ の定義に当てはめると

$$\nabla f(\boldsymbol{r}) = \begin{pmatrix} \partial_x f(\boldsymbol{r}) \\ \partial_y f(\boldsymbol{r}) \\ \partial_z f(\boldsymbol{r}) \end{pmatrix} = -\frac{3}{(x^2 + y^2 + z^2)^{5/2}} \begin{pmatrix} x \\ y \\ z \end{pmatrix} = -\frac{3}{r^5}\boldsymbol{r}$$

となります．

(2) こちらも同様ですが，内積なのでスカラー関数であることに注意しておきましょう．例えば，x 成分の微分は $\partial_x A_x = 2nx^2(x^2 + y^2 + z^2)^{n-1} + (x^2 + y^2 + z^2)^n = 2nx^2 r^{2(n-1)} + r^{2n}$ なので，定義式に代入すると

$$\nabla \cdot \boldsymbol{A}(\boldsymbol{r}) = \partial_x A_x + \partial_y A_y + \partial_z A_z = (2n + 3) r^{2n}$$

となります．

(3) 今度はベクトル関数になります．定義通りに計算すればよいですが，微分が非常に込み入っているので丁寧に扱いましょう．意外とキレイになります．

$$\nabla \times \boldsymbol{A}(\boldsymbol{r}) = \begin{pmatrix} \partial_y A_z - \partial_z A_y \\ \partial_z A_x - \partial_x A_z \\ \partial_x A_y - \partial_y A_x \end{pmatrix} = 2n(x^2 + y^2 + z^2)^{n-1} \begin{pmatrix} yz - zy \\ xz - zx \\ xy - yx \end{pmatrix} = \begin{pmatrix} 0 \\ 0 \\ 0 \end{pmatrix}$$

■

Training 5.2

$\boldsymbol{A}(\boldsymbol{r}) = e^{x+y} \sin x \boldsymbol{e}_x - y^2 z \boldsymbol{e}_y + 2x^2 y \boldsymbol{e}_z$ に対して，$\nabla \times \boldsymbol{A}(\boldsymbol{r})$ および $\nabla \cdot (\nabla \times \boldsymbol{A}(\boldsymbol{r}))$ を求めなさい．

$\nabla f(\boldsymbol{r})$，$\nabla \cdot \boldsymbol{A}(\boldsymbol{r})$，$\nabla \times \boldsymbol{A}(\boldsymbol{r})$ についての絵解きのイメージがあった方がわかった気がしてスッキリすると思いますので，本節の残りの部分で簡単に示しますが，まずは以上の定義にもとづく計算を苦労なくできるようになりましょう．とりあえずできるという安心感があった方が絶対に習得しやすいですし，**下手なイメージに振り回されるくらいなら，定義通りに扱える方がずっと良いです．**

5.3.3　$\nabla f(\boldsymbol{r})$ の直観的なイメージ（勾配）

あるスカラー場 $f(\boldsymbol{r})$ について考えることにしましょう．これは例えば位置エネルギーのように，位置 $\boldsymbol{r}$ で実数値 $f(\boldsymbol{r})$ を与える関数であるとします．$f(\boldsymbol{r})$ がある一定値 C_1 になるときのことを考えてみると，$f(\boldsymbol{r}) = C_1$ は図 5.5 (a) に示すように，$f(\boldsymbol{r})$ の値が等しい「等高面」をつくります．言葉の印象としては「等高面」なのですが，数学では**等位面**といいます．この等位面内で，微小変化を表すベクトル $\Delta\boldsymbol{r} = \begin{pmatrix} \Delta x \\ \Delta y \\ \Delta z \end{pmatrix}$ を用いて $\boldsymbol{r} \to \boldsymbol{r} + \Delta\boldsymbol{r}$ としてみましょう．全微分の関係から

$$
\begin{aligned}
df = f(\boldsymbol{r} + \Delta\boldsymbol{r}) - f(\boldsymbol{r}) &= \{\partial_x f(\boldsymbol{r})\}\Delta x + \{\partial_y f(\boldsymbol{r})\}\Delta y + \{\partial_z f(\boldsymbol{r})\}\Delta z \\
&= \{\nabla f(\boldsymbol{r})\}\cdot\Delta\boldsymbol{r}
\end{aligned}
$$

となりますが，このように全微分が内積の形で表せるのが重要なところです．

さらに，いまの場合，座標の微小変化 $\Delta\boldsymbol{r}$ は等位面 $f(\boldsymbol{r}) = C_1$ 上でとっているので $df = 0$ です．そのため，$\nabla f(\boldsymbol{r})$ と $\Delta\boldsymbol{r}$ は直交していて，$\nabla f(\boldsymbol{r})$ は曲面 $f(\boldsymbol{r}) = C_1$ に対して垂直なベクトル，すなわち**法線ベクトル**になっていることがわかります（図 5.5 (a)）．

このことから，異なる等位面を用意すると，図 5.5 (b) に示すように，$\nabla f(\boldsymbol{r})$ が面間を垂直に繋いでいくことになります．地図や天気図では等高

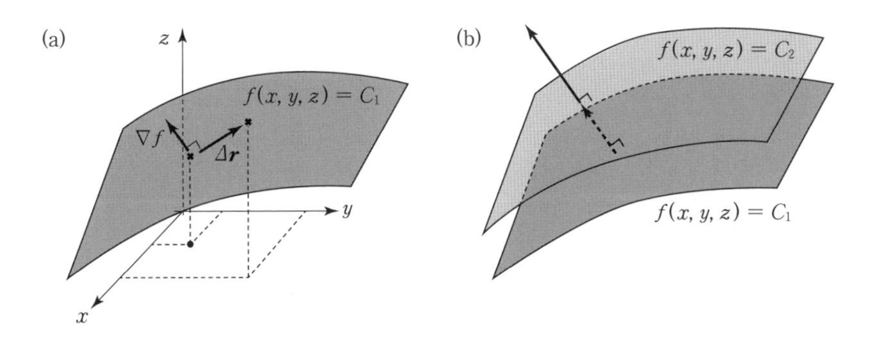

図 5.5　(a)　ある等高面上の $\nabla f(\boldsymbol{r})$ と $\Delta\boldsymbol{r}$
(b)　複数の等高面に垂直に通る $\nabla f(\boldsymbol{r})$ の様子

線に垂直に交わる曲線が勾配を表していたことを思い出すと，$\nabla f(\boldsymbol{r})$ の直観的なイメージが勾配であるというのは納得できるのではないでしょうか.

5.3.4　$\nabla\cdot\boldsymbol{A}(\boldsymbol{r})$ の直観的なイメージ（湧き出しと発散）

$\nabla\cdot\boldsymbol{A}(\boldsymbol{r})$ の直観的なイメージは「発散」あるいは「湧き出し」といわれていますが，雰囲気的に湧き出しの方が言葉上近い印象を受けると思いますので，ここでは「湧き出し」のイメージとして有名な説明を紹介します.

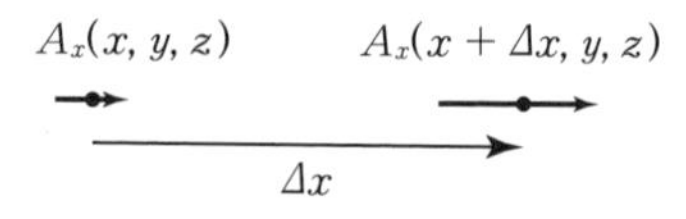

図 5.6　A_x のみを成分にもつベクトルの湧き出し

簡単のために，$\boldsymbol{A}(\boldsymbol{r}) = A_x(x, y, z)\boldsymbol{e}_x$ となるような（y, z 成分がゼロの）場合から考えます. 図 5.6 に示すように $(x, y, z) \to (x+\Delta x, y, z)$ と微小変化させたときに，A_x が $A_x(x, y, z) \to A_x(x+\Delta x, y, z)$ と変わったとしましょう. この変化量は

$$A_x(x+\Delta x, y, z) - A_x(x, y, z) = \partial_x A_x(x, y, z)\Delta x$$

なので，微小変位 Δx に対してベクトルの成分が $\partial_x A_x(x, y, z)$ だけ「湧き出した」という表現がなされます.

同様のことを 3 次元の場合について考えてみましょう. $\boldsymbol{A}(\boldsymbol{r}) = A_x(x, y, z)\boldsymbol{e}_x + A_y(x, y, z)\boldsymbol{e}_y + A_z(x, y, z)\boldsymbol{e}_z$ として，$\boldsymbol{r} \to \boldsymbol{r} + \Delta\boldsymbol{r}$，$\Delta\boldsymbol{r} = \Delta x\boldsymbol{e}_x + \Delta y\boldsymbol{e}_y + \Delta z\boldsymbol{e}_z$ という変化を考えたとき，各成分は各軸方向にどの程度変化するでしょうか. これを知るためには，計算の便利のために，図 5.7 のように，点 $\boldsymbol{r}$ を中心とした直方体を考え，流入と流出というイメージをもつとよいです.

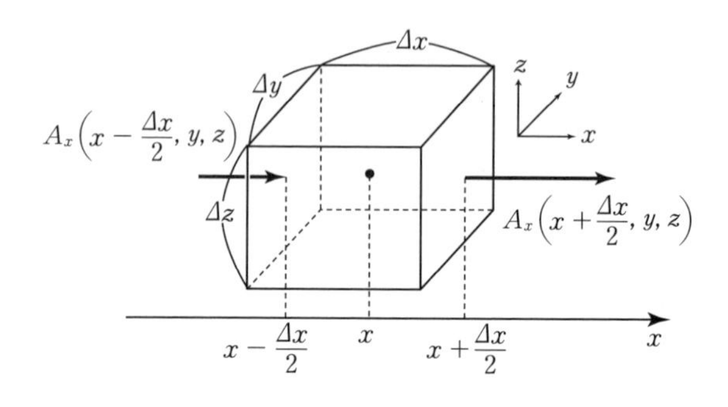

図 5.7　3 次元の場合の A_x の流入と流出

図 5.7 の $x - \dfrac{\Delta x}{2}$ での面は面積が $\Delta y\,\Delta z$ です. そこで，この面に A_x が寄与

する「流入」を $A_x\left(x-\dfrac{\Delta x}{2}, y, z\right)\Delta y\,\Delta z$ としましょう．一方で，$x+\dfrac{\Delta x}{2}$ での面も面積が $\Delta y\,\Delta z$ なので，この面からの「流出」を $A_x\left(x+\dfrac{\Delta x}{2}, y, z\right)$ $\Delta y\,\Delta z$ とします．

この「流出」と「流入」の差 $A_x\left(x+\dfrac{\Delta x}{2}, y, z\right)\Delta y\,\Delta z - A_x\left(x-\dfrac{\Delta x}{2}, y, z\right)$ $\Delta y\,\Delta z$ が湧き出しになるとして，Δx についてマクローリン展開すると

$$A_x\left(x+\frac{\Delta x}{2}, y, z\right)\Delta y\Delta z - A_x\left(x-\frac{\Delta x}{2}, y, z\right)\Delta y\Delta z = \partial_x A_x(x, y, z)\,\Delta x\Delta y\Delta z$$

となります．これを x 成分の湧き出し量とみなします．同様に，y 成分，z 成分の湧き出しも，それぞれ $\partial_y A_y(x, y, z)\Delta x\,\Delta y\,\Delta z$ および $\partial_z A_z(x, y, z)$ $\Delta x\,\Delta y\,\Delta z$ となります．

したがって，これら各成分の単位体積当たりの（$\Delta x\,\Delta y\,\Delta z$ で割った）湧き出し量は

$$\partial_x A_x(x, y, z) + \partial_y A_y(x, y, z) + \partial_z A_z(x, y, z) = \nabla\cdot\boldsymbol{A}(\boldsymbol{r})$$

となるので，$\nabla\cdot\boldsymbol{A}(\boldsymbol{r})$ は湧き出しや発散を表していると解釈することができます．

何となく**コジツケで無理やり納得させられた**感じがあるかもしれませんので，典型的な例として

$$\boldsymbol{A}(\boldsymbol{r}) = \frac{1}{\sqrt{x^2+y^2}}\begin{pmatrix} x \\ y \\ 0 \end{pmatrix}$$

の場合を見てみましょう．このときは $\nabla\cdot\boldsymbol{A}(\boldsymbol{r}) = 1/\sqrt{x^2+y^2}$ となりますが，これは z 軸に近いところで大きな値となり，z 軸から遠ざかるほど小さくなります．実際に $\boldsymbol{A}(\boldsymbol{r})$ を $z=$ 一定 の平面に描

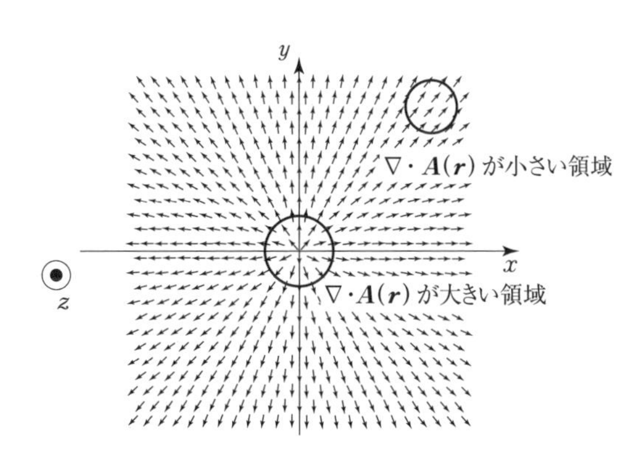

図 5.8 典型的な $\boldsymbol{A}(\boldsymbol{r})$ を $z=$ 一定 の平面に描いたもの

いたものが図 5.8 となります．これを見てもわかる通り，$(0,0,z)$ から同一平面上の遠いところでは，ベクトル場の変化はあまり大きくないですが，反対に $(0,0,z)$ の近くではいかにも「湧き出し」や「発散」があるように見ることができます．

5.3.5　$\nabla \times \boldsymbol{A}(\boldsymbol{r})$ の直観的なイメージ（回転）

$\nabla \times \boldsymbol{A}(\boldsymbol{r})$ の直観的なイメージは具体的な $\boldsymbol{A}(\boldsymbol{r})$ を考えた方がわかりやすいので，早速，具体例から見てみましょう．まず，$\boldsymbol{A}(\boldsymbol{r}) = -y\boldsymbol{e}_x$ となるようなベクトル場 $\boldsymbol{A}(\boldsymbol{r})$ を考えてみます．$\boldsymbol{A}(\boldsymbol{r})$ は $z=$ 一定 の平面内で図 5.9 のような分布になります．定義に従って計算すると $\nabla \times \boldsymbol{A}(\boldsymbol{r}) = \begin{pmatrix} 0 \\ 0 \\ 1 \end{pmatrix}$ ですが，$\nabla \times \boldsymbol{A}(\boldsymbol{r})$ のゼロでない z 成分は，

$$\partial_x A_y = 0, \quad \partial_y A_x = -1 \quad \Rightarrow \quad \partial_x A_y - \partial_y A_x = 1$$

という計算によって得られます．

第 1 項 $\partial_x A_y = 0$ については，x 軸に沿って移動しても $\boldsymbol{A}(\boldsymbol{r})$ が変わらないことを示しています．一方，第 2 項 $\partial_y A_x = -1$ については，y 軸に沿って $y = -\infty$ から正方向に（図では下から上に）移動していくと，$\boldsymbol{A}(\boldsymbol{r})$ が → の向きから徐々に短いベクトルとなっていき，やがて反対向きになって ← の向きに伸びていく，ということを示しています．このような状況では，図 5.9 の右側に示したように，$y>0$ の領域で「“上”の方が長い左向きの矢印

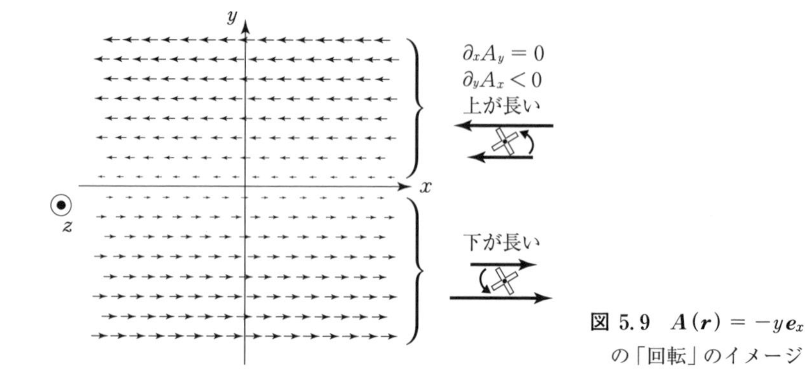

図 5.9　$\boldsymbol{A}(\boldsymbol{r}) = -y\boldsymbol{e}_x$ の「回転」のイメージ

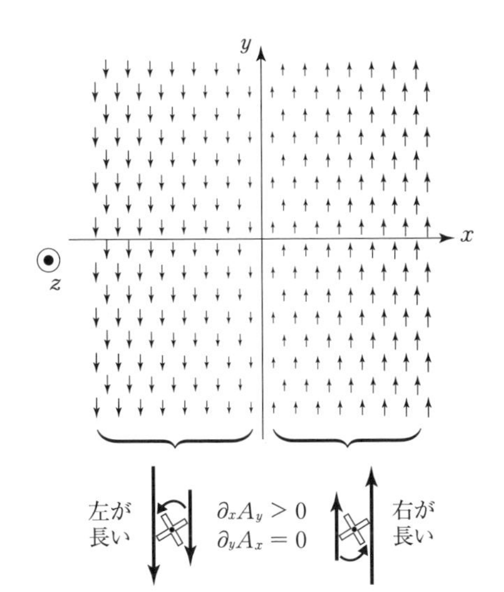

図 5.10　$\boldsymbol{A}(\boldsymbol{r}) = x\boldsymbol{e}_y$ の「回転」のイメージ

の分布」，$y < 0$ の領域で「“下” の方が長い右向きの矢印の分布」となります．もしここに，図に示した羽根車のようなものを差し込んだとすると，いずれも反時計回りに回るようなイメージをもつことができるので，「回転」と解釈することもそれなりに納得できるのではないでしょうか．この事情は $\boldsymbol{A}(\boldsymbol{r}) = x\boldsymbol{e}_y$ となるようなベクトル場でも同様で，図 5.10 のようになります．

図 5.9 および図 5.10 は，いずれも $|\nabla \times \boldsymbol{A}(\boldsymbol{r})| = 1$ となっています．そして，これらの和でつくられる $\boldsymbol{A}(\boldsymbol{r}) = -y\boldsymbol{e}_x + x\boldsymbol{e}_y$ はちょうど 2 倍の大きさ $|\nabla \times \boldsymbol{A}(\boldsymbol{r})| = 2$ を与えます．つまり，**ある軸に沿って比例定数 1 で線形に変化するベクトル場の分布**（図 5.9 と図 5.10）**が基準となっている**ということができます．実際に，ベクトル場 $\boldsymbol{A}(\boldsymbol{r}) = -y\boldsymbol{e}_x + x\boldsymbol{e}_y$ を図示すると図 5.11 のようになります．全体として「回っているよう

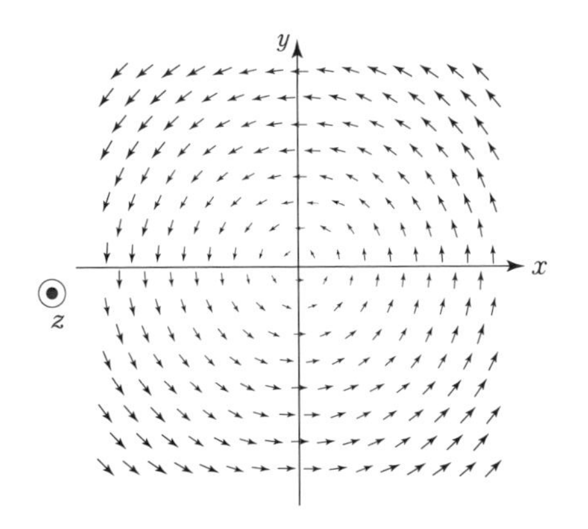

図 5.11　$\boldsymbol{A}(\boldsymbol{r}) = -y\boldsymbol{e}_x + x\boldsymbol{e}_y$ の分布

に見える」のは，図 5.9 や図 5.10 よりも，むしろ図 5.11 だと思います．しかし,「回転」とはそういう意味ではなく，あくまでも**「各点において，各座標軸に垂直な平面内で，ベクトル場がどのように分布しているのか」を示している**ということは忘れないようにしてください．

5.3.6　いくつかの重要な公式

$\nabla f(\boldsymbol{r})$，$\nabla\cdot\boldsymbol{A}(\boldsymbol{r})$，$\nabla\times\boldsymbol{A}(\boldsymbol{r})$ の各点 $\boldsymbol{r}$ での（局所的な意味での）解釈について見てきましたが，それに納得するかどうかは別として，計算は定義通りに実行しましょう．その際に，重要な公式がいくつかあります．すべて計算さえすれば成り立つことが示せるので，Exercise 5.3 で練習してみましょう．

 **Exercise 5. 3**

任意のスカラー場 $f = f(\boldsymbol{r})$ とベクトル場 $\boldsymbol{A} = \boldsymbol{A}(\boldsymbol{r})$ および $\boldsymbol{B} = \boldsymbol{B}(\boldsymbol{r})$ に対して，次の関係式が成り立つことを示しなさい．

(1)　$\nabla\times(\nabla f) = \boldsymbol{0}$

(2)　$\nabla\cdot(\nabla\times\boldsymbol{A}) = 0$

(3)　$\nabla\times(\nabla\times\boldsymbol{A}) = \nabla(\nabla\cdot\boldsymbol{A}) - \nabla^2\boldsymbol{A}$

(4)　$\nabla(\boldsymbol{A}\cdot\boldsymbol{B}) = (\boldsymbol{B}\cdot\nabla)\boldsymbol{A} + (\boldsymbol{A}\cdot\nabla)\boldsymbol{B} + \boldsymbol{B}\times(\nabla\times\boldsymbol{A}) + \boldsymbol{A}\times(\nabla\times\boldsymbol{B})$

Coaching　いずれも定義通りに頑張って丁寧に計算してください．諦めなければ，必ず示せます．(1)，(2) については愚直に左辺から計算していくのが楽でしょう．(3) は少し難しい印象があるかもしれませんが，左辺と右辺をそれぞれ書き下してみてください．(4) も (3) と同様で，左辺と右辺の両方を書き下してみると一致することが示せます．なお，(4) においては，$(\boldsymbol{B}(\boldsymbol{r})\cdot\nabla)\boldsymbol{A}(\boldsymbol{r})$ の取り扱いが次のようになることに注意しましょう．

$$(\boldsymbol{B}(\boldsymbol{r})\cdot\nabla)\boldsymbol{A}(\boldsymbol{r}) = (B_x(\boldsymbol{r})\partial_x + B_y(\boldsymbol{r})\partial_y + B_z(\boldsymbol{r})\partial_z)\begin{pmatrix} A_x(\boldsymbol{r}) \\ A_y(\boldsymbol{r}) \\ A_z(\boldsymbol{r}) \end{pmatrix}$$

$$
= \begin{pmatrix} B_x(\boldsymbol{r})\partial_x A_x(\boldsymbol{r}) + B_y(\boldsymbol{r})\partial_y A_x(\boldsymbol{r}) + B_z(\boldsymbol{r})\partial_z A_x(\boldsymbol{r}) \\ B_x(\boldsymbol{r})\partial_x A_y(\boldsymbol{r}) + B_y(\boldsymbol{r})\partial_y A_y(\boldsymbol{r}) + B_z(\boldsymbol{r})\partial_z A_y(\boldsymbol{r}) \\ B_x(\boldsymbol{r})\partial_x A_z(\boldsymbol{r}) + B_y(\boldsymbol{r})\partial_y A_z(\boldsymbol{r}) + B_z(\boldsymbol{r})\partial_z A_z(\boldsymbol{r}) \end{pmatrix} \blacksquare
$$

$\boldsymbol{A} = yz^2\boldsymbol{e}_x + zx^2\boldsymbol{e}_y + xy^2\boldsymbol{e}_z$ のとき，Exercise 5.3 の (3) を用いて $\nabla \times (\nabla \times \boldsymbol{A}(\boldsymbol{r}))$ を求めなさい．

5.4　場の量の積分

本節では，場の量の積分を扱います．初めに，ベクトル場の積分について考えた後，スカラー場の積分について考えます．ベクトル量の積分を考えてみましょう．素朴な例としては，時刻 t における加速度 $\boldsymbol{a}(t)$ で，これは同時刻における速度 $\boldsymbol{v}(t)$ の微分として表されるので，$\boldsymbol{v} = \int \boldsymbol{a}(t)\,dt$ と書くことに異論はあまりないと思います．しかし，これは $\boldsymbol{a}(t) = a_x(t)\boldsymbol{e}_x + a_y(t)\boldsymbol{e}_y + a_z(t)\boldsymbol{e}_z$ と表すことができるので，

$$
\boldsymbol{v}(t) = \int \boldsymbol{a}(t)\,dt = \left(\int a_x(t)\,dt\right)\boldsymbol{e}_x + \left(\int a_y(t)\,dt\right)\boldsymbol{e}_y + \left(\int a_z(t)\,dt\right)\boldsymbol{e}_z
$$

となり，結局のところ，各成分の積分ができれば十分です．このように，$\int$ の右側に来る部分がスカラーとなるような場合については，あまり違和感なく受け入れられるでしょう．

しかし，ベクトル場を積分する場合には，$\int$ の右側に現れる「被積分関数」と「微小量」のいずれもがベクトル量となる可能性があります．被積分関数にベクトル場を選ぶ場合については，これまで見てきた $\boldsymbol{A}(\boldsymbol{r})$ のようなものが現れます．これに対して，微小量にベクトル量をとる場合については線素と面素の 2 種類あるので，まずは，それぞれについて導入しておきましょう．

5.4.1　ベクトル量としての微小量

3 次元空間中で，ある曲線 C に沿って，点 A から点 B まで進むことを考えてみましょう．曲線 C は，C 上の各座標点 $\boldsymbol{r}$ において図 5.12 に示すような

微小変化を表す $d\boldsymbol{r}$ という**ベクトル**を繋いだものとみなすこともできるでしょう．このような曲線の一部を表すベクトルを**線素**といい，曲線上での微小変化量を表します．一番シンプルな例として，C の長さが $\int_{\mathrm{A}}^{\mathrm{B}} |d\boldsymbol{r}|$ で与えられることは，どうやって計算するかは別にしても，理解しやすいのではないでしょうか．

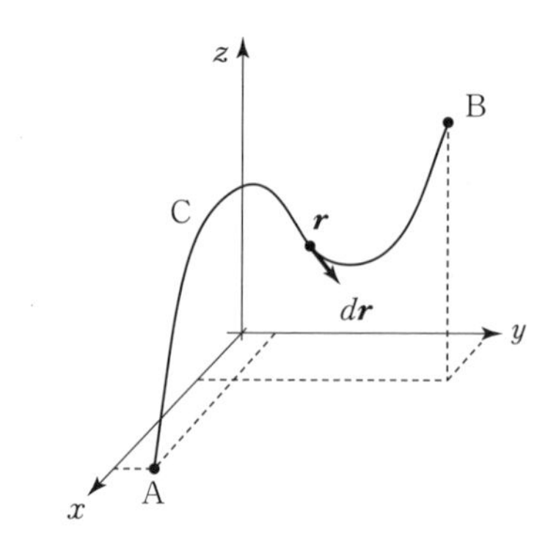

図 5.12　C 上の点 $\boldsymbol{r}$ における線素 $d\boldsymbol{r}$

一方，ある曲面上の微小な面を表したいということもあります．これも基本的な発想は線素と同じです．曲面上の点 $\boldsymbol{r}$ において曲面に接する平面（**接平面**）を考え，接平面上に線形独立な 2 つの微小ベクトル $\boldsymbol{u}$ と $\boldsymbol{v}$ を用意し，これらを用いて $d\boldsymbol{S} = \boldsymbol{u} \times \boldsymbol{v}$ をつくることで対応できます．これを**面素**といいます．

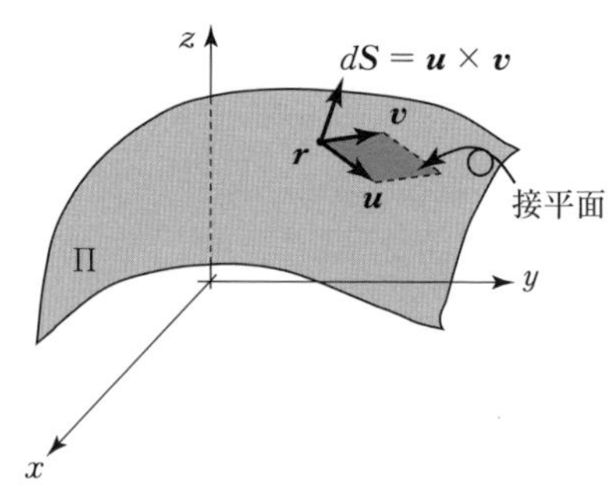

図 5.13　曲面 Π 上の点 $\boldsymbol{r}$ における面素 $d\boldsymbol{S}$

面素 $d\boldsymbol{S}$ は，図 5.13 のように微小な面積の平行四辺形を表し，その向きは $\boldsymbol{u}$ と $\boldsymbol{v}$ の外積の方向になります．ちょうど，曲面上を隙間なく $d\boldsymbol{S}$ がニョキニョキと埋めつくしている「針山」のようなものがあるイメージがわかりやすいでしょうか．$d\boldsymbol{S}$ を与えるための $\boldsymbol{u}$ や $\boldsymbol{v}$ をどのように選ぶかは，ある程度自由ですが，その選択は少し難しいです．例えば面 Π が xy 平面に水平だとすれば $\boldsymbol{u} = dx\,\boldsymbol{e}_x$, $\boldsymbol{v} = dy\,\boldsymbol{e}_y$ とすればよいでしょう．しかし，一般の場合にはそうもいかないので，球座標などを用いることが多くなります．

Exercise 5.4

次の各問いに答えなさい．

(1)　線素 $d\boldsymbol{r}$ を用いて，図 5.14 に示すような $z=0$ の平面内にある半径 2 の半円 C の長さ（弧長）を求めなさい．

(2)　面素 $d\boldsymbol{S}=(dx\,\boldsymbol{e}_x)\times(dy\,\boldsymbol{e}_y)$ を用いて，図 5.15 に示す一辺 3 の立方体の表面積を求めなさい．

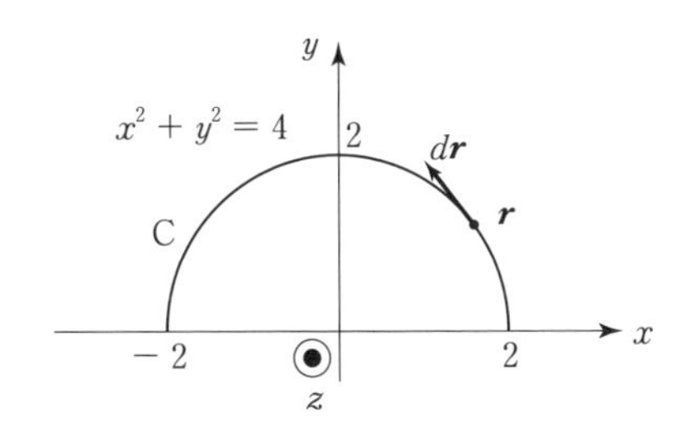

図 5.14　(1)　半径 2 の半円 C．$z=0$ の平面内にあるとする．

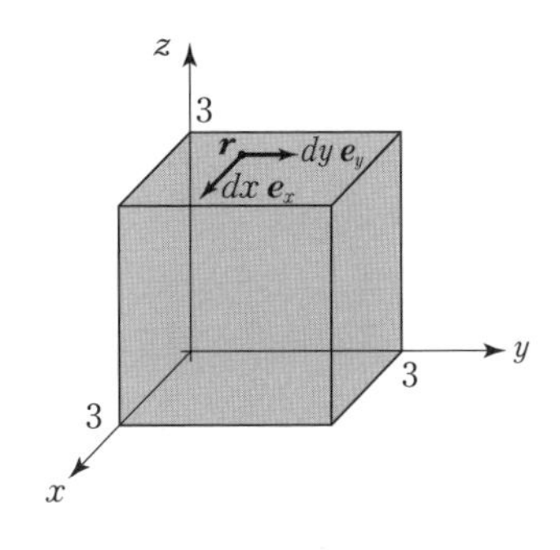

図 5.15　(2)　一辺 3 の立方体

Coaching　(1)　まずは $d\boldsymbol{r}$ を求めます．半径 2 の円弧上の点なので，角度に相当する実数 t を用いて $\boldsymbol{r}=(2\cos t)\boldsymbol{e}_x+(2\sin t)\boldsymbol{e}_y$ と表せます．このことから，$d\boldsymbol{r}=(-2\sin t\,dt)\boldsymbol{e}_x+(2\cos t\,dt)\boldsymbol{e}_y$ なので

$$|d\boldsymbol{r}|=\sqrt{(-2\sin t\,dt)^2+(2\cos t\,dt)^2}=2\,dt$$

となります．したがって，円弧の長さ L は $L=\int_{\mathrm{C}}|d\boldsymbol{r}|=\int_0^{\pi}2\,dt=2\pi$ となります．

(2)　こちらも，まずは $d\boldsymbol{S}$ を求めます．$z=3$ の面 S_1 だけ求めておけば，後は 6 倍すればよいでしょう．$z=3$ の面に注目すると，図 5.15 より $d\boldsymbol{S}=(dx\,\boldsymbol{e}_x)\times(dy\,\boldsymbol{e}_y)=dx\,dy\,\boldsymbol{e}_z$ となります．したがって，$z=3$ の面 S_1 の面積 s_1 は

$$s_1=\int_{\mathrm{S}_1}|d\boldsymbol{S}|=\int_{x=0}^{3}\int_{y=0}^{3}dx\,dy=3\times3=9$$

となります．これを 6 倍して，求める表面積は 54 となります．■

いかがでしょうか．意外とシンプルな取り扱いになっています．もちろん，小学校で習ったように円周率の定義とか展開図を使えば，この問題の特殊性から簡単に解くことはできますが，積分としての意味をよく理解してくださ

い．以降では，積分領域や形状が複雑になってきますが，**こういう絶対にわかる簡単な問題を雑に扱わないことが，難しくなっても立ち返ることのできる基礎力に繋がります.**

さて，ここまで見てきたように，積分における微小量がベクトルとして与えられる場合があります．しかし，そもそも積分は区分求積の極限として

$$\int_a^b f(x)\,dx = \lim_{n\to\infty}\frac{1}{n}\sum_{k=1}^{n} f\left(\frac{(b-a)k}{n}\right)$$

のように定められるので，$\int$ の右側は，全体としてスカラーにならなくてはいけません．そのスカラー量をどのように決めるかによって，**線積分**，**面積分**，**体積分**が導入できます．

5.4.2　ベクトル場の線積分

図 5.16 に示すように，あるベクトル場 $\boldsymbol{F}(\boldsymbol{r})$ を経路 C に沿って線積分することを考えます．ひとたび C が定められれば，位置 $\boldsymbol{r}$ ごとに $d\boldsymbol{r}$ が与えられますが，これは $\boldsymbol{F}(\boldsymbol{r})$ とは独立であることに注意してください．

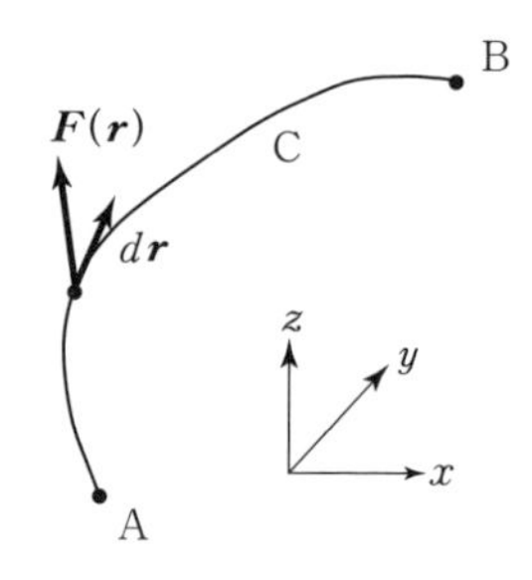

図 5.16　ベクトル場 $\boldsymbol{F}(\boldsymbol{r})$ の経路 C に沿った線積分

物理的には $\boldsymbol{F}(\boldsymbol{r})$ を力と考え，$\boldsymbol{F}(\boldsymbol{r})$ が経路 C に沿って仕事をする場合がこれに相当して，始点 A から終点 B までの仕事の総和は $\boldsymbol{F}(\boldsymbol{r})\cdot d\boldsymbol{r}$ の積分で与えられることが見てとれるでしょう．これが最も典型的なベクトル場の線積分で，x, y, z の各成分で表せば

$$\int_{\mathrm{C}} \boldsymbol{F}(\boldsymbol{r})\cdot d\boldsymbol{r} = \int_{\mathrm{C}} \{F_x(\boldsymbol{r})\,dx + F_y(\boldsymbol{r})\,dy + F_z(\boldsymbol{r})\,dz\}$$

となります．

まだ右辺の形にあまりなじみのない人もいるかもしれませんが，これをそのまま扱うことはそれほど多くなく，左辺を書いた時点である程度計算の見通しが立つことが多いので，あまり心配しなくて大丈夫です．具体的なベクトル場を用いて，Exercise 5.5 で計算してみましょう．

Exercise 5. 5

3次元空間中で $(-1,1,0)$ から $(1,1,0)$ まで，経路C：$y=x^2$，$z=0$ に沿ってベクトル場 $\boldsymbol{A}(\boldsymbol{r})=xy\boldsymbol{e}_x+(x+y)\boldsymbol{e}_y$ を線積分しなさい．

Coaching 図を書いてみるとわかりやすいかもしれませんが，経路C上の点 $\boldsymbol{r}$ は $\boldsymbol{r}=\begin{pmatrix} x \\ x^2 \\ 0 \end{pmatrix}=x\boldsymbol{e}_x+x^2\boldsymbol{e}_y$ と表せます．したがって，$\dfrac{d\boldsymbol{r}}{dx}=\boldsymbol{e}_x+2x\boldsymbol{e}_y$ より $d\boldsymbol{r}=dx\,\boldsymbol{e}_x+2x\,dx\,\boldsymbol{e}_y$ となるので，どの成分も x で表すことができます．そこで，積分区間が $x:-1\to1$ であることに注意すると，

$$\int_{\mathrm{C}}\boldsymbol{A}(\boldsymbol{r})\cdot d\boldsymbol{r}=\int_{-1}^{1}\{A_x(\boldsymbol{r})\,dx+A_y(\boldsymbol{r})2x\,dx\}$$

となります．したがって，次のように求められます．

$$\begin{aligned}\int_{\mathrm{C}}\boldsymbol{A}(\boldsymbol{r})\cdot d\boldsymbol{r}&=\int_{-1}^{1}\{xy\,dx+(x+y)2x\,dx\}\\&=\int_{-1}^{1}x^3\,dx+\int_{-1}^{1}2x(x+x^2)\,dx\\&=\frac{4}{3}\end{aligned}$$

■

Training 5. 4

$x=t$，$y=t^2$，$z=t^3$ $(0\leq t\leq1)$ となる曲面C上で $\boldsymbol{A}(\boldsymbol{r})=xy\boldsymbol{e}_x-yz\boldsymbol{e}_y+zx\boldsymbol{e}_z$ に対して $\int_{\mathrm{C}}\boldsymbol{A}(\boldsymbol{r})\cdot d\boldsymbol{r}$ を求めなさい．

5.4.3　ベクトル場の面積分

ベクトル場の線積分では，ベクトル場と線素 $d\boldsymbol{r}$ の内積を積分していたことがある程度納得できれば，ベクトル場の面積分が，ベクトル場と**面素** $d\boldsymbol{S}$ の内積を積分することに対応するだろうというのは容易に思い至るでしょう．すなわち，領域Sでベクトル場 $\boldsymbol{F}(\boldsymbol{r})$ を面積分することは

$$\int_{\mathrm{S}}\boldsymbol{F}(\boldsymbol{r})\cdot d\boldsymbol{S}$$

を計算することになります．これも具体例で体験してみることにしましょう．

Exercise 5. 6

領域 S：$x^2 + y^2 = R^2$, $0 \leq z \leq 1$（半径 R, 高さ 1 の円筒の側面）の全体で，ベクトル場 $\boldsymbol{A}(\boldsymbol{r}) = xy\boldsymbol{e}_x + (x+y)\boldsymbol{e}_y$ の面積分 $\iint_{\mathrm{S}} \boldsymbol{A}(\boldsymbol{r})\cdot d\boldsymbol{S}$ を求めなさい．

Coaching 円筒の側面全体（領域 S）での積分なので，円柱座標が便利そうです．そこで，図 5.17 のように領域 S 上の点を $\boldsymbol{r} = (R\cos\theta)\boldsymbol{e}_x + (R\sin\theta)\boldsymbol{e}_y + z\boldsymbol{e}_z$ とおくことにしましょう．面素 $d\boldsymbol{S}$ をつくるためには，面上の微小ベクトル $\boldsymbol{u}, \boldsymbol{v}$ を決める必要があります．適切に決められればどのようにとってもよいのですが，いまの円柱座標における変数である θ と z のそれぞれを少しずらすことで導入するのがよいでしょう．すなわち，

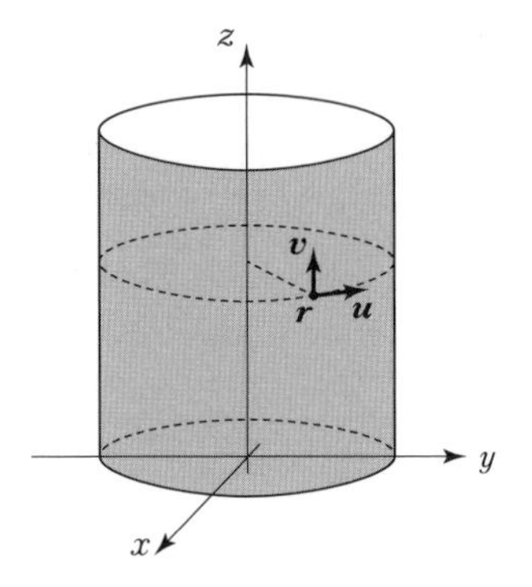

図 5.17　$\boldsymbol{A}(\boldsymbol{r})$ の円筒側面での面積分

$$\boldsymbol{u} \equiv d\boldsymbol{r}_\theta \equiv \frac{\partial \boldsymbol{r}}{\partial \theta}\,d\theta = \begin{pmatrix} -R\sin\theta\,d\theta \\ R\cos\theta\,d\theta \\ 0 \end{pmatrix}$$

$$\boldsymbol{v} \equiv d\boldsymbol{r}_z \equiv \frac{\partial \boldsymbol{r}}{\partial z}\,dz = \begin{pmatrix} 0 \\ 0 \\ dz \end{pmatrix}$$

としておきます．ここで，$\boldsymbol{u}, \boldsymbol{v}$ をあえて $d\boldsymbol{r}_\theta, d\boldsymbol{r}_z$ とも表記したのは，$\boldsymbol{r}$ から求めることが可能であることを強調するためです．**線積分で $\boldsymbol{r}$ から $d\boldsymbol{r}$ をつくったときと同様のことをそれぞれの変数方向に行っただけである**ことをよく認識してください．

ここまでできれば，$d\boldsymbol{S} = \boldsymbol{u} \times \boldsymbol{v} = (R\cos\theta\,d\theta\,dz)\boldsymbol{e}_x + (R\sin\theta\,d\theta\,dz)\boldsymbol{e}_y$ がすぐに得られます．また，$\boldsymbol{A}$ も円柱座標に直せば，$\boldsymbol{A}(\boldsymbol{r}) = R^2\sin\theta\cos\theta\,\boldsymbol{e}_x + R(\sin\theta + \cos\theta)\boldsymbol{e}_y$ となります．したがって，次のように面積分を行うことができます．

$$\iint_{\mathrm{S}} \boldsymbol{A}(\boldsymbol{r})\cdot d\boldsymbol{S} = \int_{z=0}^{1} dz \int_{\theta=0}^{2\pi} (R^3\sin\theta\cos^2\theta + R^2\sin^2\theta + R^2\cos\theta\sin\theta)\,d\theta$$

$$= \pi R^2$$

■

［注意］ $\boldsymbol{u}$ と $\boldsymbol{v}$ の選び方を逆にすると，当然 $d\boldsymbol{S}$ の符号が変わるために結果の符号も変わります．計算問題ではこの向きが指定されることが多いですが，自分なりに使うときは，物理的な状況に応じて判断することが必要です．特に決める理由もないときには，今回のように「原点から離れる向き」にとることが多いです．

領域Sを半径 a の球の表面全体とします．$\boldsymbol{A}(\boldsymbol{r}) = xy\boldsymbol{e}_x + (x+y)\boldsymbol{e}_y + 2z\boldsymbol{e}_z$ として，$\iint_S \boldsymbol{A}(\boldsymbol{r})\cdot d\boldsymbol{S}$ を求めなさい．

ここまで，ベクトル場は $\boldsymbol{A}(\boldsymbol{r})$ のように**始めから「私はベクトル場ですよ」と主張している表示**を使ってきましたが，例えばスカラー場 $f(\boldsymbol{r})$ に対して $\nabla f(\boldsymbol{r})$ とするとベクトル場となるので，$\iint_S \nabla f(\boldsymbol{r})\cdot d\boldsymbol{S}$ というような計算もあり得ることは意識しておいてください．もちろん $\boldsymbol{A}(\boldsymbol{r}) \to \nabla f(\boldsymbol{r})$ と置き換えるだけで，これまでと全く同じように扱えば大丈夫です．

5.4.4　ベクトル場の体積分

線積分・面積分と扱ってくると，次はベクトル場の体積分を考えたくなるので，**体積素** dV を導入することになります．しかし，この体積素は向きを考慮するような必要がありません．図5.18を見るとわかるかもしれませんが，3次元空間中では線素や面素は位置だけではなく，その向きにも意味があります．しかし，体積素については「どこの微小体積を考えるのか？」という意味で**位置には意味があるけれど，向きには意味がない**ことがわかると思います．もちろん，このことは3次元に限った話なのですが，対象が物理現象だと，体積素の向きまで考慮しなくてはいけないような高次元化をすることはあまり多くありません．したがって，体積素については第2章の多変数関数の体積分で確認した dV のことだと思って構いません．そして，これは重要なことですが，線素 $d\boldsymbol{r}$ や面素 $d\boldsymbol{S}$ がベクトルであったのに対して，体積素 dV はスカラーになります．

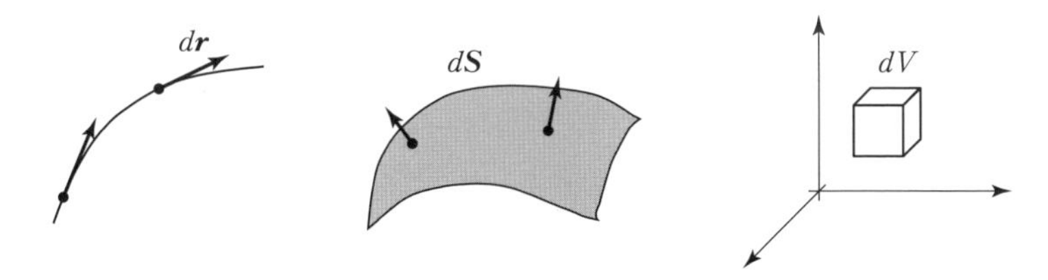

図5.18　3次元では線素と面素は向きが意味をもち，体積素の向きには意味がない様子

ということは，ベクトル場を体積分するときには何らかの形でスカラー関数に変換してから体積分をすることになります．その典型的な例は，成分ごとに計算するとか内積にするなどで，領域 V について $\iiint_{\mathrm{V}} A_x(\boldsymbol{r})\,dV$ や $\iiint_{\mathrm{V}} \nabla\cdot\boldsymbol{A}(\boldsymbol{r})\,dV$ の形で積分することがほとんどです．

5.4.5　スカラー場の面積分・体積分とヤコビアン

前項で見たように，ベクトル場の体積分は実質的にはスカラー場になった形で積分されます．スカラー場の面積分や体積分は基本的には第 2 章で見た多変数関数の積分に帰着されるので，そこでの手続きが習得できていれば，特に問題はありません．

ここでは，せっかくベクトルの扱いにも慣れてきたので，座標変換と微小領域の関係についての有益な知識を紹介します．スカラー場 $f(\boldsymbol{r})$ の体積分 $\int_{\mathrm{V}} f(\boldsymbol{r})\,dV$ を計算するときに，座標変換 $(x, y, z) \to (u, v, w)$ を行ったとします．このとき，u, v, w のそれぞれの微小変化に対する位置ベクトル $\boldsymbol{r}$ の微小変化を考えると，これまで面素を見つけてきたときの方針と同様に

$$d\boldsymbol{r}_u = \frac{\partial \boldsymbol{r}}{\partial u}\,du, \qquad d\boldsymbol{r}_v = \frac{\partial \boldsymbol{r}}{\partial v}\,dv, \qquad d\boldsymbol{r}_w = \frac{\partial \boldsymbol{r}}{\partial w}\,dw$$

となります．

立方体を想像するとわかりやすいと思いますが，体積素 dV はこれらのなす平行六面体の体積とするのが適当でしょう．4.6 節で見たように，$d\boldsymbol{r}_u$, $d\boldsymbol{r}_v$, $d\boldsymbol{r}_w$ のつくる平行六面体の体積は，これら 3 つのベクトルを並べた行列の行列式に相当し，

$$\begin{aligned} dV &= |d\boldsymbol{r}_u \;\; d\boldsymbol{r}_v \;\; d\boldsymbol{r}_w| = \left| \frac{\partial \boldsymbol{r}}{\partial u}\,du \;\; \frac{\partial \boldsymbol{r}}{\partial v}\,dv \;\; \frac{\partial \boldsymbol{r}}{\partial w}\,dw \right| \\ &= \left| \frac{\partial \boldsymbol{r}}{\partial u} \;\; \frac{\partial \boldsymbol{r}}{\partial v} \;\; \frac{\partial \boldsymbol{r}}{\partial w} \right| du\,dv\,dw = \begin{vmatrix} \dfrac{\partial x}{\partial u} & \dfrac{\partial x}{\partial v} & \dfrac{\partial x}{\partial w} \\ \dfrac{\partial y}{\partial u} & \dfrac{\partial y}{\partial v} & \dfrac{\partial y}{\partial w} \\ \dfrac{\partial z}{\partial u} & \dfrac{\partial z}{\partial v} & \dfrac{\partial z}{\partial w} \end{vmatrix} du\,dv\,dw \end{aligned}$$

となります．ここに出てくる行列式 $J=\begin{vmatrix}\dfrac{\partial \boldsymbol{r}}{\partial u} & \dfrac{\partial \boldsymbol{r}}{\partial v} & \dfrac{\partial \boldsymbol{r}}{\partial w}\end{vmatrix}$ を**ヤコビアン**といいます．具体的な例として，3 次元極座標 $x=r\cos\varphi\sin\theta$, $y=r\sin\varphi\sin\theta$, $z=r\cos\theta$ を考えると，$(x,y,z)\to(r,\varphi,\theta)$ の変換で $J=r^2\sin\theta$ であることがわかります．これはまさに，第 2 章で見た 3 次元極座標における微小体積 $r^2\sin\theta\,dr\,d\theta\,d\varphi$ に他なりません．

第 4 章で経験したように，行列式はそれを構成する各列ベクトルがつくる平行多面体の大きさを表すために，このことは次元にかかわらず成り立って，$(u_1,u_2,\cdots,u_n)$ での微小要素 dV は

$$dV=J\,du_1\,du_2\cdots du_n,\qquad J=\begin{vmatrix}\dfrac{\partial x_1}{\partial u_1} & \dfrac{\partial x_1}{\partial u_2} & \cdots & \dfrac{\partial x_1}{\partial u_n}\\ \dfrac{\partial x_2}{\partial u_1} & \dfrac{\partial x_2}{\partial u_2} & \cdots & \dfrac{\partial x_2}{\partial u_n}\\ \vdots & \vdots & \ddots & \vdots\\ \dfrac{\partial x_n}{\partial u_1} & \dfrac{\partial x_n}{\partial u_2} & \cdots & \dfrac{\partial x_n}{\partial u_n}\end{vmatrix}$$

となります．毎回このような記述をするのが大変なので，ヤコビアン J は $J=\dfrac{\partial(x_1,x_2,\cdots,x_n)}{\partial(u_1,u_2,\cdots,u_n)}$ と表すこともあります．

ヤコビアンの意味を習得できていると，第 2 章で見た微小領域の表現を覚えていなくても再現できますし，自由に座標変換ができるようになるので便利です．2 次元極座標や円柱座標でも確かに成り立っていることを確認してみてください．

5.5 積分定理

図 5.19 に示すように，自身と交わることなく平面を内外の 2 つの領域に分割できる曲線を**閉曲線**，同様に自身と共有点をもつことなく空間を 2 つの領域に分割できる曲面を**閉曲面**といいます．交点があるかどうかとか，穴があるかどうかなどでもう少し細かい分類がされますが，大雑把には図 5.19 のような形だと思ってください．

あるベクトル場 $\boldsymbol{A}(\boldsymbol{r})$ について，閉曲線上を1周する経路で積分することを**周回積分**といい，$\oint_{\mathrm{C}} \boldsymbol{A}(\boldsymbol{r})\cdot d\boldsymbol{r}$ のように表します[5]．ここでは，$\boldsymbol{A}(\boldsymbol{r})$ の周回積分や閉曲面上の面積分が，ある特徴的な性質を満たすということを確認したいと思います．

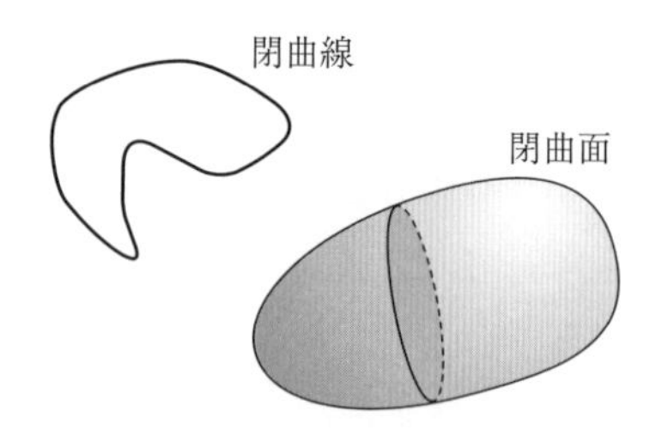

図 5.19　閉曲線と閉曲面

5.5.1　ストークスの定理

半径 a の半球面 Π 上でベクトル場 $\boldsymbol{A}(\boldsymbol{r}) = -y\boldsymbol{e}_x + x\boldsymbol{e}_y + z\boldsymbol{e}_z$ を考えてみましょう．図示すると，図5.20および図5.21のようになっています．この半球面 Π は閉曲面ではなく，xy 平面上に境界 $\partial\Pi$ があります[6]．図だけだと $\partial\Pi$ がどの部分かわかりづらいかもしれないので式で表しておくと，$\partial\Pi = \{(x, y, z)\,|\,x^2 + y^2 = a^2,\ z = 0\}$ ということになります．

さて，Π 上の点を表す位置ベクトル $\boldsymbol{r}$ は3次元極座標を用いると，$\boldsymbol{r} = a\cos\varphi\sin\theta\,\boldsymbol{e}_x + a\sin\varphi\sin\theta\,\boldsymbol{e}_y + a\cos\theta\,\boldsymbol{e}_z$ なので，$\partial\Pi$ 上の点は $\theta = \pi/2$

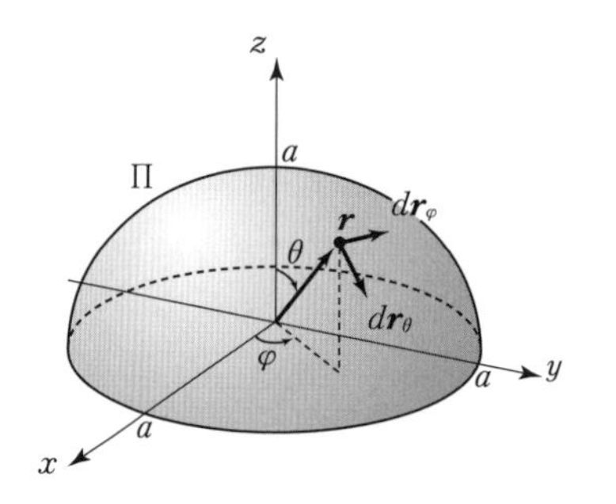

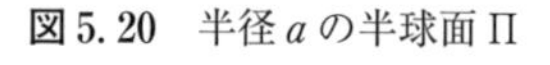
図 5.20　半径 a の半球面 Π

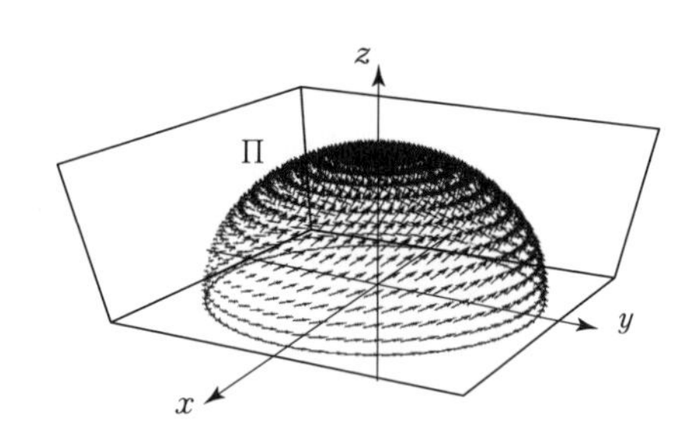

図 5.21　半球面 Π 上でのベクトル場 $\boldsymbol{A}(\boldsymbol{r})$

5）　閉曲面全体で面積分するときには，特にこういった特別扱いはしないことが多いので，ちょっと不思議ですね．

6）　ここで扱ったように，一般に，領域Mの境界という意味で ∂M という書き方をすることがあります．概念的に微分的なイメージだと思っても構いませんが，これで1つの記号だと思った方がよいでしょう．なお，Mが曲面のときは ∂M は閉曲線，Mが立体のときは ∂M は閉曲面になります．また，Mが閉曲面や閉曲線のときは ∂M はありません．

として $\boldsymbol{r} = a\cos\varphi\,\boldsymbol{e}_x + a\sin\varphi\,\boldsymbol{e}_y$ となります．$\partial\Pi$ は閉曲線ですから，この上で $\boldsymbol{A}(\boldsymbol{r})$ を周回積分してみると，$\partial\Pi$ 上の線素は $d\boldsymbol{r} = (\partial\boldsymbol{r}/\partial\varphi)d\varphi = -a\sin\varphi\,d\varphi\,\boldsymbol{e}_x + a\cos\varphi\,d\varphi\,\boldsymbol{e}_y$ となります．したがって，$\partial\Pi$ 上での $\boldsymbol{A}(\boldsymbol{r})$ の周回積分は

$$\oint_{\partial\Pi}\boldsymbol{A}(\boldsymbol{r})\cdot d\boldsymbol{r} = \int_{\varphi=0}^{2\pi} a^2\,d\varphi = 2\pi a^2 \tag{5.3}$$

となります．

今度は，$\boldsymbol{A}(\boldsymbol{r})$ を半球面 Π で面積分することを考えてみましょう．もちろん (5.3) の結果と比較したいのですが，そのまま $\int_{\Pi}\boldsymbol{A}(\boldsymbol{r})\cdot d\boldsymbol{S}$ としても比較できません．(5.3) は「(ベクトル場) と (長さ) の積の和」に相当しますが，$\int_{\Pi}\boldsymbol{A}(\boldsymbol{r})\cdot d\boldsymbol{S}$ は「(ベクトル場) と (面積) の積の和」に相当します．つまり，次元 (単位) が異なるので，比較ができなくなってしまいます．そこで，比較できるように，ベクトル場に ∇ を 1 階演算しておきましょう．∇ は (長さ)$^{-1}$ の次元をもつので，「(ベクトル場に ∇ を演算したもの) と (面積) の積の和」は「(ベクトル場) と (長さ) の積の和」と比較できるようになります．そこで，面素 $d\boldsymbol{S}$ がベクトル量であることから，ベクトル $\nabla\times\boldsymbol{A}(\boldsymbol{r})$ と面素 $d\boldsymbol{S}$ の内積の積分 $\int_{\Pi}\{\nabla\times\boldsymbol{A}(\boldsymbol{r})\}\cdot d\boldsymbol{S}$ を考えてみることにしましょう[7]．

面素 $d\boldsymbol{S}$ を求めるために，図 5.20 に示した $d\boldsymbol{r}_\theta, d\boldsymbol{r}_\varphi$ を求めると

$$d\boldsymbol{r}_\theta = \frac{\partial\boldsymbol{r}}{\partial\theta}d\theta = \begin{pmatrix} a\cos\varphi\cos\theta\,d\theta \\ a\sin\varphi\cos\theta\,d\theta \\ -a\sin\theta\,d\theta \end{pmatrix}, \quad d\boldsymbol{r}_\varphi = \frac{\partial\boldsymbol{r}}{\partial\varphi}d\varphi = \begin{pmatrix} -a\sin\varphi\sin\theta\,d\varphi \\ a\cos\varphi\sin\theta\,d\varphi \\ 0 \end{pmatrix}$$

なので，半球の外側に向かうベクトルとして面素 $d\boldsymbol{S} = d\boldsymbol{r}_\theta \times d\boldsymbol{r}_\varphi = (a\sin\theta)\boldsymbol{r}\,d\theta\,d\varphi$ が得られます．一方，図 5.21 のベクトル場 $\boldsymbol{A}(\boldsymbol{r}) = -y\boldsymbol{e}_x + x\boldsymbol{e}_y + z\boldsymbol{e}_z$ に対して $\nabla\times\boldsymbol{A}(\boldsymbol{r}) = 2\boldsymbol{e}_z$ なので，

$$\int_{\Pi}\{\nabla\times\boldsymbol{A}(\boldsymbol{r})\}\cdot d\boldsymbol{S} = \int_{\varphi=0}^{2\pi}\int_{\theta=0}^{\pi/2} 2a^2\sin\theta\cos\theta\,d\theta\,d\varphi = 2\pi a^2 \tag{5.4}$$

---

7)　線積分の方に ∇ が付いていたのか，面積分の方に ∇ が付いていたのか混乱する方がかなりいます．経験的に，ここで見たように次元で判断するのが一番ミスしにくく，他の分野でも応用しやすいです．こういう考え方はよく理解しておいてください．

となり，明らかに（5.3）と（5.4）は一致しています．さらに，$|\nabla \times \boldsymbol{A}(\boldsymbol{r})|=2$ であったことを思い出すと，あたかも $|\nabla \times \boldsymbol{A}(\boldsymbol{r})|=2$ と $\partial\Pi$ で囲まれる円の面積 πa^2 の積になっているように見えます．半球面 Π の面積ではないことが気にかかりますね．

そこで，今度は Π' として $\partial\Pi$ で囲まれる円板 $\{(x,y,z)\,|\,x^2+y^2 \leq a^2,\ z=0\}$ を考えてみましょう．この場合，Π' 上の点は $0 \leq r \leq a$ の実数 r を用いて $\boldsymbol{r}=r\cos\varphi\,\boldsymbol{e}_x+r\sin\varphi\,\boldsymbol{e}_y$ と表せます．したがって，$\boldsymbol{r}_r=(\partial\boldsymbol{r}/\partial r)\,dr=\cos\varphi\,dr\,\boldsymbol{e}_x+\sin\varphi\,dr\,\boldsymbol{e}_y$　および　$\boldsymbol{r}_\varphi=(\partial\boldsymbol{r}/\partial\varphi)\,d\varphi=-r\sin\varphi\,d\varphi\,\boldsymbol{e}_x+r\cos\varphi\,d\varphi\,\boldsymbol{e}_y$ を用いて，面素 $d\boldsymbol{S}=\boldsymbol{r}_r\times\boldsymbol{r}_\varphi=r\,dr\,d\varphi\,\boldsymbol{e}_z$ が得られます．つまり，円板 Π' において（5.4）に対応する積分は

$$\int_{\Pi'}\{\nabla \times \boldsymbol{A}(\boldsymbol{r})\}\cdot d\boldsymbol{S}=\int_{\varphi=0}^{2\pi}\int_{r=0}^{a}2r\,dr\,d\varphi=2\pi a^2 \qquad (5.5)$$

となって，やはり同じ結果になります．

この理由を直観的に導いてみましょう．考え方は単純ですが，導出の計算が少し煩雑でややこしいので，落ち着いて鉛筆を握ってください．

まず，図5.22に示すように周回積分する経路 $\partial\Pi$ に対応する任意の曲面 Π を小さな四角形に分割しましょう．図ではある程度大きく分割しているので，隅の方が四角形になっていませんが，この分割された小さな四角形は十分小さいものとして，すべて四角形であると考えます．ただし，正方形ではなくてもよく，曲面 Π の構造に合わせることとして，分割されたそれぞれの微小面を π_j とします．それぞれの π_j の境界 $\partial\pi_j$ で，一番外側での周回積分 $\oint_{\partial\Pi}$ と同じ向きに周回積分することにすると（Π に微分不可能な断裂があったりしなければ），隣り合う π_j が辺を共有している部分での積分は打ち消し合って，その和は，結局 $\partial\Pi$ での積分だけが残り

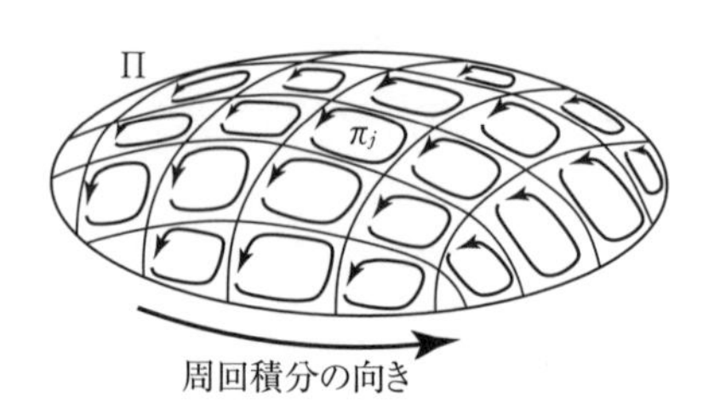

図5.22　曲面 Π の分割

$$\oint_{\partial\Pi}\boldsymbol{A}(\boldsymbol{r})\cdot d\boldsymbol{r}=\sum_j\oint_{\partial\pi_j}\boldsymbol{A}(\boldsymbol{r})\cdot d\boldsymbol{r} \qquad (5.6)$$

となることは納得しやすいかと思います[8]．以下では，しばらく $\partial\pi_j$ での周回積分について考えます．

$\partial\pi_j$ での周回積分は，図 5.23 に示したような積分経路を辿ることになります．そこで，わかりやすいように微小面 π_j の各頂点を $\mathrm{P}_1, \mathrm{P}_2, \mathrm{P}_3, \mathrm{P}_4$ として，周回積分を $\mathrm{P}_1 \to \mathrm{P}_2 \to \mathrm{P}_3 \to \mathrm{P}_4 \to \mathrm{P}_1$ とすることにします．

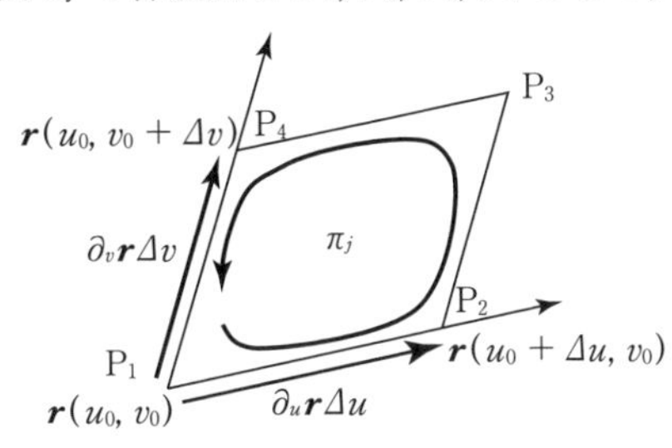

図 5.23 ある微小面 π_j と $\partial\pi_j$ での周回積分

Π は曲面なので，2 つのパラメータで座標を指定することができます．例えば，球面上であれば θ, φ を使いましたし，円板上であれば r, θ を使いましたね．これら 2 つのパラメータを u, v とすることにしましょう．

P_1 は，$u = u_0, v = v_0$ で与えられる点 $\boldsymbol{r}(u_0, v_0)$ であるとします．さらに，P_2 は P_1 から u を Δu だけ変化させた点 $\boldsymbol{r}(u_0 + \Delta u, v_0)$，$\mathrm{P}_4$ は P_1 から v を Δv だけ変化させた点 $\boldsymbol{r}(u_0, v_0 + \Delta v)$ であるとします．また以下の計算では，特に断らずに u, v を指定しない場合には，(u_0, v_0) または一般の (u, v) のことであるとします．このとき，π_j に対応する面素 $d\boldsymbol{S}$ は

$$
\begin{aligned}
d\boldsymbol{S} &= \left(\frac{\partial \boldsymbol{r}}{\partial u} \times \frac{\partial \boldsymbol{r}}{\partial v}\right) du\, dv = \begin{vmatrix} \boldsymbol{e}_x & \boldsymbol{e}_y & \boldsymbol{e}_z \\ \partial_u x & \partial_u y & \partial_u z \\ \partial_v x & \partial_v y & \partial_v z \end{vmatrix} du\, dv \\
&= \begin{vmatrix} \partial_u y & \partial_v y \\ \partial_u z & \partial_v z \end{vmatrix} du\, dv\, \boldsymbol{e}_x + \begin{vmatrix} \partial_u z & \partial_v z \\ \partial_u x & \partial_v x \end{vmatrix} du\, dv\, \boldsymbol{e}_y + \begin{vmatrix} \partial_u x & \partial_v x \\ \partial_u y & \partial_v y \end{vmatrix} du\, dv\, \boldsymbol{e}_z
\end{aligned}
\tag{5.7}
$$

となります．最後の式変形では，1 行目に対する余因子展開の後，列の入れかえや行と列の転置など，行列式の同値変形[9] を行っています．

さて，一般に，$\boldsymbol{r}(u, v)$ は $d\boldsymbol{r} = (\partial_u \boldsymbol{r})du + (\partial_v \boldsymbol{r})dv$ なので，例えば

8) この時点で全体の周回積分が $\nabla \times \boldsymbol{A}$ の面積分で置き換えられることが感覚的に受け入れられるという方は，とりあえず次の節に進んで構いません．ここからは実際に $\nabla \times \boldsymbol{A}$ となることを計算していきます．

9) 詳しくは 4.6 節を参照してください．

$\mathrm{P}_1 \to \mathrm{P}_2$ では v は一定値 v_0 であること等を考慮すると，

$$\oint_{\partial\pi_j} \boldsymbol{A}(\boldsymbol{r})\cdot d\boldsymbol{r} = \int_{\mathrm{P}_1}^{\mathrm{P}_2} \boldsymbol{A}(\boldsymbol{r})\cdot d\boldsymbol{r} + \int_{\mathrm{P}_2}^{\mathrm{P}_3} \boldsymbol{A}(\boldsymbol{r})\cdot d\boldsymbol{r} + \int_{\mathrm{P}_3}^{\mathrm{P}_4} \boldsymbol{A}(\boldsymbol{r})\cdot d\boldsymbol{r} + \int_{\mathrm{P}_4}^{\mathrm{P}_1} \boldsymbol{A}(\boldsymbol{r})\cdot d\boldsymbol{r}$$

$$= \int_{u_0}^{u_0+\Delta u} \boldsymbol{A}(u, v_0)\cdot\partial_u \boldsymbol{r}(u, v_0)\, du + \int_{v_0}^{v_0+\Delta v} \boldsymbol{A}(u_0+\Delta u, v)\cdot\partial_v \boldsymbol{r}(u_0+\Delta u, v)\, dv + \int_{u_0+\Delta u}^{u_0} \boldsymbol{A}(u, v_0+\Delta v)\cdot\partial_u \boldsymbol{r}(u, v_0+\Delta v)\, du + \int_{v_0+\Delta v_0}^{v_0} \boldsymbol{A}(u_0, v)\cdot\partial_v \boldsymbol{r}(u_0, v)\, dv$$

$$\simeq \int_{u_0}^{u_0+\Delta u} \{-\partial_v \boldsymbol{A}(u, v_0)\cdot\partial_u \boldsymbol{r}(u, v_0) - \boldsymbol{A}(u, v_0)\cdot\partial_v\partial_u \boldsymbol{r}(u, v_0)\}\Delta v\, du + \int_{v_0}^{v_0+\Delta v} \{\partial_u \boldsymbol{A}(u_0, v)\cdot\partial_v \boldsymbol{r}(u_0, v) + \boldsymbol{A}(u_0, v)\cdot\partial_u\partial_v \boldsymbol{r}(u_0, v)\}\Delta u\, dv$$

$$\simeq \{(\partial_u \boldsymbol{A})\cdot(\partial_v \boldsymbol{r}) - (\partial_v \boldsymbol{A})\cdot(\partial_u \boldsymbol{r})\}\Delta u\, \Delta v$$

$$\simeq \iint_{\pi_j} \left(\frac{\partial \boldsymbol{A}}{\partial u}\cdot\frac{\partial \boldsymbol{r}}{\partial v} - \frac{\partial \boldsymbol{A}}{\partial v}\cdot\frac{\partial \boldsymbol{r}}{\partial u}\right) du\, dv \qquad (5.8)$$

とできます．特に 2 式目が重要で，積分区間と変数を図 5.23 とよく見比べて確認してみてください．また，3 式目と 4 式目では $\Delta u, \Delta v$ が小さいとして近似をしていて，それを再度，積分の形に直したものが最後の形式（5 式目）です．さらに，$\boldsymbol{A} = A_x \boldsymbol{e}_x + A_y \boldsymbol{e}_y + A_z \boldsymbol{e}_z$ や $\boldsymbol{r} = x\boldsymbol{e}_x + y\boldsymbol{e}_y + z\boldsymbol{e}_z$ の成分を代入して，連鎖則 $\dfrac{\partial A_x}{\partial u} = \dfrac{\partial A_x}{\partial x}\dfrac{\partial x}{\partial u} + \dfrac{\partial A_x}{\partial y}\dfrac{\partial y}{\partial u} + \dfrac{\partial A_x}{\partial z}\dfrac{\partial z}{\partial u}$ および面素の表現（5.7）などを使うと，（5.8）は

$$\oint_{\partial\pi_j} \boldsymbol{A}(\boldsymbol{r})\cdot d\boldsymbol{r} \simeq \iint_{\pi_j} \left(\frac{\partial \boldsymbol{A}}{\partial u}\cdot\frac{\partial \boldsymbol{r}}{\partial v} - \frac{\partial \boldsymbol{A}}{\partial v}\cdot\frac{\partial \boldsymbol{r}}{\partial u}\right) du\, dv$$

$$
\begin{aligned}
&= \iint_{\pi_j} (\partial_y A_z - \partial_z A_y) \begin{vmatrix} \partial_u y & \partial_v y \\ \partial_u z & \partial_v z \end{vmatrix} du\, dv \\
&\quad + \iint_{\pi_j} (\partial_z A_x - \partial_x A_z) \begin{vmatrix} \partial_u z & \partial_v z \\ \partial_u x & \partial_v x \end{vmatrix} du\, dv \\
&\quad + \iint_{\pi_j} (\partial_x A_y - \partial_y A_z) \begin{vmatrix} \partial_u x & \partial_v x \\ \partial_u y & \partial_v y \end{vmatrix} du\, dv \\
&= \iint_{\pi_j} (\nabla \times \boldsymbol{A}) \cdot d\boldsymbol{S} \qquad (5.9)
\end{aligned}
$$

とまとめられます[10].

したがって，(5.6) に (5.9) を代入して π_j についての総和をとれば，$\partial\Pi$ での $\boldsymbol{A}$ の周回積分と Π での $\nabla \times \boldsymbol{A}$ の面積分が一致することがわかります.

ここまでの議論は Π だけでなく，境界内部で滑らかに連続な一般の曲面に対してそのまま成り立ちます．つまり，有限の広さの曲面を M とすると，

$$
\oint_{\partial \mathrm{M}} \boldsymbol{A}(\boldsymbol{r}) \cdot d\boldsymbol{r} = \int_{\mathrm{M}} \{\nabla \times \boldsymbol{A}(\boldsymbol{r})\} \cdot d\boldsymbol{S}
$$

が成り立ち，これを**ストークスの定理**といいます[11]．この導出で重要な点の1つは，M の形は境界が ∂M である滑らかな面であればなんでもよいという点です．これが (5.4) と (5.5) が同じ結果を与えた理由であり，特に (5.4) と (5.5) の例の場合には $\nabla \times \boldsymbol{A}$ が定ベクトルだったので，円の面積 πa^2 と

10) ここの計算は項の数が多くてややこしいですが，丁寧にやってみてください．難しくはありません.

11) ストークスの定理は，本来，**微分形式**によって一般化されているもので，ここで見たものだけではなく，本質的にはもう少し広い意味があります．ただ，電磁気学など物理学で遭遇するのは最初のうちはこの形式が一番多いので，まずはここからマスターしてしまいましょう．なお，ここで示した導出は多くの「物理数学」のテキストで記載されているものと若干手順を変えて，計算式は長いけれど前提知識があまりなくてもよいようにしています．本質的には同じことですが，見かけと前提が異なるので，参照する場合には注意してください．もう少し発展的な物理数学として，一般相対性理論などで用いる**微分幾何**という分野を勉強するときに，似たような思想から**リーマンテンソル**という量が導入されますが，ここで用いたような方法で提示されることが多いと思います．詳しくは，「相対性理論」のテキストなどを参照してください.

2 $(=|\nabla \times \boldsymbol{A}|)$ の積として得られました．ストークスの定理の右辺を求めるために左辺を使う場合にはMが先に決まっているので，境界 ∂M を見出すのにそれほど困難は感じないと思います．一方で，左辺を求めるために右辺を使う場合には，Mの選び方に任意性があるので，自分が最も簡潔に扱える領域を選択するようにしましょう．

Exercise 5.7

図5.24のように，$\mathrm{P_1}(2,0,0), \mathrm{P_2}(0,2,0), \mathrm{P_3}(0,0,4)$ を直線で繋いだ三角形を考えます．周回経路C：$\mathrm{P_1} \to \mathrm{P_2} \to \mathrm{P_3} \to \mathrm{P_1}$ として，領域Rを三角形 $\mathrm{P_1P_2P_3}$ の周および内部とするとき，ベクトル $\boldsymbol{A} = z\boldsymbol{e}_x + x\boldsymbol{e}_y + y\boldsymbol{e}_z$ について次の問いに答えなさい．

(1)　領域R上の任意の点を表す位置ベクトルを $\boldsymbol{r}$ とするとき，0以上1以下の独立な実数 u, v を用いて表しなさい．

(2)　C上の周回積分 $\oint_{\mathrm{C}} \boldsymbol{A}\cdot d\boldsymbol{r}$ を直接計算して求めなさい．

(3)　面積分 $\iint_{\mathrm{R}} (\nabla \times \boldsymbol{A})\cdot d\boldsymbol{S}$ を求め，ストークスの定理が成り立っていることを確認しなさい．

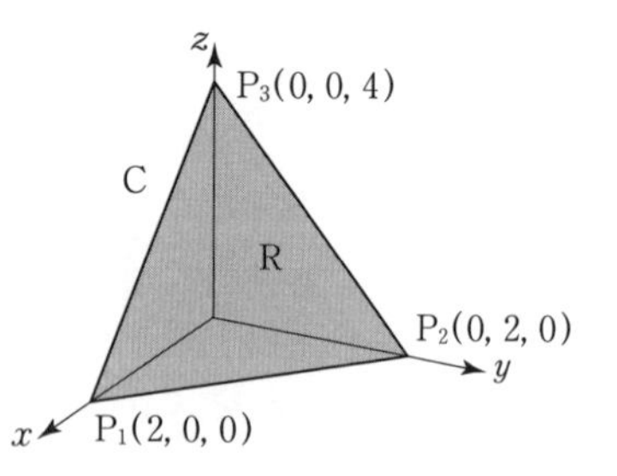

図5.24　(2) と (3) の積分領域

Coaching　(1)　Rは平面なのでR上の位置 $\boldsymbol{r}$ は $\boldsymbol{r}(u,v) = \overrightarrow{\mathrm{OP_1}} + u\overrightarrow{\mathrm{P_1P_2}} + v\overrightarrow{\mathrm{P_1P_3}}$ で表すことができます．これをまとめると，$\boldsymbol{r}(u,v) = (2-2u-2v)\boldsymbol{e}_x + 2u\boldsymbol{e}_y + 4v\boldsymbol{e}_z$ となります．ただし，$0 \leq u+v \leq 1$ であることには注意しておきましょう．この領域を外れると，三角形 $\mathrm{P_1P_2P_3}$ からはみ出します．なお，$\mathrm{P_1P_2}$ 上では $v=0$ で $\mathrm{P_1} \to \mathrm{P_2}$ は $u: 0 \to 1$ に対応，$\mathrm{P_2P_3}$ 上では $u+v=1$ で $\mathrm{P_2} \to \mathrm{P_3}$ は $v: 0 \to 1$ に対応，$\mathrm{P_3P_1}$ 上では $u=0$ で $\mathrm{P_3} \to \mathrm{P_1}$ は $v: 1 \to 0$ に対応，となります．

(2)　経路Cは3つの辺から成るので，それぞれの領域で考えます．$\mathrm{P_1} \to \mathrm{P_2}$ では $v=0$ なので $\boldsymbol{r}(u,v) = (2-2u)\boldsymbol{e}_x + 2u\boldsymbol{e}_y$ であり，$d\boldsymbol{r} = (d\boldsymbol{r}/du)du = -2\,du\,\boldsymbol{e}_x + 2\,du\,\boldsymbol{e}_y$，$\boldsymbol{A} = (2-2u)\boldsymbol{e}_y + 2u\boldsymbol{e}_z$ となるので，$\boldsymbol{A}\cdot d\boldsymbol{r} = 2(2-2u)\,du$ です．同様にして，$\mathrm{P_2} \to \mathrm{P_3}$ では $\boldsymbol{A}\cdot d\boldsymbol{r} = 8u\,du$，$\mathrm{P_3} \to \mathrm{P_1}$ では $\boldsymbol{A}\cdot d\boldsymbol{r} = -8v\,dv$ となります．結局，

$$\oint_C \boldsymbol{A}\cdot d\boldsymbol{r} = \int_0^1 2(2-2u)\,du + \int_0^1 8u\,du + \int_1^0 (-8v)\,dv = 10$$

のように，直接的に周回積分が求められます．

(3)　$\boldsymbol{r}(u, v) = (2-2u-2v)\boldsymbol{e}_x + 2u\boldsymbol{e}_y + 4v\boldsymbol{e}_z$ に対して，$d\boldsymbol{r}_u = (\partial\boldsymbol{r}/\partial u)du$ および $d\boldsymbol{r}_v = (\partial\boldsymbol{r}/\partial v)dv$ とすることで，$d\boldsymbol{S} = d\boldsymbol{r}_u \times d\boldsymbol{r}_v = (8\boldsymbol{e}_x + 8\boldsymbol{e}_y + 4\boldsymbol{e}_z)\,du\,dv$ となります．領域 R 内では $0 \leq u + v \leq 1$ であることに注意して，

$$\iint_R (\nabla \times \boldsymbol{A})\cdot d\boldsymbol{S} = \int_{v=0}^{1}\int_{u=0}^{1-v} (8+8+4)\,du\,dv = 10$$

が得られます．(2) と比べると，明らかにストークスの定理の一例となっていることがわかります．■

Training 5.6

閉曲線Cを $\{(x, y, z) \mid x^2 + y^2 = a^2,\ z = 0\}$ とするとき，$\boldsymbol{A}(\boldsymbol{r}) = \cos y\,\boldsymbol{e}_x + x(1-\sin y)\boldsymbol{e}_y$ に対して $\nabla \times \boldsymbol{A}(\boldsymbol{r})$ および $\oint_C \boldsymbol{A}(\boldsymbol{r})\cdot d\boldsymbol{r}$ を求めなさい．

5.5.2 グリーンの定理

xy 平面上に閉曲線Cを描きます．2つの2変数関数 $P(x, y), Q(x, y)$ を用意したとき，Cに囲まれる領域をRとして，次の関係式が成り立ちます．

$$\oint_C \{P(x, y)\,dx + Q(x, y)\,dy\} = \iint_R \left(\frac{\partial Q(x, y)}{\partial x} - \frac{\partial P(x, y)}{\partial y}\right) dx\,dy$$

これを**グリーンの定理**といいます．グリーンの定理はストークスの定理の特別な場合とみなすこともできるので，ストークスの定理を用いて容易に導けます．この導出を Exercise 5.8 としますので挑戦してみてください．

Exercise 5.8

ストークスの定理を用いて，グリーンの定理を導きなさい．

Coaching　閉曲線Cとこれを境界にもつ面がRであるというのはすぐにわかると思います．ここで，ベクトル $\boldsymbol{A}$ を $\boldsymbol{A} = P(x, y)\boldsymbol{e}_x + Q(x, y)\boldsymbol{e}_y$ とすると，$\nabla \times \boldsymbol{A} = \{\partial_x Q(x, y) - \partial_y P(x, y)\}\boldsymbol{e}_z$ となります．また，Cの形が閉曲線であるということしか指定されていないので，R上の点 $\boldsymbol{r}$ は $\boldsymbol{r} = x\boldsymbol{e}_x + y\boldsymbol{e}_y$ と表すことができて，

$d\boldsymbol{r}_x = (\partial_x \boldsymbol{r})\,dx = dx\,\boldsymbol{e}_x$ および $d\boldsymbol{r}_y = (\partial_y \boldsymbol{r})\,dy = dy\,\boldsymbol{e}_y$ なので面素 $d\boldsymbol{S} = d\boldsymbol{r}_x \times d\boldsymbol{r}_y = dx\,dy\,\boldsymbol{e}_z$ が得られます．以上の準備の下でストークスの定理を書き下せば

$$\oint_{\mathrm{C}} \boldsymbol{A}\cdot d\boldsymbol{r} = \iint_{\mathrm{R}} (\nabla \times \boldsymbol{A})\cdot d\boldsymbol{S}$$

$$\Leftrightarrow \quad \oint_{\mathrm{C}} \{P(x,y)\,dx + Q(x,y)\,dy\} = \iint_{\mathrm{R}} \left(\frac{\partial Q(x,y)}{\partial x} - \frac{\partial P(x,y)}{\partial y} \right) dx\,dy$$

となって，グリーンの定理が導かれます[12]． ■

5.5.3　ガウスの定理

ストークスの定理は，「閉曲線上での周回積分が，その閉曲線を境界とする有限曲面上での面積分に一致する」という定理でした．もう一段階次元を高くして，「閉曲面上での面積分が，その閉曲面を境界とする有限体積上での体積分に一致する」というものはつくれないでしょうか．

3次元中の閉曲面で区切られる領域は立体になるはずなので，この立体をMとし，Mの境界であるところの元の閉曲面を∂Mと表しましょう．∂M上での面積分を $\iint_{\partial \mathrm{M}} \boldsymbol{A}\cdot d\boldsymbol{S}$ とするとき，これに対応する体積分は，体積素 dV がスカラーであることから，次元の考察をすると $\iiint_{\mathrm{M}} \nabla\cdot\boldsymbol{A}\,dV$ が一番シンプルな形として考えられるでしょう．このあたりの推察は，ストークスの定理のときと同じです．具体例について，次の Exercise 5.9 で確認してみましょう．

Exercise 5.9

原点を中心とする半径 a の球面を考え，これを閉曲面∂Mとみなします．また，ベクトル場 $\boldsymbol{A}(\boldsymbol{r}) = x\boldsymbol{e}_x + y\boldsymbol{e}_y + z\boldsymbol{e}_z$ は球面を外向きに貫くベクトル場であるとします．このとき，次の各問いに答えなさい．

(1)　閉曲面∂M上での面積分 $\iint_{\partial \mathrm{M}} \boldsymbol{A}\cdot d\boldsymbol{S}$ を求めなさい．

(2)　立体Mでの体積分 $\iiint_{\mathrm{M}} \nabla\cdot\boldsymbol{A}\,dV$ を求めなさい．

---

12)　テキストによっては，グリーンの定理をストークスの定理を用いずに導出してから，グリーンの定理を用いて (5.9) と同様の関係式を導出する流れになることが多いです．このシナリオの場合，上記の「導出」は循環論法となることがあるので，特に試験などを受ける際には注意してください．

Coaching (1) $\partial\mathrm{M}$ は球面なので3次元極座標を用いると位置 $\boldsymbol{r}$ は

$$\boldsymbol{r}(\varphi,\theta) = (a\cos\varphi\sin\theta)\boldsymbol{e}_x + (a\sin\varphi\sin\theta)\boldsymbol{e}_y + (a\cos\theta)\boldsymbol{e}_z$$

となります．また，面素も $d\boldsymbol{S} = a^2\sin\theta\,d\theta\,d\varphi(\cos\varphi\sin\theta\,\boldsymbol{e}_x + \sin\varphi\sin\theta\,\boldsymbol{e}_y + \cos\theta\,\boldsymbol{e}_z)$ となります．したがって，求める面積分は

$$\iint_{\partial\mathrm{M}} \boldsymbol{A}\cdot d\boldsymbol{S} = a^3\int_{\theta=0}^{\pi}\int_{\varphi=0}^{2\pi}\sin\theta\,d\varphi\,d\theta = 4\pi a^3$$

と得られます．

(2) $\nabla\cdot\boldsymbol{A} = 3$ なので，体積分は簡単です．次の要領で，(1) と一致することが確かめられます．

$$\iiint_{\mathrm{M}} \nabla\cdot\boldsymbol{A}\,dV = 3\iiint_{\mathrm{M}} dV = 3\times\frac{4\pi a^3}{3} = 4\pi a^3$$

■

予想通り，一致していることが確認できました．もう少し一般的にこれが成り立っていることは，以下のようにして捉えることができます．

3次元中の閉曲面は必ず下側と上側に分割することができます．そのため，xy 平面に水平な面で分割したとき，分割面よりも上側（曲面 M_1）と下側（曲面 M_2）を，それぞれ1価関数（x, y の値を決めるとただ1つだけの値を返す関数）で表すことができます．それら，$\mathrm{M}_1, \mathrm{M}_2$ を表す1価関数をそれぞれ $z = z_1(x,y)$，$z = z_2(x,y)$ と表すことにしましょう．具体的には，図5.25のような感じです．この閉曲面 $\partial\mathrm{M}$ 全体で $\boldsymbol{A} = A_x\boldsymbol{e}_x + A_y\boldsymbol{e}_y + A_z\boldsymbol{e}_z$ を面積分すると

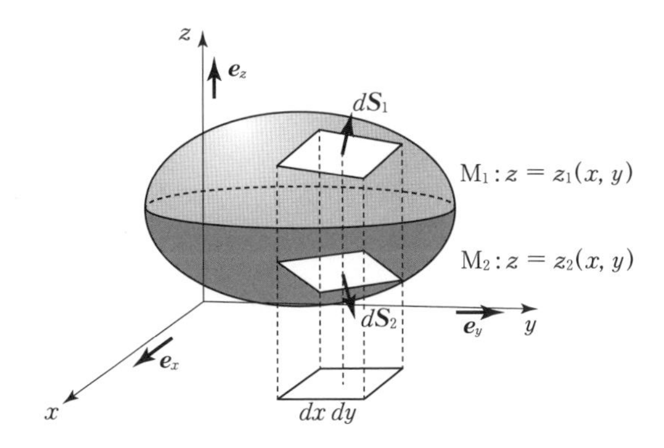

図5.25 一般の閉曲面

$$\iint_{\partial \mathrm{M}} \boldsymbol{A} \cdot d\boldsymbol{S} = \iint_{\partial \mathrm{M}} (A_x \boldsymbol{e}_x \cdot d\boldsymbol{S} + A_y \boldsymbol{e}_y \cdot d\boldsymbol{S} + A_z \boldsymbol{e}_z \cdot d\boldsymbol{S}) \tag{5.10}$$

となります．このとき例えば，第 3 項の $\boldsymbol{e}_z \cdot d\boldsymbol{S}$ だけを取り出すと，これは面素 $d\boldsymbol{S}$ の xy 平面への正射影になります．

ただ，閉曲面は**閉じているがゆえに，必ず** M_1 **と** M_2 **に同じ** $dx\,dy$ **が対応する場所がある**ことになります．言葉だけだとわかりにくいかもしれませんが，この事情は図 5.25 を見るとわかると思います．重要な点は，$\boldsymbol{e}_z \cdot d\boldsymbol{S}_1$ と $\boldsymbol{e}_z \cdot d\boldsymbol{S}_2$ は面積（大きさ）は $dx\,dy$ となって同じですが，$\mathrm{M}_1, \mathrm{M}_2$ で $d\boldsymbol{S}_1$ と $d\boldsymbol{S}_2$ が $\boldsymbol{e}_z$ に対して逆向きになっているので，符号は逆になり，$\boldsymbol{e}_z \cdot d\boldsymbol{S}_1 = -\boldsymbol{e}_z \cdot d\boldsymbol{S}_2 = dx\,dy$ となるという点です．したがって，(5.10) の第 3 項の積分は

$$\iint_{\partial \mathrm{M}} A_z \boldsymbol{e}_z \cdot d\boldsymbol{S} = \iint_{xy} \{A_z(x, y, z_1) - A_z(x, y, z_2)\}\, dx\, dy = \iint_{xy} \int_{z_2}^{z_1} \frac{\partial A_z}{\partial z}\, dz$$

となります．同様の事情は第 1 項や第 2 項でも生じるので，結局，

$$\begin{aligned} \iint_{\partial \mathrm{M}} \boldsymbol{A} \cdot d\boldsymbol{S} &= \iint_{yz} \int_{x_2}^{x_1} \frac{\partial A_x}{\partial x}\, dx + \iint_{zx} \int_{y_2}^{y_1} \frac{\partial A_y}{\partial y}\, dy + \iint_{xy} \int_{z_2}^{z_1} \frac{\partial A_z}{\partial z}\, dz \\ &= \iint_{xyz} \left(\frac{\partial A_x}{\partial x}\, dx + \frac{\partial A_y}{\partial y}\, dy + \frac{\partial A_z}{\partial z}\, dz \right) \end{aligned}$$

となります．

これをまとめて書けば

$$\iint_{\partial \mathrm{M}} \boldsymbol{A} \cdot d\boldsymbol{S} = \iint_{\mathrm{M}} \nabla \cdot \boldsymbol{A}\, dV$$

ということになり，Exercise 5.9 で見た一致が一般的であることがわかります．これを**ガウスの定理**または**発散定理**といいます．

この背景は，**「上下」での法線ベクトルにかかる** A_z **の大きさの差が寄与している**ことにあり，$\nabla \cdot \boldsymbol{A}$ が発散を表していたことに直結しています．

Training 5.7

領域 S を，中心が原点で半径が R の球の表面であるとします．$\boldsymbol{A}(\boldsymbol{r}) = x^3 \boldsymbol{e}_x + y^3 \boldsymbol{e}_y + z^3 \boldsymbol{e}_z$ とするとき，ガウスの定理を用いて $\iint_{\mathrm{S}} \boldsymbol{A}(\boldsymbol{r}) \cdot d\boldsymbol{S}$ を求めなさい．

Coffee Break

自作自演

物理学や数学の勉強をどのようにしたらよいのかわからない，と悩む学生さんによく勧めているのが**自作自演**です．これは，ある事柄を講義やテキストで知ったとき，その内容にかかわる例題を自分で作問して自分で解き，その答えが合っているかどうかを自分で判定する，という作業です．「自分でつくって自分で演習する」という意味で，著者は自作自演とよんでいます．

例えば本章の Exercise 5.6 で $\boldsymbol{A}(\boldsymbol{r}) = xy\boldsymbol{e}_x + (x+y)\boldsymbol{e}_y$ を $S = \{(x,y,z) | x^2+y^2=R^2, 0 \leq z \leq 1\}$ の領域Sで面積分するという問題がありましたが，これができるようになってから自作自演をしてみることを考えてみます．

このとき，答えが合っているかどうかを確認できるようにするために，まずは $\boldsymbol{A}(\boldsymbol{r})$ を $\boldsymbol{A}(\boldsymbol{r}) = x^a y\boldsymbol{e}_x + b(x+y)\boldsymbol{e}_y$ などとしてみるのはどうでしょうか．このようにおいてみると，解いてみた答えに対して $a \to 1, b \to 1$ とすることで，すでに得ている $\boldsymbol{A}(\boldsymbol{r}) = xy\boldsymbol{e}_x + (x+y)\boldsymbol{e}_y$ の面積分の結果に一致するはずです．あるいは，$a \to -\infty$，$b \to 0$ とするとゼロになるはずです．もし，これらの極限を満足しないのであれば間違っていますし，満足すれば正解である可能性が高いでしょう．もちろん，それだけではなくて，計算機で計算してみて正解であるかどうか確認することもできますし，結果を R についてのグラフとして表してみるのも面白いかもしれません．関連して，もっと物理現象の記述に直結するような $\boldsymbol{A}(\boldsymbol{r})$ を選んでみると，直観的に納得できるかどうかで答え合わせができるときもあります．

このように，勉強したことをそのまま飲み込むだけではなくて，そこから自然に思いつくことを段階的に試してみることで，講義でもテキストでも紹介されなかった，あなただけの事実を積み重ねていくことができます．これはかなり楽しいことですし，何よりも，この積み重ねは**自分の言葉で説明する**ということに繋がり，誰かの受け売りではない自分だけの科学観を醸成することができるようになります．一度こういうことができるようになると，もはや他の人の「わかりやすい解説」などというものは不要となり，分野や言語の壁を越えて世界が広がります．

本章のPoint

$f(\boldsymbol{r})$ をスカラー場，$\boldsymbol{A}=\boldsymbol{A}(\boldsymbol{r})$，$\boldsymbol{B}=\boldsymbol{B}(\boldsymbol{r})$ を3次元ベクトル場，∇ をナブラ演算子，$\boldsymbol{e}_x, \boldsymbol{e}_y, \boldsymbol{e}_z$ を標準基底とする．

▶ **ベクトルの内積と外積**

$\boldsymbol{A}$ と $\boldsymbol{B}$ の内積：$\boldsymbol{A}\cdot\boldsymbol{B}= A_xB_x + A_yB_y + A_zB_z$

$$\boldsymbol{A} \text{ と } \boldsymbol{B} \text{ の外積}：\boldsymbol{A}\times\boldsymbol{B} = \begin{pmatrix} A_yB_z - A_zB_y \\ A_zB_x - A_xB_z \\ A_xB_y - A_yB_z \end{pmatrix} = \begin{vmatrix} \boldsymbol{e}_x & \boldsymbol{e}_y & \boldsymbol{e}_z \\ A_x & A_y & A_z \\ B_x & B_y & B_z \end{vmatrix}$$

▶ **場の量の微分**：場の量の1階微分は次の3通りがあり，それぞれ「勾配」，「発散」，「回転」ということがある．

$$\nabla f(\boldsymbol{r}) = \begin{pmatrix} \partial_x f(\boldsymbol{r}) \\ \partial_y f(\boldsymbol{r}) \\ \partial_z f(\boldsymbol{r}) \end{pmatrix}, \qquad \nabla\cdot\boldsymbol{A}(\boldsymbol{r}) = \partial_x A_x + \partial_y A_y + \partial_z A_z$$

$$\nabla\times\boldsymbol{A}(\boldsymbol{r}) = \begin{pmatrix} \partial_y A_z - \partial_z A_y \\ \partial_z A_x - \partial_x A_z \\ \partial_x A_y - \partial_y A_x \end{pmatrix}$$

▶ **ヤコビアン**：位置ベクトル $\boldsymbol{r}$ が変数 $u_1, u_2, \cdots, u_j, \cdots, u_n$ の関数となっているとき，$d\boldsymbol{r}_{u_j} = \dfrac{\partial \boldsymbol{r}}{\partial u_j}du_j$ およびヤコビアン

$$J = \det\left(\frac{\partial \boldsymbol{r}}{\partial u_1}\frac{\partial \boldsymbol{r}}{\partial u_2}\cdots\frac{\partial \boldsymbol{r}}{\partial u_n}\right)$$

を用いると，線素 $d\boldsymbol{r}$ $(n=1)$，面積素 $d\boldsymbol{S}$ $(n=2)$，体積素 dV $(n=3)$ は次のようになる．

$$d\boldsymbol{r} = \frac{\partial \boldsymbol{r}}{\partial u_1}du_1, \qquad d\boldsymbol{S} = d\boldsymbol{r}_{u_1}\times d\boldsymbol{r}_{u_2}, \qquad dV = |J|\,du_1\,du_2\,du_3$$

▶ **ストークスの定理**：閉曲線 ∂M で囲まれた有限の広さの曲面 M 上でのベクトル場 $\boldsymbol{A}(\boldsymbol{r})$ の積分において，次の関係が成り立つ．

$$\oint_{\partial \mathrm{M}} \boldsymbol{A}(\boldsymbol{r})\cdot d\boldsymbol{r} = \int_{\mathrm{M}} \{\nabla\times\boldsymbol{A}(\boldsymbol{r})\}\cdot d\boldsymbol{S}$$

▶ **ガウスの定理**：閉曲面 ∂M で囲まれた有限の広さの領域 M 上でのベクトル場 $\boldsymbol{A}(\boldsymbol{r})$ の積分において，次の関係が成り立つ．

$$\iint_{\partial \mathrm{M}} \boldsymbol{A}(\boldsymbol{r})\cdot d\boldsymbol{S} = \iint_{\mathrm{M}} \nabla\cdot\boldsymbol{A}\,dV$$

Practice

[5.1]　スカラー３重積

線形独立な３つの３次元ベクトル $\boldsymbol{a}, \boldsymbol{b}, \boldsymbol{c}$ を用いて，行列 $A = (\boldsymbol{a} \ \boldsymbol{b} \ \boldsymbol{c})$ をつくるとき，$\boldsymbol{a}\cdot(\boldsymbol{b}\times\boldsymbol{c}) = |A|$ であることを示しなさい．

[5.2]　保存量の周回積分

Cを任意の閉曲線とするとき，C上で微分可能な関数 $\phi(\boldsymbol{r})$ に対して $I = \oint_{\mathrm{C}} \nabla\phi(\boldsymbol{r})\cdot d\boldsymbol{r}$ を求めなさい．

[5.3]　ヤコビアンの連鎖則

座標変換を２回行い，$(x_1, x_2, x_3) \to (u_1, u_2, u_3) \to (v_1, v_2, v_3)$ とします．それぞれに対するヤコビアンを $J_1 = \dfrac{\partial(x_1, x_2, x_3)}{\partial(u_1, u_2, u_3)}$ および $J_2 = \dfrac{\partial(u_1, u_2, u_3)}{\partial(v_1, v_2, v_3)}$ とするとき，$(x_1, x_2, x_3) \to (v_1, v_2, v_3)$ の座標変換におけるヤコビアン J を J_1, J_2 を用いて表しなさい．

[5.4]　面 積 分

領域Dを $D = \{(x, y, z) \mid x^2 + y^2 = 1, x \geq 0, y \geq 0, 0 \leq z \leq 1\}$ となる曲面とするとき，領域D上で，$\boldsymbol{A}(\boldsymbol{r}) = y^2\boldsymbol{e}_x + xy\boldsymbol{e}_y + z\boldsymbol{e}_z$ の面積分 $I = \iint_{\mathrm{D}} \boldsymbol{A}(\boldsymbol{r})\cdot d\boldsymbol{S}$ を求めなさい．

[5.5]　スカラーポテンシャルとベクトルポテンシャル

$\boldsymbol{r} = \begin{pmatrix} x \\ y \\ z \end{pmatrix}$ および $\boldsymbol{r}$ に依存しないベクトル $\boldsymbol{p}, \boldsymbol{m}$ と定数 k_0, k_1 があり，$r = |\boldsymbol{r}|$ とするとき，次の量を求めなさい．

(1)　スカラーポテンシャル $\phi(\boldsymbol{r}) = k_0 \dfrac{\boldsymbol{p}\cdot\boldsymbol{r}}{r^3}$ に対する $\boldsymbol{E} = -\nabla\phi(\boldsymbol{r})$

(2)　ベクトルポテンシャル $\boldsymbol{A}(\boldsymbol{r}) = k_1 \dfrac{\boldsymbol{m}\times\boldsymbol{r}}{r^3}$ に対する $\boldsymbol{B} = \nabla\times\boldsymbol{A}(\boldsymbol{r})$

複素関数の基礎

複素数の値をとる複素関数は，実数の値に制限されている実関数とは少し異なった性質をもっていて，この性質を利用すると，物理現象を表す実関数を上手に取り扱うことができる場合があります．特に，複素関数を用いた実関数の積分については物理学への応用範囲が広いので，ここで解説するような基本的な取り扱いはしっかりと身に付けておく必要があります．なお，本書では多価関数については扱いません．

6.1 複素関数とその微分

0.4 節で見たように，虚数単位 i と実数 x, y を用いて，複素数 z は $z = x + iy$ と表します．このとき x を実部，y を虚部といい，複素数平面上で z は点 (x, y) として表します．また，共役複素数（複素共役）は $z^* = x - iy$ となります．

6.1.1 複素関数

通常，関数 $f(x) = x^2 + 3x + 4$ を実数 x に対して定義した場合，$f(3) = 22$ のように実数値を与えます．このように，実数の引数に対して実数値を返す関数を**実関数**といいます．同じような関数でも，複素数 z の全体を定義域とすると，$f(z) = z^2 + 3z + 4$ は $f(2 + i) = (2 + i)^2 + 3(2 + i) + 4$

$= 13 + 7i$ のように，複素数の値を与えます．このように，複素数の引数に対して複素数を返す関数を**複素関数**といいます．もちろん，$f(z)$ に任意の複素数 $z = x + iy$ を代入すれば，$f(x + iy) = (x^2 - y^2 + 3x + 4) + i(2x + 3)y$ となります．一般に，複素関数 $f(z)$ は $z = x + iy$ を代入すると x, y で決まる実部と虚部をもつので，便利のために，これを $f(z) = u(x, y) + iv(x, y)$ と分けて書くことがあります．

多項式であれば，関数に複素数を代入することは容易です．では，三角関数などではどのようになるでしょうか．この場合，オイラーの公式[1)] である $e^z = e^x(\cos y + i \sin y)$ および $e^{iz} = \cos z + i \sin z$ を利用して，

$$\cos z = \frac{e^{iz} + e^{-iz}}{2}, \qquad \sin z = \frac{e^{iz} - e^{-iz}}{2i}$$

のように定義します．双曲線関数でも同様に，

$$\cosh z = \frac{e^{z} + e^{-z}}{2}, \qquad \sinh z = \frac{e^{z} - e^{-z}}{2}$$

と定義します．これらの定義を用いると，これまで学んできた通常の関係式がそのまま成り立つことが確認できます．Exercise 6.1 で実際に確かめてみましょう．

Exercise 6.1

次の関係式が成り立つことを示しなさい．

(1) $\sin^2 z + \cos^2 z = 1$

(2) $\sin(z_1 \pm z_2) = \sin z_1 \cos z_2 \pm \cos z_1 \sin z_2$

(3) $\cos(z_1 \pm z_2) = \cos z_1 \cos z_2 \mp \sin z_1 \sin z_2$

(4) $\cos(iz) = \cosh z$ および $\sin(iz) = i \sinh z$

Coaching いずれも定義通りに計算しましょう．

(1) $\sin^2 z + \cos^2 z = -\frac{1}{4}(e^{iz} - e^{-iz})^2 + \frac{1}{4}(e^{iz} + e^{-iz})^2 = 1$ となります．

1) z が実数のときは，第1章でマクローリン展開のときに紹介したように「公式」といって差し支えないと思いますが，z が複素数の場合は「定義」とみなす方が妥当かもしれません．

(2), (3) は全く同様に示せるので, (2) のみ手続きを示しておきます.

$$
\begin{aligned}
\sin(z_1 \pm z_2) &= \frac{e^{iz_1}e^{\pm iz_2} - e^{-iz_1}e^{\mp iz_2}}{2i} \\
&= \frac{1}{2i}\{(\cos z_1 + i\sin z_1)(\cos z_2 \pm i\sin z_2) \\
&\qquad - (\cos z_1 - i\sin z_1)(\cos z_2 \mp i\sin z_2)\} \\
&= \sin z_1 \cos z_2 \pm \cos z_1 \sin z_2
\end{aligned}
$$

(4)　こちらも定義通りの計算で

$$
\cos(iz) = \frac{1}{2}\{e^{i(iz)} + e^{-i(iz)}\} = \cosh z
$$

$$
\sin(iz) = \frac{1}{2i}\{e^{i(iz)} - e^{-i(iz)}\} = i\sinh z
$$

となります. この関係式を導くのは (2), (3) に比べて間違いにくいと思いますが, 複素関数特有の関係式なので, ぜひ記憶にとどめておきましょう. ■

 **Training 6.1**

$\cosh(z_1 \pm z_2) = \cosh z_1 \cosh z_2 \pm \sinh z_1 \sinh z_2$ を示しなさい.

6.1.2　複素関数の微分

複素関数を微分することを考えてみましょう. 関数 $f(z)$ の複素数 z を少し変化させて $f(z + \Delta z)$ をつくったときに, $\Delta z \to 0$ とする次の極限が存在すれば, それを導関数というのは実関数からの直接の拡張として納得できると思います.

$$
\frac{df(z)}{dz} = f'(z) = \lim_{\Delta z \to 0} \frac{f(z + \Delta z) - f(z)}{\Delta z} \tag{6.1}
$$

ただ, 図 6.1 に示すように, 極限のあり方が実関数の場合とは少し違うことには注意が必要です. 実関数の場合は変数が実数軸上に制限されているために, 右からの極限と左から

実関数の場合

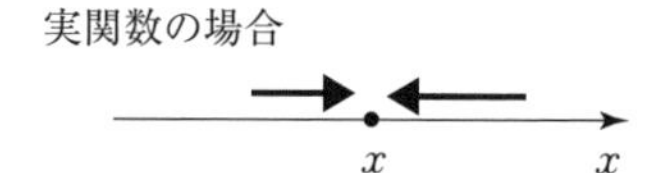

複素関数の場合

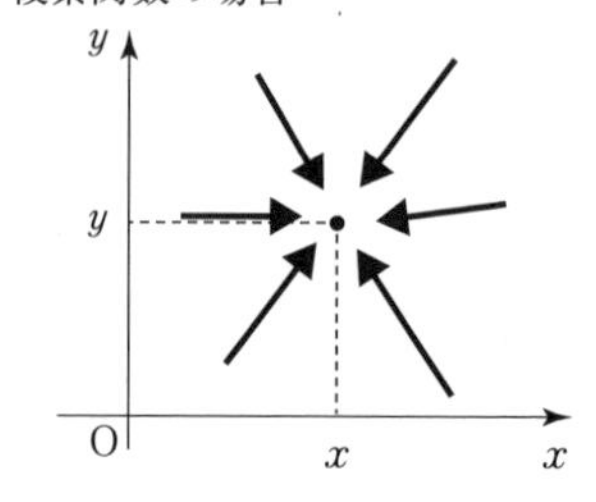

図 6.1　実関数の場合と複素関数の場合の微分における極限の違い

の極限の2通りしかないので，これら2つの極限が一致するという条件下で導関数を決めることができました[2]．しかし，複素関数の場合は，たとえ1変数であっても実部 x と虚部 y があるので，$\Delta z \to 0$ となる極限のとり方は無数にあります．**これらすべての極限のとり方に対して** (6.1) **が一致するときに限って導関数が定義される**ことになるので，これはかなり厳しい条件になります．つまり，ある特定の方向だけではなく，**すべての向きに対して滑らか**でなくてはいけません．この条件は非常に厳しいものなので，実関数の微分の際には見られなかった特徴と出会うことができます．

コーシー - リーマンの関係と正則性

$z = x + iy$ に対する複素関数 $f(z) = u(x, y) + iv(x, y)$ の微分ができるための条件を導いてみましょう．どのような極限でも収束するべきということなので，任意の微小な実数 $\Delta x, \Delta y$ を用いて $x \to x + \Delta x$ および $y \to y + \Delta y$ とすることで，$z = x + iy \to z + \Delta z = x + \Delta x + i(y + \Delta y)$ をつくります．もちろん，$\Delta z = \Delta x + i\,\Delta y$ です．この表示で，微分の定義式 (6.1) の分子を $\Delta x, \Delta y$ について展開すると

$$
\begin{aligned}
&\lim_{\Delta z \to 0} \frac{f(z + \Delta z) - f(z)}{\Delta z} \\
&= \lim_{\Delta z \to 0} \frac{u(x + \Delta x, y + \Delta y) + iv(x + \Delta x, y + \Delta y) - \{u(x, y) + i\,v(x, y)\}}{\Delta x + i\,\Delta y} \\
&= \lim_{\substack{\Delta x \to 0 \\ \Delta y \to 0}} \frac{(\partial_x u + i\,\partial_x v)\Delta x + (\partial_y u + i\,\partial_y v)\Delta y}{\Delta x + i\,\Delta y} \\
&= \lim_{\substack{\Delta x \to 0 \\ \Delta y \to 0}} \frac{(\partial_x u + i\,\partial_x v)\Delta x + (\partial_y v - i\,\partial_y u)i\,\Delta y}{\Delta x + i\,\Delta y}
\end{aligned}
$$

となります．分母の $\Delta x + i\,\Delta y$ は $\Delta x \to 0$ かつ $\Delta y \to 0$ の極限でゼロに漸近するので，これが $\Delta x, \Delta y$ に依存しない有限値に収束するには[3]，分子と分母で $\Delta x + i\,\Delta y$ が約分できればよく，そのためには

$$
\frac{\partial u}{\partial x} + i\frac{\partial v}{\partial x} = \frac{\partial v}{\partial y} - i\frac{\partial u}{\partial y}
$$

2) もし一致しなければ，「滑らかではない」関数になったことを思い出してください．

3) このような有限のある値に収束する場合には，その極限値を**有限確定値**ということがあります．

が成り立てばよいことになります.

そして，複素数の相等条件から，実部同士，虚部同士が等しいときに複素数が等しいことになるので，このことから

$$\frac{\partial u}{\partial x} = \frac{\partial v}{\partial y} \quad \text{かつ} \quad \frac{\partial v}{\partial x} = -\frac{\partial u}{\partial y} \tag{6.2}$$

が，微分できるための条件であることがわかります．この条件を**コーシー - リーマンの関係**といいます．また，コーシー - リーマンの関係が成り立っているとき，導関数 $f'(z)$ は

$$f'(z) = \frac{\partial u}{\partial x} + i\frac{\partial v}{\partial x} = \frac{\partial v}{\partial y} - i\frac{\partial u}{\partial y}$$

となります.

この導出からもわかる通り，コーシー - リーマンの関係は「$\Delta z \to 0$ の極限をどのような方向からとっても一致する」という強い縛りがあったために生じたもので，複素関数に特有のものです．複素関数の極限操作（特に，微分や積分）を考えるときは常に意識しておくようにしましょう.

コーシー - リーマンの関係は非常に重要な関係式なので，これを満たす関数には特別に，**正則である**という称号が与えられます．もちろん極限で決まっているので，正則かどうかは z がどんな値であるかに依存します．ある関数が定義域内のすべての z について正則である場合もあれば，特定の z でのみ正則ではなくなるということも起こります.

実際に，最初に考えた $f(z) = z^2 + 3z + 4$ が正則かどうかを判定して，正則であれば微分してみましょう．まず，$f(z) = z^2 + 3z + 4 = (x^2 - y^2 + 3x + 4) + i(2x + 3)y$ なので，$u(x, y) = x^2 - y^2 + 3x + 4$，$v(x, y) = (2x + 3)y$ となります．そして $u(x, y)$ や $v(x, y)$ は実関数なので，偏微分を求めるのは容易で

$$\frac{\partial u}{\partial x} = 2x + 3, \quad \frac{\partial v}{\partial x} = 2y, \quad \frac{\partial u}{\partial y} = -2y, \quad \frac{\partial v}{\partial y} = 2x + 3$$

と得られます．したがって，コーシー - リーマンの関係 (6.2) は成り立っていて，微分可能です．よって，導関数 $f'(z)$ は

$$f'(z) = \frac{\partial u}{\partial x} + i\frac{\partial v}{\partial x} = 2x + 3 + 2iy = 2(x + iy) + 3 = 2z + 3$$

となります．最後の式変形はしなくてもよいのですが，あえて書き換えてみると，$f(z)=z^2+3z+4$ から $f'(z)=2z+3$ になっていることがわかりやすいと思います．

すべてについて毎回確認するのは大変ですが，一般に，**微分できるのであれば，形式上は実関数と同様の微分公式で求めることができる**ことが知られています．ただし，z の値によってはそもそも正則でない（微分できない）場合もあるので，その点だけは注意しておきましょう．いくつか典型的で面白い問題があるので，次の Exercise 6.2 を解いてみましょう．

Exercise 6. 2

次の各問いに答えなさい．

(1) $f(z)=z^*$ とするとき，任意の z に対して $f(z)$ が正則かどうかを調べなさい．

(2) $f(z)=\dfrac{1+z}{1-z}$ が正則でない z を求めなさい．

(3) $z=x+iy$ の関数である $f(z)=u(x,y)+iv(x,y)$ が $u(x,y)=e^{-x}(x\sin y-y\cos y)$ および $f(0)=0$ を満たし，かつ，任意の z に対して $f(z)$ が正則になるとき，$f(z)$ を求めなさい．

Coaching (1) $z=x+iy$ とすると $f(z)=x-iy$ です．$u=x$，$v=-y$ なので，$\partial_x u=1$，$\partial_y u=0$，$\partial_x v=0$，$\partial_y v=-1$ となります．したがって $\partial_x u\neq\partial_y v$ なので，コーシー - リーマンの関係 (6.2) が成り立ちません．これは特定の x,y に対してというわけではなく，どのような z を選んでもダメなので，任意の z に対して正則でないことになります．

(2) まずは，$f(z)$ を実部と虚部に分けてみると

$$
\begin{aligned}
f(z)=\frac{1+z}{1-z}&=\frac{\{(1+x)+iy\}\{(1-x)+iy\}}{\{(1-x)-iy\}\{(1-x)+iy\}}\\
&=\frac{1-x^2-y^2}{(1-x)^2+y^2}+i\frac{2y}{(1-x)^2+y^2}
\end{aligned}
$$

となるので，$u=\dfrac{1-x^2-y^2}{(1-x)^2+y^2}$，$v=\dfrac{2y}{(1-x)^2+y^2}$ です．したがって，

$$
\frac{\partial u}{\partial x}=\frac{2(x-y-1)(x+y-1)}{\{(x-1)^2+y^2\}^2},\qquad \frac{\partial u}{\partial y}=\frac{4(x-1)y}{\{(x-1)^2+y^2\}^2}
$$

$$\frac{\partial v}{\partial x} = -\frac{4(x-1)y}{\{(x-1)^2+y^2\}^2}, \qquad \frac{\partial v}{\partial y} = \frac{2(x-y-1)(x+y-1)}{\{(x-1)^2+y^2\}^2}$$

となります．

一見すると，コーシー - リーマンの関係 (6.2) が成り立っているように見えますが，これらの導関数が存在できない場合があります．例えば，$y=0$ としてみると $\partial_y u = \partial_x v = 0$ はどのような x に対しても存在しますが，$\partial_x u = \partial_y v = 2/(x-1)^2$ は $x \to 1$ の極限で導関数自体が発散してしまうので，正則ではありません．つまり，$z=1$ において正則でないことがわかります．なお，わざわざコーシー - リーマンの関係までもち出さずとも，元の式の段階で $z=1$ において正則でなさそうであることを見抜けるような判断力もあった方がよいでしょう．

(3)　これは少し応用的な問題です．まずは $u(x,y)$ を微分してみると，

$$\partial_x u = -xe^{-x}\sin y + e^{-x}y\cos y + e^{-x}\sin y$$
$$\partial_y u = xe^{-x}\cos y - e^{-x}\cos y + e^{-x}y\sin y$$

となります．$f(z)$ が正則であるようにコーシー - リーマンの関係を要請すると，$v(x,y)$ は

$$\partial_x v = -\partial_y u = -(x-1)e^{-x}\cos y - e^{-x}y\sin y \tag{6.3}$$
$$\partial_y v = \partial_x u = -xe^{-x}\sin y + e^{-x}y\cos y + e^{-x}\sin y \tag{6.4}$$

を満たすべきであることがわかります．

そこで (6.3) を x について積分すれば，y のみの関数 $g(y)$ を用いて

$$v = \int (\partial_x v)\,dx = xe^{-x}\cos y + e^{-x}y\sin y + g(y)$$

となります．これを (6.4) に代入すると $\partial_y g(y) = 0$，すなわち $g(y)$ は定数であることがわかります．この定数を c とすれば，

$$\begin{aligned} f(z) = u + iv &= xe^{-x}(\sin y + i\cos y) - e^{-x}y(\cos y - i\sin y) + ic \\ &= i(x+iy)e^{-(x+iy)} + ic = ize^{-z} + ic \end{aligned}$$

となります．$f(0)=0$ であることと合わせると $c=0$ なので，結局，$f(z) = ize^{-z}$ と得られます．■

 **Training 6. 2**

$\dfrac{z+3}{z^2+4}$ が正則でなくなる z をすべて求めなさい．

正則関数の高階微分可能性

正則性に関連して，実関数にはない劇的な特徴を1つだけ紹介しておきます．$z = x + iy$ についての関数 $f(z) = u(x,y) + iv(x,y)$ が正則である，

すなわちコーシー－リーマンの関係 (6.2) を満たしているとします．この導関数 $g(z)$ は，$g(z) = \partial_x u + i\partial_x v$ となります．そこで，$s = \partial_x u$，$t = \partial_x v$ としてみると，$g(z) = s(x, y) + it(x, y)$ に対して

$$\partial_x s = \frac{\partial^2 u}{\partial x^2} = \frac{\partial^2 v}{\partial x\,\partial y}, \quad \partial_y s = \frac{\partial^2 u}{\partial x\,\partial y} = -\frac{\partial^2 v}{\partial x^2}, \quad \partial_x t = \frac{\partial^2 v}{\partial x^2}, \quad \partial_y t = \frac{\partial^2 v}{\partial x\,\partial y}$$

となって，$g(z)$ もコーシー－リーマンの関係を満たすことがわかります．つまり，**複素関数は 1 階微分可能であれば何度でも微分が可能**であり，導関数に不連続点が現れるようなことはありません．このことは，物理数学として重要であることはもちろんですが，数学の「よくできているところ」を体感できる面白い部分だと思います．

6.2 複素積分

6.2.1 積分路

積分区間 $a \leq x \leq b$ で実関数 $f(x)$ を積分するときは，$\int_a^b f(x)\,dx$ と表すだけでも意味が理解できると思います．これは，x 軸上で $x = a$ から $x = b$ に至る方法が x 軸に沿った移動しかないからです．

しかし，これが複素関数だと，積分区間が決まっても，どのような値を経由しているのかが一意的には決まりません．そのため，z が複素数平面上でどのような値を経由して積分を行うのかについて明示する必要があります．この経路を**積分路**といいます．いったん積分路が指定されれば，積分路を n 分割して $\{z_1, z_2, \cdots, z_n\}$ を割り当て，$\Delta z_i = z_{i+1} - z_i$ を用いて

$$\int_A^B f(z)\,dz = \lim_{n\to\infty} \sum_{i=1}^{n} f(z_i)\,\Delta z_i$$

とすることで，複素関数の積分を実関数の積分と同様に定義できます．これはまさに 2 変数関数の線積分と同様の考え方であって，正則性などといった，$f(z)$ が複素関数であることに起因する特殊性はあり得る

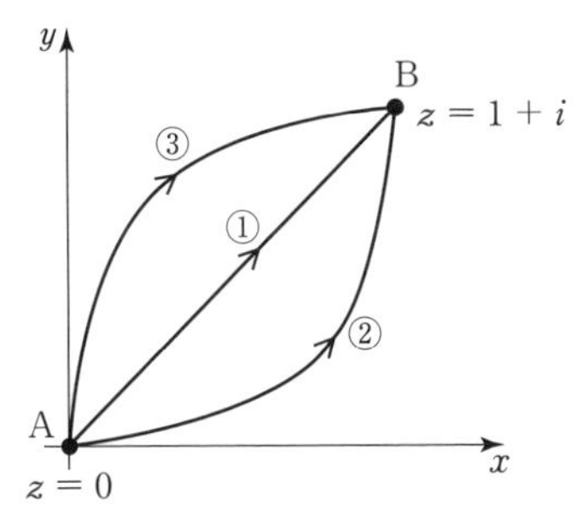

図 6.2 積分路の違い

としても，積分の定義やスタンスそのものに「複素数だから」ということはあまりありません．したがって，積分路上の点 z を適当に $z(t)$ などとパラメータ表示して積分を実行することができます．

ここでは，具体的に $z = x + iy$ の関数 $f(z) = z^2 + 3z + 4$ を用いて，図 6.2 に示す積分路（① $y = x$，② $y = x^2$，③ $y = \sqrt{x}$）の 3 通りで積分してみましょう．

まず，積分路 ① を経由して点 A から点 B まで z を変化させるときの $f(z)$ の積分を考えてみます．積分路 ① 上の複素数 z は，例えばパラメータ t を用いて $z = t + it$ $(0 \leq t \leq 1)$ と表すことができます．したがって，$dz = (1 + i)\,dt$ であることに注意して，

$$\int_A^B f(z)\,dz = \int_0^1 f(t + it)(1 + i)\,dt$$
$$= \int_0^1 \{4 - 2t^2 + 2i(2 + 3t + t^2)\}\,dt = \frac{10}{3} + \frac{23i}{3}$$

となります．

同様に，積分路 ② 上の複素数 z は，例えばパラメータ t を用いて $z = t + it^2$ $(0 \leq t \leq 1)$ と表すことができるので，$dz = (1 + 2it)\,dt$ に注意して

$$\int_A^B f(z)\,dz = \int_0^1 f(t + it^2)(1 + 2it)\,dt$$
$$= \int_0^1 \{-5t^4 - 6t^3 + t^2 + 3t + 4 + i(-2t^5 + 4t^3 + 9t^2 + 8t)\}\,dt$$
$$= \frac{10}{3} + \frac{23i}{3}$$

となります．

さらに，積分路 ③ 上でも $z = t + i\sqrt{t}$，$dz = \left(1 + \dfrac{i}{2\sqrt{t}}\right)dt$ として

$$\int_A^B f(z)\,dz = \int_0^1 f(t + i\sqrt{t})\left(1 + \frac{i}{2\sqrt{t}}\right)dt$$
$$= \int_0^1 \left\{t^2 + t + \frac{5}{2} + i\left(4\sqrt{t} + \frac{2}{\sqrt{t}} + \frac{5\sqrt{t^3}}{2}\right)\right\}dt = \frac{10}{3} + \frac{23i}{3}$$

となります．

せっかく頑張って経路の違いを考えたのに，全部同じ結果となってしまいました．さらにいえば，実はこの積分に関しては，実関数のように $f(z)$ の

“原始関数” $F(z)=\dfrac{1}{3}z^3+\dfrac{3}{2}z^2+4z$ を使って，

$$\int_A^B f(z)\,dz=\left[\frac{1}{3}z^3+\frac{3}{2}z^2+4z\right]_0^{1+i}=\frac{10}{3}+\frac{23i}{3}$$

とすることでも得られてしまいます．それでは，**経路について考えなくてもよいのでしょうか？**

その結論に至るのは少し早計なので，もう 1 つ別の関数 $f(z)=z^*=x-iy$ について考えてみましょう．この場合は，積分路 ① 上では

$$\int_A^B f(z)\,dz=\int_0^1(t-it)(1+i)\,dt=\int_0^1 2t\,dt=1$$

である一方，積分路 ② 上では

$$\int_A^B f(z)\,dz=\int_0^1(t-it^2)(1+2it)\,dt=1+\frac{i}{3}$$

となります．積分路 ③ でも同様に計算すると，今度は $\int_A^B f(z)\,dz=1-\dfrac{i}{3}$ となります．

この経験から，複素関数の積分は積分路によらず同じ結果になる場合と，積分路に依存する場合があり，積分路によらない場合には，実関数のように原始関数を用いてもよい可能性があることがわかりました．ここで見た 2 つの関数 $f(z)=z^2+3z+4$ と $f(z)=z^*$ は，前節で見たように，それぞれ正則関数と非正則関数です．**正則性が積分の性質に強く影響を及ぼす**ので，次項ではそのような視点から，いま見た現象を調べてみましょう．

6.2.2 コーシーの定理

始点と終点が同じ 2 つの積分路を用意すると，そこに閉曲線ができます．そこで，ある閉曲線上の周回積分から考えることにしましょう．図 6.3 に示すような一般の閉曲線 C を複素数平面上に描き，C を積分路として $z=x+iy$ の関数 $f(z)=u(x,y)+iv(x,y)$ を積分します．$f(z)$ は積分路 C およびその内部 R

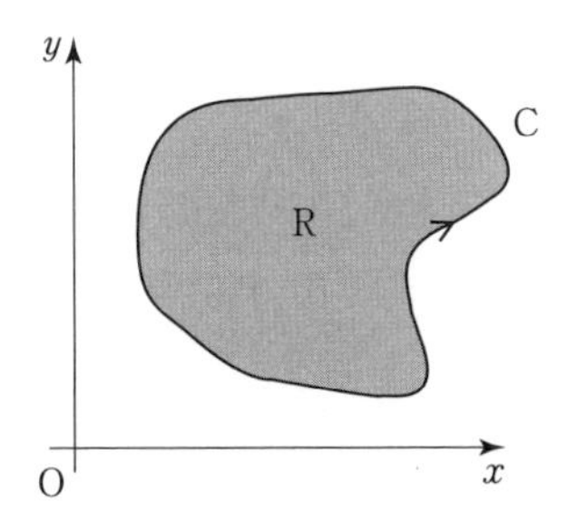

図 6.3　閉曲線を積分路とする複素積分

で正則であり，コーシー - リーマンの関係 $\partial_x u = \partial_y v$ と $\partial_y u = -\partial_x v$ が成り立っているものとします．

C 上の $z = x + iy$ は $dz = dx + i\,dy$ なので

$$
\begin{aligned}
\int_{\mathrm{C}} f(z)\,dz &= \oint_{\mathrm{C}} \{u(x,y) + iv(x,y)\}(dx + i\,dy) \\
&= \oint_{\mathrm{C}} \{u(x,y)\,dx - v(x,y)\,dy\} + i\oint_{\mathrm{C}} \{v(x,y)\,dx + u(x,y)\,dy\} \\
&= \iint_{\mathrm{R}} \left\{ \frac{\partial(-v)}{\partial x} - \frac{\partial u}{\partial y} \right\} dx\,dy + i\iint_{\mathrm{R}} \left(\frac{\partial u}{\partial x} - \frac{\partial v}{\partial y} \right) dx\,dy = 0
\end{aligned}
$$

すなわち，

$$\int_{\mathrm{C}} f(z)\,dz = 0$$

となっています．2 行目から 3 行目への変形はグリーンの定理[4]，3 行目の「$= 0$」はコーシー - リーマンの関係を用いています．

結果として，周回積分はゼロになっています．このことを**コーシーの定理**といいます．「被積分関数 $f(z)$ が正則な領域で周回積分をするとゼロになる」という定理です．

重要なことは，グリーンの定理で周回積分を面積分に書き直している点で，積分路 C 上だけではなく，内部 R の全体で正則であることが必要だということです[5]．

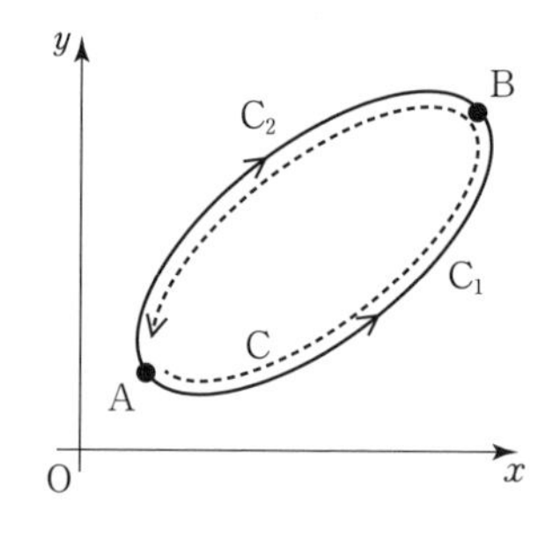

図 6.4　積分路の分割

したがって，$f(z)$ が正則な関数であれば，図 6.4 に示すように積分路を分断することで，

$$
\begin{aligned}
(0 =) \int_{\mathrm{C}} f(z)\,dz &= \int_{\mathrm{C}_1} f(z)\,dz - \int_{\mathrm{C}_2} f(z)\,dz \\
\Leftrightarrow \quad \int_{\mathrm{C}_1} f(z)\,dz &= \int_{\mathrm{C}_2} f(z)\,dz
\end{aligned}
$$

---

4)　5.5.2 項を参照してください．

5)　細かいことをいうと，この説明では $u(x,y)$ や $v(x,y)$ の微分が連続であることも要求されそうに見えますが，**グールザの証明**（E. Goursat: Trans. Am. Math. Soc., **1**（1899）14.）という方法で導くと，（難しいですが）正則性だけからも導けます．ある程度複素関数を使えるようになったら調べてみると楽しいかもしれません．

となって，積分路によらず同じ結果となります．ただし，$f(z)$ が正則でないときには周回積分がゼロになるとは限らないので，一般に，異なる積分路では積分結果も異なる結果になります．

極形式

コーシーの定理は複素関数の積分において中心的な役割を果たします．ただ，原則として周回積分を対象にしているので，極座標表示の方が扱いやすいです．そこで，極座標形式で複素数 $z = x + iy$ を表すことにします．

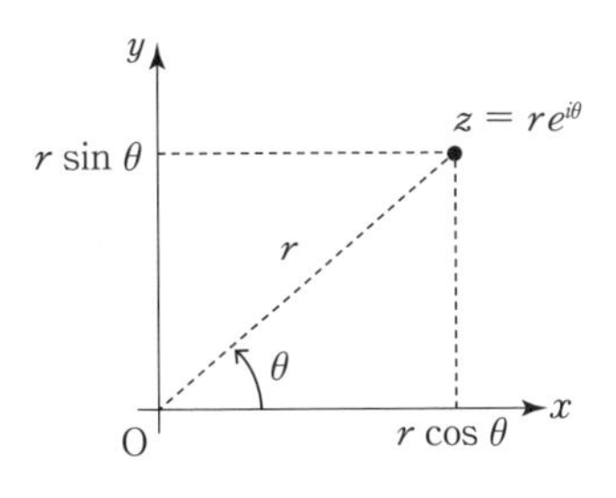

図 6.5　複素数の極形式

図 6.5 に示すように，ある z が与えられたときに，複素数平面での原点から z までの距離 $|z|$ を r とし，実数軸（x 軸）からの角度（偏角）を θ とします．このとき z の実部が $r\cos\theta$，虚部が $r\sin\theta$ なので，

$$z = r(\cos\theta + i\sin\theta) = re^{i\theta}$$

となります．偏角 θ は $\tan\theta = y/x$ を満たし，$\theta = \arg z$ と表します．もちろん r, θ は実数で，特に $r > 0$ であることに注意しましょう．

例えば，$f(z)$ について原点を中心とした半径 a の円周上を周回積分するとしたら，$z = ae^{i\theta}$ なので $dz = aie^{i\theta}\,d\theta$ となり，

$$\int f(z)\,dz = \int_0^{2\pi} f(ae^{i\theta})\,aie^{i\theta}\,d\theta$$

として，θ についての積分をすることになります．このあたりは通常のパラメータ表示と同じことなのですが，複素積分を利用する文脈では頻繁に現れます．

6.2.3　特異点がある場合

複素関数 $f(z)$ を閉曲線 C で周回積分するとき，C および C で囲まれた領域 R 内で $f(z)$ が正則であれば，コーシーの定理から $\int_{\mathrm{C}} f(z)\,dz = 0$ でした．では，R 内で正則でない部分があるときはどのようになるでしょうか．

もちろん，毎回直接計算することにしてもよいのですが，何らかの性質を

見抜くことができれば，活用の範囲が広がります．そこで，正則でない関数 $f(z)$ を用意して調べようと思いますが，$f(z)=z^*$ のようにすべての z に対して正則でなくなるような場合というのは，物理学への応用の初期段階ではあまり遭遇しません．むしろ，有限個の z に対してのみ $f(z)$ が定義できなくなって，それが正則性を破るような場合が多いです．具体的には $f(z)=\dfrac{z+1}{z-1}$ のようなもので，これは $z=1$ で定義されなくなります．そこで，まずは $f(z)$ が $z=z_0$ で定義できない場合について考えてみましょう．

このような，$f(z)$ が正則にならない点 $z=z_0$ を**特異点**といい，特に $f(z)$ が $(z-z_0)^{-n}$（n は自然数）に比例するような形で発散することに起因するタイプの特異点を**極**といいます．とりあえずは，「$f(z)$ の分母に $z-z_0$ が含まれていて，発散しそうな点 z_0 を極という」と思っていてください．なお，図 6.6 のように z_0 が他の特異点から離れて「点」として存在するときは，**孤立特異点**といいます．

さて，積分路にとりたい閉曲線 C の内部に極 $z=z_0$ があるとします．ちょうど図 6.6 のような位置関係です．このとき，周回積分 $\int_{\mathrm{C}} f(z)\,dz$ を実行しやすくするために，あえて図 6.7 のように考えて，

$$\int_{\mathrm{C}} f(z)\,dz=\int_{\mathrm{C}'} f(z)\,dz+\int_{\mathrm{C}_1} f(z)\,dz+\int_{\mathrm{C}_2} f(z)\,dz+\int_{\mathrm{C}_3} f(z)\,dz+\int_{\overline{\mathrm{C}}} f(z)\,dz \tag{6.5}$$

としてみます．(6.5) の左辺は図 6.6 の積分路での周回積分で，右辺は

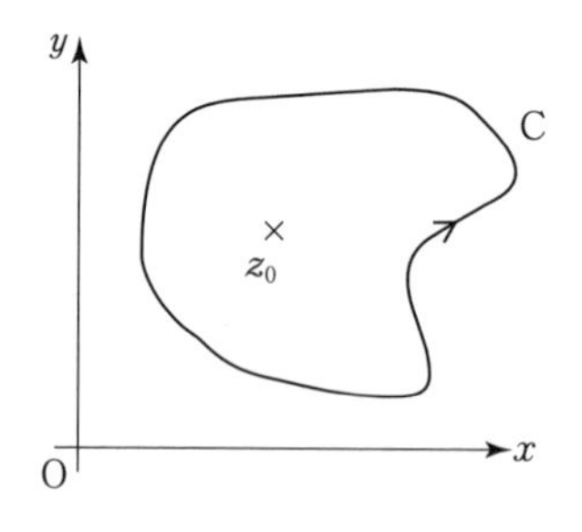

図 6.6　積分路の内部に存在する極

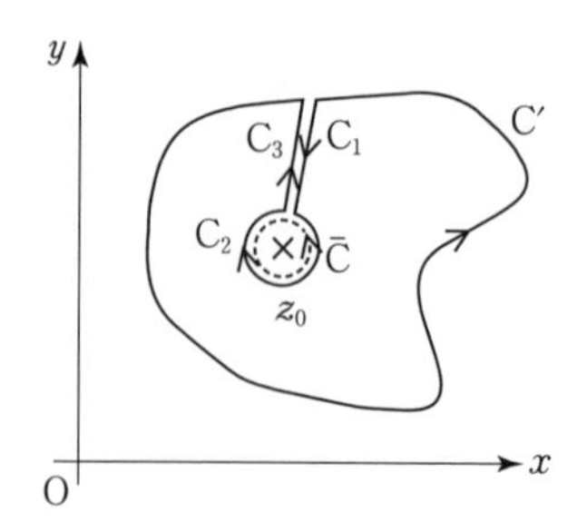

図 6.7　積分路の変更

図 6.7 の実線の積分路と破線の積分路の 2 つの積分の和になっています．C_1 と C_3 は非常に狭い幅で往復していて，ここの積分は打ち消し合うとします．また，C_2 は極 $z = z_0$ を時計回りに回る小さな円周とし，$\overline{C}$ は C_2 と同じ円周上を反時計回りに（C と同じ向きに）回る経路として，これらの積分も打ち消し合うようにとります．すると，絵解きで見てわかるように，左辺も右辺も積分結果としては同じ寄与しか残りません．

ところが，C', C_1, C_2, C_3 で囲まれる閉曲線は，**もはや極を内部に含まない**ということに気づくでしょうか．すなわち，この閉曲線（実線の積分路）の内部では $f(z)$ は正則で，コーシーの定理より

$$\int_{C'} f(z)\,dz + \int_{C_1} f(z)\,dz + \int_{C_2} f(z)\,dz + \int_{C_3} f(z)\,dz = 0 \qquad (6.6)$$

となります．したがって，(6.5) に (6.6) を当てはめると

$$\int_{C} f(z)\,dz \quad = \int_{\overline{C}} f(z)\,dz$$

となり，元の閉曲線 C の形状がどのようなものであったとしても，極の周辺での円周状の経路 $\overline{C}$ で C と同じ向きに周回積分をすることと同じになります．**別に $\overline{C}$ は円周状でなくても構わないのですが，あまり変な形にしても何もメリットがないので，積分しやすいように円の形を選んでいるだけ**です．本来は四角形や三角形などの多角形でも構いませんし，楕円状でも構いません．

一般に，ここで見たように複素関数の複素数平面上での周回積分は，正則な部分と極の位置関係に応じて積分路を変更することができます．ただ，積分路の変更の仕方は自由度が高く，**コツはありますが必然性はあまりない**ので，いろいろな積分を経験して徐々に習得していきましょう．

このように計算しやすい積分路に直せることを用いて，次の Exercise 6.3 では，典型的な極をもつ関数 $f(z) = (z - z_0)^{-n}$ を積分してみましょう．

Exercise 6.3

自然数 n，複素数 z_0 に対して，複素関数 $f(z) = \dfrac{1}{(z - z_0)^n}$ を考えます．$z = z_0$ をその内部に含む周回路 C に対して，$\int_C f(z)\,dz$ の値を求めなさい．

Coaching 一度は自分の手で試してみるとよいですが，$n=1$ と $n>1$ とで積分値が変わることに気づくことが重要です．積分路は，ここまで見てきたように適当に変形して，$z=z_0$ を中心とした半径 a の円周状の積分路 $\overline{\mathrm{C}}$ にします．すると $\overline{\mathrm{C}}$ 上の複素数は $z=z_0+ae^{i\theta}$ と表せるので，$dz=aie^{i\theta}\,d\theta$ であり，θ の積分区間は $0\leq\theta<2\pi$ となります．

(i)　$n=1$ のとき

$$\int_{\mathrm{C}} f(z)\,dz=\int_{\overline{\mathrm{C}}}\frac{1}{z-z_0}\,dz=\int_0^{2\pi}\frac{1}{a}e^{-i\theta}\times aie^{i\theta}\,d\theta=2\pi i$$

(ii)　$n>1$ のとき

$$\int_{\mathrm{C}} f(z)\,dz=\int_{\overline{\mathrm{C}}}\frac{1}{(z-z_0)^n}\,dz=i\int_0^{2\pi}\frac{1}{a^{n-1}}e^{-i(n-1)\theta}\,d\theta$$

$$=\frac{i}{a^{n-1}}\left[\frac{1}{-i(n-1)}e^{-i(n-1)\theta}\right]_0^{2\pi}=0$$

なお，n がゼロおよび負の整数の場合は $f(z)=(z-z_0)^{|n|}$ なので，すべて正則であり，積分値はゼロです．■

いかがでしょう．かなり劇的な結果ではないでしょうか．積分路およびその内部で正則な場合はコーシーの定理から周回積分はゼロですし，極があったとしても，$\dfrac{1}{z-z_0}$ という形で入っているときに限って $2\pi i$ という寄与が生じることになります．極がある場合でも，かなりの場合に積分値がゼロであるということは，便利に使うことができそうです．

6.2.4 留数定理

ある複素関数 $f(z)$ の周回積分をしたいとします．そして，積分路 C の内部 $z=z_0$ に極がありそうだと気づいたとしましょう[6)]．このとき，Exercise 6.3 で経験したように，$(z-z_0)^{-1}$ が $f(z)$ に含まれるかどうかで $\int_{\mathrm{C}} f(z)\,dz$ の値が変わります．そこで，$f(z)$ を

$$f(z)=\cdots+\frac{a_{-3}}{(z-z_0)^3}+\frac{a_{-2}}{(z-z_0)^2}+\frac{a_{-1}}{z-z_0}$$
$$+a_0+a_1(z-z_0)+a_2(z-z_0)^2+\cdots \qquad (6.7)$$

6)　くどいようですが，もし極がなければ，積分値はゼロです．

と展開することを考えてみましょう．ただし，$\cdots, a_{-3}, a_{-2}, a_{-1}, a_0, a_1, a_2, \cdots$ は複素数の定数です．

(6.7) のような展開は**ローラン展開**といい，関数 $f(z)$ と極 z_0 が決まると一意的に決まります．一意性についてはとりあえずおいておくとして，もし (6.7) のように展開できたとすると，これまでの知識から

$$\int_C f(z)\,dz = \cdots + a_{-2}\int_C \frac{1}{(z-z_0)^2}\,dz + a_{-1}\int_C \frac{1}{z-z_0}\,dz + \int_C \{a_0 + a_1(z-z_0) + \cdots\}\,dz = 2\pi i\,a_{-1}$$

として，一気に積分ができます．このときローラン展開 (6.7) に出てくるいろいろな項の中で，積分の結果まで残るのは a_{-1} ただ 1 つなので，これを**留数** (residue) といいます．a_{-1} は $\mathrm{Res}[f(z), z_0]$ と表したり，$[f(z), z_0]$ を省略して単に Res と表すこともあります．表し方はともかく，ここまでの周回積分のイメージがある程度身に付いていれば，周回積分で留数が残るというところは理解しやすいと思います．

後は a_{-1} が系統的に求められるようになれば，極を含む複素関数の周回積分が自在にできそうです．その方法の 1 つとしては，直接にローラン展開をする方法が確実です．例えば，$f(z) = \dfrac{e^{2z}}{(z-1)^3}$ の $z=1$ の周りでのローラン展開をやってみましょう．$z-1$ をカタマリで見たいので，$u = z-1$ とすることで，

$$f(z) = \frac{e^{2z}}{(z-1)^3} = \frac{e^2}{u^3}e^{2u} = \frac{e^2}{u^3}\left(1 + 2u + 2u^2 + \frac{4u^3}{3} + \frac{2u^4}{3} + \cdots\right)$$
$$= \frac{e^2}{(z-1)^3} + \frac{2e^2}{(z-1)^2} + \frac{2e^2}{z-1} + \frac{4e^2}{3} + \frac{2e^2}{3}(z-1) + \cdots$$

と書き換えられます．(6.7) では一般的にすべてのベキについて表記していますが，この例では $a_{-4} = a_{-5} = a_{-6} = \cdots = 0$ となっていることからもわかる通り，必ずしもすべての項が出るとは限りません．キツネにつままれたような印象があるかもしれませんので，もう 1 つ Exercise 6.4 をやってみましょう．

Exercise 6. 4

関数 $f(z) = \dfrac{z}{(z+1)(z+2)}$ の $z = -2$ の周りでのローラン展開を求めなさい．

Coaching　$z+2$ をカタマリで見るために $u = z+2$ とおくと，

$$f(z) = \frac{z}{(z+1)(z+2)} = \frac{u-2}{(u-1)u} = \frac{2-u}{u}\frac{1}{1-u}$$
$$= \frac{2-u}{u}(1 + u + u^2 + u^3 + \cdots)$$
$$= \frac{2}{z+2} + 1 + (z+2) + (z+2)^2 + (z+2)^3 + \cdots$$

となります．2行目の変形には等比数列の和の公式を使っています[7]．この結果では，$a_{-2} = a_{-3} = a_{-4} = \cdots = 0$ となっています．■

Training 6. 3

$f(z) = \dfrac{z}{1-\cos z}$ の $z = 0$ の周りでのローラン展開を求めなさい．

このような手続きでローラン展開を実行することは可能です．ただし，複素積分の結果を得たいだけであれば，わざわざすべての展開係数を求める必要はなく，a_{-1} だけ求められれば十分です．それは，Exercise 6.3 で見たように積分に寄与するのが a_{-1} だけだからです．そこで，a_{-1} だけを求める方法を次に紹介しましょう．

ローラン展開の結果，$f(z) = \sum_{k=-\infty}^{\infty} a_k (z-z_0)^k$ の展開係数 $\{a_k\}$ について，ゼロでない a_k を与える最小の整数 k を $-m$ とするとき，m を極 z_0 の**位数**といいます．つまり，位数 m の極 z_0 をもつ複素関数 $f(z)$ のローラン展開は

$$f(z) = \frac{a_{-m}}{(z-z_0)^m} + \cdots + \frac{a_{-3}}{(z-z_0)^3} + \frac{a_{-2}}{(z-z_0)^2} + \frac{a_{-1}}{z-z_0}$$
$$+ a_0 + a_1(z-z_0) + a_2(z-z_0)^2 + \cdots$$

7)　これを見てもわかる通り，この計算が収束するためには $|z+2| < 1$ である必要がありますが，複素関数には正則な領域で**解析接続**といわれる議論ができるので，とりあえずは気にしなくてよいです．ここではローラン展開を習得することに集中しましょう．

という形になります．そこで，両辺に $(z-z_0)^m$ を掛けて

$$(z-z_0)^m f(z) = a_{-m} + \cdots + a_{-2}(z-z_0)^{m-2} + a_{-1}(z-z_0)^{m-1} + a_0(z-z_0)^m + \cdots$$

とすると，右辺は正則なので，z について $(m-1)$ 階微分すれば

$$\left(\frac{d}{dz}\right)^{m-1}(z-z_0)^m f(z) = (m-1)!\,a_{-1} + \frac{m!}{1!}a_0(z-z_0) + \frac{(m+1)!}{2!}a_1(z-z_0)^2 + \cdots$$

となります．したがって，$z \to z_0$ とすると，

$$a_{-1} = \frac{1}{(m-1)!}\lim_{z\to z_0}\left(\frac{d}{dz}\right)^{m-1}(z-z_0)^m f(z) \tag{6.8}$$

として a_{-1} が得られます．これを**留数公式**ということもあります．ただし，当然ですが，(6.8) で計算できるのは m が有限値のときで，$m\to\infty$ のときには使えません．また，ローラン展開の結果，$(z-z_0)$ の負のベキがなくなる場合には正則になります．

このように位数 m は関数の性質を決めています．図 6.8 にもまとめておきますので，混乱しないようにしてください[8]．また，m が有限となる特異点を除去可能特異点，m が発散する特異点を真性特異点といいます．

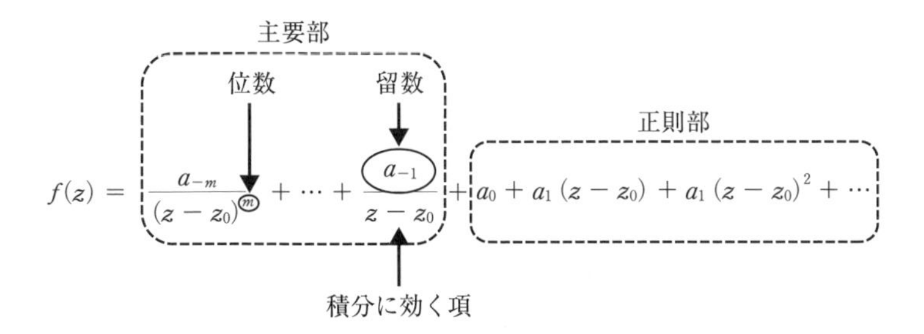

図 6.8　ローラン展開と各パーツの意味

8）このあたりの用語群，特に位数の意味を誤解する学生さんは結構多く，急に授業についていけなくなったときは，m の意味を見失っていることが多いようです．

▶ 特異点の種別と主要部・正則部

- $f(z)$ のうち，$\dfrac{a_{-n}}{(z-z_0)^n}$ $(n>0)$ から成る項の集まりを**主要部**という．
- $f(z)$ のうち，$a_n(z-z_0)^n$ $(n \geq 0)$ から成る項の集まりを**正則部**という．
- $m \to \infty$ のとき，$z=z_0$ を**真性特異点**という．
- $(z-z_0)^m f(z)$ が正則部しかもたないとき，$z=z_0$ を**除去可能特異点**という．

Exercise 6. 5

留数公式を用いて，$f(z)=\dfrac{e^{2z}}{(z-1)^3}$ および $g(z)=\dfrac{z}{(z+1)(z+2)}$ のそれぞれについて，$\mathrm{Res}[f(z),1]$ および $\mathrm{Res}[g(z),-2]$ を求めなさい．

Coaching $f(z)$ の極 $z=1$ は3位の極なので，

$$\mathrm{Res}[f(z),1]=\frac{1}{2!}\lim_{z\to 1}\frac{d^2}{dz^2}(z-1)^3\frac{e^{2z}}{(z-1)^3}=2e^2$$

となります．同様に，$g(z)$ の極 $z=-2$ は1位の極なので

$$\mathrm{Res}[g(z),-2]=\frac{1}{0!}\lim_{z\to -2}(z+2)\frac{z}{(z+1)(z+2)}=2$$

となります．$0!=1$ と「ゼロ階微分は，つまり微分しないことである」という点に気を付けてください．いずれも，ローラン展開したときの a_{-1} と一致していることがわかります．■

Training 6. 4

留数公式を用いて，$f(z)=\dfrac{z}{1-\cos z}$ の $\mathrm{Res}[f(z),0]$ を求めなさい．

もし積分路の内部に複数の極があっても，1つしかないときと同様にして図6.9のように考えれば，それぞれの極での留数を合計すればよいことになります．すなわち，

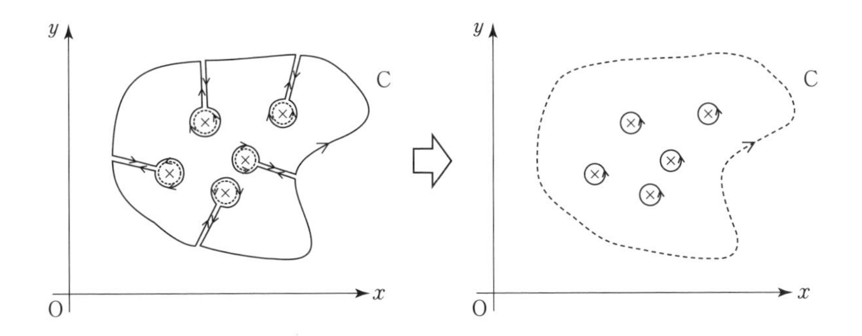

図 6.9 積分路内に複数の極がある場合．×印が極．

$$\int_C f(z)\,dz = 2\pi i \sum_j \mathrm{Res}[f(z), z_j] \tag{6.9}$$

として周回積分の値が得られます．これを**留数定理**といいます．

注意したいことは，ここまでのすべての議論で，極の周りを周回する積分は偏角 θ について $\theta : 0 \to 2\pi$ として扱っているので，C 上を反時計回りに回る経路となっていることです．もし，時計回りに回る場合には符号が逆になり，$-2\pi i \sum_j \mathrm{Res}[f(z), z_j]$ となります．

Exercise 6. 6

複素数平面上において中心 $z = -2$，半径 2 の円を C とするとき，

$\displaystyle\int_C \frac{z}{(z+1)(z+2)}\,dz$ を求めなさい．

Coaching $f(z) = \dfrac{z}{(z+1)(z+2)}$ とすると，極 $z = -1$ と $z = -2$ は共に積分路 C の内側にあります．わかりづらいときは図を描いてみましょう．いずれも 1 位の極で，$\mathrm{Res}[f(z), -2] = 2$，$\mathrm{Res}[f(z), -1] = -1$ となるので，求める積分は留数定理を用いて，$\displaystyle\int_C f(z)\,dz = 2\pi i\{2 + (-1)\} = 2\pi i$ となります． ■

Training 6. 5

複素数平面上において中心 $z = -2$，半径 1/2 の円を C とするとき，

$$\int_C \frac{z}{(z+1)(z+2)}\,dz$$

を求めなさい.

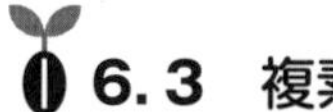

6.3　複素積分を用いた実積分

ここまで複素関数の積分について扱ってきましたが，物理現象を解析する際に,「複素関数を直接積分したい」となることは実はあまり多くありません. むしろ,「複素積分を利用して実積分を求めたい」という動機で利用することが多いです. そのような目的での利用方法を，具体例を通して紹介します.

6.3.1　三角不等式とジョルダン不等式

複素関数の積分については，留数と正則性から多くのことがわかります. この性質を実積分に応用できるのは複素数に実数が含まれるからですが，そのためには複素積分の結果から実積分にかかわる部分を取り出す必要があり，それを適切に評価することが求められます. そのような評価として，いつも成り立つ不等式（**絶対不等式**）がしばしば用いられます.

積分の三角不等式

実数 a, b について三角不等式 $|a+b| \leq |a|+|b|$ が成り立つことはよく知られていますが，これは一般の複素数にも拡張できます. 2つの複素数 $z_1 = x_1 + iy_1$, $z_2 = x_2 + iy_2$ と，対応する2次元ベクトル $\boldsymbol{a}_1 = x_1\boldsymbol{e}_x + y_1\boldsymbol{e}_y$, $\boldsymbol{a}_2 = x_2\boldsymbol{e}_x + y_2\boldsymbol{e}_y$ を考えると，

$$\begin{aligned}
&(|z_1|+|z_2|)^2 - (|z_1+z_2|)^2 \\
&\quad = |z_1|^2 + 2|z_1||z_2| + |z_2|^2 - (z_1{}^* + z_2{}^*)(z_1+z_2) \\
&\quad = 2\{\sqrt{x_1{}^2+y_1{}^2}\sqrt{x_2{}^2+y_2{}^2} - (x_1x_2+y_1y_2)\} = 2(|\boldsymbol{a}_1||\boldsymbol{a}_2| - \boldsymbol{a}_1\cdot\boldsymbol{a}_2) \geq 0
\end{aligned}$$

となるので，$(|z_1|+|z_2|)^2 \geq (|z_1+z_2|)^2$ です. 等号成立条件は，$\boldsymbol{a}_1$ と $\boldsymbol{a}_2$ が平行な場合です. いま，大きさの定義から $|z_1|+|z_2| \geq 0$, $|z_1+z_2| \geq 0$ なので両辺の2乗は外してもよく，$|z_1|+|z_2| \geq |z_1+z_2|$ となります. 同様のことは複素数の数が増えても成り立ち，$\sum_j |z_j| \geq |\sum_j z_j|$ となります.

いま，積分路 C 上の複素数 z を単調増加するパラメータ t で表して $z(t)$

とし，$z'(t)=dz/dt$ と表すことにすると，定義より積分 $\int_C f(z)\,dz = \int_C f(z(t))z'(t)\,dt$ は

$$\int_C f(z)\,dz = \lim_{n\to\infty}\sum_{i=1}^{n} f(z(t_i))\,z'(t_i)\,\Delta t_i$$

となります．ここで，$\Delta t_i = t_{i+1}-t_i$ は正となるので，三角不等式を利用して

$$\left|\int_C f(z)\,dz\right| = \lim_{n\to\infty}\left|\sum_{i=1}^{n} f(z(t_i))\,z'(t_i)\right|\Delta t_i$$

$$\leq \lim_{n\to\infty}\sum_{i=1}^{n}|f(z(t_i))|\,|z'(t_i)|\,\Delta t_i = \int_C |f(z)|\,|dz|$$

となります．すなわち

$$\left|\int_C f(z)\,dz\right| \leqq \int_C |f(z)|\,|dz|$$

であり，**積分の絶対値は絶対値の積分よりも小さい**ということで，このことは，実関数の積分でも経験したことがあるのではないでしょうか．

ジョルダン不等式

実数 θ が $0\leq\theta\leq\pi/2$ であるとき，$\sin\theta \geq 2\theta/\pi$ となります[9]．つまり，正の実数 r に対して $e^{-r\sin\theta}\leq e^{-2r\theta/\pi}$ となるので，両辺を $0\leq\theta\leq\pi/2$ で積分すると

$$\int_0^{\pi/2} e^{-r\sin\theta}\,d\theta \leq \int_0^{\pi/2} e^{-2r\theta/\pi}\,d\theta = \frac{\pi}{2r}(1-e^{-r}) \tag{6.10}$$

が得られます．一方で，

$$\int_0^{\pi} e^{-r\sin\theta}\,d\theta = \int_0^{\pi/2} e^{-r\sin\theta}\,d\theta + \int_{\pi/2}^{\pi} e^{-r\sin\theta}\,d\theta = 2\int_0^{\pi/2} e^{-r\sin\theta}\,d\theta \tag{6.11}$$

も成り立っています．最後の式変形は，2つ目の積分で $\theta'=\pi-\theta$ などと置換してください．(6.10) と (6.11) をまとめると

$$\int_0^{\pi} e^{-r\sin\theta}\,d\theta \leq \frac{\pi}{r}(1-e^{-r}) < \frac{\pi}{r}$$

となります．これを**ベッセル型不等式**ということがあり，特に最右辺の形式で評価する場合に**ジョルダン不等式**といいます．

---

9)　これは $f(\theta)=\sin\theta-2\theta/\pi$ として増減表を書くなど，いろいろな初等的方法で示せるので，各自で取り組んでみてください．

どの程度の精度で利用するかは状況によりますが，$r>0$ のときに成り立つことに注意してください．また，被積分関数 $e^{-r\sin\theta}$ が正の値をとることから，

$$0<\int_0^\pi e^{-r\sin\theta}\,d\theta<\frac{\pi}{r}$$

なので，$r\to\infty$ の極限では

$$\lim_{r\to\infty}\int_0^\pi e^{-r\sin\theta}\,d\theta=0 \tag{6.12}$$

となります．(6.12) は，複素積分の実積分への応用で非常に多用します．ジョルダン不等式との関係も合わせて記憶しておきましょう．

6.3.2　複素積分を用いた実積分

ようやく準備が整いました．複素積分を使って実関数の積分をしてみましょう．実積分のままでは計算するのがちょっと難しい積分として

$$I=\int_0^\infty \frac{\sin x}{x}\,dx$$

をやってみます．なお，$y=\sin x/x$ のグラフは図 6.10 のようになっていて，$x:0\to\infty$ の積分で収束しそうなのは何となく見てとれるでしょうか．

これから複素積分を援用して I の値を求めるのですが，重要なポイントは，**x をそのまま z に置き換えればよいというものではない**[10] ということです．あくまでも，最終的に I に辿りつくことが目標で，**そのための工夫の中で複素積分を利用するだけである**ということは忘れないでください．

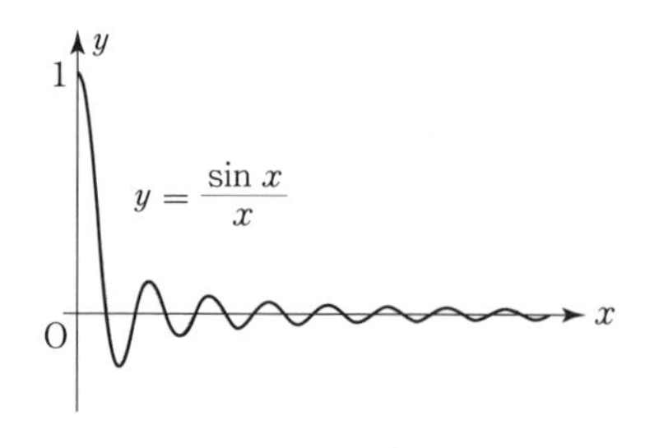

図 6.10　$y=\dfrac{\sin x}{x}$ のグラフ

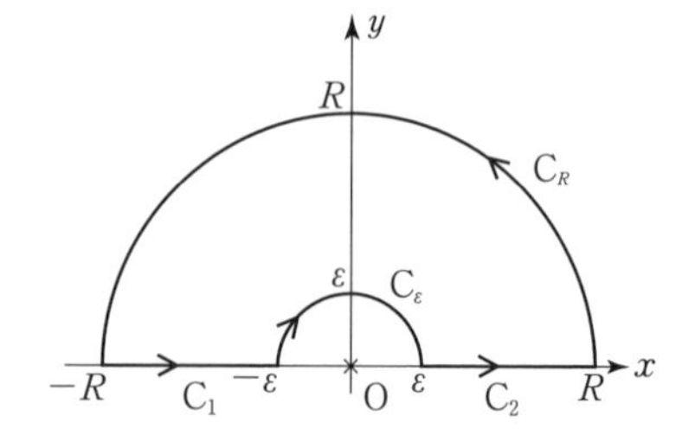

図 6.11　積分路

10) この種の誤解をする初学者は非常に多いので，注意してください．

さて，積分 I を求めるために，ここでは関数 $f(z)=\dfrac{e^{iz}}{z}$ を考えてみましょう．この関数は $z=0$ に1位の極をもちますが，この点を避けて，なおかつ実軸に沿うことができる周回積分を導入するために，図6.11のような積分路を考えてみましょう．積分路Cは，半径 R の円周を反時計回りに半周する経路 C_R，実軸上 $-R\leq x\leq -\varepsilon$ において x が増加する方向の経路 C_1，半径 ε の円周を時計回りに半周する経路 C_ε，実軸上 $\varepsilon\leq x\leq R$ において x が増加する方向の経路 C_2，という4つの部分から成る閉曲線です．

このような分割ができるので，そのまま式で表すと，

$$\int_{\mathrm{C}} f(z)\,dz=\int_{\mathrm{C}_1} f(z)\,dz+\int_{\mathrm{C}_2} f(z)\,dz+\int_{\mathrm{C}_\varepsilon} f(z)\,dz+\int_{\mathrm{C}_R} f(z)\,dz \tag{6.13}$$

となります．極は $z=0$ にしかないので，この積分路Cおよびその内部では関数 $f(z)$ は正則です．したがって，(6.13) の左辺はゼロとなります．

一方で，右辺については少し丁寧に扱う必要があります．まず，積分路 $\mathrm{C}_1, \mathrm{C}_2$ について考えると，この積分路では実軸の上に z があるので，$z=x+0i=x$ とすると，

$$\begin{aligned}\int_{\mathrm{C}_1} f(z)\,dz+\int_{\mathrm{C}_2} f(z)\,dz&=\int_{-R}^{-\varepsilon}\frac{e^{ix}}{x}\,dx+\int_{\varepsilon}^{R}\frac{e^{ix}}{x}\,dx\\&=-\int_{\varepsilon}^{R}\frac{e^{-ix}}{x}\,dx+\int_{\varepsilon}^{R}\frac{e^{ix}}{x}\,dx\\&=2i\int_{\varepsilon}^{R}\frac{\sin x}{x}\,dx\end{aligned} \tag{6.14}$$

となります．1行目から2行目は $x\to -x$ の置換を行っていて，2行目から3行目ではオイラーの公式を利用しています．(6.14) を見ると，$\varepsilon\to 0$ かつ $R\to\infty$ の極限で

$$\int_{\mathrm{C}_1} f(z)\,dz+\int_{\mathrm{C}_2} f(z)\,dz \quad\to\quad 2i\int_{0}^{\infty}\frac{\sin x}{x}\,dx \tag{6.15}$$

であり，求めるべき積分 I に帰着できることがわかります．

次に，積分路 C_ε について考えてみましょう．$z=\varepsilon e^{i\theta}$ と表すと，時計回りの回転であることに注意して $\varepsilon\to 0$ とすると，次のようになることがわかります．

$$\int_{C_\varepsilon} f(z)\,dz = \int_\pi^0 \frac{e^{i\varepsilon(\cos\theta + i\sin\theta)}}{\varepsilon e^{i\theta}} i\varepsilon e^{i\theta}\,d\theta = -i\int_0^\pi e^{i\varepsilon(\cos\theta + i\sin\theta)}\,d\theta \quad\to\quad -i\pi \tag{6.16}$$

最後に，積分路 C_R について考えてみます．$z = Re^{i\theta}$ に対して，

$$\int_{C_R} f(z)\,dz = -i\int_0^\pi e^{iR(\cos\theta + i\sin\theta)}\,d\theta = -i\int_0^\pi e^{iR\cos\theta}e^{-R\sin\theta}\,d\theta$$

となります．今度は $R\to\infty$ の極限ですが，被積分関数の $e^{-R\sin\theta}$ (>0) の部分が収束しそうです．実際に，i や $e^{iR\cos\theta}$ の大きさが1であることに注意して，

$$\left|\int_{C_R} f(z)\,dz\right| = |-i|\left|\int_0^\pi e^{iR(\cos\theta + i\sin\theta)}\,d\theta\right|$$
$$\leq \int_0^\pi |e^{iR\cos\theta}|e^{-R\sin\theta}\,d\theta = \int_0^\pi e^{-R\sin\theta}\,d\theta < \frac{\pi}{R} \quad\to\quad 0 \tag{6.17}$$

となり，$\int_{C_R} f(z)\,dz$ からの（6.13）への寄与はありません．

以上から，（6.13）に（6.14），（6.16），（6.17）を当てはめると，

$$0 = 2i\int_0^\infty \frac{\sin x}{x}\,dx - i\pi + 0 \quad\Leftrightarrow\quad \int_0^\infty \frac{\sin x}{x}\,dx = \frac{\pi}{2}$$

となって，実積分 I が求まりました．

このように，複素積分を用いて実積分の値を求めようとするとき，**どのような複素関数 $f(z)$ を選び，どのような積分路 C で積分するか**は自由ですが，自分の欲しい実積分に帰着させられることが重要です．したがって，上手くいかないときには最初に思いついたものでムリヤリ乗り切ろうとするのではなく，落ち着いて $f(z)$ や C を試行錯誤してみるようにしましょう．

Exercise 6.7

複素積分を用いて，実積分 $\int_{-\infty}^\infty \frac{x\sin x}{x^2+1}\,dx$ を求めなさい．

Coaching　考える複素関数を $f(z) = \frac{ze^{iz}}{z^2+1}$ とおくと，

$$f(z) = \frac{ze^{iz}}{z^2+1} = \frac{ze^{iz}}{(z+i)(z-i)}$$

なので，$z = \pm i$ に1位の極があります．積分路 C として，実軸上 $-R\to R$ の経

路 C_1 と，$z = R, Ri, -R$ を通る半円を $Z = R$ から反時計回りに回る経路 C_R という周回路を選ぶと，積分路 C の内部に含まれる極は $z = i$ のみとなります．

さて，積分路の関係から $\int_{\mathrm{C}} f(z)\,dz = \int_{\mathrm{C}_1} f(z)\,dz + \int_{\mathrm{C}_R} f(z)\,dz$ となるので，それぞれの積分について調べてみましょう．

まず，$\int_{\mathrm{C}} f(z)\,dz$ は積分路内に極をもつ周回積分なので $\int_{\mathrm{C}} f(z)\,dz = 2\pi i\,\mathrm{Res}[f(z), i] = \dfrac{i\pi}{e}$ となり，$\int_{\mathrm{C}_1} f(z)\,dz$ は実軸上の積分なので，$R \to \infty$ の極限で

$$\begin{aligned}\int_{\mathrm{C}_1} f(z)\,dz &= \int_{-\infty}^{\infty} \frac{xe^{ix}}{x^2+1}\,dx = \int_{-\infty}^{0} \frac{xe^{ix}}{x^2+1}\,dx + \int_{0}^{\infty} \frac{xe^{ix}}{x^2+1}\,dx \\ &= -\int_{0}^{\infty} \frac{xe^{-ix}}{x^2+1}\,dx + \int_{0}^{\infty} \frac{xe^{ix}}{x^2+1}\,dx \\ &= 2i\int_{0}^{\infty} \frac{x\sin x}{x^2+1}\,dx = i\int_{-\infty}^{\infty} \frac{x\sin x}{x^2+1}\,dx\end{aligned}$$

となります．最後の式変形では，被積分関数が偶関数であることを用いました．

最後に，$\int_{\mathrm{C}_R} f(z)\,dz$ を評価するために，$z = Re^{i\theta}$ として $R \to \infty$ の極限をとると

$$\begin{aligned}\left|\int_{\mathrm{C}_R} f(z)\,dz\right| &\leq \int_{0}^{\pi} \left|\frac{e^{i\theta}e^{iR(\cos\theta + i\sin\theta)}}{R^2e^{2i\theta}+1}\right| d\theta \\ &< \int_{0}^{\pi} \frac{|e^{i\theta}|\,|e^{iR\cos\theta}|\,e^{-R\sin\theta}}{R^2|e^{2i\theta}|}\,d\theta < \frac{1}{R^2}\frac{\pi}{R} \quad \to \quad 0\end{aligned}$$

となるので，ここは寄与せず，求める積分は次のようになります．

$$\begin{aligned}\int_{\mathrm{C}} f(z)\,dz = \int_{\mathrm{C}_1} f(z)\,dz + \int_{\mathrm{C}_R} f(z)\,dz \quad &\Leftrightarrow \quad i\frac{\pi}{e} = i\int_{-\infty}^{\infty} \frac{x\sin x}{x^2+1}\,dx + 0 \\ &\Leftrightarrow \quad \int_{-\infty}^{\infty} \frac{x\sin x}{x^2+1}\,dx = \frac{\pi}{e}\end{aligned}$$

■

Training 6. 6

実数 a, b が $0 < b < a$ のとき，複素積分を用いて $\displaystyle\int_{0}^{2\pi} \frac{d\theta}{a + b\cos\theta}$ を求めなさい．

Coffee Break

共に軛を曳く

「共役」という単語はこれまでにも何度か使ってきましたが，常用漢字に置き換えられる前は「共軛」という字で表現されていました．軛は訓読みで「くびき」と読み，元々は，農耕のための荷車や貴族の牛車を曳かせるために，牛の首にかけていたものを指す漢字です．転じて，現代の言葉づかいでは「自由を束縛する」とか「足かせになる」などといった，あまりポジティブではない意味で使われることが

多いかもしれません．しかし，数学や自然科学ではそういう意味合いではなく，「対になるもの」というニュアンスで使われています．

複素数の場合は，図 6.12 のように，$z = x + iy$ に対して $z^* = x - iy$ は実数軸についてちょうど対称な位置となります．これがおそらく一番軛のイメージに近い位置関係となっているでしょう．自然科学では，このイメージがより一般化されて使われています．第 4 章で見たようなエルミート共役とか転置共役は典型的な「対になる関係」ですし，関数などについても，このような共役関係が導入されることがあります．

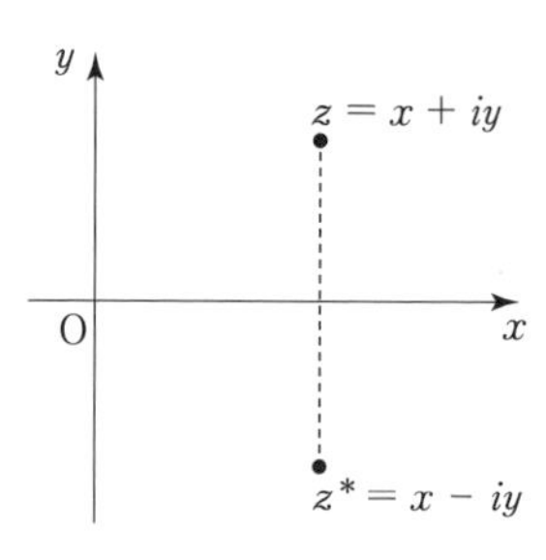

図 6.12　牛車の軛と共役複素数の位置関係（写真は写真 AC による）

物理現象でも「共役」とされる関係があり，例えば磁性体に磁場を加えると磁化が生じることから，「磁場は磁化に共役な外場」という表現をすることがあります．同様の共役関係には，位置と運動量や応力とひずみのような関係もあり，背景には**ルジャンドル変換**という関数の変換理論があります．このあたりの詳細については「解析力学」のテキストを読んでみるとよいかもしれません．

本章のPoint

- **コーシー - リーマンの関係**：複素数 $z = x + iy$ を引数とする複素関数 $f(z) = u(x, y) + iv(x, y)$ に対して，コーシー - リーマンの関係は，

$$\frac{\partial u}{\partial x} = \frac{\partial v}{\partial y} \qquad かつ \qquad \frac{\partial v}{\partial x} = -\frac{\partial u}{\partial y}$$

であり，コーシー - リーマンの関係が成り立つとき，$f(z)$ は z で正則であるという．

▶ **コーシーの定理**：複素関数 $f(z)$ が，z を表す複素数平面の閉曲線C上およびその内側で正則なとき，周回積分は $\int_C f(z)\,dz = 0$ となる．

▶ **特異点と極**：$f(z)$ が正則にならない点 $z = z_0$ を特異点といい，特に $f(z)$ が $(z - z_0)^{-n}$（n は自然数）に比例するような形の特異点を極という．

▶ **ローラン展開**：複素関数 $f(z)$ が，z を表す複素数平面の閉曲線Cの内部の点 $z = z_0$ に極をもつとき，次のような級数展開をローラン展開という．また，a_{-1} を留数といい，$\mathrm{Res}[f(z), z_0]$ などと表す．

$$f(z) = \cdots + \frac{a_{-3}}{(z-z_0)^3} + \frac{a_{-2}}{(z-z_0)^2} + \frac{a_{-1}}{z-z_0} + a_0 + a_1(z-z_0) + a_2(z-z_0)^2 + \cdots$$

▶ **留数定理**：複素関数 $f(z)$ が，z を表す複素数平面の閉曲線Cの内側に複数の極 $z_1, z_2, \cdots$ をもつとき，周回積分は次のように求められる．

$$\int_C f(z)\,dz = 2\pi i \sum_j \mathrm{Res}[f(z), z_j]$$

ただし，Cは反時計回りにとるものとする．

Practice

[6.1]　ガンマ関数

複素数 z に対して $\mathrm{Re}(z) > 0$ の領域で定義される関数

$$\Gamma(z) = \int_0^\infty e^{-t} t^{z-1}\,dt$$

を**ガンマ関数**といいます．ガンマ関数が正則であることを示しなさい．ただし，積分が収束することは既知として構いません．

[6.2]　ローラン展開

z を複素数としたとき，次の複素関数について，指定された極の周りでのローラン展開を求めなさい．

(1)　$z = 1$ の周りでの $\dfrac{e^z}{(z-1)^2}$ のローラン展開

(2)　$z = 0$ の周りでの $z\cos\dfrac{1}{z}$ のローラン展開

[6.3]　複素積分による実積分

a を正の定数として，次の実積分を求めなさい．

(1)　$\displaystyle\int_{-\infty}^{\infty} \frac{dx}{x^4 + a^4}$　　(2)　$\displaystyle\int_{-\infty}^{\infty} \frac{dx}{x^6 + 14x^4 + 49x^2 + 36}$　　(3)　$\displaystyle\int_0^{\infty} \frac{x \sin x}{x^4 + a^4}\,dx$

積分変換の基礎
～デルタ関数・フーリエ変換・ラプラス変換～

フーリエ変換やラプラス変換は，科学技術のいろいろなところで使われています．これらは積分変換といわれる関数変換の中でもかなり性質が良く，振動や信号の解析や，微分方程式の取り扱いを容易にします．本章では積分変換としての視点を中心に据えて，デルタ関数，フーリエ変換とラプラス変換の使い方を解説します．

7.1 積分変換

ある関数 $f(x)$ を用意すると，これを微分して導関数 $f'(x)$ を得ることができます．もちろん，$f'(x)$ には「微小変化」や「接線の傾き」などといった意味を与えることはできますが，素朴に $f(x)$ に対する操作だけを取り出すと，これは**新しい関数をつくるための変換操作**と考えることもできるでしょう．あるいは，本来「“関数”は，ある数を別の数に対応づける操作」だったことを考えると，微分が**ある関数と別の関数を対応づける操作である**ということとの類似を見出せるのではないでしょうか．

同様のことは微分だけではなく，その逆操作である不定積分によっても行うことができます．さらに，単に不定積分とするだけではなく，もう少し複雑な関数をつくり出したい場合に使われる方法の1つが**積分変換**です．積分変換は，ある関数 $f(x)$ に対して**カーネル関数**といわれる2変数関数 $K(x,t)$ を用意して，x の特定の区間 X において

$$g(t) = \int_X K(x,t) f(x)\, dx \tag{7.1}$$

とすることで，新しい関数 $g(t)$ を得る操作を表します．(7.1) がピンとこない人もいるかもしれませんが，$K(x,t)$ は，例えば $x+t$ や tx^2 といった，x と t を変数にもつ 2 変数関数です．x については領域（区間）X で定積分するため，t だけが残り，(7.1) は t のみの関数として得られます．このように，積分によって $f(x) \to g(t)$ の変換を表しているので，**積分変換**といいます．なお，変換された関数 $g(t)$ の定義域を T とすると，それは必ずしも X とは一致しません．適宜定める必要があります．

カーネル関数 $K(x,t)$ による積分変換 $f(x) \to g(t)$ に対して，逆変換 $g(t) \to f(x)$ が存在するかどうか，言い換えるなら $g(t)$ から $f(x)$ が求められるかどうかは，カーネル関数によって決まります．逆変換がある場合には，そのカーネル関数を $K^{-1}(x,t)$ と表せば

$$f(x) = \int_T K^{-1}(x,t) g(t)\, dt \tag{7.2}$$

となりますが，このような関係を**反転公式**，または単に**逆変換**といいます．

積分変換は (7.1) のように，ある種特殊な積分によって与えられていますが，それでも物理学では非常に頻繁に遭遇します．本章では典型的な 3 つの積分変換を紹介しますが，その他にも**状態密度**，**グリーン関数**，**信号フィルター**，**フェルミの窓**，**キュムラント**など，積分変換はいろいろなところで出現します．

一方で，これらは「積分変換」として導入されることは少なく，物理的な洞察にもとづいて導入されることが多いので，積分変換となっていることに気づきにくいです．ただ書き換えているだけだと認識できるとだいぶ気が楽になるので，なるべく見抜けるようになじんでおきましょう．個別の具体例についてはそれぞれの科目のテキストを参照していただくとして，ここでは，応用面からも基礎知識としても絶対に習得しておくべき，「デルタ関数」，「フーリエ変換」，「ラプラス変換」について見ていきます．

7.2 デルタ関数

変換として一番最初に明らかにしておかなくてはいけないのは，恒等変換（**変換されない変換**）です[1]．関数 $f(x)$ に対して $f(x) \to f(t)$ となるような積分変換のカーネル関数を**デルタ関数**といい，$K(x,t) = \delta(x-t)$ と表します．これは $\delta(x)$ という関数に $x-t$ を代入したものであって，「$\delta \times (x-t)$」とか「$x-t$ の微小変化」などの意味ではないことに注意してください．このとき，積分変換における x の積分領域（区間）$X : x_1 < x < x_2$ は実数 t を含んでいるものとします．つまり $x_1 < t < x_2$ となればよいのですが，場合分けをいろいろ考えるのは大変なので，とりあえずは $x_1 \to -\infty$，$x_2 \to \infty$ としておけば十分でしょう．

こうして

$$f(t) = \int_{-\infty}^{\infty} \delta(x-t) f(x)\, dx \tag{7.3}$$

を考えることにします．この式の特徴は，$f(x)$ の x に t を代入したものが与えられる，という点です．(7.3) を見たら，恒等変換なのだから当たり前じゃないかと思うでしょうけれど，今後の計算で t が複雑な形になってきたときに見失わないように気を付けましょう．

さて，いまのところ $\delta(x-t)$ という関数が (7.3) のカーネル関数であるということ以外は特に何も定められていません．そこで以下では，$\delta(x)$ がどのような関数であるか見ていきましょう．

7.2.1 デルタ関数の特徴と等価変形

積分が 1 であること

(7.3) において，関数 $f(x)$ として $f(x) = 1$（定数）を当てはめると，

$$f(0) = \int_{-\infty}^{\infty} \delta(x-0) f(x)\, dx \quad \Leftrightarrow \quad 1 = \int_{-\infty}^{\infty} \delta(x)\, dx$$

となるので，ゼロを含む区間で $\delta(x)$ を積分すると 1 であることがわかります．

1）掛け算における 1 を掛けることや，足し算におけるゼロを足すことに相当するもので，最も基本的な操作となります．

偶関数であること

一般の関数 $f(x)$ に対して，積分 $\int_{-\infty}^{\infty} \delta(-x) f(x)\, dx$ は $y = -x$ と置換すると

$$\begin{aligned}
\int_{-\infty}^{\infty} \delta(-x) f(x)\, dx &= \int_{-\infty}^{\infty} \delta(y) f(-y)\, dy && (y = -x \text{ と置換}) \\
&= \int_{-\infty}^{\infty} \delta(y - 0) f(-y)\, dy && (y = y - 0 \text{ と書く}) \\
&= f(0) && (f(-y) \text{ に } y = 0 \text{ を代入}) \\
&= \int_{-\infty}^{\infty} \delta(x) f(x)\, dx && (f(0) \text{ をデルタ関数で表す})
\end{aligned}$$

となります[2]．したがって，最初と最後を見比べると

$$\delta(-x) = \delta(x)$$

が成り立つので，$\delta(x)$ は偶関数であることがわかります．

引数の定数倍

a を正の定数とします．積分 $\int_{-\infty}^{\infty} \delta(ax) f(x)\, dx$ を $y = ax$ と置換してみると

$$\int_{-\infty}^{\infty} \delta(ax) f(x)\, dx = \frac{1}{a}\int_{-\infty}^{\infty} \delta(y) f\left(\frac{y}{a}\right) dy = \frac{f(0)}{a} = \frac{1}{a}\int_{-\infty}^{\infty} \delta(x) f(x)\, dx$$

となります．したがって，最初と最後を見比べると，$\delta(ax) = \dfrac{1}{a}\delta(x)$ が成り立ちます．$a < 0$ の場合でも $\delta(x)$ が偶関数なので，$\delta(ax) = \delta(-|a|x) = \delta(|a|x)$ とすれば同じことがいえます. 結局, a がゼロでない実数であれば

$$\delta(ax) = \frac{1}{|a|}\delta(x)$$

であることがわかります．

だいぶ証明のコツがつかめてきたのではないでしょうか．**とりあえず $f(0)$ に帰着すれば何とかなります．**

2）途中の手続きが少しわかりづらいかもしれないので，操作内容を記載しておきました．最初はあまり見慣れない式変形に見えても，じっくり見てみると，決して難しいことはしていないことがわかると思います．

引数の因数分解

ここでは2つの実数a, bに対して，積分$\int_{-\infty}^{\infty}\delta((x-a)(x-b))f(x)\,dx$を考えます．まず，積分区間を$x=a$と$x=b$の中点$\dfrac{a+b}{2}$で分割して

$$\int_{-\infty}^{\infty}\delta((x-a)(x-b))f(x)\,dx=\int_{-\infty}^{(a+b)/2}\delta((x-a)(x-b))f(x)\,dx+\int_{(a+b)/2}^{\infty}\delta((x-a)(x-b))f(x)\,dx$$

とします．さらに，$(x-a)(x-b)=t$と置換すると，

$$x=\frac{a+b}{2}\pm\sqrt{\left(\frac{a-b}{2}\right)^2+t}$$

となるので，複号が＋の方を$x_+(t)$とおき，－の方を$x_-(t)$とおくことにします．これらx_+, x_-は分割された積分区間のそれぞれに1つずつ含まれるので，

$$\lim_{t\to 0}\frac{dx_\pm}{dt}=\pm\lim_{t\to 0}\frac{1}{2\sqrt{\dfrac{(a-b)^2}{4}+t}}=\pm\frac{1}{|a-b|}$$

であることを用いて，

$$\begin{aligned}
&\int_{-\infty}^{\infty}\delta((x-a)(x-b))f(x)\,dx\\
&=\int_{\infty}^{-(a-b)^2/4}\delta(t)f(x_-(t))\frac{dx_-}{dt}\,dt+\int_{-(a-b)^2/4}^{\infty}\delta(t)f(x_+(t))\frac{dx_+}{dt}\,dt\\
&=\frac{1}{|a-b|}\{f(a)+f(b)\}\\
&=\frac{1}{|a-b|}\left\{\int_{-\infty}^{\infty}\delta(x-a)f(x)\,dx+\int_{-\infty}^{\infty}\delta(x-b)f(x)\,dx\right\}\\
&=\int_{-\infty}^{\infty}\frac{1}{|a-b|}\{\delta(x-a)+\delta(x-b)\}f(x)\,dx
\end{aligned}$$

となります（絶対値を忘れないようにしましょう）．

この最初と最後を見比べると

$$\delta((x-a)(x-b)) = \frac{1}{|a-b|}\{\delta(x-a)+\delta(x-b)\}$$

となります．特に，$a=-b$ のときは

$$\delta(x^2-a^2) = \frac{1}{2|a|}\{\delta(x-a)+\delta(x+a)\}$$

となります．これはよく使うので，覚えておくと便利です．

他にもいろいろな公式をつくることはできますが，何となく導出のコツはつかめたでしょうか．物理学の学習の初期段階では上記のものと出会うことが多いので，まずはこれらを習得しておきましょう．

いずれの関係式も，結局のところ (7.3) から導かれるので，原理的には恒等変換であることだけ認識していればよいのですが，実際に使う場面ではこれだけから毎回導くのは見通しが悪いので，ここで示した関係式の印象だけは記憶に残しておいた方がよいでしょう．細かい係数があやふやになりやすい（1/2 がつくかどうかとか，符号が + か − かとか）ので，最初のうちはノートを見ながら使う感じで構いませんが，基本的には $\delta(x-a)$ の形に帰着できることを知っていると見通しが良くなると思います．ここで簡単にまとめておきましょう．

▶ デルタ関数の定義と公式

- $f(t) = \int_{-\infty}^{\infty} \delta(x-t) f(x)\, dx$
- $\int_{-\infty}^{\infty} \delta(x)\, dx = 1, \qquad \delta(-x) = \delta(x), \qquad \delta(ax) = \frac{1}{|a|}\delta(x)$
- $\delta((x-a)(x-b)) = \frac{1}{|a-b|}\{\delta(x-a)+\delta(x-b)\}$

  $\delta(x^2-a^2) = \frac{1}{2|a|}\{\delta(x-a)+\delta(x+a)\}$

7.2.2 デルタ関数の形状

デルタ関数はカーネル関数の 1 つであることから，原則としては積分変換の形で使うので，デルタ関数の形状を知らなくてもほとんどの操作は可能です．

ただ，物理系のモデルを考えたりするときに「デルタ関数的な形状」というように表現されることがあり，そのためにも，ある程度の形状のイメージをもっていた方がよいでしょう．

そこで，(7.3) を満たすような $\delta(x)$ の明示的表示 (**解析表示**) を見ておきましょう．代表的なものとして

$$\delta(x)=\lim_{\epsilon\to 0}\frac{1}{\pi}\frac{\epsilon}{x^2+\epsilon^2},\quad \delta(x)=\lim_{\epsilon\to 0}\frac{1}{\sqrt{\pi\epsilon^2}}e^{-x^2/\epsilon^2},\quad \delta(x)=\frac{1}{2\pi}\int_{-\infty}^{\infty}e^{ixu}\,du \tag{7.4}$$

の 3 通りがよく知られています．特に，1 つ目の $\delta(x)=\lim_{\epsilon\to 0}\frac{1}{\pi}\frac{\epsilon}{x^2+\epsilon^2}$ が (7.3) を満たすことは，前章で紹介した複素積分の利用で証明できるので，ぜひやってみてください．

(7.4) の 1 つ目と 2 つ目を有限の ϵ について図示したのが図 7.1 です．ϵ が小さくなるほどに中心部分が高くなっていき，その代わりに幅が狭くなっているのがわかると思います．これは公式 $\int_{-\infty}^{\infty}\delta(x)\,dx=1$ が成り立つように，面積が一定のまま幅が狭くなって中心部分が高くなっているイメージです．極限的には $\delta(x)$ は $x=0$ でのみ発散し，$x\neq 0$ で $\delta(x)=0$ となることも読み取れるでしょう．このような形状を「デルタ関数的」ということがあります[3]．そして，このことが，(7.3) において t が x の定義域 X に含

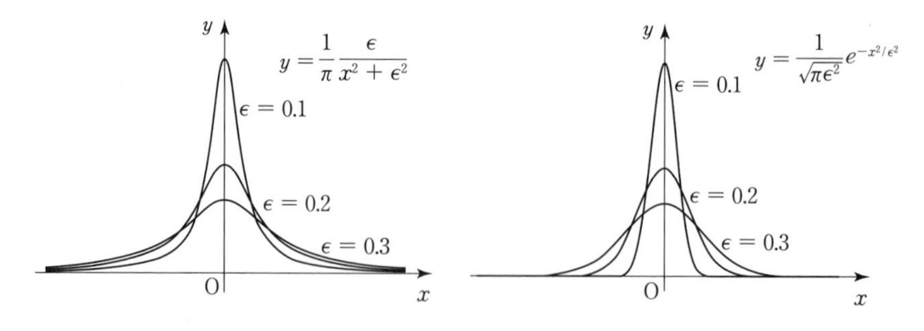

図 7.1　デルタ関数の明示表現

3)　そしてイメージに言葉以上の意味をもたせることはないので，あまり細かいことは気にしなくても大丈夫です．

まれる必要があることに繋がります．もし t が X に含まれないと，$\delta(x-t)$ は X 上で常にゼロとなるので，$\int_X \delta(x-t)f(x)\,dx = 0$ となります．

一方で，(7.4) の3つ目の表示は少し特殊です．これが他の2つと一致することは

$$
\begin{aligned}
\frac{1}{2\pi}\int_{-\infty}^{\infty} e^{ixu}\,du &= \lim_{\epsilon\to 0}\frac{1}{2\pi}\int_{-\infty}^{\infty} e^{ixu-\epsilon|u|}\,du \\
&= \lim_{\epsilon\to 0}\frac{1}{2\pi}\left\{\frac{1}{ix+\epsilon}\left[e^{(ix+\epsilon)u}\right]_{-\infty}^{0} + \frac{1}{ix-\epsilon}\left[e^{(ix-\epsilon)u}\right]_{0}^{\infty}\right\} \\
&= \lim_{\epsilon\to 0}\frac{1}{\pi}\frac{\epsilon}{x^2+\epsilon^2}
\end{aligned}
$$

あるいは

$$
\begin{aligned}
\frac{1}{2\pi}\int_{-\infty}^{\infty} e^{ixu}\,du &= \lim_{\epsilon\to 0}\frac{1}{2\pi}\int_{-\infty}^{\infty} e^{ixu-\frac{\epsilon^2}{4}u^2}\,du \\
&= \lim_{\epsilon\to 0}\frac{1}{2\pi}\int_{-\infty}^{\infty} \exp\left\{-\frac{\epsilon^2}{4}\left(u-\frac{2ix}{\epsilon^2}\right)^2-\frac{x^2}{\epsilon^2}\right\}du \\
&= \lim_{\epsilon\to 0}\frac{1}{\sqrt{\pi\epsilon^2}}e^{-x^2/\epsilon^2}
\end{aligned}
$$

として確認できます．後半ではガウス積分を用いています．厳密には複素関数の積分なので，適切な周回路を用いる必要がありますが，大まかな見通しは見えると思います．

ここで用いた $e^{-\epsilon|u|}$ や $e^{-\epsilon^2u^2/4}$ のような項は $\epsilon\to 0$ で1に収束するので，積分の値を同じに保つと考えられます．そのため，式の意味を変えずに積分値を収束させてくれるので，取り扱いが容易になります．このような項のことを**収束因子**，もしくは，物理的な意味を付与して**断熱因子**などといいます．

いずれにしても，(7.4) で示した3通りのデルタ関数の解析表示はしばしば用いるので，いつでも参照できるようにしておくと便利かもしれません．なお，$\delta(x)$ が偶関数であることから，(7.4) は $x\to -x$ としても成り立つことを意識しておきましょう．1つ目と2つ目では，x は x^2 の形式でしか出てこないので忘れていても大丈夫ですが，3つ目は ixu の前の符号が正負どちらでも違いはないことを見落としやすいので注意しましょう．

7.3 フーリエ変換

7.3.1 フーリエ変換とは

積分変換（7.1）において $K(x,t)=\dfrac{1}{\sqrt{2\pi}}e^{-ixt}$ としたものを**フーリエ変換**といいます．表現方法として，物理学でフーリエ変換を使う場合は変換前の変数と変換後の変数に物理的な意味があることが多いです．特に位置 x と時間 t についての関数をフーリエ変換するときは，$f(x)\to F(k)$，$f(t)\to F(\omega)$ という対応関係が用いられ，k を**波数**，ω を**角振動数**ということがよくあります．この場合，フーリエ変換 $f\to F$ は

$$F(k)=\frac{1}{\sqrt{2\pi}}\int_{-\infty}^{\infty}e^{-ikx}f(x)\,dx,\qquad F(\omega)=\frac{1}{\sqrt{2\pi}}\int_{-\infty}^{\infty}e^{-i\omega t}f(t)\,dt \tag{7.5}$$

ということになります．

本シリーズでは，これらの形式で出会うことが多いと思うので，ここでは（7.5）の形式で解説します．

さて，フーリエ変換には逆変換が存在します．$K^{-1}(x,k)=\dfrac{1}{\sqrt{2\pi}}e^{ikx}$ とすると，（7.4）の3つ目の表示を用いて

$$\begin{aligned}\frac{1}{\sqrt{2\pi}}\int_{-\infty}^{\infty}F(k)e^{ikx}\,dk &= \frac{1}{2\pi}\int_{-\infty}^{\infty}dk\int_{-\infty}^{\infty}dx'\,f(x')e^{ik(x-x')}\\ &=\int_{-\infty}^{\infty}f(x')\delta(x-x')\,dx'\\ &=f(x)\end{aligned}$$

となって，確かに元に戻ります．つまり，逆変換は

$$f(x)=\frac{1}{\sqrt{2\pi}}\int_{-\infty}^{\infty}F(k)e^{ikx}\,dk,\qquad f(t)=\frac{1}{\sqrt{2\pi}}\int_{-\infty}^{\infty}F(\omega)e^{i\omega t}\,d\omega \tag{7.6}$$

という形で表せることがわかります．これを**フーリエ逆変換**といいますが，見方によっては $f(x)$ をフーリエ変換 $F(k)$ で表しているように見えるので，

フーリエ変換表示ということがあります[4)]．なお，$F(k)$ や $F(\omega)$ は一般には複素数となりますが，その大きさの2乗である $|F(k)|^2 = F^*(k)F(k)$ や $|F(\omega)|^2 = F^*(\omega)F(\omega)$ は実数値をとり，**スペクトル**といいます．

Exercise 7.1

次の関数 $f(x)$ のフーリエ変換 $F(k)$ を求めなさい．

(1)　$f(x) = \delta(x)$　　(2)　$f(x) = e^{-x^2}$

(3)　$f(x) = 2\cos x + 4\cos 2x$

Coaching　(1)　定義通りに計算すると，$F(k) = \dfrac{1}{\sqrt{2\pi}}\displaystyle\int_{-\infty}^{\infty}\delta(x)e^{-ikx}\,dx = \dfrac{1}{\sqrt{2\pi}}$ となります．

(2)　ガウス関数のフーリエ変換ですが，これは $F(k) = \dfrac{1}{\sqrt{2\pi}}\displaystyle\int_{-\infty}^{\infty}e^{-x^2-ikx}\,dx = \dfrac{1}{\sqrt{2\pi}}\displaystyle\int_{-\infty}^{\infty}e^{-k^2/4}e^{-(x+ik/2)^2}\,dx = \dfrac{1}{\sqrt{2}}e^{-k^2/4}$ となっていて，係数は少し異なりますが，**フーリエ変換しても，やはりガウス関数**となります．このことは結構重要です．

(3)　これは直接積分しようとすると少し面倒ですが，オイラーの公式とデルタ関数の性質（(7.4) の3つ目）を使えば，$a\cos bx$ のフーリエ変換は

$$\frac{1}{\sqrt{2\pi}}\int_{-\infty}^{\infty}a(\cos bx)e^{-ikx}\,dx = \frac{a}{2\sqrt{2\pi}}\int_{-\infty}^{\infty}(e^{ibx}+e^{-ibx})e^{-ikx}\,dx$$
$$= \sqrt{\frac{\pi}{2}}\,a\{\delta(k-b)+\delta(k+b)\}$$

となります．したがって，$F(k)$ は次のようになります．

$$F(k) = \sqrt{2\pi}\,\delta(k-1) + \delta(k+1) + 2\delta(k-2) + 2\delta(k+2)$$ ■

この結果を見てもわかる通り，**どのような波数（あるいは振動数）がどのような強度で含まれているのかを抽出することができる**ので，フーリエ変換は信号を調べるときなどに便利です．こういう視点でフーリエ変換を用いる

4)　さらにこれを省略して「フーリエ変換」といってしまうこともあり，真逆の意味になるように感じられることがあるでしょう．このあたりの用語の混乱は初学者に不安感を与えると思います．意外かもしれませんが，物理ユーザーの間ではこういう用語の利用はあまり厳格でない傾向があるので，わからなくなりそうなときは，定義をきちんと確認するようにした方がよいでしょう．

ときは，**スペクトル分析**ということがあります．

Training 7.1

$-1 \leq x \leq 1$ を定義域とする関数 $f(x) = x^2$ のフーリエ変換 $F(k)$ を求めなさい．

7.3.2 位相因子

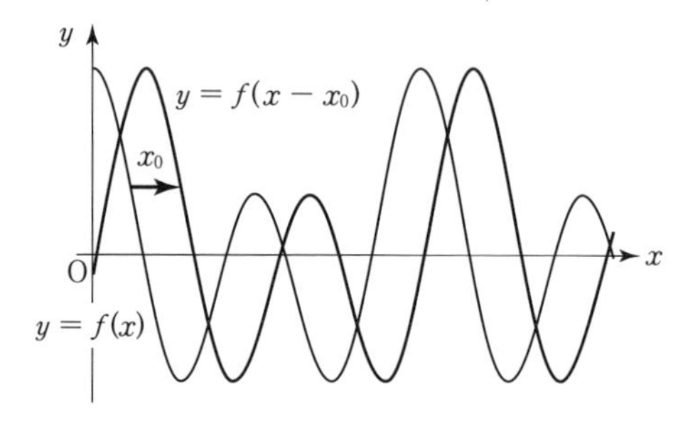

図 7.2　位相の遅れ

ある関数 $f(x)$ のフーリエ変換を $F(k)$ と表したとき，$f(x - x_0)$ のフーリエ変換はどのようになるでしょうか．$y = f(x)$ と $y = f(x - x_0)$ は，例えば図 7.2 のようになっていて，x 軸方向に x_0 だけ平行移動されたグラフとして与えられます．

このような $f(x - x_0)$ をフーリエ変換するには，$x' = x - x_0$ と置換すればよく，

$$\frac{1}{\sqrt{2\pi}}\int_{-\infty}^{\infty} f(x - x_0)e^{-ikx}\,dx = \frac{1}{\sqrt{2\pi}}\int_{-\infty}^{\infty} f(x')e^{-ik(x' + x_0)}\,dx' = e^{-ikx_0}F(k)$$

となります．つまり，x_0 だけ信号が遅れるとき，フーリエ変換は複素数平面上で kx_0 だけ位相が遅れ，e^{-ikx_0} が掛けられた形で得られることになります．これを**位相因子**といいます．

このように適当な位相因子を掛けることで任意にずらした信号を得られることが，フーリエ変換が信号処理にしばしば用いられる所以の1つです．

7.3.3 畳み込み積分とそのフーリエ変換

例えば，柔らかいゴムやプラスチックのようなものに力を加えると変形します．このように，自然に対して外から何か働きかけをすると，それに応じた現象が生じます．このことを**応答**といいます．自然だけが対象ではなく，人工的な機械に対しても，同様に応答を考えることができます．

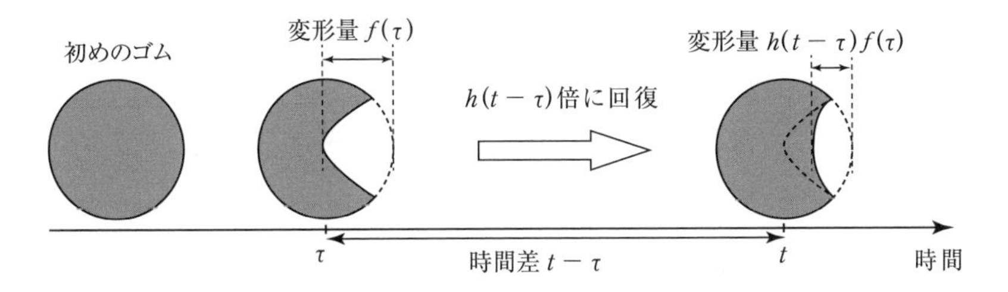

図 7.3 変形と回復の模式図

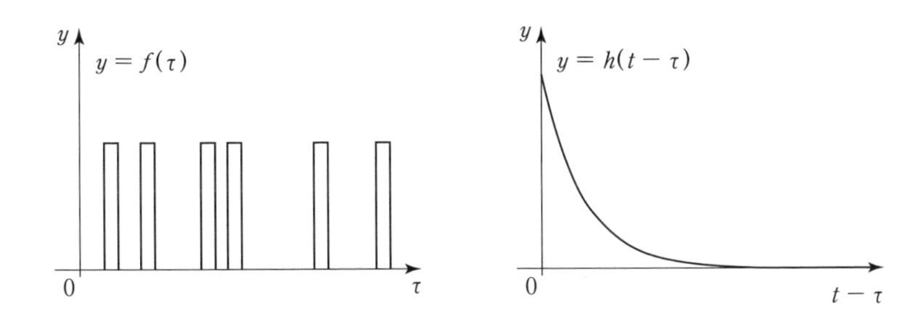

図 7.4 関数 $f(\tau)$ と $h(t-\tau)$ の例

ある時刻 $t=\tau$ にあなたが働きかけ $f(\tau)$ を行ったとしましょう．例えば，ゴムに変形を加えるような状況です．このとき，ゴムの変形はすぐに完全に元に戻るわけではなく，時刻 t $(>\tau)$ には，時刻 τ で加えられた変形から回復しきっていない場合があります．この時点での変形量は，図 7.3 に示すようなイメージで，τ に加えられた変形の変形量 $f(\tau)$ に対して，t に残っている変形の割合を $h(t-\tau)$ で表し，時刻 t における変形量を $h(t-\tau)f(\tau)$ とします．

もし一度だけではなく，何度も変形を加えるような場合には $f(\tau)$ が図 7.4 のようになるでしょう．つまり，時刻 t での変形量を知りたければ，$h(t-\tau)f(\tau)$ を τ で積分して

$$g(t)=\int_{-\infty}^{\infty}h(t-\tau)f(\tau)\,d\tau \tag{7.7}$$

とすればよく，これを**畳み込み積分**といいます．

ここでは，(7.7) のイメージのつかみやすさのために，ゴムの変形という具体例を通して紹介しましたが，これ以外にも人間側からの入力 $f(\tau)$ に対する，自然や機械側の応答 $h(t-\tau)$ を見るような状況では，(7.7) のような量を調べることは多々あります．

もうかなり気づけるようになってきたと思いますが，畳み込み積分も，カーネル関数を $h(t-\tau)$ とする積分変換とみなすことができます．物理数学としては，いろいろな状況（図 7.3 の例では，ゴムの種類や加える変形の方法など）に依存してしまう物理的な背景は忘れておいて，(7.7) の形式の積分そのものを**畳み込み積分の定義**とします．

畳み込み積分 $g(t)$ のフーリエ変換には非常に特徴的な性質があります．具体的には

$$
\begin{aligned}
\int_{-\infty}^{\infty} g(t) e^{-i\omega t}\, dt &= \int_{-\infty}^{\infty} dt \int_{-\infty}^{\infty} d\tau\, h(t-\tau) f(\tau) e^{-i\omega t} \\
&= \int_{-\infty}^{\infty} d\tau\, f(\tau) \int_{-\infty}^{\infty} h(t-\tau) e^{-i\omega t}\, dt
\end{aligned}
$$

であることから，$f(t), g(t), h(t)$ のフーリエ変換をそれぞれ $F(\omega), G(\omega)$, $H(\omega)$ とすれば，後半の積分が位相因子で記述できることを用いて

$$
\begin{aligned}
G(\omega) &= \frac{1}{\sqrt{2\pi}} \int_{-\infty}^{\infty} g(t) e^{-i\omega t}\, dt \\
&= \sqrt{2\pi}\, \frac{1}{\sqrt{2\pi}} \int_{-\infty}^{\infty} f(\tau) e^{-i\omega\tau}\, d\tau\, \frac{1}{\sqrt{2\pi}} \int_{-\infty}^{\infty} h(t) e^{-i\omega t}\, dt \\
&= \sqrt{2\pi}\, F(\omega) H(\omega)
\end{aligned}
$$

となります．すなわち，2 つの関数の畳み込み積分のフーリエ変換はそれぞれのフーリエ変換の積で求められるので，非常にシンプルに扱うことができるようになります．

Exercise 7.2

$\displaystyle\int_{-\infty}^{\infty} f(y) f(x-y)\, dy = \sqrt{\pi}\, e^{-x^2/4}$ を満たす関数 $f(x)$ を求めなさい．

Coaching $f(x)$ のフーリエ変換を $F(k)$ として，両辺のフーリエ変換をしてみましょう．左辺は $f(x)$ の畳み込み積分になっているので $\sqrt{2\pi}\{F(k)\}^2$ となります．一方，右辺のフーリエ変換は

$$\frac{1}{\sqrt{2\pi}}\int_{-\infty}^{\infty}\sqrt{\pi}\,e^{-x^2/4}e^{-ikx}\,dx = \sqrt{2\pi}\,e^{-k^2}$$

となります．したがって，$F(k) = e^{-k^2/2}$ となるので，これを逆変換すれば $f(x)$ が次のように求まります．

$$f(x) = \frac{1}{\sqrt{2\pi}}\int_{-\infty}^{\infty}e^{-k^2/2}e^{ikx}\,dk = e^{-x^2/2}$$ ■

Training 7.2

$f(t)$ のフーリエ変換を $F(\omega)$ とするとき，

$$\int_{-\infty}^{\infty}f(t)f(t+\tau)\,dt = \int_{-\infty}^{\infty}|F(\omega)|^2e^{i\omega\tau}\,d\omega$$

となることを示しなさい．（左辺を**時間相関関数**といいます．ここで示すような，時間相関関数のフーリエ変換がスペクトル強度に対応するという関係を，**ウィーナー－ヒンチンの定理**といいます．）

7.4 フーリエ級数展開とフーリエ変換の関係

第1章で紹介したフーリエ級数展開は，周期 L の関数 $f(x)$ を

$$f(x) = \frac{b_0}{2} + \sum_{n=1}^{\infty}(a_n\sin k_nx + b_n\cos k_nx), \qquad k_n = \frac{2n\pi}{L}$$

と展開する方法でした（後の都合で，最初の定数項を $\frac{b_0}{2}$ とおいています）．このとき a_n, b_n は

$$a_n = \frac{2}{L}\int_{-L/2}^{L/2}f(x)\sin k_nx\,dx \qquad (n = 1, 2, \cdots)$$

$$b_n = \frac{2}{L}\int_{-L/2}^{L/2}f(x)\cos k_nx\,dx \qquad (n = 0, 1, 2, \cdots)$$

と表せます．これは，オイラーの公式 $\sin k_nx = \frac{1}{2i}(e^{ik_nx} - e^{-ik_nx})$, $\cos k_nx = \frac{1}{2}(e^{ik_nx} + e^{-ik_nx})$ を用いてまとめ直すと

$$f(x) = \sum_{n=-\infty}^{\infty} c_n e^{ik_n x}, \qquad k_n = \frac{2n\pi}{L} \tag{7.8}$$

と表すことができて，n の正負にかかわらず

$$c_n = \frac{1}{L}\int_{-L/2}^{L/2} f(x)\, e^{-ik_n x}\, dx$$

および，$c_{-n} = c_n{}^*$ を満たすこともわかります．c_n が複素数であることに注意して，確認してみてください．

さて，この c_n は n の式であることは確かですが，k_n の形でのみ n を含んでいるので，$c(k) = \frac{1}{L}\int_{-L/2}^{L/2} f(x)\, e^{-ikx}\, dx$ としておいて $c_n = c(k_n)$ としてもよいでしょう．この表記のもとで，$\Delta k_n = k_{n+1} - k_n = 2\pi/L$ を用いて L が大きい極限（$L \to \infty$）を考えれば，(7.8) は

$$f(x) = \frac{L}{2\pi}\sum_{n=-\infty}^{\infty} c(k_n) e^{ik_n x}\, \Delta k_n = \frac{L}{2\pi}\int_{-\infty}^{\infty} c(k) e^{ikx}\, dk \tag{7.9}$$

となります．

(7.9) に $c(k) = \frac{1}{L}\int_{-L/2}^{L/2} f(x)\, e^{-ikx}\, dx \simeq \frac{1}{L}\int_{-\infty}^{\infty} f(x)\, e^{-ikx}\, dx$ を代入すると，最初の係数に現れる L の約分と，$\frac{1}{2\pi} = \frac{1}{(\sqrt{2\pi})^2}$ であることを用いて

$$f(x) = \frac{1}{\sqrt{2\pi}}\int_{-\infty}^{\infty}\left(\frac{1}{\sqrt{2\pi}}\int_{-\infty}^{\infty} f(x)\, e^{-ikx}\, dx\right) e^{ikx}\, dk = \frac{1}{\sqrt{2\pi}}\int_{-\infty}^{\infty} F(k)\, e^{-ikx}\, dk$$

となります．このように，$F(k) = \frac{1}{\sqrt{2\pi}}\int_{-\infty}^{\infty} f(x)\, e^{-ikx}\, dx$ とすることでフーリエ変換に帰着できます．

以上がフーリエ級数展開とフーリエ変換の関係で，「フーリエ変換は，周期が非常に長い（$L \to \infty$）ときのフーリエ級数展開と見ることもできる」という説明がなされることも多いです．それは確かにそうなのですが，むしろ物理数学としては，**L は非常に大きいけれども，有限と見て L を残した** (7.9) **の形式で用いられることがとても多い**ということが重要です．

この理由として，「着目している系がどのような大きさなのか明示することは非常に重要である」とか「境界条件がどのようになっているかで全体の

振る舞いが変わることがある」など，いろいろな事情がありますが，つまるところ物理学としての特殊性によるものです．物理学のテキストで「フーリエ変換」という言い回しで L が現れたときには，積分変換としてのフーリエ変換そのものというよりも (7.9) のことを指している場合が多いので，混乱しないように気をつけてください．

7.5　ラプラス変換

7.5.1　ラプラス変換とその逆変換

物理学の習得の過程でよく使う積分変換は，前節で紹介したフーリエ変換です．これはスペクトル分析を行う際のイメージがわかりやすいと思いますが，フーリエ級数展開と同様に，目の前の事象にどのような規則性があるのかを知ることが目的の1つです．一方で，もう少しテクニカルな恩恵がわかりやすいのがラプラス変換です．

正の実数 $t > 0$ の関数 $f(t)$ に対して，カーネル関数を $K(t,s) = e^{-st}$ とした積分変換を**ラプラス変換**といいます．ただし，s は一般の複素数で，実部と虚部に分けて $s = \lambda + i\omega$ とします．つまり，$f(t) \to F(s)$ のラプラス変換は

$$F(s) = \int_0^\infty f(t)\, e^{-st}\, dt \tag{7.10}$$

となります．t に $t > 0$ の制限をかけたのは，$f(t)$ を時間の関数と見ることが多いためで，このことを強調する場合には，**片側ラプラス変換**ということもあります．もちろん，この制限を外して t の積分区間を $-\infty \to \infty$ とした**両側ラプラス変換**もありますが，必要に応じて本節と同じ議論ができます．

まず，逆変換を確認しておきましょう．$F(s)$ に e^{st} を掛けて，複素数平面上で虚数軸に平行に $c - i\infty \to c + i\infty$ の積分路（c は実数の定数で，実部を一定にして，虚部を $-\infty$ から ∞ までとる直線状の積分路）をとると

$$\int_{c-i\infty}^{c+i\infty} F(s)\, e^{st}\, ds = \int_{c-i\infty}^{c+i\infty} ds \int_0^\infty dt'\, f(t')\, e^{-s(t'-t)}$$

$$= 2\pi i \int_0^\infty dt'\, e^{-c(t'-t)} f(t') \frac{1}{2\pi} \int_{-\infty}^{\infty} e^{i\omega(t'-t)}\, d\omega$$

$$= 2\pi i \int_0^\infty f(t')\, e^{-c(t'-t)} \delta(t'-t)\, dt'$$

$$= 2\pi i\, f(t)$$

となります．1行目から2行目の式変形では，積分路上で $s = c + i\omega$ （ω：$-\infty \to \infty$）となることを用いています．

この結果から，逆変換はカーネルが $\dfrac{1}{2\pi i} e^{st}$ となる積分変換

$$f(t) = \frac{1}{2\pi i} \int_{c-i\infty}^{c+i\infty} F(s)\, e^{st}\, ds \tag{7.11}$$

であることがわかります．まずは，いくつかの関数のラプラス変換を導出しておきましょう．

 Exercise 7.3

次の関数 $f(t)$ のラプラス変換 $F(s)$ を求めなさい．n は自然数，a は正の実数，ω, λ は任意の実数とし，すべての関数の定義域は $t > 0$ とします．

(1)　$f(t) = \delta(t)$　　(2)　$f(t) = 1$　　(3)　$f(t) = t^n$

(4)　$f(t) = e^{at}$　　(5)　$f(t) = \cos \omega t$　　(6)　$f(t) = \sin \omega t$

(7)　$f(t) = \cosh \lambda t$　　(8)　$f(t) = \sinh \lambda t$

Coaching　**ここでの計算はノートにメモしておいて，いつでも参照できるようにしておくことを強くお勧めします．** 毎回やってもよいのですが，一般にラプラス変換の逆変換（$F(s) \to f(t)$）は順方向の変換（$f(t) \to F(s)$）に比べて手間がかかることが多いので，順方向の変換との対応関係を使って**逆変換したことにする**というのが多いためです．では，早速（1）から一気に進めていきましょう．

(1)　$F(s) = \displaystyle\int_0^\infty \delta(t)\, e^{-st}\, dt = 1$ となります．

(2)　$F(s) = \displaystyle\int_0^\infty e^{-st}\, dt = \frac{1}{s}$ となりますが，$s = c + i\omega$ とすると $e^{-st} = e^{-ct} e^{-i\omega t}$ なので，s の実部 c が正でないと積分が収束しないことに注意して下さい．この条件を**収束条件**といい，この場合は $\mathrm{Re}(s) > 0$ です．

(3) 部分積分によって $\int_0^\infty t^n e^{-st}\,dt = \dfrac{n}{s}\int_0^\infty t^{n-1}e^{-st}\,dt$ となるので，これを n 回繰り返して $F(s) = n!/s^{n+1}$ となります．ここでも収束条件は $\mathrm{Re}(s) > 0$ です．

(4) $F(s) = \int_0^\infty e^{at}e^{-st}\,dt = \dfrac{1}{s-a}$ です．収束条件は $\mathrm{Re}(s-a) > 0$ より $\mathrm{Re}(s) > a$ です．

(5) いろいろやり方はありますが，オイラーの公式で cos を指数関数にしておくと計算ミスをしにくいでしょう．

$$F(s) = \int_0^\infty (\cos\omega t)\,e^{-st}\,dt = \frac{1}{2}\int_0^\infty (e^{i\omega t} + e^{-i\omega t})\,e^{-st}\,dt$$
$$= \frac{1}{2}\left(\frac{1}{s-i\omega} + \frac{1}{s+i\omega}\right) = \frac{s}{s^2+\omega^2}$$

となり，収束条件は $\mathrm{Re}(s) > 0$ です．

(6) (5) と同様にして，$F(s) = \omega/(s^2+\omega^2)$ となります．収束条件も，同じく $\mathrm{Re}(s) > 0$ です．

(7) 部分積分でもできますが，手間がかかるので，三角関数と同様にして，双曲線関数も指数関数に書き換えてしまいましょう．すると，

$$F(s) = \int_0^\infty (\cosh\lambda t)\,e^{-st}\,dt = \frac{1}{2}\int_0^\infty (e^{\lambda t} + e^{-\lambda t})\,e^{-st}\,dt$$
$$= \frac{1}{2}\left(\frac{1}{s-\lambda} + \frac{1}{s+\lambda}\right) = \frac{s}{s^2-\lambda^2}$$

となり，収束条件は $\mathrm{Re}(\lambda - s) < 0$ かつ $\mathrm{Re}(\lambda + s) > 0$ より $\mathrm{Re}(s) > |\lambda|$ です．

(8) (7) と同様にして，$F(s) = \lambda/(s^2-\lambda^2)$ となり，収束条件も，同じく $\mathrm{Re}(s) > |\lambda|$ です． ■

このようにして，いくつかの典型的な関数のラプラス変換を用いると，逆変換が容易にできます．例えば，$F(s) = 1/(s^4-\omega^4)$ のような関数を逆変換しようとすると，定義通りにすれば $f(t) = \dfrac{1}{2\pi i}\int_{c-i\infty}^{c+i\infty} \dfrac{e^{-st}}{s^4-\omega^4}\,ds$ を計算することになります．もちろん，複素積分などを上手に使えば実行できますが，

$$\frac{1}{s^4-\omega^4} = \frac{1}{2\omega^3}\left(\frac{\omega}{s^2-\omega^2} - \frac{\omega}{s^2+\omega^2}\right)$$

という工夫をすれば，すぐに $f(t) = \dfrac{1}{2\omega^3}(\sinh\omega t - \sin\omega t)$ とわかります．

7.5.2　微分のラプラス変換と微分方程式への応用

n 階微分可能な $f(t)$ に対して, $f^{(n)}(t)$ のラプラス変換をやってみましょう. まずは 1 階微分をやってみます. $f(t)$ のラプラス変換を $F(s)$ とすると, 定義から

$$\frac{d}{dt}f(t) \quad \to \quad \int_0^\infty \left\{\frac{d}{dt}f(t)\right\} e^{-st}\,dt = [f(t)\,e^{-st}]_0^\infty + s\int_0^\infty f(t)\,e^{-st}\,dt$$

$$= s\,F(s) - f(0)$$

となります. 同様にして, これを繰り返せば

$$f^{(n)}(t) \quad \to \quad \int_0^\infty f^{(n)}(t)e^{-st}\,dt$$
$$= s^nF(s) - s^{n-1}f(0) - s^{n-2}f^{(1)}(0) - \cdots - sf^{(n-2)}(0) - f^{(n-1)}(0)$$

となります.

これを用いて微分方程式を解いてみましょう. 解くべき方程式を $\ddot{f}(t) + \dot{f}(t) - 6f(t) = \sin t$ とし, 初期条件は $f(0) = 0$, $\dot{f}(0) = 1$ であるとしておきます. $F(s)$ を $f(t)$ のラプラス変換として, 微分方程式の両辺をラプラス変換すると, Exercise 7.3 の (6) の結果を併用して,

$$\{s^2F(s) - s\,f(0) - f(0)\} + \{s\,F(s) - f(0)\} - 6F(s) = \frac{1}{s^2+1}$$

$$\Leftrightarrow \quad F(s) = \frac{s^2+2}{(s^2+1)(s+3)(s-2)}$$

$$= -\frac{1}{50}\frac{s}{s^2+1} - \frac{7}{50}\frac{1}{s^2+1} + \frac{6}{25}\frac{1}{s-2} - \frac{11}{50}\frac{1}{s+3}$$

となります. したがって, 逆変換すると

$$f(t) = -\frac{1}{50}\cos t - \frac{7}{50}\sin t + \frac{6}{25}e^{2t} - \frac{11}{50}e^{-3t}$$

として解を得ることができます.

このように, ラプラス変換を経由すると, 微分方程式を解くことが代数方程式を解くことに書き換えられるので, 便利な場合もあります. ただし, ラプラス変換は線形変換なので, **原則として線形微分方程式に対して使える**ものであり, 技術的には**部分分数分解に習熟しておく必要**があります. この

手法はラプラス変換の応用としてよく知られていて，特に線形素子から成る電気回路などの解析ではよく用いられるので，そのあたりを勉強するときにもう一度確認してみるとよいかもしれません．

なお，$f^{(n)}(t)$ のラプラス変換が $f(0), f^{(1)}(0), f^{(2)}(0), \cdots, f^{(n-1)}(0)$ を含むことからわかるように，初期条件がわかっているタイプの**特殊解を求める問題**に対して特に有効です．

Exercise 7.4

ラプラス変換を用いて，微分方程式 $\ddot{f}(t) - 2\dot{f}(t) - 3f(t) = e^{2t}$ を，初期条件 $f(0) = \dot{f}(0) = 1$ のもとで解きなさい．

Coaching　$f(t)$ のラプラス変換を $F(s)$ として，両辺をラプラス変換すると $\{s^2F(s) - s - 1\} - 2\{sF(s) - 1\} - 3F(s) = \dfrac{1}{s-2}$ なので

$$F(s) = \frac{s^2 - 3s + 3}{(s+1)(s-2)(s-3)} = \frac{7}{12}\frac{1}{s+1} - \frac{1}{3}\frac{1}{s-2} + \frac{3}{4}\frac{1}{s-3}$$

となります．したがって，求める解は $f(t) = \dfrac{7}{12}e^{-t} - \dfrac{1}{3}e^{2t} + \dfrac{3}{4}e^{3t}$ となります．■

Training 7.3

ラプラス変換を用いて，$x(t), y(t)$ についての連立微分方程式

$$\begin{cases} \dot{x}(t) + \dot{y}(t) + 3x(t) = \sin t \\ \dot{x}(t) - x(t) - y(t) = \cos t \end{cases}$$

を解きなさい．ただし，初期条件は $x(0) = y(0) = 0$ とします．

本章のPoint

- **積分変換**：変数 x の定義域を X とする関数 $f(x)$ の積分変換は，カーネル関数を $K(x,t)$ として

$$g(t) = \int_X K(x,t)f(x)\,dx$$

である．

- **デルタ関数**：実数 t が x の定義域 X に含まれるとき，

$$f(t) = \int_X \delta(x-t)f(x)\,dx$$

となる $\delta(x)$ をデルタ関数という．

- **デルタ関数の解析表示**：デルタ関数には次の代表的な明示的表示（解析表示）がある．

$$\delta(x) = \lim_{\epsilon\to 0}\frac{1}{\pi}\frac{\epsilon}{x^2+\epsilon^2}, \qquad \delta(x) = \lim_{\epsilon\to 0}\frac{1}{\sqrt{\pi\epsilon^2}}e^{-x^2/\epsilon^2}$$

$$\delta(x) = \frac{1}{2\pi}\int_{-\infty}^{\infty} e^{ixu}\,du$$

- **フーリエ変換**：関数 $f(x)$ のフーリエ変換 $F(k)$ は次の関係を満たす（k は実数）．

$$F(k) = \frac{1}{\sqrt{2\pi}}\int_{-\infty}^{\infty} f(x)\,e^{-ikx}\,dx, \qquad f(x) = \frac{1}{\sqrt{2\pi}}\int_{-\infty}^{\infty} F(k)\,e^{ikx}\,dk$$

- **畳み込み積分**：$f(t)$ と $g(t)$ の畳み込み積分は

$$g(t) = \int_{-\infty}^{\infty} h(t-\tau)f(\tau)\,d\tau$$

である．$f(t), h(t)$ のフーリエ変換をそれぞれ $F(\omega), H(\omega)$ とすると，$g(t)$ のフーリエ変換 $G(\omega)$ は $G(\omega) = \sqrt{2\pi}F(\omega)G(\omega)$ となる．

- **ラプラス変換**：関数 $f(t)$（$t>0$）のラプラス変換 $F(s)$ は，次の関係を満たす（s は複素数）．

$$F(s) = \int_0^{\infty} f(t)\,e^{-st}\,dt, \qquad f(t) = \frac{1}{2\pi i}\int_{c-i\infty}^{c+i\infty} F(s)\,e^{st}\,ds$$

Practice

[7. 1] フーリエ変換

次の関数のフーリエ変換を求めなさい．

(1) $\dfrac{1}{x^2+1}$ (2) $\dfrac{1}{\sinh x}$ (3) $\dfrac{\sin x}{x}$ (4) $\dfrac{\sinh(\pi x/2)}{\sinh \pi x}$ (5) $\cos x^2$

[7. 2] ラプラス変換

次の関数のラプラス変換を求めなさい．

(1) $3\cosh^2 4t$ (2) $t^3 e^{-3t}$ (3) $e^{-2t}\sinh 3t$

[7. 3] 不定積分のラプラス変換

正の定数 a に対して関数 $f(t)$ を

$$f(t) = \int_0^t \frac{\sin ax}{x}\,dx$$

とするとき，$f(t)$ のラプラス変換を求めなさい．

[7. 4] 積分方程式のフーリエ変換

関数 $f(x), g(x), h(x)$ が

$$f(x) = g(x) + \int_{-\infty}^{\infty} f(u)h(x-u)\,du$$

を満たすとします．$f(x)$ のフーリエ変換 $F(k)$ を $g(x), h(x)$ のフーリエ変換 $G(k), H(k)$ で表しなさい．

[7. 5] 状態密度

ベクトル $\boldsymbol{k} = \begin{pmatrix} k_x \\ k_y \\ k_z \end{pmatrix}$ の大きさを k として $\varepsilon(k) = \dfrac{\hbar k^2}{2m}$ とします．関数 $D(\epsilon)$ をすべての k のとり得る範囲 V での積分として

$$D(\epsilon) = 2\left(\frac{L}{2\pi}\right)^3 \iiint_V \delta(\epsilon - \varepsilon(k))\,dk_x\,dk_y\,dk_z$$

とするとき，$D(\epsilon)$ を求めなさい．ただし，$\hbar, m, L$ は定数とします．

（ここでの $\varepsilon(k), D(\epsilon)$ は，それぞれ**分散関係**，**状態密度**の一例です．量子系の統計力学を勉強するときに思い出してください．）

確　率　の　基　本

自然現象の中には，原理的には力学的に運動が定まっているとしても，数が多すぎたり複雑すぎたりして運動方程式から直接には記述できない場合があります．また，量子力学など本質的に確率的な出来事も存在するので，物理学を習得するためには，基本的な確率の取り扱い方を身に付けておくことが必要です．そこで本章では，確率の基本となる期待値とゆらぎの導入から応用例までを簡潔に紹介します．

8.1　確率の基本事項

不確定，あるいは近似的に不確定な出来事を記述するために，確率的な議論がしばしば用いられます．ここでは，具体的な例を用いて，確率の基本事項を身に付けましょう．

8.1.1　確率と確率変数

サイコロを1回投げると，$1, 2, \cdots, 6$ のいずれかの目が出ます．こういった確率的な出来事を生じさせる操作を**試行**といいます．試行の結果，ある目が出るという出来事を**素事象**といい，素事象の集合 $\Omega = \{1, 2, \cdots, 6\}$ を**標本空間**といいます．

標本空間 Ω は，何らかの部分集合に区分することができます．例えば $A_1 = \{1, 3, 5\}$，$A_2 = \{2, 4, 6\}$ とすると，A_1, A_2 にはそれぞれ「奇数の目が出る」,「偶数の目が出る」という意味を付与することができます.このように意味付けされたそれぞれの部分集合を**事象**といいます.

事象を表す部分集合のとり方はいろいろありますが,考えたい現象に合わせてとって構いません[1].例えば,「3で割った余り」を考えたければ,$A_1 = \{3, 6\}$,$A_2 = \{1, 4\}$,$A_3 = \{2, 5\}$とするのが妥当でしょうし,「素数か完全数かどちらでもないか」を考えたければ,$A_1 = \{2, 3, 5\}$,$A_2 = \{6\}$,$A_3 = \{1, 4\}$とすることになるでしょう.

いま,Ωの部分集合の集合として$\{A_1, A_2, \cdots\}$をつくり,各事象A_jに対して数x_jを割り当ててみましょう.先ほどの「3で割った余り」の例であれば,A_1に0,A_2に1,A_3に2を割り当てて,$x_1 = 0$,$x_2 = 1$,$x_3 = 2$となります.もちろん,どのx_jになるかはサイコロを振ったときにどの目が出るかによって決まるので,変数として扱うときはξなどとしてx_jと独立に書いておくことが多く,「ξがある値x_jになる」という状況を$\xi = x_j$と表します.このときのξを**確率変数**といい,確率的でない変数と区別します.そして,ある標本空間Ωにおける事象A_jに対して

$$0 \leq P(A_j) \leq 1, \qquad P(\Omega) = 1$$
$$A_i \cap A_j = \emptyset \ \Rightarrow \ P(A_i \cup A_j) = P(A_i) + P(A_j)$$

を満たすような実関数$P(A_j)$を**確率**といいます.

以上のことから,**ある試行において確率変数ξが事象A_jに対応するx_jになる確率は$P(A_j)$である**と表現できます.このとき,後の計算でわかりやすいように,$P(A_j)$を$P(\xi = x_j)$や$P(x_j)$と表すことも多いです.

と,まぁ数学的にはこんな感じで確率と確率変数が定義されていますが,物理学で確率論を利用する場合には,**確率変数については物理的な考察からすでにわかっていて,その上で「どの程度の頻度でその値が現れるのか」ということを確率を使っていろいろ調べたい**ということがよくあります.したがって,以上の話のうち,「**確率変数ξがある値xになる確率を$P(\xi = x)$とし,しばしば$P(x)$と表す**」というところを理解しておくだけでも初習のうちは十分です.量子力学や統計力学の基本がある程度習得できてから,

1) 厳密にいうとσ-Fieldといわれる構造をもつ必要があるのですが,このことは,ある程度確率の使い方に慣れてから勉強する方がよいでしょう.

もう一度，標本空間などを思い出してみるくらいがちょうどよい楽しみ方だと思います.

8.1.2 コイントスの問題と基本用語の整理

簡単な例として，コイントス（コイン投げ）の問題を考えることにします. ここでコインの表には1, 裏には0と書かれていることにすると, このコインが示す値を確率変数ξとしたとき，ξのとり得る値xは0か1となります.

このような確率変数ξの**期待値**（平均値）を$\langle \xi \rangle$と表すと，これは

$$\langle \xi \rangle = \sum_{x=0,1} x P(x) \tag{8.1}$$

と定義されます. この定義より，もし$P(x=0) = P(x=1) = 1/2$であれば$\langle \xi \rangle = 1/2$となります. 混乱を招かない範囲で$\langle \xi \rangle$を$\langle x \rangle$と書くことも多く, このときは$\langle x \rangle = 1/2$となります. 注意してほしいのは, $\langle x \rangle = \sum_{x=0,1} x P(x)$という記述をする場合，**これは$x$の関数ではなく，定数である**という点です. $\langle x \rangle$には記号的にxが含まれているように見えますが,（8.1）の右辺を見てもわかる通り，xの各値についての和をとっているのでxは明示的には残りません.

より一般には，確率変数xの関数$f(x)$も確率変数になり，コイントスの場合は$f(0), f(1)$の値を確率的にとります. $f(x)$の期待値も（8.1）の場合と同じように

$$\langle f(x) \rangle = \sum_{x=0,1} f(x) P(x) \tag{8.2}$$

と定義され，対象が物理系の場合は$f(x)$が物理量に相当します. 例えば, 単原子分子理想気体を例とすると，気体分子1つ1つの速さ$\{v_1, v_2, \cdots\}$の関数である気体分子の運動エネルギー$E = \frac{1}{2} m \sum_i {v_i}^2$の期待値として，気体の内部エネルギーが導入されます.

さて,（8.2）に$f(x) = 1$（定数）という関数を当てはめて，**定数の期待値はその定数である**とすると

$$\langle 1 \rangle = \sum_x P(x) \quad \Leftrightarrow \quad \sum_x P(x) = 1$$

となることが確認できます．これは，とり得るすべての値に対して確率の和をとると1である，という意味であり，これを**確率の規格化条件**といいます．

次に，確率変数xの関数$f(x), g(x)$に対する$\alpha f(x) + \beta g(x)$（α, βは定数）の期待値は，(8.2) に当てはめると

$$\langle \alpha f(x) + \beta g(x) \rangle = \alpha \langle f(x) \rangle + \beta \langle g(x) \rangle$$

となり，これを**期待値の線形性**といいます．ただし，これはあくまでも確率変数が加法とスカラー倍で繋がれる，いわゆる**線形結合**の範囲でだけ成り立ち，一般には$\langle f(x) \rangle \neq f(\langle x \rangle)$であることには注意してください．反例として，$f(x) = x^2$を考えてみるとよいでしょう．

ある確率変数xのとる値が期待値（平均値）からどのくらいの幅をもっているかを知りたい場合があります．これを表すために，素朴には$x - \langle x \rangle$をそれぞれのxに対して求めて，その期待値を$\langle x - \langle x \rangle \rangle$とすればよいようにも考えられます．ですが，期待値の線形性からこれは$\langle x - \langle x \rangle \rangle = \langle x \rangle - \langle x \rangle = 0$となってしまい，$x$と$\langle x \rangle$の差を表すことができていません．この直接の理由は$\langle x \rangle$よりも大きな$x$と小さな$x$が現れて[2]，その差の平均が打ち消し合ってしまうためです．そこで，差の大きさのみを考慮することにして，

$$V = \langle (x - \langle x \rangle)^2 \rangle \tag{8.3}$$

を**分散**ということにします．分散は，必ずゼロ以上の実数となりますが，2乗してしまっているのでxと次元（単位）が合わなくなります．そこで，これの正の平方根をとった

$$\sigma = \sqrt{V} = \sqrt{\langle (x - \langle x \rangle)^2 \rangle} \tag{8.4}$$

を導入します．これを**標準偏差**といいます．

期待値の線形性を用いると標準偏差σおよび分散Vは

$$\begin{aligned}\sigma = \sqrt{V} &= \sqrt{\langle \{ f(x) - \langle f(x) \rangle \}^2 \rangle} \\ &= \sqrt{\langle \{ (f(x))^2 - 2\langle f(x) \rangle f(x) + \langle f(x) \rangle^2 \} \rangle}\end{aligned}$$

2) これは平均の意味から当然でしょう．

$$= \sqrt{\langle (f(x))^2\rangle - 2\langle f(x)\rangle\langle f(x)\rangle + \langle f(x)\rangle^2}$$
$$= \sqrt{\langle f^2(x)\rangle - \langle f(x)\rangle^2} \tag{8.5}$$

として導入されます．これは「それぞれの確率変数が期待値からどの程度離れているのか」についての期待値であり，この意味から，物理学では σ を**ゆらぎ**ということがあります．少し用語の整理が続いたので，Exercise 8.1 で確認してみましょう．

Exercise 8.1

x を $\{0, 1\}$ の値をとる確率変数であるとして，確率を $P(x=0) = P(x=1) = 1/2$ とするとき，x の期待値，分散，ゆらぎを求めなさい．

Coaching　基本的には定義式に代入するだけです．

$$\langle x\rangle = \sum_{x=0,1} x P(x) = 0 \times \frac{1}{2} + 1 \times \frac{1}{2} = \frac{1}{2}$$

$$\langle x^2\rangle = \sum_{x=0,1} x^2 P(x) = 0^2 \times \frac{1}{2} + 1^2 \times \frac{1}{2} = \frac{1}{2}$$

よって，期待値 $\langle x\rangle = 1/2$，分散 $V = \langle x^2\rangle - \langle x\rangle^2 = 1/4$，ゆらぎ $\sigma = \sqrt{V} = 1/2$ となります． ■

Training 8.1

x を $\{\pm 1\}$ の値をとる確率変数であるとして，確率を $P(x=-1) = 2/3$，$P(x=1) = 1/3$ とするとき，x の期待値，分散，ゆらぎを求めなさい．

8.1.3　算術平均の統計

複数枚でのコイントス

ここでは，前項と同様に表に1，裏に0と書かれたコインを，たくさん（N 枚）投げる例を考えます．コインは必ずしも表裏が同様に確からしく出る必要はないのですが，感覚的に理解しやすいように，$P(x=0) = P(x=1) = 1/2$ を満たすものとしておきましょう．また，コインには番号を付けて $1, 2, \cdots, j, \cdots, N$ とし，各コインの示す値を確率変数 $\{x_j\} = \{x_1, x_2, \cdots, x_N\}$ とします．

N 枚のうち表を向いたコインの枚数の割合（**算術平均**）を m とすると，m は $\{x_j\}$ の関数として

$$m = \frac{1}{N}(x_1 + x_2 + \cdots + x_N) = \frac{1}{N}\sum_{j=1}^{N} x_j$$

となるので，期待値の線形性を上手く使えば

$$\langle m \rangle = \frac{1}{N}\sum_{j=1}^{N}\langle x_j \rangle = \frac{1}{2}$$

$$\langle m^2 \rangle = \frac{1}{N^2}\sum_{j=1}^{N}\sum_{k=1}^{N}\langle x_j x_k \rangle = \frac{1}{N^2}\left(N\langle x_j{}^2 \rangle + \sum_{j \neq k}\langle x_j x_k \rangle\right) = \frac{1}{4N} + \frac{1}{4}$$

となります．なお，$\sum_{j \neq k}$ は j と k が異なるすべての (j, k) の組について足し上げるという意味です．$\langle x_j x_k \rangle$ は $j = k$ のとき $\langle x_j{}^2 \rangle = 1/2$，$j \neq k$ のとき $\langle x_j x_k \rangle = 1/4$ であり，異なる j, k の組は $N(N-1)$ 組あることに注意してください．

結局，期待値は $\langle m \rangle = 1/2$，ゆらぎは $\sigma = 1/2\sqrt{N}$ となります．このことは，ある試行において，算術平均はおよそ $m = \dfrac{1}{2} \pm \dfrac{1}{2\sqrt{N}}$ であると見込まれることを示しています．すなわち，m の値は期待値の近傍に $\sigma \propto N^{-1/2}$ ぐらいのゆらぎをもっています．このときのゆらぎ σ は $\sqrt{N}$ に反比例しているので，**投げるコインの枚数が多いほどゆらぎが小さくなり，算術平均は期待値に近くなる**ことになります．

直観的には，100 枚のコインを投げると，割合として $m = \dfrac{1}{2} \pm \dfrac{1}{20}$ ぐらい，すなわち，およそ 45 枚から 55 枚ぐらい表が出ると見積もられますが，10000 枚のコインでは $m = \dfrac{1}{2} \pm \dfrac{1}{200}$ なので 4950 枚から 5050 枚ぐらい表が出ると見積もられることになります．さらに，1000000 枚になると $m = \dfrac{1}{2} \pm \dfrac{1}{2000}$ なので 499500 枚から 500500 枚ぐらい表になることになり，ほぼ 500000 枚だといってよいでしょう．逆に，1 枚しか投げない場合には

$m = \frac{1}{2} \pm \frac{1}{2}$ なので 0 枚から 1 枚が表であるということになりますが，これはほとんど何もわからないといっているのと同じです．

このように，N が大きいときには相対的なゆらぎが非常に小さくなるので，例えば $N = 10^{23}$ 程度になると，ほぼ確実に算術平均値が期待値に一致するといって差し支えありません．このような性質を**大数の法則**といい，物理学に確率論をもち込むことを正当化する背景の 1 つです．言い方を変えれば，ある程度たくさんのものがあるときは，まずは期待値を調べておけば，およその性質がわかることになります．一方で，どんなにたくさんあっても，N が有限であれば少しのゆらぎはあるので，ゆらぎを適切に評価することが重要になる場合もあります．いずれにしても，定義 (8.3) や (8.4) をよく習得しておきましょう．

算術平均の期待値と分散

ここまではコイントスの場合を考えてきましたが，ここでは，一般に確率変数 ξ の期待値とゆらぎが $\mu_0 = \langle \xi \rangle$ および $\sigma_0 = \sqrt{\langle \xi^2 \rangle - \langle \xi \rangle^2}$ と得られている場合について考えます．そして，同じ試行を**独立**に N 回行って得られる結果 $\{\xi_1, \xi_2, \cdots, \xi_N\}$ に対して，算術平均 $m = (\xi_1 + \xi_2 + \cdots + \xi_N)/N$ の期待値 $\mu = \langle m \rangle$ とゆらぎ $\sigma = \sqrt{\langle m^2 \rangle - \langle m \rangle^2}$ を求めてみましょう．

同じ試行を独立に繰り返すので，j 回目と k 回目の試行 $(j \neq k)$ については $\langle \xi_j \xi_k \rangle = \langle \xi_j \rangle \langle \xi_k \rangle = \langle \xi_j \rangle^2 = \langle \xi_k \rangle^2$ となります．したがって，

$$\langle m^2 \rangle = \frac{1}{N^2}\left(\sum_{j=1}^{N} \langle {\xi_j}^2 \rangle + \sum_{j \neq k} \langle \xi_j \rangle \langle \xi_k \rangle\right) = \frac{1}{N^2}\{N \langle {\xi_j}^2 \rangle + N(N-1)\langle \xi_j \rangle^2\}$$

$$= \frac{{\sigma_0}^2}{N} + {\mu_0}^2$$

となるので

$$\mu = \langle m \rangle = \frac{1}{N}\sum_{j=1}^{N} \langle \xi_j \rangle = \mu_0, \qquad \sigma = \sqrt{\langle m^2 \rangle - \langle m \rangle^2} = \frac{\sigma_0}{\sqrt{N}}$$

であることがわかります．このことから，独立に試行回数 N を増やすとコイントスの例で見たのと同様に，算術平均 m のゆらぎ σ は $1/\sqrt{N}$ に比例して小さくなることがわかります．

8.2 確率密度分布関数

サイコロやコインの例では，確率変数がとる値は$1, 2, \cdots, 6$や$0, 1$などといった**離散量**でした．これに対して，気体分子の速度v_jや位置r_jのような量は実数の値をとるので，いわば**連続量**としての確率変数が対象になることもあります．そのような場合にも，離散量としての確率変数の場合と似たような考え方ができることを紹介します．

8.2.1 確率密度分布関数

ある連続量としての確率変数ξがあるとします．説明の都合上，ξの定義域を$1 \leq \xi \leq 6$としておきます．このとき，$\xi = 2$となる確率はいくつになるでしょうか？　例えばサイコロのように確率変数ξが離散量であれば，とり得る値は$1, 2, \cdots, 6$の6個だけなので，$\xi = 2$になる確率は，$1/6$のように決めることができます．しかし，この方針でξが実数値をとる連続量の場合を考えようとすると，**実数の数が多すぎて，どんなに短い区間にも無限個の実数が存在する**ために，適当にξを選んだとき，それがちょうど$\xi = 2$となることはほとんどないという困難に陥ります．すなわち，$\xi = 2.000001$とか$\xi = 1.99999999$とかのように少なからずズレてしまうようなことは往々にして生じ，その結果，$\xi = 2$となる確率はいつもゼロと評価されることになってしまいます[3]．

この困難を避けるために，ある程度の幅をもって考えることにしましょう．つまり，「1以上6以下の実数のうち，ちょうど2が選ばれる確率は？」という問い方から，「1以上6以下の実数のうち，2以上3以下の実数が選ばれる確率は？」という問い方に変えるわけです．これだったら，なんとなく$1/5$ぐらいが妥当かな，と思えるのではないでしょうか．センスとしてはこのよ

---

3) 厳密に表現するには，**測度**という，もう少し込み入った数学の表現が必要なのですが（本書では詳述は避けます），直観的には納得しやすいと思います．もしも宝くじの当選番号が実数値$\sqrt{2} = 1.4142135623\cdots$とかだったら絶望的に当たらないだろうということは容易に想像できるでしょう．あれはケタ数が大きくとも有限の自然数だからこそ，何とか当たりそうな気がするものです．

うな感じですが，幅が1もあるのはちょっと使いにくいですし，もともと知りたかったのが「$\xi = 2$となる確率」だったので，幅はできるだけ狭い方が望ましいです．

以上のような考察から，$\xi = x$となる確率の代わりに，$x \leq \xi < x + dx$となる確率$P(x \leq \xi < x + dx)$を考えることにしましょう．ξが確率変数で，xは確率的でない実数です．

まず，**ステップ関数**$\Theta(\xi - x)$を導入します．ステップ関数は

$$\Theta(\xi - x) = \begin{cases} 1 & (\xi \geq x) \\ 0 & (\xi < x) \end{cases} \tag{8.6}$$

という関数で，図8.1に示すように，$\xi = x$を境界として，それより右で1，左でゼロを与える滑らかでない関数です．滑らかではないですが，極限として$\partial\Theta(t)/\partial t = \delta(t)$となります．

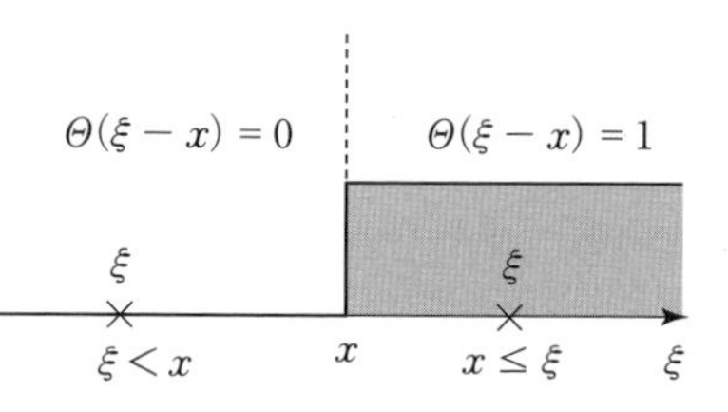

図8.1　実数xと確率変数ξの位置関係．横軸はξ軸．

このようなξ軸上からランダムに1つξを選んだとき，$\xi < x$である確率を$P(\xi < x)$，$x \leq \xi$である確率を$P(x \leq \xi)$としておきましょう．これを用いて，$\Theta(\xi - x)$の期待値を考えると

$$\langle \Theta(\xi - x) \rangle = 1 \times P(x \leq \xi) + 0 \times P(\xi < x) = P(x \leq \xi)$$

であることがわかり，$P(x \leq \xi) = \langle \Theta(\xi - x) \rangle$となります．したがって，

$$\begin{aligned} P(x \leq \xi < x + dx) &= P(x \leq \xi) - P(x + dx \leq \xi) \\ &= P(x \leq \xi) - \left\{ P(x \leq \xi) + \frac{\partial P(x \leq \xi)}{\partial x} dx \right\} \\ &= -\frac{\partial P(x \leq \xi)}{\partial x} dx \\ &= -\left\{ \frac{\partial}{\partial x} \langle \Theta(\xi - x) \rangle \right\} dx \\ &= \langle \delta(\xi - x) \rangle \, dx \end{aligned}$$

となります．なお，1行目から2行目への変形では，dx について1次までのテイラー展開をしています．

結局，$P(x \leq \xi < x + dx) = \langle \delta(\xi - x) \rangle \, dx$ ということになりますが，このときに着目している ξ の範囲は dx の幅をもっているように表現されています．そこで，$p(x) = \langle \delta(\xi - x) \rangle$ とおいて，$P(x \leq \xi < x + dx) = p(x) \, dx$ とすると，$p(x)$ は $\xi = x$ 近傍での確率の「密度」であるとみなすことができるので，これを**確率密度分布関数**といいます．

ところで，連続関数 $f(\xi)$ はデルタ関数を用いると $f(\xi) = \int_{-\infty}^{\infty} f(x)\delta(\xi - x) \, dx$ と表せるので，確率密度分布関数 $p(x)$ を用いて

$$\langle f(\xi) \rangle = \int_{-\infty}^{\infty} f(x) \langle \delta(\xi - x) \rangle \, dx = \int_{-\infty}^{\infty} f(x) p(x) \, dx$$

となります．これは，ξ が離散的な確率変数だったときに $\langle f(\xi) \rangle = \sum_x f(x) P(x)$ であったことを考えると，**そのまま $\sum$ を $\int$ に置き換えたもの**に対応しています．少しトリッキーな導入だったかもしれませんが，この置き換え自体は納得しやすいのではないでしょうか．

なお，このときも $\langle f(\xi) \rangle$ を $\langle f(x) \rangle$ と書くことが多いです．また，$P(a \leq x < b) = \int_a^b p(x) \, dx$ となるので，$p(x)$ が $x \leq \xi < x + dx$ での確率密度を表しているという解釈のもとでは，**xy 平面上に曲線 $y = p(x)$ を描いたとき，曲線 $y = p(x)$ と $x = a$，$x = b$ および x 軸で囲まれる部分の面積が確率 $P(a \leq x < b)$ になっている**ということがいえます．この認識はとても重要です．

一般に，確率密度関数 $p(x)$ は $p(x) \geq 0$ であり，その他，離散確率変数のときに調べたほとんどの性質もそのまま成り立ちます．

Exercise 8. 2

確率変数 x が $0 < x < 1$ の値をとるとき，正の実数 a を用いて確率密度分布関数が $p(x) = ax(1 - x)$ であるとして，次のそれぞれを求めなさい．

(1) a の値　(2) x が $1/3 \leq x < 1/2$ となる確率

(3) x の期待値とゆらぎ

Coaching (1) 確率密度分布関数の中に含まれる未定定数は，多くの場合に規格化条件から確定させることができます．ここでの規格化条件は $\int_0^1 ax(1-x)\,dx = 1$ なので，これを a について解けば $a = 6$ とわかります．

(2) $p(x)$ のグラフと定義域の x 軸が囲む部分の面積が確率であることを用いると，求める確率は $\int_{1/3}^{1/2} ax(1-x)\,dx = \frac{13}{54}$ となります．(1) で求めた $a = 6$ を代入するのを忘れないようにしてください．

(3) 期待値 $\langle x\rangle$ は $\langle x\rangle = \int_0^1 x\{ax(1-x)\}\,dx = 1/2$ となります．また，ゆらぎ σ は $\langle x^2\rangle = \int_0^1 x^2\{ax(1-x)\}\,dx = \frac{3}{10}$ より，$\sigma = \sqrt{\langle x^2\rangle - \langle x\rangle^2} = \frac{\sqrt{5}}{10}$ となります． ■

Training 8.2

確率変数 x が $0 < x < 1$ の値をとるとき，正の実数 a を用いて確率密度分布関数が $p(x) = ax^2$ であるとして，a の値および x の期待値を求めなさい．

8.2.2 チェビシェフの不等式

連続量である確率変数 ξ の値を 1 つ得たとします．この値が期待値 $\mu = \langle\xi\rangle$ から ε (>0) 以上離れているとしましょう．そのような状況になる確率は $P(|\xi-\mu|>\varepsilon)$ ですが，分散 σ^2 を用いると

$$P(|\xi-\mu|>\varepsilon) = \int_{|\xi-\mu|>\varepsilon} p(x)\,dx \le \int_{|\xi-\mu|>\varepsilon} \left(\frac{|\xi-\mu|}{\varepsilon}\right)^2 p(x)\,dx$$

$$\le \frac{1}{\varepsilon^2}\int_{-\infty}^{\infty} (\xi-\mu)^2 p(x)\,dx = \frac{\sigma^2}{\varepsilon^2}$$

というように評価できて，結局，

$$P(|\xi-\mu|>\varepsilon) \le \sigma^2/\varepsilon^2$$

となります．これを**チェビシェフの不等式**といいます．チェビシェフの不等式の導出そのものは上記のように非常に簡潔で，確率変数が離散変数の場合にも同様に成り立ちます．

この不等式からわかることの 1 つとして，大数の法則の再確認ができます．1 試行に対するゆらぎが σ_0 であるような試行を独立に N 回繰り返すと，その

算術平均 m のゆらぎ σ は $\sigma = \sigma_0 N^{-1/2}$ となりました．これをチェビシェフの不等式で見ると，$P(|m-\mu| > \varepsilon) \le \sigma_0{}^2/N\varepsilon^2$ となります．つまり，どれだけ ε が小さくても，$N \gg \sigma_0{}^2/\varepsilon^2$ となる程度に大きな N を用意すれば，m の値が μ から ε 以上離れる確率はほとんどない，といえます．

このように，チェビシェフの不等式を用いると，大数の法則を再確認できると同時に，N がどの程度以上大きければ大数の法則を使ってもよいかを教えてくれます．これはあくまで一例ですが，他にもいろいろと使い道があって便利な不等式です．

8.3 条件付き確率とベイズの定理

8.3.1 同時確率と縮約

ここでは，連続的な確率変数が2つある場合について考えてみましょう．これら2つの確率変数を ξ_1, ξ_2 として，$x_1 \le \xi_1 < x_1 + dx_1$ **かつ** $x_2 \le \xi_2 < x_2 + dx_2$ である確率密度分布関数を $p(x_1, x_2)$ とします．この $p(x_1, x_2)$ を ξ_1, ξ_2 の**同時確率密度分布関数**といいます．$p(x_1, x_2)$ の定義を1変数の場合から2変数に直接拡張するには

$$p(x_1, x_2) = \langle \delta(\xi_1 - x_1)\, \delta(\xi_2 - x_2) \rangle$$

$$\langle f(\xi_1, \xi_2) \rangle = \int_{-\infty}^{\infty} dx_1 \int_{-\infty}^{\infty} dx_2\, f(x_1, x_2)\, p(x_1, x_2)$$

とするのが自然でしょう．このもとで $p(x_1, x_2)$ を x_2 について積分すれば

$$\int_{-\infty}^{\infty} p(x_1, x_2)\, dx_2 = \left\langle \delta(\xi_1 - x_1) \int_{-\infty}^{\infty} \delta(\xi_2 - x_2)\, dx_2 \right\rangle$$

$$= \langle \delta(\xi_1 - x_1) \rangle = p(x_1)$$

となります．つまり，2つの確率変数をもつ確率密度分布関数では，ある1つの変数についてすべてのパターンを考慮すると，残った変数のみの確率密度分布関数とみなすことができます．同様のことは，変数の数が増えても基本的には同じで，

$$\int_{-\infty}^{\infty} p(x_1, x_2, \cdots, x_n, y_1, y_2, \cdots, y_m)\, dx_1\, dx_2 \cdots dx_n = p(y_1, y_2, \cdots, y_m)$$

となりますし，離散系でも $\int$ が $\sum$ になるだけで同じです．

このような操作は，多体系の物理や情報理論のように，多くの変数がある対象を，限られたいくつかの変数に着目して扱うときには非常に重要な手続きで，文脈によって**部分和，くりこみ，縮約，周辺化，積分消去，トレースアウト**などいろいろな呼び方がされます．実際にやってみると（式が簡単であれば，センスとしては）それほど難しいことではないので，Exercise 8.3 で経験してみましょう．

 **Exercise 8.3**

いずれも定義域が0以上1以下であるような2つの独立な確率変数 x, y を考えます．実数 a に対して，x, y の同時確率密度分布関数が $p(x, y) = a(x^2y + 2x + y^2)$ であるとき，次の問いに答えなさい．

(1)　a の値を求めなさい．

(2)　$p(x)$ と $p(y)$ を求めなさい．

(3)　$f(x) = 2x + 3$ の期待値を求めなさい．

Coaching　(1)　変数の数が増えても，規格化条件は同じです．規格化条件から $\int_0^1\int_0^1 p(x, y)\,dx\,dy = \frac{3a}{2}$ なので，これが1であるために $a = \frac{2}{3}$ となります．

(2)　$p(x)$ を得るには $p(x, y)$ を y について縮約すればよいので，

$$p(x) = \int_0^1 p(x, y)\,dy = \frac{1}{3}\left(x^2 + 4x + \frac{2}{3}\right)$$

となります．同様にして，$p(y) = \int_0^1 p(x, y)\,dx = \frac{2}{9}(3y^2 + y + 3)$ となります．

(3)　(2) で $p(x)$ を求めたので，$\int_0^1 f(x)p(x)\,dx$ とすれば $\langle f(x)\rangle$ が求められます．実際，定義通りにしても，

$$\langle f(x)\rangle = \int_0^1\int_0^1 f(x)p(x, y)\,dx\,dy = \int_{x=0}^1 f(x)\left\{\int_{y=0}^1 p(x, y)\,dy\right\}dx$$
$$= \int_0^1 f(x)p(x)\,dx$$

となるので，結局，$p(x)$ についての期待値とすればよく，$\langle f(x)\rangle = \int_0^1 f(x)p(x)\,dx = 77/18$ となります．■

A, K を実数の定数とし，x, y, z を $\{\pm 1\}$ の値をとる確率変数とします．$P(x, y, z) = \dfrac{1}{A} e^{K(xy+yz)}$ であるとき，A を K で表し，$P(x, z)$ を A, y を用いずに表しなさい．

8.3.2　条件付き確率とベイズの定理

ここまで扱ってきた $p(x_1, x_2)$ は，連続変数のときは $x_1 \leq \xi_1 < x_1 + dx_1$ **かつ** $x_2 \leq \xi_2 < x_2 + dx_2$ となる確率密度分布関数，離散変数のときは $\xi_1 = x_1$ **かつ** $\xi_2 = x_2$ となる確率でした．ここでは記号の意味がわかりやすいように，確率変数 ξ_1, ξ_2 が離散変数であることを想定して進めましょう．連続変数の場合について考えたいときは，$\sum \to \int$ の書きかえと「確率」→「確率密度分布関数」の読みかえをしてください．

さて，$\xi_2 = x_2$ のもとでの $\xi_1 = x_1$ となる確率を $p(x_1|x_2)$ と表すことにすると，$\xi_2 = x_2$ となる確率 $p(x_2)$ を掛けて $p(x_1, x_2)$ となるように

$$p(x_1|x_2) = \frac{p(x_1, x_2)}{p(x_2)} \tag{8.7}$$

として定義し，これを**条件付き確率**といいます[4]．この定義式を見てもわかるように，$p(x_1|x_2) \neq p(x_2|x_1)$ であることは重要です．

条件付き確率の定義（8.5）に対して，部分和を考慮すると

$$p(x_1|x_2) = \frac{p(x_1, x_2)}{p(x_2)} = \frac{p(x_1, x_2)}{\sum_{x_1} p(x_1, x_2)} = \frac{p(x_2|x_1)\, p(x_1)}{\sum_{x_1} p(x_2|x_1)\, p(x_1)} \tag{8.8}$$

という定理を導くことができます．これを**ベイズの定理**といいます．

この定理には，**$p(x_2|x_1)$ と $p(x_1)$ だけから $p(x_1|x_2)$ を求められる**という特徴があります．この凄さを感じられるように，次の Exercise 8.4 を体験してください．

4）　本来は，連続変数の場合にはこの定義が妥当かどうかについての確認が必要です．ある程度習熟したら考えてみてください．

Exercise 8.4

ある異常を検知するセンサを作ったとします．このセンサは，異常がある場合には確率 p で on 状態となり，警報を鳴らして異常を知らせます．このことを「検知可能性が p である」ということにします．一方で，異常がないにもかかわらず on 状態となってしまう確率は r であるとします．

(1)　異常がある状態を E とし，異常がない状態を $\overline{\mathrm{E}}$ とします．センサが異常を知らせるかどうかを on/off で表し，異常の発生確率を q とするとき，$P(x)$ を (x) が生じる確率であるとして，$P(\mathrm{E})$，$P(\overline{\mathrm{E}})$，$P(\mathrm{on}|\mathrm{E})$，$P(\mathrm{on}|\overline{\mathrm{E}})$ を求めなさい．

(2)　警報が鳴ったときに，実際に異常が起きている確率 $P(\mathrm{E}|\mathrm{on})$ を求めなさい．

(3)　$p = 0.99$，$q = 0.01$ のとき，$P(\mathrm{E}|\mathrm{on}) > 0.95$ となるためには，誤り判定の確率 r はどの程度でなくてはならないか評価しなさい．

Coaching　(1)　これは読解だけの問題です．文意から置き換えていくと $P(\mathrm{E}) = q$，$P(\overline{\mathrm{E}}) = 1 - q$，$P(\mathrm{on}|\mathrm{E}) = p$，$P(\mathrm{on}|\overline{\mathrm{E}}) = r$ です．$p + r$ は必ずしも 1 になるとは限らないことに注意してください．

(2)　$P(\mathrm{E}|\mathrm{on})$ を $P(\mathrm{on}|\mathrm{E}) = p$ や $P(\mathrm{on}|\overline{\mathrm{E}}) = r$ から求めたいので，ベイズの定理 (8.8) を使いましょう．ベイズの定理を書き下すことで

$$P(\mathrm{E}|\mathrm{on}) = \frac{P(\mathrm{on}|\mathrm{E})P(\mathrm{E})}{P(\mathrm{on}|\mathrm{E})P(\mathrm{E}) + P(\mathrm{on}|\overline{\mathrm{E}})P(\overline{\mathrm{E}})} = \frac{pq}{pq + r(1-q)}$$

と得られます．分母は和になっていることに注意してください．

(3)　(2) の結果に具体的に数字を入れてみると，$r < 5.2 \times 10^{-4}$ 程度であることが必要だとわかります．誤り判定の確率 r の値がこれほど小さくなくてはならない理由の 1 つは，q が小さいからです．

このように，あまり起こらない出来事をある程度まっとうにセンシングするには，「誤認をしない」というのが非常に重要であることがわかります．逆に，(2) の結果で p, q が一定のもとで r が大きくなってしまうと，$P(\mathrm{E}|\mathrm{on})$ は小さくなってしまいます．r が大きいというのは，ちょうどセンサがオオカミ少年になっている状態で，警報が鳴っていたとしても，実際に異常が起きている確率は小さくなっています．■

このExercise 8.4を見てもわかると思いますが，「異常が生じた → 警報が鳴る」というのが$P(\mathrm{on}|\mathrm{E})$，「警報が鳴った → 異常が生じていた」というのが$P(\mathrm{E}|\mathrm{on})$です．意味が異なるのでこれらは等しくないのですが，これらの間に成り立つ関係がベイズの定理で，事象の認識の前後関係が逆になっていることがわかります．また，この例を用いると，条件付き確率の定義(8.7)の意味も納得しやすいのではないでしょうか．

(8.8)で一般的にこれを考えると，最後の式に現れる$p(x_1)$は何も前提としないx_1が生じる確率であり，一方で最初の式の$p(x_1|x_2)$はx_2が生じたときにx_1が生じる確率です．そのため，$p(x_1)$を**事前確率**，$p(x_1|x_2)$を**事後確率**ということがあります．

8.3.3　条件付き期待値と相関等式

2つの確率変数x, yについて，同時確率と条件付き確率をそれぞれ$P(x, y)$と$P(x|y)$とします．

まずは，x, yの双方を引数にもつ関数$f(x, y)$を用意しましょう．yをある値に指定したとき，$f(x, y)$はxのみが$P(x|y)$に従う確率変数としての振る舞いをすることになります．そのため，yがある値をとるという条件のもとでの期待値を

$$\langle f(x, y)\rangle_y = \sum_x f(x, y)P(x|y)$$

として導入することができます．これを**条件付き期待値**といいます．条件付き期待値には，指定した確率変数（ここでいうy）がパラメータとして残っていることに注意してください．

次に，y**のみ**を引数にもつ（xを引数にもたない）関数$g(y)$を用意します．$f(x, y)$はx, yの両方に従い，$g(y)$はyのみに従うという点に注意してください．このとき，$f(x, y)$と$g(y)$の積の期待値$\langle f(x, y)g(y)\rangle$について考えると，

$$\langle f(x, y)g(y)\rangle = \sum_{x,y} f(x, y)g(y)P(x, y)$$

となりますが，$P(x, y) = P(x|y)P(y)$および$P(y) = \sum_x P(x, y)$であるこ

とから

$$\begin{aligned}\langle f(x,y)g(y)\rangle &= \sum_{x,y} f(x,y)g(y)P(x|y)P(y)\\ &= \sum_{y} g(y)P(y)\sum_{x} f(x,y)P(x|y)\\ &= \sum_{y} g(y)\left\{\sum_{x'} P(x',y)\right\}\sum_{x} f(x,y)P(x|y)\\ &= \sum_{x',y} g(y)\left\{\sum_{x} f(x,y)P(x|y)\right\}P(x',y)\\ &= \langle\langle f(x,y)\rangle_y\, g(y)\rangle\end{aligned}$$

となります．この関係式

$$\langle f(x,y)g(y)\rangle = \langle\langle f(x,y)\rangle_y\, g(y)\rangle$$

のことを**相関等式**といいます[5]．

この拡張はいろいろと考えられて，

$$\langle f(x,y,z)g(y,z)h(z)\rangle = \langle\langle\langle f(x,y,z)\rangle_{yz}\, g(y,z)\rangle_z\, h(z)\rangle$$

のように段階的に変数を増やすこともできますし，x, y が多変数になったときには，それぞれをベクトル表示して

$$\langle f(\boldsymbol{x},\boldsymbol{y})g(\boldsymbol{y})\rangle = \langle\langle f(\boldsymbol{x},\boldsymbol{y})\rangle_{\boldsymbol{y}}\, g(\boldsymbol{y})\rangle$$

とすることもできます．特に変数がたくさんあるときは，着目したい変数とそれ以外を区別して，段階的に期待値を扱うことができるようになるので便利です．

8.4　連続確率変数の変換

8.4.1　確率変数の変換と確率密度分布関数

連続的な確率変数がいくつかある場合，$(x_1, x_2, \cdots) \to (u_1, u_2, \cdots)$ のように確率変数の変換を行うことができます．具体的な例があった方がわかりやすいので，例えば

5）　相関等式は，元々はギブス分布といわれる熱平衡系の統計力学で導入されたものです（M. Suzuki: Phys. Lett. **19**（1965）267.）．ややハイレベルですが，条件付き期待値を通して見ると見通しが良いので，ここで紹介しておきます．

$$p(x,y) = 1 - \frac{2(\pi - 1)}{\pi}(x^2 + y^2 + 2y) \tag{8.9}$$

という確率密度分布関数を考えてみましょう．このときの確率変数 (x,y) の定義域は $D = \{(x,y)\,|\,x^2 + y^2 \leq 1\}$ であるとします．

これが規格化条件を満たしていることは，

$$\iint_D p(x,y)\,dx\,dy = \int_{y=-1}^{1}\left\{\int_{x=-\sqrt{1-y^2}}^{\sqrt{1-y^2}} p(x,y)\,dx\right\}dy = 1$$

などとして確かめることができます．しかし，定義域 D の形を考えると，極座標表示の方が扱いやすそうです．そこで，$(x,y) \to (r,\theta)$ の座標変換を考えることにすると，$x = r\cos\theta$，$y = r\sin\theta$ なので，素朴には

$$p(x,y) = 1 - \frac{2(\pi - 1)}{\pi}(x^2 + y^2 + 2y)$$

$$\to \quad p(r\cos\theta, r\sin\theta) = 1 - \frac{2(\pi - 1)}{\pi}r^2 - \frac{4(\pi - 1)}{\pi}r\sin\theta$$

とすればよさそうに見えますが，これを全領域 D で積分すると

$$\begin{aligned}\iint_D p(r\cos\theta, r\sin\theta)\,dr\,d\theta &= \int_{r=0}^{1}\int_{\theta=0}^{2\pi}\left\{1 - \frac{2(\pi - 1)}{\pi}r^2\right. \\ &\qquad \left. - \frac{4(\pi - 1)}{\pi}r\sin\theta\right\}dr\,d\theta \\ &= \frac{4 + 2\pi}{3} \end{aligned} \tag{8.10}$$

となってしまい，規格化条件を満たさなくなってしまいます．

すでに気づいているかもしれませんが，(8.9) を極座標に変換するのであれば，ヤコビアン $J = \dfrac{\partial(x,y)}{\partial(r,\theta)} = \begin{vmatrix}\partial_r x & \partial_r y \\ \partial_\theta x & \partial_\theta y\end{vmatrix} = r$ を用いて $dx\,dy \to r\,dr\,d\theta$ としなくてはなりません[6]．すると

$$\iint_D p(x,y)\,dx\,dy = \int_{r=0}^{1}\int_{\theta=0}^{2\pi} p(r\cos\theta, r\sin\theta)\,r\,dr\,d\theta = 1$$

となって，きちんと規格化条件が満たされていることがわかります．この事

6) 5.4.5 項を参照してください．

情は，本来，確率密度分布関数 $p(x, y)$ と確率 $P = P(x \leq \xi_x < x + \Delta x,$ $y \leq \xi_y < y + \Delta y)$ とが，$P = p(x, y)\,dx\,dy$ で関係していたことが原因で，それゆえに P を極座標系で表そうとするときには，$P = q(r, \theta)\,dr\,d\theta =$ $p(r\cos\theta, r\sin\theta)\,|J|\,dr\,d\theta$ としなくてはなりません．

まとめると，一般に，連続的な確率変数 $\boldsymbol{x} = (x_1, x_2, \cdots)$ を別の確率変数 $\boldsymbol{u} = (u_1, u_2, \cdots)$ に書き直すとき，確率密度分布関数の変換 $p(\boldsymbol{x}) \to q(\boldsymbol{u})$ は

$$
\begin{aligned}
&p(\boldsymbol{x})\,dx_1\,dx_2\cdots = p(\boldsymbol{x}(\boldsymbol{u}))\,|J|\,du_1\,du_2\cdots \\
\Leftrightarrow\quad &q(\boldsymbol{u}) = p(\boldsymbol{x}(\boldsymbol{u}))\,|J|, \qquad J = \frac{\partial(x_1, x_2, \cdots)}{\partial(u_1, u_2, \cdots)}
\end{aligned}
\tag{8.11}
$$

となります．

ここでは明示的に異なる関数になるとして $p(\boldsymbol{x}) \to q(\boldsymbol{u})$ というように表しましたが，物理学でこのことを用いる場合には，特に記号を変えずに $p(\boldsymbol{x}) \to p(\boldsymbol{u})$ と書くことの方が多いです．初学者泣かせではありますが，このことは確率密度分布関数に限ったことではなく，一般に「密度」とされるもの全体の特徴です．そのため，**密度関係で変数変換を行うときはヤコビアンに注意する**ということを忘れないようにしておきましょう．

Exercise 8. 5

確率変数 (x, y) の定義域は $D = \{(x, y)\,|\,x^2 + y^2 \leq 1\}$ であるとし，確率密度分布関数を $p(x, y) = 1 - \dfrac{2(\pi - 1)}{\pi}(x^2 + y^2 + 2y)$ とするとき，確率変数 $f(x, y) = x^2 + 3y$ についての期待値 $\langle f(x, y)\rangle$ を求めなさい．

Coaching　極座標に直してしまうと，確率密度分布関数 p と確率変数 f は

$$
p(r, \theta) = p(r\cos\theta, r\sin\theta)\,r = \left\{1 - \frac{2(\pi - 1)}{\pi}r^2 - \frac{4(\pi - 1)}{\pi}r\sin\theta\right\}r
$$

$$
f = (r\cos\theta)^2 + 3r\sin\theta
$$

となります．したがって，$\langle f\rangle$ は次のように求められます．

$$
\langle f\rangle = \iint_D f\,p(r, \theta)\,dr\,d\theta = \frac{1}{12}(40 - 37\pi)
$$

■

Exercise 8.5 の確率密度分布関数に対して，確率変数 $g(x, y) = x - y$ の期待値を求めなさい．

8.4.2 特定の確率変数の確率密度分布関数

変数変換と縮約ができるようになると，複雑な確率密度分布関数から欲しい変数のみの分布に書き直すことができるようになります．ここでは確率変数 (x, y) の定義域をすべての実数領域とし，(x, y) についての確率密度分布関数を $p(x, y) = \frac{1}{\pi} e^{-(x^2+y^2)}$ であるとしましょう．

さて，いま $z = x + y$ についての確率密度分布関数を知りたいとします．このようなときにはどうしたらよいでしょうか．$(x, y) \to z$ を想定してヤコビアンを計算しようとすると，変数の数についてのつじつまが合わないことに気づくと思います．座標変換のイメージから，基本的には，**2変数の関数は2変数の関数に変換される**はずなので，変数の数が減らないように $z = x + y$ だけではなく，もう1つ w を導入して $(x, y) \to (z, w)$ とすることにします．このときの w はさし当たり何でもよく，$w = -x$ とか $w = y$，$w = y - x$ など，ヤコビアンがゼロにならないものを選びましょう[7]．あまり複雑にしなくてもよいので，ここでは $z = x + y$，$w = y$ とすることにすると，

$$dz\,dw = \frac{\partial(z, w)}{\partial(x, y)}\,dx\,dy = \begin{vmatrix} \partial_x z & \partial_x w \\ \partial_y z & \partial_y w \end{vmatrix} dx\,dy = dx\,dy$$

となります．したがって，

$$p(z, w) = \frac{1}{\pi} e^{-x^2-y^2} = \frac{1}{\pi} e^{-(z-y)^2-y^2} = \frac{1}{\pi} e^{-(z-w)^2-w^2}$$

$$= \frac{1}{\pi} \exp\left\{ -2\left(w - \frac{z}{2}\right)^2 - \frac{z^2}{2} \right\}$$

となります．いま欲しいのは $p(z)$ なので，この $p(z, w)$ を w について縮約

7) 確率に対応するので，可能なら負にもならないようにとっておくのが賢明です．積分の際にはヤコビアンの大きさ（絶対値）が面素の大きさになるので符号はどちらでも構わないのですが，注意を払うべきところが少ない方が便利です．

することで

$$p(z)=\int_{w=-\infty}^{\infty}\frac{1}{\pi}\exp\left\{-2\left(w-\frac{z}{2}\right)^2-\frac{z^2}{2}\right\}dw=\frac{1}{\sqrt{2\pi}}e^{-z^2/2}$$

となることがわかります.

Exercise 8. 6

温度 T の単原子分子理想気体は，1 分子当たりの速度 (v_x, v_y, v_z) が

$$p(v_x,v_y,v_z)=\left(\frac{m}{2\pi k_{\mathrm{B}}T}\right)^{3/2}\exp\left\{-\frac{m}{2k_{\mathrm{B}}T}({v_x}^2+{v_y}^2+{v_z}^2)\right\}$$

という確率密度分布関数に従うことが知られています．ただし，m は気体分子の質量，k_{B} はボルツマン定数という物理定数で，およそ $k_{\mathrm{B}}=1.38\times10^{-23}$ J/K です．速度 v_x, v_y, v_z を極座標表示 $v_x=v\cos\varphi\sin\theta$, $v_y=v\sin\varphi\sin\theta$, $v_z=v\cos\theta$ とするとき，v を速さ，(θ,φ) を進行方向の極座標表示と見ることができます．このとき，速さのみの確率密度分布関数 $p(v)$ を求めなさい.

Coaching　基本的には変数の置き換えをすればよいですが，極座標表示への変換なので，ヤコビアン $J=v^2\sin\theta$ を忘れないようにしましょう.

まず，$p(v,\theta,\varphi)$ を求めると，

$$\begin{aligned}p(v,\theta,\varphi)&=\left(\frac{m}{2\pi k_{\mathrm{B}}T}\right)^{3/2}\exp\left\{-\frac{m}{2k_{\mathrm{B}}T}({v_x}^2+{v_y}^2+{v_z}^2)\right\}v^2\sin\theta\\&=\left(\frac{m}{2\pi k_{\mathrm{B}}T}\right)^{3/2}\exp\left\{-\frac{m}{2k_{\mathrm{B}}T}v^2\right\}v^2\sin\theta\end{aligned}$$

であり，θ と φ を縮約すると

$$p(v)=\int_{\varphi=0}^{2\pi}\int_{\theta=0}^{\pi}p(v,\theta,\varphi)\,d\theta\,d\varphi=\sqrt{\frac{2}{\pi}}\left(\frac{m}{k_{\mathrm{B}}T}\right)^{3/2}v^2\exp\left(-\frac{m}{2k_{\mathrm{B}}T}v^2\right)$$

と得られます．これを**マクスウェル－ボルツマン分布**といいます[8]. ■

8) 物理的な詳細は「統計力学」のテキストなどを参照してください.

マクスウェル - ボルツマン分布において，速さ v の期待値 $\langle v \rangle$ を求めなさい．ただし，温度を 300 K, 分子の質量を 4.8×10^{-26} kg とします．

Coffee Break

スターリングの関係式

物理学で確率を扱うときには特にそうですが，試行回数や粒子数が非常に多いので，場合の数に $n!$ のような数を用いることになります．ただ，n が大きいときには $n!$ がとてつもなく大きくなるのと，そもそも，$n!$ の計算規則が限られていて微分や積分と相性が悪いので[9]，上手な工夫が必要になります．このようなとき，**スターリングの公式**といわれる

$$n! \simeq \sqrt{2\pi}e^{-n}n^{n+1/2}$$

という近似式を用いることが物理学では多いです．この公式を数学的に評価することもできますが，値を直接比較した方が納得しやすいでしょう．

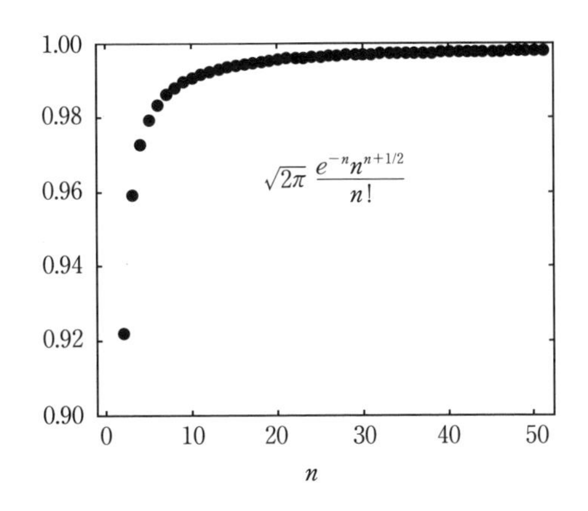

図 8.2　$n!$ とスターリングの公式の比

図 8.2 は，$\sqrt{2\pi}e^{-n}n^{n+1/2}$ と $n!$ の比の値が，n が大きくなるごとに 1 に近づいていく様子を示しています．つまり，上記の関係式がある程度使えそうだということがわかるでしょう．このことから

$$\log n! \simeq \log(\sqrt{2\pi}e^{-n}n^{n+1/2}) \simeq n\log n - n$$

とも見ることができて，こちらの方がよく使うかもしれません．

これらの関係式は，「統計力学」のテキストの始めの方でもう一度詳しく触れることになるでしょう．

9)　実数 x に対する $x!$ をどのように扱うべきかを，知識なしに導入できる方はあまり多くないと思います．

本章のPoint

- **期待値**：確率変数 ξ が $\xi = x$ となる確率を $P(x)$ とするとき，ξ の期待値は $\langle \xi \rangle = \sum_x x P(x)$ となる．
- **分散とゆらぎ**：確率変数 ξ が $\xi = x$ となる確率を $P(x)$ とするとき，ξ の分散 V とゆらぎ σ は $V = \langle \xi^2 \rangle - \langle \xi \rangle^2$ および $\sigma = \sqrt{V}$．
- **確率密度分布関数**：確率変数が $x \le \xi < x + dx$ の範囲の値をとる確率を $P(x \le \xi < x + dx)$ とするとき，ξ の確率密度分布 $p(x)$ は $P(x \le \xi < x + dx) = p(x)\,dx$ を満たすように決められ，デルタ関数を用いて $p(x) = \langle \delta(\xi - x) \rangle$ である．このとき，x の定義域を X とすると ξ の期待値は $\int_X x\,p(x)\,dx$ となる．
- **大数の法則**：1 回の試行で得られる確率変数 ξ の期待値とゆらぎをそれぞれ μ_0, σ_0 とすると，N 回独立に試行を繰り返した場合の算術平均 $m = \dfrac{1}{N}\sum_j \xi_j$ の期待値とゆらぎは，それぞれ $\mu = \mu_0$，$\sigma = \dfrac{\sigma_0}{\sqrt{N}}$ となる．
- **チェビシェフの不等式**：確率変数 ξ の期待値を μ，ゆらぎを σ とするとき，$|\xi - \mu| > \varepsilon$ となる確率 $P(|\xi - \mu| > \varepsilon)$ は $P(|\xi - \mu| > \varepsilon) \le \dfrac{\sigma^2}{\varepsilon^2}$ となる．
- **同時確率の縮約**：2 つの確率変数 ξ_1, ξ_2 が $(\xi_1, \xi_2) = (x_1, x_2)$ となる確率を $P(x_1, x_2)$ とするとき，$P(x_1) = \sum_{x_2} P(x_1, x_2)$ となる．
- **条件付き確率**：2 つの確率変数 ξ_1, ξ_2 が $(\xi_1, \xi_2) = (x_1, x_2)$ となる確率を $P(x_1, x_2)$ とする．$\xi_2 = x_2$ であったときに ξ_1 が x_1 となる条件付き確率は $P(x_1|x_2) = \dfrac{P(x_1, x_2)}{P(x_2)}$ となる．
- **ベイズの定理**：条件付き確率について，次の関係が成り立つ．

$$P(x_1|x_2) = \frac{P(x_2|x_1)P(x_1)}{\sum_{x_1} P(x_2|x_1)P(x_1)}$$

- **確率密度分布の変数変換**：連続的な確率変数 $\boldsymbol{x} = (x_1, x_2, \cdots)$ を別の確率変数 $\boldsymbol{u} = (u_1, u_2, \cdots)$ に書き直すとき，確率密度分布の変換 $p(\boldsymbol{x}) \to q(\boldsymbol{u})$ は，ヤコビアン J を用いて次のようになる．

$$p(\boldsymbol{x})\,dx_1\,dx_2 \cdots = p(\boldsymbol{x}(\boldsymbol{u}))\,|J|\,du_1\,du_2 \cdots$$

$$\Leftrightarrow \quad q(\boldsymbol{u}) = p(\boldsymbol{x}(\boldsymbol{u}))\,|J|, \qquad J = \frac{\partial(x_1, x_2, \cdots)}{\partial(u_1, u_2, \cdots)}$$

Practice

[8.1]　ポアソン分布

λ は正の定数とし，負でない整数 $n = 0, 1, 2, \cdots$ の値をとる確率変数 n が，確率分布 $P(n) = \dfrac{\lambda^n}{n!}e^{-\lambda}$ に従うとき，この確率分布を**ポアソン分布**といいます．次の問いに答えなさい．

(1)　n の期待値 $\langle n \rangle$ を求めなさい．

(2)　n の分散 $V = \langle n^2 \rangle - \langle n \rangle^2$ を求めなさい．

[8.2]　ガウス分布

σ, μ, k を正の定数とし，すべての実数を定義域とする確率変数 x が，確率密度分布関数 $p(x) = \dfrac{1}{\sqrt{2\pi\sigma^2}} \exp\left\{ -\dfrac{(x-\mu)^2}{2\sigma^2} \right\}$ に従うとき，この確率密度分布を**ガウス分布**といいます．次の問いに答えなさい．

(1)　x の期待値 $\langle x \rangle$ を求めなさい．

(2)　x の分散 $V = \langle x^2 \rangle - \langle x \rangle^2$ を求めなさい．

(3)　確率変数 $\gamma(x) = -k \log p(x)$ の期待値を**エントロピー**といいます．エントロピー $S = \langle \gamma(x) \rangle$ を求めなさい．

[8.3]　分散と共分散

すべての実数を定義域とする 2 つの確率変数 x, y が，確率密度分布 $p(x, y) = (\sqrt{2}/\pi)\, e^{-x^2+2xy-3y^2}$ に従うとき，次の問いに答えなさい．

(1)　$c_{xy} = \langle xy \rangle - \langle x \rangle \langle y \rangle$ を**共分散**といいます．特に c_{xx} は，x の分散となっています．共分散 c_{xy} を求めなさい．

(2)　x のゆらぎ σ_x，y のゆらぎ σ_y に対して，$r_{xy} = \dfrac{c_{xy}}{\sigma_x \sigma_y}$ を**相関係数**といいます．相関係数 r_{xy} を求めなさい．

(3)　分散 c_{xx}, c_{yy} と共分散 c_{xy}, c_{yx} を並べた行列 $G = \begin{pmatrix} c_{xx} & c_{xy} \\ c_{yx} & c_{yy} \end{pmatrix}$ を**分散・共分散行列**といいます．この行列の固有値を求めなさい．

[8.4]　条件付き期待値と相関等式

$D = \{(x, y) \mid 0 \le x \le 1, 0 \le y \le 2\}$ を定義域とする 2 つの確率変数 x, y は，確率密度分布関数 $p(x, y) = x^2 + xy/3$ に従うものとします．

(1)　確率変数 $f(x, y) = (x^2 + 1)y$ の期待値 $\langle f(x, y) \rangle$ を求めなさい．

(2)　条件付き確率密度 $p(x|y)$ を求めなさい．

(3)　条件付き期待値 $\langle (x^2 + 1) \rangle_y$ を求めなさい．

(4)　$\langle y \langle (x^2 + 1) \rangle_y \rangle$ を求めなさい．

Training と Practice の略解

（詳細解答は，本書の Web ページを参照してください．）

Training

0.1 (1) $f(y) = 2y^2 + 3y + 1$ (2) $f(3i) = -17 + 9i$ (3) $f(2t+1) = 8t^2 + 14t + 6$

0.2 $\sin x + \sin 2x = \cos x + \cos 2x \Leftrightarrow \left(\cos\frac{3x}{2} - \sin\frac{3x}{2}\right)\cos\frac{x}{2} = 0$ なので，$\cos\frac{3x}{2} = \sin\frac{3x}{2}$ のとき $x = \frac{\pi}{6}, \frac{5\pi}{6}$，$\cos\frac{x}{2} = 0$ のとき $x = \pi$．以上より $x = \frac{\pi}{6}, \frac{5\pi}{6}, \pi$.

0.3 $2^{2x} = 3$ より $2^x = \sqrt{3}$ なので $\frac{2^{3x} + 2^{-3x}}{2^x + 2^{-x}} = \frac{\sqrt{3}^3 + (1/\sqrt{3})^3}{\sqrt{3} + 1/\sqrt{3}} = \frac{7}{3}$.

0.4 $y = 2x^2 + 2x + 1$ より $x = -\frac{1}{2} + \sqrt{\frac{2y-1}{4}}$．これより $f^{-1}(x) = \frac{\sqrt{2x-1} - 1}{2}$．また，逆関数の定義域は元の関数の値域なので $x \geq \frac{1}{2}$.

0.5 $\mathrm{Sin}^{-1}\left(\frac{\sqrt{3}}{2}\right) = \frac{\pi}{3}$，$\mathrm{Cos}^{-1}\left(\frac{1}{2}\right) = \frac{\pi}{3}$，$\mathrm{Tan}^{-1}\sqrt{3} = \frac{\pi}{3}$.

0.6 $\mathrm{Sinh}^{-1}\, 2x = \mathrm{Tanh}^{-1}\, x \Leftrightarrow \log\left(2x + \sqrt{4x^2 + 1}\right) = \frac{1}{2}\log\frac{1+x}{1-x}$

より $\sqrt{4x^2+1} = \frac{(1-2x)^2}{2(1-x)}$ となり，この両辺を 2 乗してまとめると $x = \frac{\sqrt{3}}{2} > 0$ が得られます．

0.7 (1) $\sin y = x$ の両辺を微分して $y' \cos y = 1$ なので $y' = \frac{1}{\sqrt{1-x^2}}$.

(2) $\sinh y = x$ の両辺を微分して $y' \cosh y = 1$ なので $y' = \frac{1}{\sqrt{1+x^2}}$.

(3) 部分積分を 2 回繰り返します．

$$\int_1^2 \frac{1}{x^2}(\log x)^2\, dx = \left[-\frac{1}{x}(\log x)^2\right]_1^2 + 2\int_1^2 \frac{1}{x^2}\log x\, dx = 1 - \frac{1}{2}(\log 2)^2 - \log 2$$

0.8 $\int_0^1 \frac{1}{\sqrt{4+x^2}}\, dx = \left[\mathrm{Sinh}^{-1}\frac{x}{2}\right]_0^1 = \mathrm{Sinh}^{-1}\frac{1}{2} = \log\frac{1+\sqrt{5}}{2}$

0.9 $|z|^2 = zz^*$ より $|z|^4 = z^2(z^*)^2 = (-3+4i)(-3-4i) = 25$ なので，$|z| = \sqrt{5}$．$(z+z^*)^2 = z^2 + 2|z|^2 + (z^*)^2 = 4$.

0.10 A は原点を中心として半径 r の円の周および内部なので B の長方形領域に含ま

れるには $r \leq 2$ です．したがって，最大値は 2.

1.1　$\partial_x f(x,y) = 3\cos(x+2y)$，$\partial_y f(x,y) = 6\cos(x+2y)$

1.2　$f(x) = x - \dfrac{1}{3!}x^3 + \dfrac{1}{5!}x^5 - \dfrac{1}{7!}x^7 + \cdots = \sum_{k=0}^{\infty} \dfrac{(-1)^k}{(2k+1)!}x^{2k+1}$

1.3　$f(x,y) = (x+2y^2)e^{2x}e^y = (x+2y^2)(1+2x+2x^2+\cdots)e^y$ なので 3 次までに収まる部分に注意して展開すると，$f(x,y) = (x+2x^2+2x^3+\cdots)e^y + 2y^2(1+2x+2x^2+\cdots)e^y = x+2x^2+xy+2y^2+2x^3+2x^2y+\dfrac{9}{2}xy^2+2y^3+\cdots$.

1.4　$\partial_x f = 3x^2-3y, \partial_y f = 3y^2-3x$ より，$\partial_y\partial_x f = \partial_x\partial_y f = -3$ なので全微分可能であり，$df = (3x^2-3y)\,dx + (3y^2-3x)\,dy$.

1.5　周期 L の偶関数なので，$f(x) = a_0 + \sum_{n=1}^{\infty} b_n \cos\dfrac{2n\pi}{L}x$ として $a_0 = \dfrac{1}{L}\int_{-L/2}^{L/2} x^2\,dx = \dfrac{L^2}{12}$，$b_n = \dfrac{2}{L}\int_{-L/2}^{L/2} x^2 \cos\dfrac{2n\pi}{L}x\,dx = \dfrac{(-1)^n}{n^2\pi^2}L^2$．ただし $\cos n\pi = (-1)^n$ を利用しました．したがって，$f(x) = \dfrac{L^2}{12} + \dfrac{L^2}{\pi^2}\sum_{n=1}^{\infty}\dfrac{(-1)^n}{n^2}\cos\dfrac{2n\pi}{L}x$.

2.1　$\dfrac{\partial}{\partial x} = \sin\theta\cos\varphi\dfrac{\partial}{\partial r} + \dfrac{1}{r}\cos\theta\cos\varphi\dfrac{\partial}{\partial\theta} - \dfrac{\sin\varphi}{r\sin\theta}\dfrac{\partial}{\partial\varphi}$，$\dfrac{\partial}{\partial y} = \sin\theta\sin\varphi\dfrac{\partial}{\partial r} + \dfrac{1}{r}\cos\theta\sin\varphi\dfrac{\partial}{\partial\theta} + \dfrac{\cos\varphi}{r\sin\theta}\dfrac{\partial}{\partial\varphi}$，$\dfrac{\partial}{\partial z} = \cos\theta\dfrac{\partial}{\partial r} - \dfrac{\sin\theta}{r}\dfrac{\partial}{\partial\theta}$ なので，$\left(\dfrac{\partial^2}{\partial x^2} + \dfrac{\partial^2}{\partial y^2} + \dfrac{\partial^2}{\partial z^2}\right)f = \left\{\dfrac{1}{r^2}\dfrac{\partial}{\partial r}\left(r^2\dfrac{\partial}{\partial r}\right) + \dfrac{1}{r^2\sin\theta}\dfrac{\partial}{\partial\theta}\left(\sin\theta\dfrac{\partial}{\partial\theta}\right) + \dfrac{1}{r^2\sin^2\theta}\dfrac{\partial^2}{\partial\varphi^2}\right\}f$.

2.2　$ds = \sqrt{\left(\dfrac{\partial x}{\partial t}\right)^2 + \left(\dfrac{\partial y}{\partial t}\right)^2}\,dt = 6\sin t\,dt$ より，求める線積分は，

$$\begin{aligned}\int_{\mathrm{C}} f(x,y)\,ds &= \int_0^{\pi/2} f(x,y)\cdot 6\sin t\,dt \\ &= 54\int_0^{\pi/2}\cos^2 t\sin t\,dt - 36\int_0^{\pi/2}\cos t\cos 3t\sin t\,dt + 6\int_0^{\pi/2}\cos^2 3t\sin t\,dt \\ &\quad + 54\int_0^{\pi/2}\sin^2 t\,dt - 18\int_0^{\pi/2}\sin t\sin 3t\,dt = \frac{984}{35} + \frac{27\pi}{2}.\end{aligned}$$

2.3　$\iint_{\mathrm{S}} f(x,y)\,dx\,dy = \int_{x=0}^{1}\int_{y=0}^{-x+1} f(x,y)\,dy\,dx = \dfrac{1}{6}$

2.4　$z > 0$ より積分区間は $r: 0 \to a$, $\theta: 0 \to \dfrac{\pi}{2}$, $\varphi: 0 \to 2\pi$ となります．ゆえに $\iiint_{\mathrm{D}} f(x,y,z)\,dV = \int_{r=0}^{a}\int_{\theta=0}^{\pi/2}\int_{\varphi=0}^{2\pi} f(x,y,z)r^2\sin\theta\,dr\,d\theta\,d\varphi = \dfrac{2\pi}{15}a^5$.

2.5　$\int_{-\infty}^{\infty} e^{-x^2+3x+1}\,dx = \int_{-\infty}^{\infty}\exp\left\{-\left(x-\dfrac{3}{2}\right)^2 + \dfrac{13}{4}\right\}dx = e^{13/4}\sqrt{\pi}$.

3.1　$y' = (x^2 - x)(1 - e^{-y})$ と因数分解すると変数分離形であることがわかるので $\dfrac{y'}{1 - e^{-y}} = x^2 - x$ の両辺を x で積分してまとめると，C を定数として $y = \log\left\{1 + C\exp\left(\dfrac{1}{3}x^3 - \dfrac{1}{2}x^2\right)\right\}$ となります．これが $(0, \log 2)$ を通るので，$C = 1$．ゆえに $y = \log\left\{1 + \exp\left(\dfrac{1}{3}x^3 - \dfrac{1}{2}x^2\right)\right\}$.

3.2　$y' = \dfrac{x^2 - y^2}{2xy}$ とすると同次形であることがわかるので $u = \dfrac{y}{x} \Leftrightarrow y = xu$ とすると変数分離形となり，$\dfrac{uu'}{1 + u^2} = -\dfrac{1}{2x}$ とできます．両辺を x で積分してまとめると，C を定数として $x^2 + y^2 = Cx$.

3.3　$(x^2 - 1)y' = xy + x^3 \Leftrightarrow y' - \dfrac{x}{x^2 - 1}y = \dfrac{x^3}{x^2 - 1}$ なので，斉次形 $y' - \dfrac{x}{x^2 - 1}y = 0$ を解くと A を定数として $y = A\sqrt{x^2 - 1}$ となります．したがって，定数変化法を用いて $y = C\sqrt{x^2 - 1} + x^2 - 2$（$C$ は定数）.

3.4　与式を $(2e^{2x}\sin y + y)\,dx + (e^{2x}\cos y + x)\,dy = 0$ とすると $\partial_y(2e^{2x}\sin y + y) = \partial_x(e^{2x}\cos y + x)$ となり，完全微分型であることがわかります．したがって，$df = (2e^{2x}\sin y + y)\,dx + (e^{2x}\cos y + x)\,dy$ となる f が存在して $f =$ 定数 となります．$\dfrac{\partial f}{\partial x} = 2e^{2x}\sin y + y$ から $f = e^{2x}\sin y + xy + g(y)$，$\dfrac{\partial f}{\partial y} = e^{2x}\cos y + x$ から $f = e^{2x}\sin y + xy + h(x)$ が得られ，$g(y) = h(x) =$ 定数 であることがわかります．結局定数をまとめて C とすると，$e^{2x}\sin y + xy = C$.

3.5　題意の式を $(y + \cos x)\,dx + (x + xy + \sin x)\,dy = 0$ とします．$P = y + \cos x, Q = x + xy + \sin x$ とすると，$\partial_y P = 1$，$\partial_y Q = 1 + y + \cos x$ なので，完全微分型ではありません．そこで，$\partial_y P - \partial_x Q = -P$ であることから，$\theta = \dfrac{1}{P}\left(\dfrac{\partial P}{\partial y} - \dfrac{\partial Q}{\partial x}\right) = -1$ とわかるので，積分因子を $\lambda = \exp\left(-\int \theta\,dy\right) = e^y$ とします．この積分因子を用いて，$\overline{P} = e^y P, \overline{Q} = e^y Q$ とおくと，$\partial_y \overline{P} = \partial_x \overline{Q} = e^y(1 + y + \cos x)$ であるので，$e^y(\cos x + y)\,dx + e^y(x + xy + \sin x)\,dy = 0$ は完全微分型となります．したがって，$df = e^y(\cos x + y)\,dx + e^y(x + xy + \sin x)\,dy$ となる f が存在して $f =$ 定数 となります．$\dfrac{\partial f}{\partial x} = e^y(\cos x + y)$ から $f = e^y \sin x + xye^y + g(y)$，$\dfrac{\partial f}{\partial y} = e^y(x + xy + \sin x)$ から $f = xye^y + e^y\sin x + h(x)$ が得られ，$g(y) = h(x) =$ 定数 であることがわかります．結局，定数をまとめて C とすると，$\sin x + xy = Ce^{-y}$.

3.6　$n = 1/2$ のベルヌーイ型なので，$u = y^{1-\frac{1}{2}} = \sqrt{y}$ とおくと $y = u^2$．このとき，$xy' + y = x^2\sqrt{y} \Leftrightarrow u' + \dfrac{1}{2x}u = \dfrac{x}{2}$ となり，定数変化法を用いて解くと，$u = \dfrac{1}{5}x^2 + \dfrac{C}{\sqrt{x}}$ と

なります．したがって，$y = u^2 = \left(\frac{1}{5}x^2 + \frac{C}{\sqrt{x}}\right)^2$.

3.7 $w(x) = 1$とすると$y = w(x) = 1$は特殊解になっていることがわかります．そこで$y = v + w(x) = v + 1$とすれば$y' + (2x+3)y - (x+2)y^2 = x + 1 \Leftrightarrow v' - v - (x+2)v^2 = 0$にまとめられます．これは$n = 2$のベルヌーイ型なので，$v = u^{1-2} = 1/u$とおくと$u$についての微分方程式$u' + u + (x+2) = 0$が得られます．定数変化法を用いて解くと，$C$を定数として$u = -(x+1) + Ce^{-x}$となるので，$y = \dfrac{xe^x + C}{(x+1)e^x + C}$.

3.8 斉次方程式$x^2y'' + 2xy' - 2y = 0$は特殊解$w(x) = x$をもちます．そこで$y = w(x)u = xu$とおくと，$x^2y'' + 2xy' - 2y = x^3 \Leftrightarrow u'' + \dfrac{4}{x}u' = 1$となります．これは$v = u'$とすれば微分方程式$v' + \dfrac{4}{x}v = 1$となるので，定数変化法を用いて解くと，$A_1$を定数として$v = \dfrac{1}{5}x + \dfrac{A_1}{x^4}$となります．したがって，定数$A_2$を用いて$u = \int v\,dx = \dfrac{1}{10}x^2 - \dfrac{A_1}{3x^3} + A_2$となります．$C_1 = A_2$，$C_2 = -A_1/3$となるように新しく定数をとり直せば，$y = xu = \dfrac{1}{10}x^3 + C_1x + C_2\dfrac{1}{x^2}$.

3.9 斉次形の特性方程式は$\lambda^2 - 6\lambda + 9 = 0 \Leftrightarrow \lambda = 3$なので，$w(x) = e^{3x}$として$y = w(x)u = e^{3x}u$とおくと$y'' - 6y + 9y = \cos x \Leftrightarrow u'' = e^{-3x}\cos x$となります．これを$x$で2回積分すれば$u$が得られるので，積分定数を$C_1, C_2$とすれば$y = e^{3x}u = C_1e^{3x} + C_2xe^{3x} + \dfrac{2}{25}\cos x - \dfrac{3}{50}\sin x$.

3.10 ここでは代入法を用います．$\dot{x} = i\omega y$より$y = \dfrac{1}{i\omega}\dot{x}$に直して微分すると$\dot{y} = \dfrac{1}{i\omega}\ddot{x}$となるので$\dot{y} = i\omega x$に代入して$\ddot{x} + \omega^2 x = 0$が得られます．特性方程式$\lambda^2 + \omega^2 = 0$は異なる2解$\lambda = \pm i\omega$をもつので$C_1, C_2$を定数として解の公式から$x = C_1e^{i\omega t} + C_2e^{-i\omega t}$，さらに$y = C_1e^{i\omega t} - C_2e^{-i\omega t}$を得る．初期条件$x(0) = 1, y(0) = 0$より$C_1 = C_2 = 1/2$なので，まとめると$x(t) = \cos\omega t, y(t) = i\sin\omega t$．なお，変数変換を用いる場合は，例えば$u = x + y, v = x - y$などとするとよいでしょう．

4.1 $A^t = \begin{pmatrix} 2+\sqrt{3}i & 1-i \\ 1+i & 2-\sqrt{3}i \end{pmatrix}$，$A^\dagger = \begin{pmatrix} 2-\sqrt{3}i & 1+i \\ 1-i & 2+\sqrt{3}i \end{pmatrix}$

4.2 $X = A + \dfrac{1}{2}B = \begin{pmatrix} 1/2 & -5/2 \\ 0 & -5/2 \end{pmatrix}$

4.3 $A - B = \begin{pmatrix} -7 & -10 \\ 6 & 2 \end{pmatrix}$なので$(A-B)^2 = \begin{pmatrix} -11 & 50 \\ -30 & -56 \end{pmatrix}$.

4.4
$$|a\rangle\langle w| = \begin{pmatrix} 4 \\ -5 \\ -1 \end{pmatrix}(-1+4i \quad 3-3i \quad 2-i) = \begin{pmatrix} -4+16i & 12-12i & 8-4i \\ 5-20i & -15+15i & -10+5i \\ 1-4i & -3+3i & -2+i \end{pmatrix}$$

$$\langle b|v\rangle = (2 \quad -5 \quad 1)\begin{pmatrix} -2+4i \\ -1-i \\ 5-i \end{pmatrix} = 6+12i$$

4.5 $\begin{pmatrix} 3x^2 \\ 2x \\ 1 \end{pmatrix} = k_1\begin{pmatrix} 1 \\ 0 \\ -1 \end{pmatrix} + k_2\begin{pmatrix} 1 \\ 3 \\ 2 \end{pmatrix} + k_3\begin{pmatrix} -2 \\ 1 \\ 1 \end{pmatrix} \Leftrightarrow \begin{cases} 3x^2 = k_1 + k_2 - 2k_3 \\ 2x = 3k_2 + k_3 \\ 1 = -k_1 + 2k_2 + k_3 \end{cases}$

となるので，k_1, k_2, k_3 について解けば，$k_1 = -\dfrac{3x^2-10x+7}{6}$，$k_2 = \dfrac{3x^2+2x+1}{6}$，$k_3 = -\dfrac{3x^2-2x+1}{2}$ となり，$|w(x)\rangle = -\dfrac{3x^2-10x+7}{6}|v_1\rangle + \dfrac{3x^2+2x+1}{6}|v_2\rangle - \dfrac{3x^2-2x+1}{2}|v_3\rangle$.

4.6 $\begin{pmatrix} 1 & 2 & -2 & 7 \\ 2 & -1 & 3 & -3 \\ 4 & 3 & 1 & 9 \end{pmatrix} \to \cdots \to \begin{pmatrix} 1 & 0 & 0 & 1 \\ 0 & 1 & 0 & 2 \\ 0 & 0 & 1 & -1 \end{pmatrix}$

4.7 $\begin{pmatrix} 1 & 1 & 0 \\ 1 & 0 & 1 \\ 0 & 1 & 1 \end{pmatrix}^{-1} = \dfrac{1}{2}\begin{pmatrix} 1 & 1 & -1 \\ 1 & -1 & 1 \\ -1 & 1 & 1 \end{pmatrix}$

4.8 $A^tA = \begin{pmatrix} 2 & -4 & 0 \\ -4 & 10 & 2 \\ 0 & 2 & 2 \end{pmatrix}$ より $\det(A^tA) = 0$. また，$AA^t = \begin{pmatrix} 3 & -3 \\ -3 & 11 \end{pmatrix}$ より $\det(AA^t) = 24$.

4.9 3 行目から 2 行目を引き，2 行目に 1 行目の 3 倍を足します．1 列目と 3 列目の交換（全体を -1 倍），還元定理により 4×4 行列に還元，… を順次行い，計算できるところまで簡単にします．

$$\begin{vmatrix} -3 & -3 & 1 & 1 & 0 \\ 1 & -2 & -3 & -1 & -1 \\ 2 & -1 & -3 & -1 & -3 \\ 3 & -2 & 0 & -3 & 1 \\ -2 & -1 & 0 & -2 & -1 \end{vmatrix} = \cdots = \begin{vmatrix} -13 & -18 \\ -4 & -32 \end{vmatrix} = 344$$

4.10 $\det(A - \lambda\mathbf{1}) = 0$ を解いて固有値を求めると $\lambda = 5, 2$. 続いて $A|r\rangle = \lambda|r\rangle$ を満たす $|r\rangle$ を求めます．固有値 $\lambda = 5$ に属する規格化された固有ベクトルは $|r\rangle = \dfrac{1}{\sqrt{5}}\begin{pmatrix} 2 \\ 1 \end{pmatrix}$，固有値 $\lambda = 2$ に属する規格化された固有ベクトルは $|r\rangle = \dfrac{1}{\sqrt{2}}\begin{pmatrix} 1 \\ -1 \end{pmatrix}$.

4.11 $P=\begin{pmatrix}2&1\\1&-1\end{pmatrix}$ とすると，$P^{-1}=\dfrac{1}{3}\begin{pmatrix}1&1\\1&-2\end{pmatrix}$ なので，$P^{-1}AP=\begin{pmatrix}5&0\\0&2\end{pmatrix}$. よって，

$$A^n=P(P^{-1}AP)^nP^{-1}=\begin{pmatrix}2&1\\1&-1\end{pmatrix}\begin{pmatrix}5^n&0\\0&2^n\end{pmatrix}\begin{pmatrix}1&1\\1&-2\end{pmatrix}\frac{1}{3}$$
$$=\frac{1}{3}\begin{pmatrix}2\cdot5^n+2^n&2\cdot5^n-2^{n+1}\\5^n-2^n&5^n+2^{n+1}\end{pmatrix}$$

なお，P の定義を $P=\begin{pmatrix}1&2\\1&-1\end{pmatrix}$ としたときは $P^{-1}AP=\begin{pmatrix}2&0\\0&5\end{pmatrix}$ となりますが，A^n は上記と一致します.

4.12 $[A,B]^t=(AB)^t-(BA)^t=B^tA^t-A^tB^t=[B^t,A^t]=\begin{pmatrix}2&12&-3\\5&1&-10\\2&-8&-3\end{pmatrix}$

5.1 $\boldsymbol{e}_x\times\boldsymbol{e}_y=\boldsymbol{e}_z,\quad \boldsymbol{e}_y\times\boldsymbol{e}_z=\boldsymbol{e}_x,\quad \boldsymbol{e}_z\times\boldsymbol{e}_x=\boldsymbol{e}_y$

5.2 $\nabla\times\boldsymbol{A}=\begin{pmatrix}\partial_yA_z-\partial_zA_y\\\partial_zA_x-\partial_xA_z\\\partial_xA_y-\partial_yA_x\end{pmatrix}=\begin{pmatrix}2x^2-y^2\\-4xy\\-e^{x+y}\sin x\end{pmatrix}$ なので，$\nabla\cdot(\nabla\times\boldsymbol{A})=\partial_x(2x^2-y^2)+\partial_y(-4xy)+\partial_z(-e^{x+y}\sin x)=0$.

5.3 $\nabla\cdot\boldsymbol{A}=0,\quad \nabla^2\boldsymbol{A}=\begin{pmatrix}(\partial_x{}^2+\partial_y{}^2+\partial_z{}^2)yz^2\\(\partial_x{}^2+\partial_y{}^2+\partial_z{}^2)zx^2\\(\partial_x{}^2+\partial_y{}^2+\partial_z{}^2)xy^2\end{pmatrix}=\begin{pmatrix}2y\\2z\\2x\end{pmatrix}$ なので $\nabla\times(\nabla\times\boldsymbol{A})$

$=\nabla(\nabla\cdot\boldsymbol{A})-\nabla^2\boldsymbol{A}=-2\begin{pmatrix}y\\z\\x\end{pmatrix}$.

5.4 $\boldsymbol{r}=\begin{pmatrix}t\\t^2\\t^3\end{pmatrix}$ より $d\boldsymbol{r}=\begin{pmatrix}dt\\2t\,dt\\3t^2\,dt\end{pmatrix}$ なので $\int_C\boldsymbol{A}\cdot d\boldsymbol{r}=\int_0^1(t^3+t^6)\,dt=\dfrac{11}{28}$.

5.5 3次元極座標表示を用いて $\boldsymbol{r}=\begin{pmatrix}a\cos\varphi\sin\theta\\a\sin\varphi\sin\theta\\a\cos\theta\end{pmatrix}$ とすると，$d\boldsymbol{S}=d\boldsymbol{r}_\theta\times d\boldsymbol{r}_\varphi=\begin{pmatrix}a^2\cos\varphi\sin^2\theta\\a^2\sin\varphi\sin^2\theta\\a^2\sin\theta\cos\theta\end{pmatrix}d\theta\,d\varphi$，および，$\boldsymbol{A}=\begin{pmatrix}xy\\x+y\\2z\end{pmatrix}=\begin{pmatrix}a^2\cos\varphi\sin\varphi\sin^2\theta\\a\sin\theta(\cos\varphi+\sin\varphi)\\2a\cos\theta\end{pmatrix}$ となり，求める積分は

$$I=\iint_S\boldsymbol{A}\cdot d\boldsymbol{S}=a^4\int_0^\pi\sin^3\theta\,d\theta\int_0^{2\pi}\cos^2\varphi\sin\varphi\,d\varphi+a^3\int_0^\pi\sin^3\theta\,d\theta\int_0^{2\pi}\cos\varphi\sin\varphi\,d\varphi$$
$$+a^3\int_0^\pi\sin^3\theta\,d\theta\int_0^{2\pi}\sin^2\varphi\,d\varphi+2a^3\int_0^\pi\cos^2\theta\sin\theta\,d\theta\int_0^{2\pi}d\varphi=4\pi a^3$$

となります．別解として，ガウスの発散定理を用いると $I = \iiint_V (\nabla \cdot \boldsymbol{A})\, dV = \iiint_V (y + 3)\, dV = \int_{r=0}^{a}\int_{\theta=0}^{\pi}\int_{\varphi=0}^{2\pi} (r \sin\varphi \sin\theta + 3) r^2 \sin\theta\, dr\, d\theta\, d\varphi = 4\pi a^3$ として得られます．

5.6　$\nabla \times \boldsymbol{A} = \boldsymbol{e}_z$．ストークスの定理より $\oint_C \boldsymbol{A} \cdot d\boldsymbol{r} = \iint_S (\nabla \times \boldsymbol{A}) \cdot d\boldsymbol{S} = \pi a^2$．

5.7　$\nabla \cdot \boldsymbol{A} = x^2 + y^2 + z^2$ なので，ガウスの定理より $\iint_S \boldsymbol{A} \cdot d\boldsymbol{S} = \iiint \nabla \cdot \boldsymbol{A}\, dV = \dfrac{12\pi}{5} a^2$．

6.1　定義を代入して，左辺と右辺が一致することを確認します．

6.2　$z^2 + 4 = 0 \Leftrightarrow z = \pm 2i$

6.3　上手に等比級数の形式に持ち込むことが必要です．

$$\frac{z}{1-\cos z} = \frac{z}{1-\left(1-\dfrac{z^2}{2}+\dfrac{z^4}{24}-\dfrac{z^6}{720}+\cdots\right)} = \frac{1}{\dfrac{z}{2}-\dfrac{z^3}{24}+\dfrac{z^5}{720}+\cdots}$$

$$= \frac{2}{z} \times \frac{1}{1-\left(\dfrac{z^2}{12}-\dfrac{z^4}{360}-\cdots\right)}$$

$$= \frac{2}{z}\left\{1+\left(\frac{z^2}{12}-\frac{z^4}{360}-\cdots\right)+\left(\frac{z^2}{12}-\frac{z^4}{360}-\cdots\right)^2+\cdots\right\}$$

$$= \frac{2}{z}\left\{1+\frac{z^2}{12}-\left(\frac{1}{360}-\frac{1}{12^2}\right)z^4+\cdots\right\} = \frac{2}{z}+\frac{z}{6}+\frac{z^3}{120}+\cdots$$

6.4　$\mathrm{Res}[f(z), 0] = 2$

6.5　$z = -2$ のみが積分路の内側に含まれるので $\int_C \dfrac{z}{(z+1)(z+2)}\, dz = 2\pi i\, \mathrm{Res}[f(z), -2] = 4\pi i$．

6.6　$z = e^{i\theta}$ とおくと，$\dfrac{dz}{d\theta} = ie^{i\theta} = iz$ なので $d\theta = \dfrac{-i}{z}\, dz$．また，$\cos\theta = \dfrac{1}{2}(e^{i\theta} + e^{-i\theta}) = \dfrac{1}{2}\left(z + \dfrac{1}{z}\right)$．$z = e^{i\theta}$ は複素数平面上で原点を中心とする半径 1 の単位円 C 上にあります．そこで，$t = a/b > 1$ とすると，求める積分は

$$I = \int_0^{2\pi} \frac{d\theta}{a + b\cos\theta} = \int_C \frac{\dfrac{-i}{z}\, dz}{a + \dfrac{b}{2}\left(z + \dfrac{1}{z}\right)} = -\frac{2i}{b}\int_C \frac{dz}{z^2 + 2tz + 1}$$

となります．被積分関数 $f(z) = \dfrac{1}{z^2 + 2tz + 1}$ は $z^2 + 2tz + 1 = 0 \Leftrightarrow z = -t \pm \sqrt{t^2 - 1}\,(= z_\pm)$ において 1 位の極をもち，$f(z) = \dfrac{1}{z^2 + 2tz + 1} = \dfrac{1}{(z - z_+)(z - z_-)}$ となりますが，$z_- < -1 < z_+ < 0$ より，積分路 C の内側に存在するのは $z = z_+$ のみです．したがって，$\mathrm{Res}[f(z), z = z_+] = \lim_{z \to z_+} (z - z_+) f(z) = \dfrac{1}{z_+ - z_-} = \dfrac{b}{2\sqrt{a^2 - b^2}}$ で

あることを用いて

$$I = -\frac{2i}{b}\int_{\mathrm{C}} f(z)\,dz = -\frac{2i}{b} \times (2\pi i)\mathrm{Res}[f(z), z = z_+] = \frac{2\pi}{\sqrt{a^2 - b^2}}$$

と得られます．なお，この積分は $t = \mathrm{Tan}^{-1}\left(\sqrt{\frac{a-b}{a+b}}\tan\frac{\theta}{2}\right)$ と置換すると，複素積分を用いなくても計算できます．

7.1 $F(k) = \frac{1}{\sqrt{2\pi}}\int_{-1}^{1} x^2 e^{-ikx}\,dx = \frac{2}{\pi}\frac{1}{k^3}\{2k\cos k + (k^2 - 2)\sin k\}$

7.2 $r(\tau) = \int_{-\infty}^{\infty} f(t) f(t+\tau)\,dt$ とすると

$$R(\omega) = \frac{1}{\sqrt{2\pi}}\int_{-\infty}^{\infty} r(\tau) e^{-i\omega\tau}\,d\tau = \sqrt{2\pi}F^*(\omega) \times F(\omega) = \sqrt{2\pi}\,|F(\omega)|^2$$

となるので,逆変換の表示をつくれば,それが示すべき式となります．

7.3 x と y のそれぞれについて，ラプラス変換を $X(s), Y(s)$ とする．s は共通にする必要があることに注意しましょう．

$$\begin{cases} x(t) = -\frac{1}{5}\cos t + \frac{2}{5}\sin t + \frac{1}{5}e^{3t} \\ y(t) = -\frac{2}{5}\cos t + \frac{1}{5}\sin t - \frac{2}{5}e^{3t} \end{cases}$$

8.1 $\langle x \rangle = -\frac{2}{3} + \frac{1}{3} = -\frac{1}{3}$，$\langle x^2 \rangle = \frac{2}{3} + \frac{1}{3} = 1$ より，期待値は $-\frac{1}{3}$，分散は $V = \langle x^2 \rangle - \langle x \rangle^2 = \frac{8}{9}$，ゆらぎは $\sigma = \sqrt{V} = \frac{2\sqrt{2}}{3}$.

8.2 $\int_0^1 ax^2\,dx = 1$ より $a = 3$．これを用いて $\langle x \rangle = \int_0^1 x(ax^2)\,dx = \frac{3}{4}$.

8.3 $\sum_{x,y,z} P(x,y,z) = 1$ の和をすべての (x,y,z) の組 $(1,1,1), (1,1,-1), (1,-1,1), \cdots$ に対してとると $A = 4(\cosh 2K + 1)$．$P(x,z) = \sum_{y=\pm 1} P(x,y,z) = \frac{\cosh\{K(x+z)\}}{2(\cosh 2K + 1)}$.

8.4 $\int_{r=0}^{1}\int_{\theta=0}^{2\pi} g(r\cos\theta, r\sin\theta)\,p(r,\theta)\,dr\,d\theta = \pi - 1$

8.5 $\langle v \rangle = \int_0^{\infty} v\,p(v)\,dv = \sqrt{\frac{2k_{\mathrm{B}}T}{\pi m}} \simeq 470\,\mathrm{m/s}$.

Practice

［1.1］
$$\begin{aligned} f(x) &= f(0) + \int_0^x dt_1\, f'(t_1) \\ &= f(0) + \int_0^x dt_1 \left\{ f'(0) + \int_0^{t_1} dt_2\, f''(t_2) \right\} \end{aligned}$$

$= f(0) + f'(0)x + \int_0^x dt_1 \int_0^{t_1} dt_2 \left\{ f''(0) + \int_0^{t_2} dt_3\, f'''(t_3) \right\} = f(0) + f'(0)\,x +$

$\int_0^x dt_1\, f''(0)t_1 + \int_0^x dt_1 \int_0^{t_1} dt_2 \int_0^{t_2} dt_3\, f'''(t_3) = f(0) + f'(0)\,x + \frac{1}{2!}f''(0)\,x^2 + \cdots$

［1.2］ (1) （ア） $f(a) = f(b) = 0$ より $f(x) = f'(a)(x-a) + \frac{1}{2}f''(a)(x-a)^2$ $+ \cdots$, $g(x) = g'(a)(x-a) + \frac{1}{2}g''(a)(x-a)^2 + \cdots$.

（イ） $\lim_{x \to a} \frac{f(x)}{g(x)} = \lim_{x \to a} \frac{f'(a) + \frac{1}{2}f''(a)(x-a) + \cdots}{g'(a) + \frac{1}{2}g''(a)(x-a) + \cdots} = \frac{f'(a)}{g'(a)}$

(2) $\sin 3 \times 0 = 1 - \sqrt{1 + 2 \times 0} = 0$ より

$$\lim_{x \to 0} \frac{\sin 3x}{1 - \sqrt{1+2x}} = \lim_{x \to 0} \frac{3\cos 3x}{-(1+2x)^{-1/2}} = -3.$$

［1.3］ (1) $\lim_{n \to \infty} \left| \frac{x^{n+1}/(n+1)!}{x^n/n!} \right| = 0$ (2) $e^{ix} = \sum_{n=0}^{\infty} \frac{(ix)^n}{n!}$ より $a_n = \frac{(ix)^n}{n!}$ とすると $\lim_{n \to \infty} \left| \frac{a_{n+1}}{a_n} \right| = 0$ なので絶対収束します.

［1.4］ (1) $\log(1+x)$ と $\log(1-x)$ を，それぞれマクローリン展開すると，

$$\log(1+x) = x - \frac{1}{2}x^2 + \frac{1}{3}x^3 - \frac{1}{4}x^4 + \frac{1}{5}x^5 - \cdots$$

$$\log(1-x) = -x - \frac{1}{2}x^2 - \frac{1}{3}x^3 - \frac{1}{4}x^4 - \frac{1}{5}x^5 - \cdots$$

なので，$\log \frac{1+x}{1-x} = \log(1+x) - \log(1-x) = 2x + \frac{2}{3}x^3 + \frac{2}{5}x^5 + \cdots$.

(2) $\mathrm{Tan}^{-1}x = x - \frac{1}{3}x^3 + \frac{1}{5}x^5 + \cdots$

［1.5］ $\{x^2 + y^2 + (z \pm d)^2\}^{-3/2} = (r^2 \pm 2zd + d^2)^{-3/2} = r^{-3}\left(1 \pm \frac{2zd}{r^2} + \frac{d^2}{r^2}\right)^{-3/2} \simeq$ $r^{-3}\left(1 \mp \frac{3}{2} \times \frac{2zd}{r^2}\right) = r^{-3}\left(1 \mp \frac{3zd}{r^2}\right)$.

［1.6］ (1) $f(x) = \frac{\pi}{2} - \frac{4}{\pi}\left(\cos x + \frac{\cos 3x}{3^2} + \cdots\right) = \frac{\pi}{2} - \frac{4}{\pi}\sum_{k=1}^{\infty} \frac{\cos(2k-1)x}{(2k-1)^2}$

(2) $f(x) = \frac{1}{\pi} + \frac{1}{2}\sin x - \frac{2}{\pi}\sum_{k=1}^{\infty} \frac{\cos 2kx}{4k^2 - 1}$ (3) $f(x) = \frac{\sinh \pi}{\pi} \sum_{k=-\infty}^{\infty} \frac{(-1)^k(1+ik)}{1+k^2} e^{ikx}$ $= \frac{\sinh \pi}{\pi} \left\{ 1 + 2\sum_{k=1}^{\infty} \frac{(-1)^k}{1+k^2}(\cos kx - k \sin kx) \right\}$

［1.7］ $\sin k_n x = \frac{e^{ik_n x} - e^{-ik_n x}}{2i}$ および $\cos k_n x = \frac{e^{ik_n x} + e^{-ik_n x}}{2}$ より

$$f(x) = a_0 + \sum_{n=1}^{\infty}\left(a_n \frac{e^{ik_n x} - e^{-ik_n x}}{2i} + b_n \frac{e^{ik_n x} + e^{-ik_n x}}{2}\right)$$
$$= a_0 + \sum_{n=1}^{\infty} \frac{b_n - ia_n}{2} e^{ik_n x} + \sum_{n=1}^{\infty} \frac{b_n + ia_n}{2} e^{-ik_n x}$$

したがって，$n \geq 1$ に対して，$c_n = (b_n + ia_n)/2$ および $c_{-n} = (b_n - ia_n)/2 = c_n^*$，$c_0 = a_0$ とすると，

$$f(x) = a_0 + \sum_{n=-1}^{-\infty} c_n e^{-ik_n x} + \sum_{n=1}^{\infty} c_n e^{-ik_n x} = \sum_{n=-\infty}^{\infty} c_n e^{-ik_n x}$$

とまとめることができます．

[2.1] $\int_{\mathrm{C}} f(x,y)\,ds = \int_0^{2\pi} f(x(t),y(t))\sqrt{\dot{x}^2(t) + \dot{y}^2(t)}\,dt = \dfrac{3328}{315}$

[2.2] (1) $\sqrt{a^2 - x^2 - y^2}$

(2) $\iint_{\mathrm{D}} f(x,y)\,dx\,dy = \int_{x=-a}^{a}\int_{y=-\sqrt{a^2-x^2}}^{\sqrt{a^2-x^2}} f(x,y)\,dx\,dy$

$$= \int_{-a}^{a} dx \left\{2\sqrt{a^2 - x^2} + \frac{\pi}{2}(a^2 - x^2)\right\} = \frac{2\pi}{3}a^3 + \pi a^2$$

(3) $\iint_{\mathrm{D}} f(x,y)\,dx\,dy = \int_{r=0}^{a}\int_{\theta=0}^{2\pi}(1 + \sqrt{a^2 - r^2})\,r\,dr\,d\theta = \dfrac{2\pi}{3}a^3 + \pi a^2$

[2.3] (1) $\iiint_{\mathrm{V}} f(x,y,z)\,dx\,dy\,dz = \int_{r=0}^{R}\int_{\theta=0}^{\pi}\int_{\varphi=0}^{2\pi} f(r) r^2 \sin\theta\,dr\,d\theta\,d\varphi$

$$= \left(\int_{\theta=0}^{\pi} \sin\theta\,d\theta\right)\left(\int_{\varphi=0}^{2\pi} d\varphi\right)\int_{r=0}^{R} f(r) r^2\,dr = 4\pi\int_0^R f(r) r^2\,dr$$

(2) $4\pi\int_0^{\infty} e^{-r^2} r^2\,dr = \sqrt{\pi^3}$

[3.1] $xy = u$ とおくと $xy' + x + u = 0 \Leftrightarrow u' + x = 0$ なので $u = -\dfrac{1}{2}x^2 + C$.

よって，$y = -\dfrac{x}{2} + \dfrac{C}{x}$ (C は定数).

[3.2] (1) 積分因子を $1/x$ として，完全微分形 $df = (2x + 3y)\,dx + 3x\,dy = 0$ を解くと $f = x^2 + 3xy = C$ (定数) となります．解曲線が $(1,0)$ を通るので $C = 1$ より $x^2 + 3xy = 1$.

(2) $t = \dfrac{y}{x}$ とすると，解くべき方程式は $\dfrac{dt}{dx} = -\dfrac{2(1 + 3t)}{3x}$ となって変数分離形．これを解いて $x^2 + 3xy = 1$.

[3.3] 定数変化法．$y = A(x)e^{-x^2}$ とおくと $A'(x) = x$ なので $A(x) = \dfrac{1}{2}x^2 + C$.

したがって $y = \left(\dfrac{1}{2}x^2 + C\right)e^{-x^2}$ (C は定数).

[3.4] (1) $\lambda_\pm = -\gamma \pm i\Omega$ が特性方程式の解であり，$x = e^{\lambda_+ t}u, v = \dot{u}$ とおいて解くべき方程式をまとめると $\dot{v} + 2(\lambda_+ + \gamma)v = (f_0/m)\cos\omega t$ なので，これを解いて $x(t)$ が

得られます．δ は三角関数の合成などを利用します．

$$K(\omega) = \frac{1}{\sqrt{({\omega_0}^2 - \omega^2)^2 + 4\gamma^2\omega^2}}, \qquad \tan\delta = \frac{2\gamma\omega}{\omega^2 + {\omega_0}^2}$$

(2)　$\dfrac{\partial K}{\partial \omega} = 0$ を解いて $\omega = \begin{cases} \sqrt{{\omega_0}^2 - 2\gamma^2} & (\omega_0 \geq \sqrt{2}\gamma) \\ 0 & (\gamma < \omega_0 < \sqrt{2}\gamma) \end{cases}$

[3.5]　$g(r) = rf(r)$ とすると $\partial^2 g(r)/\partial r^2 = k^2 g(r)$ となるので，この一般解は $g(r) = Ae^{-kr} + Be^{kr}$．$k > 0$ で $r \to \infty$ がゼロに収束するので $B = 0$．よって $f(r) = Ae^{-kr}/r$．

[3.6]　(1)　代入して確かめればよいでしょう．$\dfrac{\partial v}{\partial t} = D\dfrac{\partial^2 v}{\partial x^2}$，$v'(x = 0, t) = v'(x = L, t) = 0$，$v(x, t = 0) = u_0 + \dfrac{\alpha}{2L}x^2 - \alpha x$．

(2)　$v = X(x)T(t)$ とおいて変数分離すると，$\dot{T}(t) = -Dk^2T(t)$，$X''(x) = -k^2X(x)$ とできます．ゆえに，$T(t) = T_0 \exp(-Dk^2t)$，$X(x) = A\sin kx + B\cos kx$．境界条件から $k_n = n\pi/L$ であり，$v = \sum_{n=0}^{\infty} C_n e^{-Dk_n^2 t}\cos k_n x$．したがって，求める解は

$$u = u_0 - \frac{1}{3}\alpha L - \frac{\alpha}{2L}x^2 + \alpha x - \frac{D\alpha}{L}t + \sum_{n=1}^{\infty}\frac{2L\alpha}{\pi^2}e^{-Dk_n^2 t}\cos k_n x.$$

[4.1]　(1)　$A - 2B = \begin{pmatrix} -1 & 0 \\ -4 & 1 \end{pmatrix}$ より $(A - 2B)^2 = \mathbf{1}$　　(2)　$A^{-1} = \begin{pmatrix} 3 & -2 \\ -1 & 1 \end{pmatrix}$，$B^{-1} = \dfrac{1}{2}\begin{pmatrix} -1 & 1 \\ 3 & -1 \end{pmatrix}$　　(3)　$[A^{-1}, B] = \begin{pmatrix} -5 & 2 \\ -6 & 5 \end{pmatrix}$　　(4)　$|AB| = |A||B| = 1 \times (-2) = -2$　　(5)　固有値は $\lambda_\pm = 1 \pm \sqrt{3}$．それぞれに属する規格化された固有ベクトルを $|r_\pm\rangle$ とすると $|r_+\rangle = \dfrac{1}{2}\begin{pmatrix} 1 \\ \sqrt{3} \end{pmatrix}$，$|r_-\rangle = \dfrac{1}{2}\begin{pmatrix} 1 \\ -\sqrt{3} \end{pmatrix}$．

[4.2]　(1)　略．直接確かめてください．

(2)　それぞれの固有値と規格化された固有ベクトルは以下の通りです．

$$\sigma_x：\quad \lambda_\pm = \pm 1, \qquad |r_+\rangle = \frac{1}{\sqrt{2}}\begin{pmatrix} 1 \\ 1 \end{pmatrix}, \qquad |r_-\rangle = \frac{1}{\sqrt{2}}\begin{pmatrix} 1 \\ -1 \end{pmatrix}$$

$$\sigma_y：\quad \lambda_\pm = \pm 1, \qquad |r_+\rangle = \frac{1}{\sqrt{2}}\begin{pmatrix} 1 \\ i \end{pmatrix}, \qquad |r_-\rangle = \frac{1}{\sqrt{2}}\begin{pmatrix} 1 \\ -i \end{pmatrix}$$

$$\sigma_z：\quad \lambda_\pm = \pm 1, \qquad |r_+\rangle = \begin{pmatrix} 1 \\ 0 \end{pmatrix}, \qquad |r_-\rangle = \begin{pmatrix} 0 \\ 1 \end{pmatrix}$$

(3)　${\sigma_z}^2 = \mathbf{1}$ なので，$\exp(K\sigma_z) = \sum_{n=0}^{\infty}\dfrac{K^n{\sigma_z}^n}{n!} = \left(1 + \dfrac{1}{2!}K^2 + \dfrac{1}{4!}K^4 + \cdots\right)\mathbf{1} + \sigma_z\left(K + \dfrac{1}{3!}K^3 + \dfrac{1}{5!}K^5 + \cdots\right) = \mathbf{1}\cosh K + \sigma_z \sinh K$．

[4.3]　(1)　行基本変形を繰り返して簡約階段化を行います．

$$A \to \begin{pmatrix} 1 & 0 & 0 & 0 & -41/5 & -39/5 \\ 0 & 1 & 0 & 0 & 44/5 & 41/5 \\ 0 & 0 & 1 & 0 & -6 & -6 \\ 0 & 0 & 0 & 1 & 2 & 2 \\ 0 & 0 & 0 & 0 & 0 & 0 \end{pmatrix}.$$

(2)　$\det B = -34$

[5.1]　$\boldsymbol{a} = (a_1, a_2, a_3)$, $\boldsymbol{b} = (b_1, b_2, b_3)$, $\boldsymbol{c} = (c_1, c_2, c_3)$ とすると，$\boldsymbol{a} \cdot (\boldsymbol{b} \times \boldsymbol{c}) = |\boldsymbol{a}\ \boldsymbol{b}\ \boldsymbol{c}| = a_1 b_2 c_3 + a_2 b_3 c_1 + a_3 b_1 c_2 - a_1 b_3 c_2 - a_2 b_1 c_3 - a_3 b_2 c_1$ となって一致します．行列式の意味からもわかるように，これは $\boldsymbol{a}, \boldsymbol{b}, \boldsymbol{c}$ のつくる平行六面体の体積に等しいです．

[5.2]　ストークスの定理と $\nabla \times \{\nabla \phi(\boldsymbol{r})\} = 0$ から $I = \oint_C \nabla \phi(\boldsymbol{r}) \cdot d\boldsymbol{r} = \iint_S \nabla \times \{\nabla \phi(\boldsymbol{r})\} \cdot d\boldsymbol{S} = 0$.

[5.3]　合成された変数変換 $(x_1, x_2, x_3) \to (v_1, v_2, v_3)$ のヤコビアン J は

$$J = \begin{vmatrix} \dfrac{\partial x_1}{\partial v_1} & \dfrac{\partial x_1}{\partial v_2} & \dfrac{\partial x_1}{\partial v_3} \\ \dfrac{\partial x_2}{\partial v_1} & \dfrac{\partial x_2}{\partial v_2} & \dfrac{\partial x_2}{\partial v_3} \\ \dfrac{\partial x_3}{\partial v_1} & \dfrac{\partial x_3}{\partial v_2} & \dfrac{\partial x_3}{\partial v_3} \end{vmatrix}$$

となります．合成前の変数変換が $(x_1, x_2, x_3) \to (u_1, u_2, u_3) \to (v_1, v_2, v_3)$ のようになっていることから，1, 2, 3 の値をとる添字 i, j, k を用いて，$x_i = x_i(u_1, u_2, u_3)$，$u_k = u_k(v_1, v_2, v_3)$ と表せます．ヤコビアン J の (i, j) 成分 $\partial x_i / \partial v_j$ は，連鎖則 (2.13) より

$$\frac{\partial x_i}{\partial v_j} = \sum_{k=1}^{3} \frac{\partial x_i}{\partial u_k} \frac{\partial u_k}{\partial v_j} = \begin{pmatrix} \dfrac{\partial x_i}{\partial u_1} & \dfrac{\partial x_i}{\partial u_2} & \dfrac{\partial x_i}{\partial u_3} \end{pmatrix} \begin{pmatrix} \dfrac{\partial u_1}{\partial v_j} \\ \dfrac{\partial u_2}{\partial v_j} \\ \dfrac{\partial u_3}{\partial v_j} \end{pmatrix}$$

なので，J の各成分が内積で表せて，

$$J = \begin{vmatrix} \dfrac{\partial x_1}{\partial v_1} & \dfrac{\partial x_1}{\partial v_2} & \dfrac{\partial x_1}{\partial v_3} \\ \dfrac{\partial x_2}{\partial v_1} & \dfrac{\partial x_2}{\partial v_2} & \dfrac{\partial x_2}{\partial v_3} \\ \dfrac{\partial x_3}{\partial v_1} & \dfrac{\partial x_3}{\partial v_2} & \dfrac{\partial x_3}{\partial v_3} \end{vmatrix} = \left| \begin{pmatrix} \dfrac{\partial x_1}{\partial u_1} & \dfrac{\partial x_1}{\partial u_2} & \dfrac{\partial x_1}{\partial u_3} \\ \dfrac{\partial x_2}{\partial u_1} & \dfrac{\partial x_2}{\partial u_2} & \dfrac{\partial x_2}{\partial u_3} \\ \dfrac{\partial x_3}{\partial u_1} & \dfrac{\partial x_3}{\partial u_2} & \dfrac{\partial x_3}{\partial u_3} \end{pmatrix} \begin{pmatrix} \dfrac{\partial u_1}{\partial v_1} & \dfrac{\partial u_1}{\partial v_2} & \dfrac{\partial u_1}{\partial v_3} \\ \dfrac{\partial u_2}{\partial v_1} & \dfrac{\partial u_2}{\partial v_2} & \dfrac{\partial u_2}{\partial v_3} \\ \dfrac{\partial u_3}{\partial v_1} & \dfrac{\partial u_3}{\partial v_2} & \dfrac{\partial u_3}{\partial v_3} \end{pmatrix} \right|$$

$$= \begin{vmatrix} \dfrac{\partial x_1}{\partial u_1} & \dfrac{\partial x_1}{\partial u_2} & \dfrac{\partial x_1}{\partial u_3} \\ \dfrac{\partial x_2}{\partial u_1} & \dfrac{\partial x_2}{\partial u_2} & \dfrac{\partial x_2}{\partial u_3} \\ \dfrac{\partial x_3}{\partial u_1} & \dfrac{\partial x_3}{\partial u_2} & \dfrac{\partial x_3}{\partial u_3} \end{vmatrix} \begin{vmatrix} \dfrac{\partial u_1}{\partial v_1} & \dfrac{\partial u_1}{\partial v_2} & \dfrac{\partial u_1}{\partial v_3} \\ \dfrac{\partial u_2}{\partial v_1} & \dfrac{\partial u_2}{\partial v_2} & \dfrac{\partial u_2}{\partial v_3} \\ \dfrac{\partial u_3}{\partial v_1} & \dfrac{\partial u_3}{\partial v_2} & \dfrac{\partial u_3}{\partial v_3} \end{vmatrix} = J_1 J_2$$

となり，合成変換のヤコビアンは積によって $J = J_1 J_2$ と表すことができます．

［5.4］ 円柱座標を用いてD上の位置ベクトルを $\boldsymbol{r} = \begin{pmatrix} \cos\theta \\ \sin\theta \\ z \end{pmatrix}$ とします．$d\boldsymbol{S} = d\boldsymbol{r}_\theta \times d\boldsymbol{r}_z = \begin{pmatrix} \cos\theta \\ \sin\theta \\ 0 \end{pmatrix} d\theta\, dz$ および $\boldsymbol{A} = \begin{pmatrix} \sin^2\theta \\ \sin\theta\cos\theta \\ z \end{pmatrix}$ より

$$I = \iint_{\mathrm{D}} \boldsymbol{A}(\boldsymbol{r}) \cdot d\boldsymbol{S} = \int_{z=0}^{1} \int_{\theta=0}^{2\pi} 2\sin^2\theta\cos\theta\, d\theta\, dz = \frac{2}{3}.$$

［5.5］ いずれも $\boldsymbol{p} = \begin{pmatrix} p_x \\ p_y \\ p_z \end{pmatrix}$，$\boldsymbol{m} = \begin{pmatrix} m_x \\ m_y \\ m_z \end{pmatrix}$ とおき，これらは x, y, z に依存しないとして直接計算します．

(1)　$\boldsymbol{E} = k_0 \left\{ \dfrac{3(\boldsymbol{p}\cdot\boldsymbol{r})\boldsymbol{r}}{r^5} - \dfrac{\boldsymbol{p}}{r^3} \right\}$　　(2)　$\boldsymbol{B} = k_1 \left\{ \dfrac{3(\boldsymbol{m}\cdot\boldsymbol{r})\boldsymbol{r}}{r^5} - \dfrac{\boldsymbol{m}}{r^3} \right\}$

［6.1］ $t^z = \exp\{(x+iy)\log t\} = e^{x\log t}\{\cos(y\log t) + i\sin(y\log t)\}$ となることを用いて，コーシー－リーマンの関係が成り立つことを確認します．

［6.2］ (1)　$\dfrac{e^z}{(z-1)^2} = \displaystyle\sum_{n=-2}^{\infty} \frac{e}{(n+2)!}(z-1)^n$

(2)　$z\cos\dfrac{1}{z} = z - \dfrac{1}{2!\,z} + \dfrac{1}{4!\,z^3} - \dfrac{1}{6!\,z^5}$

［6.3］ (1)　$f(z) = 1/(z^4 + a^4)$ とすると，極は $z = ae^{\pi i/4}, ae^{3\pi i/4}, ae^{5\pi i/4}, ae^{7\pi i/4}$ に存在することがわかります．実軸の $-\infty \to \infty$ および $\lim_{R\to\infty} Re^{i\theta}$ $(\theta : 0 \to \pi)$ を通る積分路をとって，まとめると，$\displaystyle\int_{-\infty}^{\infty} \frac{dx}{x^4 + a^4} = \frac{\pi}{\sqrt{2}a^3}$.

(2)　$x^6 + 14x^4 + 49x^2 + 36 = (x^2+1)(x^2+4)(x^2+9)$ と因数分解できることから $f(z) = \dfrac{1}{(z^2+1)(z^2+4)(z^2+9)}$ とすると，極は $z = \pm i, \pm 2i, \pm 3i$ に存在することがわかります．実軸の $-\infty \to \infty$ および $\lim_{R\to\infty} R\,e^{i\theta}$ $(\theta : 0 \to \pi)$ を通る積分路をとって，まとめると，$\displaystyle\int_{-\infty}^{\infty} \frac{dx}{x^6 + 14x^4 + 49x^2 + 36} = \frac{\pi}{60}$.

(3)　$f(z) = \dfrac{ze^{iz}}{z^4 + a^4}$ とすると，極は $z = ae^{\pi i/4}, ae^{3\pi i/4}, ae^{5\pi i/4}, ae^{7\pi i/4}$ に存在することがわかります．実軸の $-\infty \to \infty$ および $\lim_{R\to\infty} Re^{i\theta}$ $(\theta : 0 \to \pi)$ を通る積分路をとって，まとめると，$\displaystyle\int_{-\infty}^{\infty} \frac{x\sin x\, dx}{x^4 + a^4} = \frac{\pi e^{-a/\sqrt{2}}}{2a^2} \sin\left(\frac{a}{\sqrt{2}}\right)$.

［7.1］ いずれも定義通りに積分します．分子に三角関数や双曲線関数がある場合には，

オイラーの公式などを用いて指数関数にしておくと計算しやすいでしょう．k のとり得る値について注意してください．

(1) $F(k)=\sqrt{\frac{\pi}{2}}e^{-|k|}\quad(k\neq 0)$ (2) $F(k)=-i\sqrt{\frac{\pi}{2}}\tanh\left(\frac{\pi k}{2}\right)$

(3) $F(k)=\sqrt{\frac{\pi}{2}}\quad(|k|\leq 1)$. $|k|>1$ のときは $F(k)=0$. (4) $F(k)=\frac{1}{\sqrt{2\pi}}\frac{1}{\cosh k}$

(5) $F(k)=\frac{1}{\sqrt{2}}\cos\left(\frac{k^2}{4}-\frac{\pi}{4}\right)$

[7.2] (1) $F(s)=\frac{3(s^2-32)}{s(s^2-64)}\quad(s>8)$ (2) $F(s)=\frac{6}{(s+3)^4}\quad(s>0)$

(3) $F(s)=\frac{3}{(s+2)^2-9}\quad(s>1)$

[7.3] $F(s)=\frac{1}{s}\mathrm{Tan}^{-1}\left(\frac{a}{s}\right)$

[7.4] $F(k)=\frac{G(k)}{1-\sqrt{2\pi}H(k)}$

[7.5] $D(\epsilon)=\frac{\sqrt{2}m^{3/2}L^3}{\pi^2\hbar^3}\sqrt{\epsilon}$

[8.1] (1) $\langle n\rangle=\sum_{n=0}^{\infty}n\frac{\lambda^n}{n!}e^{-\lambda}=\lambda$

(2) $\langle n^2\rangle=\sum_{n=0}^{\infty}n^2\frac{\lambda^n}{n!}e^{-\lambda}=\sum_{n=2}^{\infty}n(n-1)\frac{\lambda^n}{n!}e^{-\lambda}+\sum_{n=1}^{\infty}n\frac{\lambda^n}{n!}e^{-\lambda}=\lambda^2+\lambda$ より $V=\lambda$.

[8.2] (1) $\langle x\rangle=\frac{1}{\sqrt{2\pi\sigma^2}}\int_{-\infty}^{\infty}x\,e^{-(x-\mu)^2/2\sigma^2}\,dx=\mu$ (2) $\langle x^2\rangle=\sigma^2+\mu^2$ より $V=\sigma^2$.

(3) $\gamma(x)=\frac{k}{2\sigma^2}(x-\mu)^2+\frac{k}{2}\log(2\pi\sigma^2)$ より $S=\langle\gamma(x)\rangle=k\log\sigma+\frac{k}{2}\log(2\pi e)$.

[8.3] $\langle x\rangle=\langle y\rangle=0$, $\langle x^2\rangle=3/4$, $\langle y^2\rangle=1/4$ である．

(1) $c_{xy}=\langle xy\rangle-\langle x\rangle\langle y\rangle=\frac{1}{4}$ (2) $r_{xy}=\frac{c_{xy}}{\sigma_x\sigma_y}=\frac{1}{\sqrt{3}}$ (3) $G=\frac{1}{4}\begin{pmatrix}3&1\\1&1\end{pmatrix}$

なので $\lambda=\frac{2\pm\sqrt{2}}{4}$.

[8.4] (1) $\langle f(x,y)\rangle=\int_{x=0}^{1}\int_{y=0}^{2}f(x,y)P(x,y)\,dx\,dy=\frac{26}{15}$

(2) $P(y)=\int_0^1 P(x,y)\,dx=\frac{2+y}{6}$ より，$P(x|y)=\frac{P(x,y)}{P(y)}=\frac{2x(3x+y)}{2+y}$.

(3) $\langle(x^2+1)\rangle_y=\int_0^1(x^2+1)P(x|y)\,dx=\frac{32+15y}{20+10y}$

(4) $\langle y\langle(x^2+1)\rangle_y\rangle=\int_{x=0}^{1}\int_{y=0}^{2}y\frac{32+15y}{20+10y}P(x,y)\,dx\,dy=\frac{26}{15}$

さらに勉強するために

本書の内容が一通り扱えるようになっていれば，本シリーズのような標準的な物理学のテキストを読み始められるでしょう．もちろん，さらに高度な数学に出会うこともありますが，それらを１つ１つ習得していくための必要最低限の知識としては，本書程度の内容でまずは大丈夫です．

一方で，本書で紹介しきれなかったテーマ，別の視点からの説明，より詳細な議論などを知りたい人のために，いくつかの参考図書を紹介しておきます．必要に応じて活用してください．なお，以下の書籍は，本書をまとめる際にも参考にさせていただきました．

【物理数学】 本書と同様のテーマ群をターゲットにした，大学１～２年生程度の物理数学に関連する分野のテキスト・演習書です．

- 荒木 修，齋藤智彦 共著：『本質から理解する 数学的手法』（裳華房）
- 福山秀敏，小形正男 共著：『物理数学Ⅰ』（朝倉書店）
- 古賀昌久 著：『物理数学Ⅰ』（丸善出版）
- 西森秀稔 著：『物理数学Ⅱ』（丸善出版）
- 和達三樹 著：『物理のための数学』（岩波書店）
- 矢野健太郎，石原 繁 著：『科学技術者のための 基礎数学』（裳華房）
- 後藤憲一，他 共編：『詳解 物理応用 数学演習』（共立出版）

【数学全般】 辞書のような感じの書籍ですが，用語集というよりも，簡潔な解説が載せられていることが多いので，あまり知識がなくても読めることが多く，便利です．

- T. M. ガワーズ，他 共編，砂田利一，他 監訳：『プリンストン数学大全』（朝倉書店）
- 日本数学会 編：『岩波数学辞典』（岩波書店）

【線形代数学】 本書の第４章で扱った「ベクトルと行列」は，線形代数学の一部です．本書で割愛した**ランク・カーネル・トレース・直積**といった，**線形空間**についての詳細は，量子力学を勉強する前に一度補足しておくとよいかもしれません．

- 齋藤正彦 著：『線形代数入門』（東京大学出版会）
- 加藤文元 著：『大学教養 線形代数』（数研出版）

【解析学・微分積分学】 本書の第 1, 2, 5, 6, 7 章で扱った，微分や積分についてのいろいろな性質は，解析学や微分積分学として扱われています．また，物理数学では詳細に立ち入ることの少ない極限の取り扱いについても，この分野の知識が基本になります．

- 高木貞治 著：『解析概論』（岩波書店）
- 杉浦光夫 著：『解析入門 I，II』（東京大学出版会）

【微分方程式】 微分方程式を解く技法は，本書の第3章で扱ったものだけではなく，非常に多岐にわたります．また，解析的に解を得られないような偏微分方程式や非線形微分方程式に対するアプローチも含めて，**力学系**という学問分野を構成しています．それらに触れてみるだけでも楽しいかもしれません．

- 矢野健太郎 著：『微分方程式』（裳華房）
- M. W. ヒルッシュ，他 共著，桐木 紳，他 共訳：『力学系入門』（共立出版）

【確率統計】 確率の基礎は本書の第8章で少しだけ紹介しましたが，実は，「物理数学」のテキストに確率が含まれることは意外と少ないです．本シリーズでは量子力学や統計力学などで活用される知識ですが，学生であれば，実験実習などで**誤差論**として触れるのが最初かもしれません．

- 藤澤洋徳 著：『確率と統計』（朝倉書店）
- N. C. バーフォード 著，酒井英行 訳：『実験精度と誤差』（丸善出版）
- 伊藤 清 著：『確率論』（岩波書店）

【特殊関数】 物理への応用としては，複雑な微分方程式を解くときなどに便利ですが，本書では扱いませんでした．また，特殊関数を扱う際に有効な**母関数**という概念はとても重要です．

- 小野寺嘉孝 著：『物理のための 応用数学』（裳華房）
- J. アルフケン，H. ウェーバー 共著，権平健一郎，他 共訳：『特殊関数』（講談社）

【微分幾何・群論・情報・変分法】 これらのテーマも重要ですし，使うときには非常に多用しますが，すべての分野でいつも使うというわけでもないので，初学者向けの「物理数学」のテキストのテーマに含まれることは少ないです．その分，ある程度勉強した後に苦手意識をもつ人も多いかもしれません．ここでは入門向けのものを紹介しておきます．

- 和達三樹 著：『微分・位相幾何』（岩波書店）
- 佐藤 光 著：『群と物理』（丸善出版）
- 田中章詞，他 共著：『ディープラーニングと物理学』（講談社）
- 柴田正和 著：『変分法と変分原理』（森北出版）

【論理・数学基礎】 数学基礎論とよばれるような，論理と集合についての知識をもっていると便利ですが，基本的な物理数学の運用に際しては詳細になりすぎるので，本書ではほとんど扱いませんでした．あまり本格的ではないものを紹介しておきますので，興味のある人は目を通してみると視野が広がるかもしれません．

- 嘉田 勝 著：『論理と集合から始める数学の基礎』（日本評論社）
- 藤田博司 著：『「集合と位相」をなぜ学ぶのか』（技術評論社）
- 戸次大介 著：『数理論理学』（東京大学出版会）

索　引

ソ

タ

チ

テ

ト

ナ

ニ

ネ

ハ

ヒ

フ

著者略歴

橋爪 洋一郎（はしづめ　よういちろう）

1981年 愛知県生まれ．東京理科大学理学部第一部物理学科卒業，同大学大学院理学研究科物理学専攻博士課程修了．東京理科大学助教，講師を経て，現在，東京理科大学准教授．博士（理学）．

物理学レクチャーコース　**物理数学**

2022年10月25日　第1版1刷発行
2024年9月25日　第3版1刷発行

検印省略

定価はカバーに表示してあります．

著作者　橋爪洋一郎
発行者　吉野和浩
発行所　東京都千代田区四番町8-1
電話 03-3262-9166（代）
郵便番号 102-0081
株式会社 裳華房
印刷所　株式会社 精興社
製本所　牧製本印刷株式会社

一般社団法人
自然科学書協会会員

ISBN 978-4-7853-2410-0